Harald Egger, Hermann Beck, Peter Mandl

Tragwerkselemente

Harald Egger, Hermann Beck, Peter Mandl

Tragwerkselemente

Die Elemente, mit denen Träume wahr werden

2., vollständig überarbeitete
und erweiterte Auflage 2003

B. G. Teubner Stuttgart · Leipzig · Wiesbaden

Bibliografische Information der Deutschen Bibliothek
Die Deutsche Bibliothek verzeichnet diese Publikation in der Deutschen Nationalbibliographie;
detaillierte bibliografische Daten sind im Internet über <http://dnb.ddb.de> abrufbar.

Em. Univ.-Prof. Dipl.-Ing. Dr. techn. Harald Egger ist seit 45 Jahren seiner Ingenieurtätigkeit, dem gesamten Konstruktiven Ingenieurbau (ein Werkverzeichnis mit 212 Objekten), verbunden. Er war außerdem als technischer Leiter des Österreichischen Stahlbauverbandes tätig und lehrte 25 Jahre Tragwerkslehre an der TU Graz (37 Publikationen und 31 Vorträge). Seit über 30 Jahren ist er Mitglied der Österreichischen Fachnormenausschüsse für Stahlbau und Brandschutz und seit neun Jahren Mitglied des Österreichischen Denkmalbeirates.
Internet: www.TUGraz.at
Email: h.egger@TUGraz.at

Dipl.-Ing. Hermann Beck war vier Jahre Assistent für Tragwerkslehre an der TU Graz und ist seit neun Jahren bei der HILTI-AG in der Konzernforschung für Direktmontagen beschäftigt. Er ist dort unter anderem für das Zulassungsmanagement verantwortlich.
Email: beckher@hilti.com

Dipl.-Ing. Dr. techn. Peter Mandl war ebenfalls vier Jahre Assistent für Tragwerkslehre an der TU Graz und seit fünf Jahren, davon seit einem Jahr selbstständig, als Ingenieurkonsulent für Bauwesen mit Schwerpunkt Seil-, Membran- und Stabtragwerke mit großen Verformungen tätig.
Email: office@mandlandpartners.com

1. Auflage 1996
2., vollst. überarb. und erw. Auflage Juli 2003

Umschlaggestaltung: Ulrike Weigel, www.CorporateDesignGroup.de

Gedruckt auf säurefreiem und chlorfrei gebleichtem Papier

ISBN-13: 978-3-519-15078-7   e-ISBN-13: 978-3-322-89007-8
DOI: 10.1007/ 978-3-322-89007-8

Vorwort

Die Vorlesungen über Tragwerkselemente sollen den Architektur Studierenden die Grundlagen für das Entwerfen von Bauteilen vermitteln. Dafür sollen ihnen einfache und anschauliche Regeln zur Hand gegeben werden. Solche können sowohl aus einfachen Gleichgewichtsbetrachtungen, also theoretisch, als auch aus der Beobachtung und dem Studium des Verhaltens der Bauteile bei Belastung, also aus der Anschauung, hergeleitet, aber auch aus der Erfahrung angegeben werden. Darüber hinaus sollen diese Vorlesungen einerseits tradierte Konstruktionsregeln verständlich machen und diese auf das Wesentliche reduzieren und andererseits freimachen von unreflektiertem Normenwissen und damit die konstruktive Phantasie fördern.

Der Zielsetzung folgend wird der Inhalt der Vorlesung nach Bauteilen, und zwar nach ihrer möglichen Beanspruchung im Tragwerk, geordnet. Für Zug-, Druck-, Biege- und Torsionsstäbe, sowie für Scheiben und Platten werden Kriterien für die Formgebung und bauliche Durchbildung und darüber hinaus auch einige einfache Regeln für die Bemessung angegeben. Diese sollen den im Entwerfen noch weniger Geübten helfen, im Zuge des Entwerfens ein Tragsystem wesensgerecht zu einem Tragwerk auszuformen.

Zur Vertiefung in die beim anschließenden Konstruieren sich stellenden Fragen, die sich eigentlich schon an die Bauingenieure richten, wird das Studium der entsprechenden Fachliteratur empfohlen. Auf Fragen der Ausschreibung, der Herstellung, der Qualitätssicherung und der Abnahme wird nicht eingegangen, weil sie nicht in den Rahmen dieser Vorlesung fallen.

Das Buch wendet sich an Studierende der Architektur sowohl an Universitäten als auch an Kunst- und Fachhochschulen, kann aber auch den Studierenden des Bauingenieurwesens als Einführung in den konstruktiven Ingenieurbau dienen.

Die vorliegende zweite Auflage bringt die Berichtigung der Druckfehler in der ersten Auflage sowie eine Reihe von sich bei der Benützung des Buches in der Lehre und in der Entwurfspraxis für das Verständnis als vorteilhaft zeigender Verbesserungen und Ergänzungen.

Außerdem wurde der bisher auf die klassischen Baustoffe für tragende Bauteile wie Stahl, Aluminium, Holz und Stahlbeton beschränkte Inhalt des Buches um den Baustoff Glas erweitert. Als Mitverfasser dieser Abschnitte ist Herr Dipl.-Ing. Jürgen Neugebauer vom Institut für Tragwerkslehre der Technischen Universität Graz zu nennen und ihm für das Einbringen seiner diesbezüglichen Erfahrung zu danken.

Die Verfasser danken dem Verlag für das Zustandekommen einer zweiten, verbesserten und erweiterten Auflage sowie Frau Sonja Brückler und Herrn Dipl.-Ing. Jürgen Neugebauer für die elektronische Aufbereitung der Bild- und Textvorlagen und für die Anfertigung der druckfertigen Vorlage, um die sich bei der ersten Auflage Frau cand.arch. Daniela Hoffmann verdient gemacht hat.

Graz, im April 2003   Harald Egger

Inhaltsverzeichnis

Einführung

Beim Entwerfen von Gebäuden stellt sich, sobald die ersten Grundrissvorstellungen zu Papier gebracht worden sind, unter anderem die Frage nach einem geeigneten Tragsystem. Seine Figur zeigt in Linienzügen jene Wege, entlang derer die auf das Bauwerk einwirkenden Lasten durch das Bauwerk in den Baugrund abgetragen werden können.

Ein solches Tragsystem muss stabil sein und ein der Bauaufgabe gerecht werdendes, wirtschaftliches Tragwerk gewährleisten. Es soll sich in das erarbeitete Raumkonzept sowie in das gewählte Formkonzept einfügen, und es soll auf die Belange der Haustechnik Rücksicht nehmen. Um beurteilen zu können, ob das konzipierte Tragsystem stabil ist, gibt es in der Baustatik feste Regeln. Das Entwerfen eines dem Raum- und Formkonzept des Gebäudes entsprechenden, eines auf den Ausbau beziehungsweise die Nutzung des Gebäudes Bedacht nehmenden und obendrein noch wirtschaftlichen Tragsystems verlangt jedoch neben Wissen auch noch Phantasie, Geschick und Erfahrung.

Im Zuge der baulichen Durchbildung ist das gewählte Tragsystem weiter zum Tragwerk auszuformen und dabei zeigt es sich, dass die Form seiner Teile, wie beispielsweise der Balken, Stützen, Wände und Decken, im wesentlichen von der Art ihrer Beanspruchung im Tragwerk abhängt. Entsprechend der in den einzelnen Tragwerksteilen vorherrschenden Beanspruchung kann man dann das Tragsystem in Zug-, Druck-, Biege- und Torsionsstäbe, sowie in Scheiben und Platten unterteilen. Und bei seiner baulichen Durchbildung stellen sich für alle hinsichtlich der Beanspruchung gleichartigen Elemente auch die gleichen Fragen, was die Baustoffwahl, die Formgebung, die überschlägliche Bemessung und die konstruktive Durchbildung betrifft.

In den folgenden Kapiteln sollen als Antwort auf alle diese Fragen keine fertigen Lösungen angegeben, sondern lediglich Lösungsmöglichkeiten und Lösungswege gezeigt werden, die ein gewisses Gespür für die konstruktiven Belange beim Entwerfen bringen, einen gewissen Theoriebezug haben und zu einer Grundlage für das notwendige und richtungsweisende Gespräch mit dem Bauingenieur führen.

1 Zugstäbe

1.1 Allgemeines

1.1.1 Zugstäbe in Tragwerken

In einer Reihe von Tragwerken werden die Bauwerkslasten streckenweise durch Zugstäbe abgetragen. Diese sind im Tragwerk vielfach allein aus der Anschauung zu erkennen. Man braucht sich nur vorzustellen, wie sich das Tragwerk bei Belastung verformt.

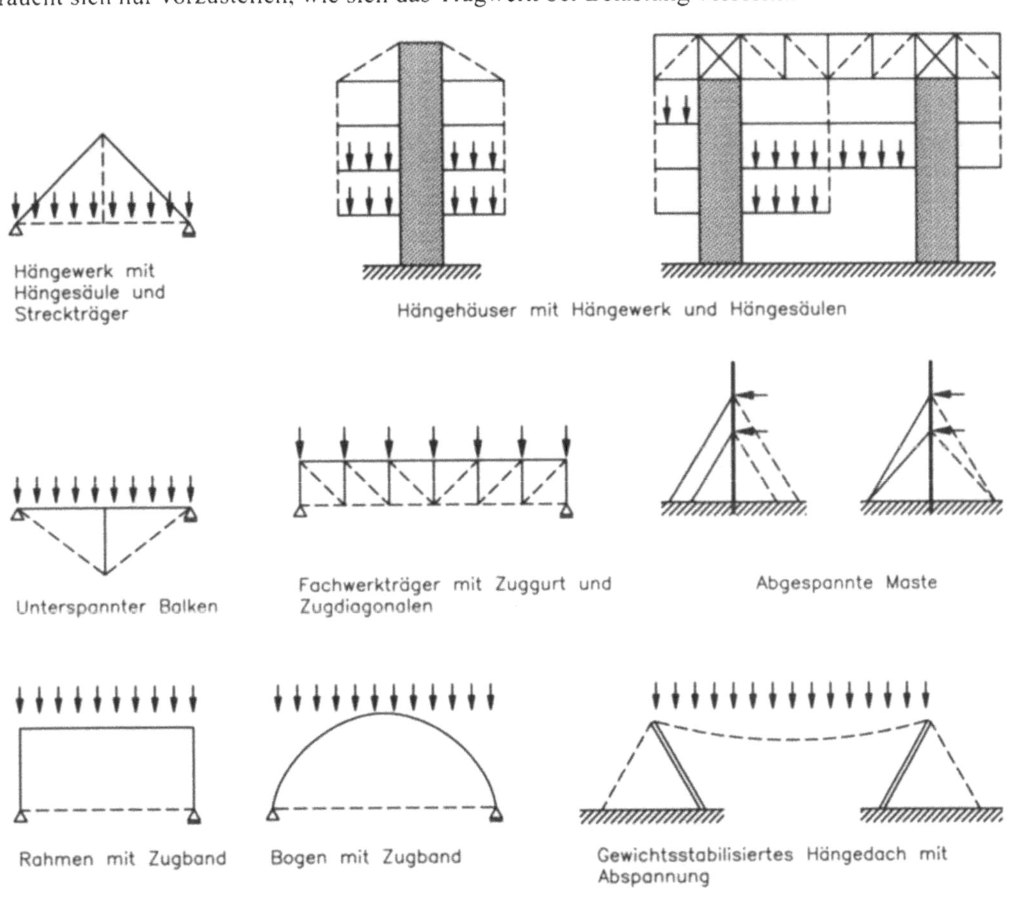

Bild 1.1 Beispiele zugbeanspruchter Tragglieder _ _ _ _ in Bauwerken

Zugbelastung bewirkt Dehnung und deshalb werden jene Stäbe, die bei der gedachten Verformung des Tragwerkes sich offensichtlich dehnen, zugbeansprucht sein. Bild 1.1 zeigt einige Beispiele.

1.1.2   Beanspruchung und Formänderung

Die Zugkraft kann im Stab mittig, das heißt in der Stabachse (Bild 1.2), oder ausmittig, das heißt außerhalb der Stabachse (Bild 1.3), wirken.

Ausmittig wirkt sie, wenn zur Zugkraft N, die eine Dehnung des Stabes bewirkt, noch ein Biegemoment M kommt, das den Stab zusätzlich verbiegt. Die Dehnung des Stabes wird von einer Querkontraktion begleitet. Bei Zugbeanspruchung wird somit ein Stab länger und dünner, um wieviel, das hängt von der Größe der Zugkraft und des Stabquerschnittes sowie vom Material ab.

Mittige Zugbeanspruchung

Die Ebene 1...1 vor der Belastung und die identische Ebene 1'...1' während der Belastung sind zueinander parallel.

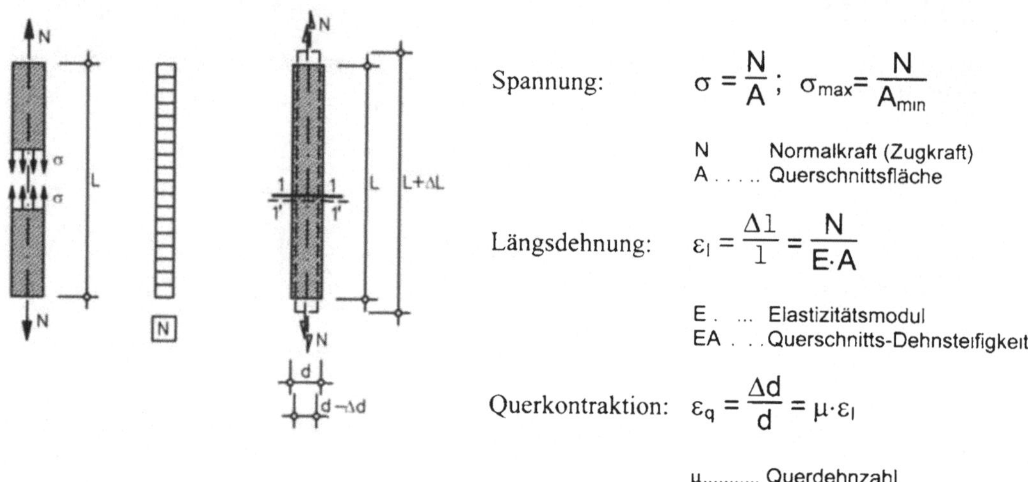

Bild 1.2   Mittiger Zug, Beanspruchung und Stabverformung

Ausmittige Zugbeanspruchung

Die Ebene 1...1 vor der Belastung und die identische Ebene 1'...1' während der Belastung sind gegeneinander verschwenkt.

Das die Ausmittigkeit der Zugbeanspruchung bewirkende Moment kann in einer Querlast, wie etwa dem Eigengewicht, wirkend bei nicht lotrechten Stäben, der Wind- oder der Schneelast, oder in einem exzentrischen Anschluss, das heißt in einer ausmittigen Einleitung der Zugkraft, beziehungsweise in einer nicht geraden Stabachse seine Ursache haben (Bild 1.4).

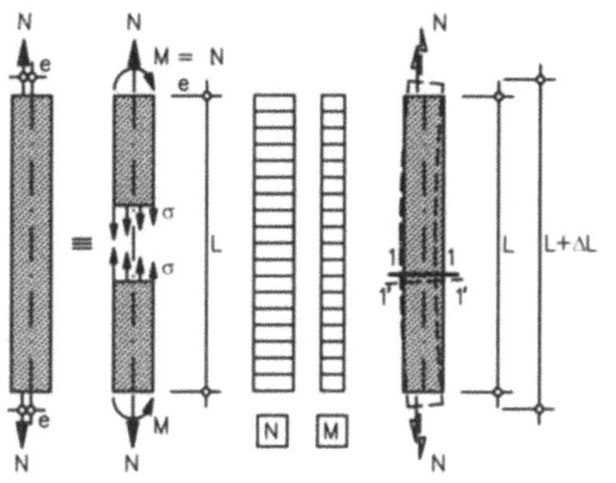

$$\text{Spannung:} \quad \sigma = \frac{N}{A} \pm \frac{M}{W}$$

N	Normalkraft (Zugkraft)
M	Biegemoment
A .	Querschnittsfläche
W .	... Widerstandsmoment

Bild 1.3 Ausmittiger Zug (e ≤ e_k), Beanspruchung und Stabverformung

Im mittig auf Zug beanspruchten Stab sind die unter der Voraussetzung eines homogenen und isotropen[1] Baustoffes ermittelten Zugspannungen über den Stabquerschnitt gleichmäßig (Bild 1.2), im ausmittig auf Zug beanspruchten Stab hingegen keilförmig (Bild 1.3) verteilt. Der Stabquerschnitt ist lediglich zugbeansprucht, wenn die Ausmittigkeit e der Last (e = M/N) kleiner oder gleich der Kernweite k ist (e ≤ k). Wenn die Ausmittigkeit e gleich der Kernweite k wird, werden die Zugspannungen in dem dem Lastangriff gegenüberliegenden Querschnittsrand Null. Und bei größerer Ausmittigkeit entstehen im Stabquerschnitt auf der dem Lastangriff gegenüberliegenden Seite Druckspannungen. Damit ist eine Abgrenzung zu den Biegestäben gegeben, die anderen Gestaltungskriterien unterliegen.

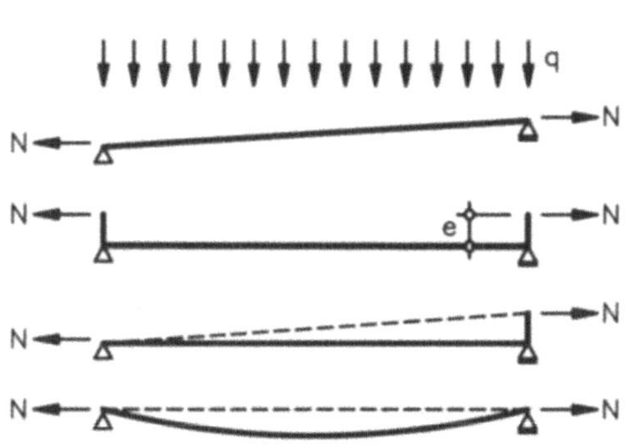

Bild 1.4 Fälle ausmittiger Zugbeanspruchung

Die größte in einem Stabquerschnitt entstehende Zugspannung darf nicht größer als die für den jeweiligen Baustoff zugelassene sein. Sicherheitstheoretisch richtiger müsste man sagen, dass die vom Stab aller Voraussicht nach aufnehmbare Zugbelastung größer sein muss als die wahrscheinlich zu erwartende. Die für einen Baustoff zulässige Spannung hängt unmittelbar von seiner Zugfestigkeit beziehungsweise von seinem Dehnverhalten ab. Die zulässigen Zugspannungen der baupraktisch bedeutsamen Baustoffe sind in Bauvorschriften festgelegt.

Im folgenden wird von mittiger Zugbeanspruchung ausgegangen

---

[1] Homogen: gleichartig, was das Materialgefüge betrifft.
Isotrop: gleichartig, was die mechanischen Eigenschaften in den verschiedenen Richtungen des Materialgefüges betrifft.

Vollständigkeitshalber sei vermerkt, dass eine ideal mittige Zugbeanspruchung selbst unter Versuchsbedingungen kaum zu verwirklichen ist, und zwar wegen unvermeidbarer Abweichungen der Stabachse von der Geraden als Folge von geometrischen Imperfektionen, Baustoffinhomogenitäten und -anisotropien, und außerdem wegen unvermeidbarer Exzentrizitäten im Anschluss. Alle diese Ungenauigkeiten sind jedoch für die praktische Berechnung und vor allem für den Entwurf, sieht man von den Zugstäben aus Glas ab, unbedeutend und daher vernachlässigbar. So kann man beim Entwerfen und Konstruieren i. a. von einer mittigen Zugbeanspruchung ausgehen, solange nicht tatsächlich eine Querlast angreift oder eine Exzentrizität planmäßig gegeben ist.

1.1.3 Formgebung und bauliche Durchbildung

Zugstäbe sind grundsätzlich so auszuformen, dass die im statischen System festgelegte gerade Stabachse sowohl im Stab als auch in seinen Anschlüssen und allenfalls notwendigen Stößen verwirklicht und damit eine mittige und gerade Kraftdurchleitung gewährleistet ist.

Der Zugstab wird am stärksten an jener Stelle beansprucht, wo sein Querschnitt, wie etwa im Anschlussbereich, durch Bohrungen oder Ausnehmungen geschwächt ist, denn auch durch diese Engstelle muss die Zugkraft geleitet werden. Einen Zugstab wirtschaftlich gestalten heißt demnach, Querschnittsschwächungen vermeiden oder diese so klein wie möglich halten. Wird beispielsweise ein Zugstab mit Hilfe irgendwelcher Bolzen (Verbindungsstifte) angeschlossen, dann sind mehrere, hintereinander angeordnete, dünne Bolzen besser als ein dicker, weil das für den dickeren Bolzen benötigte größere Loch den Stabquerschnitt mehr schwächen würde. Ein maßvolles Verdicken des Stabes im Anschlussbereich wird gegebenenfalls zu überlegen sein

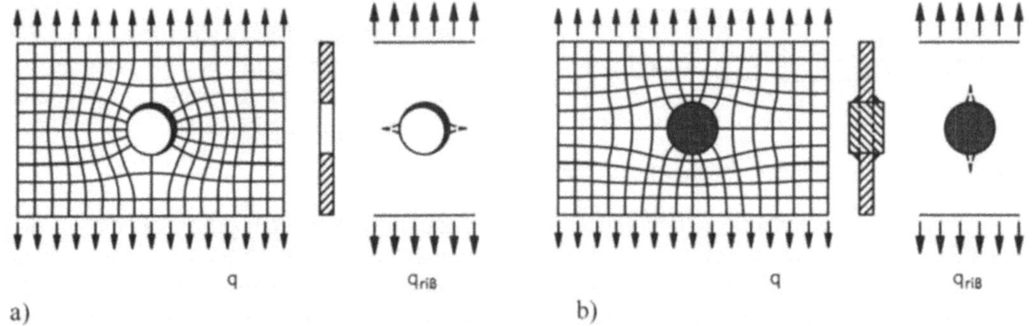

Bild 1.5 Örtliche Spannungskonzentrationen an Störstellen (Kerbwirkung)
a) durch Querschnittsschwächung, b) durch Querschnittsverstärkung

Im Bereich einer Ausnehmung muss die Zugkraft an der Ausnehmung vorbeigeleitet werden und die notwendige Umlenkung der Kraftlinien hat weich zu erfolgen. Deshalb sollten Ausnehmungen, einerlei ob es sich um Einschnitte oder Lochungen handelt, nicht eckig oder kantig sein, sondern grundsätzlich ausgerundet ausgeführt werden. Sie wirken nämlich sonst wie Kerben, in deren Grund es zu Spannungskonzentrationen und infolge dieser zu Anrissen kommt. Doch nicht nur eine unvermittelte Stabverjüngung (Loch) sondern auch eine unvermittelte Stabverdickung

(Pflaster) führt zu Spannungskonzentrationen und möglicherweise zu Anrissen (vgl. Bild 1.5). Aber auch eine unvermittelte Stabverdickung, wie sie beispielsweise mit einem Konsolkranz zur Abstützung am Widerlager, vergleichbar mit einem Schraubenkopf, oder zur Aufnahme ankommender Stäbe gegeben sein könnte, kann die Tragfähigkeit des Zugstabes herabsetzen. An einer solchen Stelle kommt es nämlich bei Belastung, wegen einer unvermittelten Querschnittsverdickung, zu einer Dehnungsbehinderung des Zugstabes, weil sich der Konsolkranz außen nicht im selben Maße mitdehnt, und diese führt zu Anrissen. Ob nun der Zugstab dort normal oder parallel zur Kraftrichtung einreißt, hängt von der Scherfestigkeit des für den Stab und seinen abstehenden Teil verwendeten Materials ab. Lassen sich Querschnittsänderungen nicht vermeiden, dann sind die Übergänge jedenfalls jeweils fließend auszuformen.

Bei Zugbelastung wird der ganze Stab gestreckt. Hat nun beispielsweise ein aus dünnem Blech geformter Stab beim Transport eine Beule bekommen, dann wird diese beim Strecken ausgezogen. Daraus ist zu erkennen, dass Zugstäbe formstabil sind und somit, von der Beanspruchung her gesehen, keiner Formgebungsbeschränkung unterliegen. Sie müssen auch nicht biegesteif sein und weder biegesteif gestoßen noch angeschlossen werden. Die Kette und das Seil sind klassische Zugelemente. Das gezogene Seil wird länger und dünner. Dabei kann eine an ihm zur Anbindung anderer Bauteile aufgeklemmte Schelle locker werden und rutschen, weshalb solche Schellen federnd angespannt werden müssen.

Ein Zugstab reißt bei Überbelastung an seiner schwächsten Stelle. Vom Standpunkt der Tragsicherheit wäre daher lediglich zu fordern, dass seine Beanspruchung hinreichend weit unter seiner Zugfestigkeit bleibt. Spannungsmäßig zu hoch ausgenützte Zugstäbe, vor allem solche aus Stahl oder Aluminium, können aber den Nachteil einer zu großen - und was noch schlimmer ist - bleibenden Dehnung haben, weshalb man für den Zugstab außerdem eine Sicherheit gegen zu große und dem Bauwerk abträgliche Verformungen einzuführen hat. Diese zweite in der Berechnung zu berücksichtigende Sicherheitsschranke erlaubt es also mitunter nicht, den Querschnitt im Sinne der Tragfähigkeit voll auszunutzen. Deshalb hat man bei der Beurteilung von Zugstäben neben ihrer Tragfähigkeit auch ihre Gebrauchsfähigkeit zu beachten. Auch wenn man Zugstäbe vorspannt, weil sie gegebenenfalls aus sprödem Material sind oder weil man deren übermäßige Dehnung verhindern will, wird deren Gebrauchstauglichkeit zu kalkulieren sein.

1.2 Zur Frage nach dem Baustoff

1.2.1 Mögliche Baustoffe

Die Anzahl der für Zugstäbe geeigneten Baustoffe, denen baupraktische Bedeutung zukommt, ist gering. Überwiegend werden für sie die Standardbaustoffe Stahl und Holz verwendet, seltener Aluminium und nur in Ausnahmefällen Kunst- beziehungsweise Faserwerkstoffe. Beton kommt für sie nur dann in Frage, wenn er als Stahlbeton oder Spannbeton für diesen Zweck geeignet gemacht worden ist. Auch Bauglas ist für diesen Zweck geeignet vorzuspannen. Die Auffächerung dieser Baustoffe in Festigkeitsklassen macht die Auswahl kaum größer. Die Eignung der Baustoffe für Zugstäbe kann am besten aus ihrem Spannungs-Dehnungsverhalten im Zugversuch ersehen werden.

1.2.2   Ihr Spannungs-Dehnungsverhalten

Baustahl

Als Stahl bezeichnet man generell einen hüttenmännisch hergestellten Eisenwerkstoff mit einem Kohlenstoffgehalt (C-Gehalt) von bis zu 2 %, der zur Warmformgebung geeignet ist. Jene Baustähle, die für das Bauen in Form von Blechen und Walzprofilen zur Verfügung stehen, haben im Allgemeinen einen Kohlenstoffgehalt von rund 0,2 % und lassen sich ohne weitere Maßnahmen schmieden, walzen und schweißen.

Die Baustähle können, was das Gefüge betrifft, als homogen und isotrop, und, was das Dehnverhalten im Bereich ihrer zulässigen Beanspruchung betrifft, als elastisch[1] bezeichnet werden. Sie sollen für die ihnen im Bauwerk zukommende Aufgabe sowohl ausreichend fest als auch zäh sein - zäh, damit sie problemlos zu Bauteilen verarbeitet werden können und sich die Bauteile im Bauwerk selbst bis zum möglichen Bruch gutmütig, das heißt zäh im Gegensatz zu spröde, verhalten. Der Stahlhersteller kann beide Forderungen, zumal wenn eine höhere Festigkeit verlangt wird, nur schwer vereinen. Seine diesbezüglichen Möglichkeiten sollen nachfolgend angedeutet werden.

Um dem Baustahl die notwendige Zugfestigkeit zu geben, kennt man bei der Stahlerzeugung einige grundsätzliche Möglichkeiten, die im Erzeugungsprozess sowohl einzeln als auch nacheinander folgend und sich ergänzend genutzt werden.

Die Zugfestigkeit bestimmt in erster Linie der Kohlenstoffgehalt. Mit dem Anheben des Kohlenstoffgehaltes steigt die Festigkeit des Stahles. Der im Bauwesen normalerweise verwendete Konstruktionsstahl hat einen Kohlenstoffgehalt von rund 0,2 %; im Bauwesen für Zugstäbe verwendete Stahldrähte können einen C-Gehalt von bis zu 0,9 % haben. Stähle mit einem höheren Kohlenstoffgehalt als 1 % sind Werkzeugstähle für den Maschinenbau beziehungsweise Stähle für die Werkzeuge zur Stahlbearbeitung.

Man kann seine Zugfestigkeit aber auch durch eine dosierte Zugabe von Legierungsmetallen wie Silizium (Si), Mangan (Mn), Chrom (Cr), Nickel (Ni) oder Molybdän (Mo) steigern. Legierungselemente werden aber nicht nur zur Festigkeitssteigerung verwendet, sondern auch um weitere Eigenschaften des Baustahls gezielt zu verbessern. So verbessert das Legierungselement Aluminium (Al) seine Formgebbarkeit und seine Schweißeignung beziehungsweise Alterungsbeständigkeit[2]. Chrom (Cr) macht den Stahl säurebeständiger und Nickel (Ni) korrosionsbeständig.

Man kann die Zugfestigkeit des Stahls aber auch durch gezielte Wärmebehandlung verbessern, indem man ihn nach dem Glühen abschreckt und darauffolgend auf Temperaturen von 400 °C bis 600 °C „anlässt"; man spricht vom Vergüten oder Härten.

Eine Kaltverformung, wie sie beispielsweise beim Ziehen von Drähten erfolgt, hebt seine Zugfestigkeit ebenfalls an. Die auf diese Weise erzielte Festigkeitssteigerung ist aber nicht stabil, die erhöhte Festigkeit fällt nämlich bei einer Temperatur von etwa 800 °C wieder auf die

---

[1]   Elastisch: dem Hookeschen Gesetz genügend.

[2]   Altern: Abnahme der Kerbzähigkeit durch Vergröberung des Kristallgefüges bei höheren Temperaturen oder mit der Zeit.

Ausgangsfestigkeit zurück; auch versprödet, das heißt altert ein kaltverfestigter Stahl bereits bei einer Erwärmung auf 150 °C.

Man unterscheidet demnach zwischen unlegierten (oder niedriglegierten) und legierten Baustählen, die auch vergütet oder kaltverfestigt sein können.

Jede Festigkeitssteigerung, gleichgültig auf welche Weise sie zustande kommt, hat aber eine Versprödung des Stahls zur Folge, die in den Spannungs-Dehnungsdiagrammen von Stählen mit höherer Zugfestigkeit in der Abnahme ihrer Bruchdehnung ersichtlich wird (Bild 1.7). Das Verspröden des Stahls wirkt sich sowohl auf seine Verarbeitbarkeit als auch auf sein Bruchverhalten nachteilig aus. Mit der Einbuße an Zähigkeit verliert der Baustahl sein sprichwörtlich gutmütiges Verhalten gegenüber unsachgemäßem Konstruieren und Anwenden.

Die Verarbeitbarkeit der Baustähle – wie beispielsweise ihre Abkanteignung oder Schweißeignung – wird auch durch die bei ihrer Erzeugung angewendeten Verfahren, sowie durch eine mögliche Wärmebehandlung am Ende der Erzeugung bestimmt. Die heutigen Erschmelzungsverfahren sind im Allgemeinen so gut, dass sie kaum Qualitätsunterschiede bewirken. Beim Verguss des Rohstahls hingegen gibt es bereits Unterschiede, je nachdem, ob der Rohstahl unberuhigt oder beruhigt vergossen wird.

Beim Erstarren des flüssigen Stahls bilden sich Kohlenmonoxydblasen, die aus dem Kohlenstoff- und Sauerstoffgehalt der Schmelze entstehen. Der auf diese Weise kochende Stahl kann unberuhigt vergossen werden. Die Folgen jedoch können grobkörniges Gefüge und Dopplungen[1] im Blech sein. Durch die Beigabe von Aluminium (Al) oder Silizium (Si) zur Schmelze wird aber der im Stahl gelöste Sauerstoff (O) gebunden, und der Stahl kann beruhigt vergossen werden. Dabei erstarrt er weitgehend blasenfrei, was seine Schweißbarkeit, wie bereits vorhin erwähnt, verbessert. Demnach wird zwischen beruhigt und unberuhigt vergossenen Stählen unterschieden. Beruhigt vergossene Stähle sind besser schweißbar.

Nach dem Walzen können durch ungleichmäßiges Abkühlen der Walzprodukte oder beim Richten[2] der Walzprodukte im Stahl Eigenzugspannungen[3] entstehen, die in der Folge bei Belastung zu einer mehrachsigen Zugbeanspruchung führen können, auf die der Stahl besonders spröde reagiert. Diese Eigenspannungen kann man nun durch Spannungsarmglühen bei rund 600 °C weitgehend abbauen oder durch Normalglühen bei 800 °C ganz beseitigen. Das Normalglühen bewirkt obendrein eine wesentliche Verbesserung der Zähigkeit des Baustahls und damit auch die Verbesserung seiner Schweißeignung. So wird weiter zwischen warm verformten, unbehandelten und warm verformten, normalgeglühten Stahlprofilen unterschieden.

Zur einwandfreien Beschreibung eines Baustahles werden die vorher angesprochenen Unterscheidungsmerkmale neben der Kurzbezeichnung beifügend angegeben.

Die Stahlerzeuger unterscheiden nach den Gebrauchseigenschaften der Stähle zwischen: Grundstählen, Qualitätsstählen und Edelstählen. Für die Stahlverwender im Bauwesen hingegen

---

[1]   Unter Dopplung versteht man die durch das Auswalzen einer solchen Blase entstandene, örtliche Zweischichtigkeit des Bleches, also eine Fehlstelle im Blech.

[2]   Richten: Geradebiegen von durch Warmformgebung (Walzen, Schweißen) krumm gewordenen Profilen.

[3]   Eigenspannungen sind Spannungen, welche in einem Werkstück bestehen, auch wenn es keiner äußeren Belastung unterliegt.

bietet sich die vorteilhaftere Unterscheidung zwischen *Genormten Massenbaustählen* und *Nicht genormten Sonderbaustählen* an, weil mit der Normung bereits eine gewisse Auswahl im Hinblick auf das Verhältnis von Festigkeit und Zähigkeit getroffen worden ist.

Genormte Massenbaustähle

Zu den genormten Massenbaustählen werden jene Baustähle gezählt, deren Festigkeits- und Verformungskennwerte (Mechanische Kennwerte) und deren zulässige Spannungen in einer Berechnungsnorm festgelegt sind. In Österreich sind es beispielsweise die Grundbaustähle St 360, St 430 und St 510, die im Handel als Bleche und Profile erhältlich sind. Es sind unlegierte, beruhigt vergossene, warm verformte und meist normalgeglühte Stahlprodukte. Die Kurzbezeichnung dieser Stähle gibt ihre garantierte Zugfestigkeit min f_u in N/mm² an.

Der Baustahl St 360 hat eine Mindestzugfestigkeit von 360 N/mm². Er verhält sich bei Zugbelastung grundsätzlich entsprechend der in Bild 1.6 gezeigten Arbeitslinie. Sie zeigt in welchem Maße sich ein aus diesem Material hergestellter, definierter Versuchsstab bei zunehmender Zugbelastung dehnt und wie sich dieser bis zu seinem Bruch verhält.

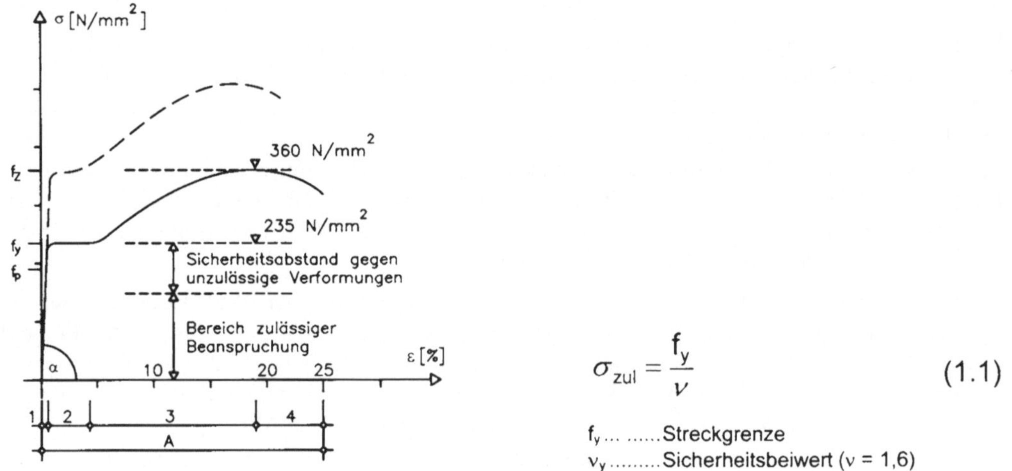

$$\sigma_{zul} = \frac{f_y}{v} \qquad (1.1)$$

f_y .... Streckgrenze
v_y .... Sicherheitsbeiwert ($v = 1{,}6$)

Bild 1.6 Arbeitslinie von St 360 bzw. St 510 bei Zugbelastung
1 Elastischer Bereich
2 Fließbereich   ⎫
3 Verfestigungsbereich   ⎬ Plastischer Bereich
4 Einschnürbereich   ⎭

Mit zunehmender Belastung nimmt anfangs seine Dehnung ε linear mit der Spannung σ zu. Es gilt das Hookesche Gesetz: $\sigma = E \cdot \varepsilon$. Die Steigung der Arbeitslinie (tan α) in diesem Bereich gibt seinen Elastizitätsmodul E an. Er beträgt für alle Stahlsorten, was in Bild 1.7 deutlich wird, 210.000 N/mm². Wird der Stab entlastet, federt er auf seine ursprüngliche Länge zurück; er verhält sich elastisch. So verhält sich der Stab bis zu jener Belastung, bei der seine Spannung die Proportionalitätsgrenze f_p erreicht. Bei weiterer Laststeigerung nimmt seine Dehnung im Verhältnis zur Spannung zunehmend stärker zu.

Wird der so hoch belastete Stab entlastet, federt dieser nicht mehr auf seine ursprüngliche Länge zurück – er wurde überdehnt (ε_{pl}); der Stab verhält sich folglich plastisch. Wird bei weiterer Laststeigerung im Stab die Streckgrenze f_y erreicht, dehnt er sich plötzlich mehr oder weniger, ohne dass die Last weiter gesteigert werden muss: der Stab fließt. Nach einer Zeit des Fließens verfestigt sich der Stab noch einmal, und die Last kann wieder weiter gesteigert werden. Dabei dehnt sich aber der Stab beträchtlich und beginnt sich örtlich merklich einzuschnüren, um schließlich in der Einschnürung zu brechen. Die Größe der Bruchdehnung A ist relativ und hängt wegen des Einflusses der Einschnürung von der Länge des Versuchsstabes ab und wird in Prozenten seiner Länge angegeben. Sie beträgt bei Versuchsstäben aus St 360, die fünfmal so lang wie dick sind (was in der früheren Bezeichnung δ_5 noch zum Ausdruck kommt), rund 25%.

Aus der Arbeitslinie kann man nun ersehen, dass bei Belastung eine Sicherheit gegenüber Erreichen der Streckgrenze, das heißt ein Abstand von dieser, zu fordern ist, denn der Zugstab darf nicht ins Fließen kommen und soll nicht überdehnt werden, das heißt keine bleibende Dehnung erfahren. Deshalb wird der Wert der zulässigen Spannung σ_{zul} für genormte Baustähle generell unter Beachtung der notwendigen Sicherheit v aus dem Spannungswert der Streckgrenze f_y nach (1.1) ermittelt.

Die Arbeitslinien der Stahlsorten St 430 und St 510 (siehe Bild 1.7) sind jener des besprochenen St 360 ähnlich.

Zu den genormten Baustählen zählen auch die Schraubenstähle für den Stahlbau, beispielsweise die Sorten 5.6 und 10.9. In deren Kurzbezeichnungen gibt jeweils die erste Ziffer die Zugfestigkeit f_u mit einem Hundertstel ihres Wertes in N/mm² und die zweite Ziffer die Streckgrenze f_y in Zehnteln der Zugfestigkeit an. Ein Schraubenstahl der Güte 5.6 hat demnach eine garantierte Zugfestigkeit f_u von 500 N/mm² und eine 0,2 %-Dehngrenze $f_{0,2}$ von 300 N/mm². Unter dieser versteht man jene Spannung, bei der nach Entlastung des Stabes eine Dehnung des Stabes von 0,2 % verbleibt.

Nicht genormte Sonderbaustähle

Zu den nicht genormten Sonderbaustählen gehören alle Stähle, deren Mechanische Kennwerte zwar in Werkstoffnormen oder Werkszeugnissen angegeben sind, deren zulässige Beanspruchung aber nirgends festgelegt ist und somit erst jeweils der Festlegung bedarf. Zu ihnen gehören sowohl alle Baustähle höherer Festigkeit als auch alle Qualitätsbaustähle mit besonderen Eigenschaften. Alle legierten Baustähle sind nicht genormte Sonderbaustähle. Je nach Festigkeit stehen sie als Bleche und Profile, Schmiedestücke, Stangen oder Drähte zur Verfügung.

Das Spannungs-Dehnungsverhalten einiger solcher Stähle zeigt Bild 1.7, in der sie dem St 360 gegenübergestellt sind. Diese Gegenüberstellung zeigt, dass mit dem Anheben der Streckgrenze und der Zugfestigkeit die Bruchdehnung generell abnimmt. Beträgt diese beim St 360 25 %, so sinkt sie bei hochfesten Stahldrähten auf 8 % und bei Stahlsaiten sogar auf 4 % ab. Das heißt, dass die Stähle mit zunehmender Festigkeit verspröden. Die Versprödung zeigt sich aber auch darin, dass mit höherer Festigkeit die ausgeprägte Streckgrenze verloren geht. Belastet man höherfeste Stähle bis zum Bruch, werden sie, nachdem sie sich plastisch gedehnt haben, ziemlich unvermittelt brechen, und kein Fließen wird den bevorstehenden Bruch ankündigen.

Um sich nun auch bei diesen Stählen nicht nur gegen Bruch sondern auch gegen zu große bleibende Dehnungen abzusichern, wird anstelle der Streckgrenze die bereits bei den Schraubenstählen genannte 0,2 %-Dehngrenze definiert. Es wird für die zulässige Belastung

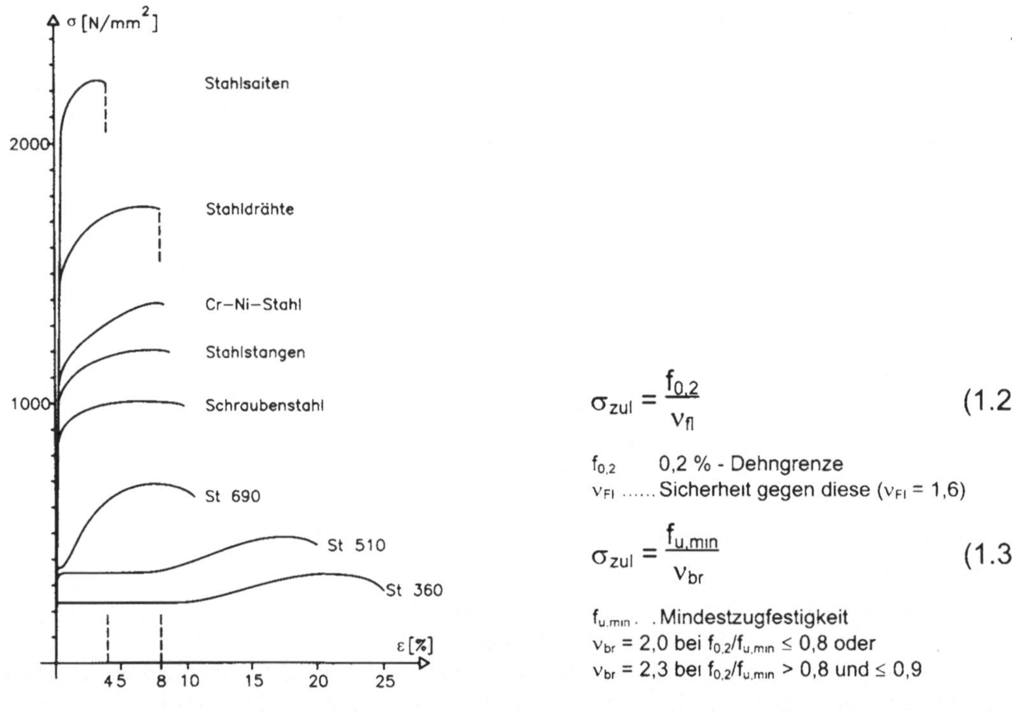

$$\sigma_{zul} = \frac{f_{0,2}}{v_{fl}} \qquad (1.2)$$

$f_{0,2}$ 0,2 % - Dehngrenze
v_{Fl} ...... Sicherheit gegen diese (v_{Fl} = 1,6)

$$\sigma_{zul} = \frac{f_{u,min}}{v_{br}} \qquad (1.3)$$

$f_{u,min}$ . . Mindestzugfestigkeit
v_{br} = 2,0 bei $f_{0,2}/f_{u,min} \leq 0,8$ oder
v_{br} = 2,3 bei $f_{0,2}/f_{u,min} > 0,8$ und $\leq 0,9$

Bild 1.7   Arbeitslinien verschiedener Stahlsorten bei Zugbelastung

sowohl ein Sicherheitsabstand gegenüber der Zugfestigkeit $f_{u,min}$ als auch gegenüber der 0,2 %-Dehngrenze $f_{0,2}$ verlangt. Somit ist die Größe der zulässigen Spannung σ_{zul} mit den entsprechenden Sicherheitsbeiwerten aus den zwei Bedingungen: Gleichung (1.2) und Gleichung (1.3), als Kleinstwert zu ermitteln.

Der Vollständigkeit halber sei vermerkt, dass die Mechanischen Kennwerte nicht nur qualitäts- sondern auch dickenabhängig sind, und zwar nimmt deren Größe bei Materialdicken über 40 mm merklich ab. Für dicke Bleche aus genormtem Stahl sind daher die zulässigen Spannungen wie für Sonderbaustähle nach Gleichung (1.2) zu bestimmen.

Die Kurzbezeichnungen dieser Stähle sind sehr verschieden. Meist wird das Verhältnis von 0,2 %-Dehngrenze zur Mindestzugfestigkeit angegeben, so beispielsweise bei den Bewehrungsstählen und Spanndrähten (St 1080/1230 oder St 1570/1770). Die Kurzbezeichnung kann aber beispielsweise auch, wie bei den unlegierten Walzdrähten für die Seilherstellung, den Kohlenstoffgehalt oder, wie bei den Chromstählen, den Chromgehalt angeben.

Aluminium

Aluminium wird als Überbegriff für eine Reihe von Aluminiumlegierungen, wie beispielsweise Al Zn Mg1 (F35), Al Mg Si1 (F32), Al Mg4,5 Mn (F31) verwendet, die als Bleche und Profile erhältlich, i. a. leidlich schweißbar, spanabhebend bearbeitbar, aber nur schlecht zu kanten sind. Die Schweißeignung und die Bearbeitbarkeit der einzelnen Legierungen hängen von den Legierungsanteilen und sehr stark auch von dem die Festigkeit bestimmenden

Aushärtungszustand[1] ab und sind mit den Halbzeugherstellern jeweils abzuklären.

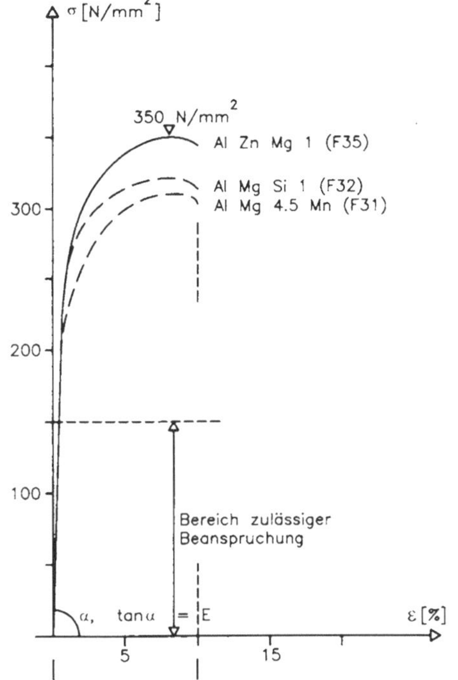

Bild 1.8   Arbeitslinien von Aluminiumlegierungen

Aluminium kann wie Stahl als homogener, isotroper und elastischer Baustoff bezeichnet werden. Die genannten Legierungen unterscheiden sich voneinander kaum und sind, was die Festigkeit betrifft, mit dem Baustahl St 360 vergleichbar.

Die Arbeitslinien einiger für Baukonstruktionen geeigneter Aluminiumlegierungen zeigt Bild 1.8. Aus diesen ist zu ersehen, dass der Elastizitätsmodul auch für alle Aluminiumlegierungen gleich ist, und dass dieser nur ein Drittel von dem des Stahls beträgt. Aluminium ist also „weich" und dehnt sich dreimal mehr als Stahl. Aluminium besitzt auch keine ausgeprägte Streckgrenze, und daher ist eine 0,2 %-Dehngrenze anzugeben. Weil das Streckgrenzenverhältnis $f_{0,2}/f_{u,min}$ der verwendeten Legierung wie bei den genormten Baustählen kleiner bis gleich 0,8 ist, kann die zulässige Spannung σ_{zul} nach Gleichung (1.2) mit dem Sicherheitsbeiwert 1,6 unmittelbar aus dem Wert der 0,2 %-Dehngrenze ermittelt werden.

Bauholz

Holz ist ein natürlich gewachsener, organischer Baustoff. Wegen der Porosität, der Wuchsfehler, der Astigkeit und der häufig vorhandenen Schwindrisse ist Bauholz ein inhomogener und wegen seiner Faserstruktur ein anisotroper Baustoff. Als Bauholz werden fast ausschließlich in- und ausländische Nadelhölzer verwendet.

Die Zugfestigkeit des Holzes in Faserrichtung ist relativ groß, die Zugfestigkeit quer dazu, das heißt seine Spaltfestigkeit, dagegen nahezu Null. Die Zugfestigkeit in Faserrichtung wird aber durch die genannten Inhomogenitäten stark vermindert, so dass die Zugfestigkeit von Baugliedern wesentlich kleiner ist als jene von ausgesuchten Proben, wenngleich das Spannungs-Dehnungsverhalten grundsätzlich gleich bleibt. Der strukturbedingte Abfall in der Zugfestigkeit beträgt, wie die nachstehende Gegenüberstellung zeigt, nahezu 90 %:

Faserprobe aus Spätholz: f_u = 500 N/mm²
Fehlerfreie Holzprobe: f_u = 100 N/mm²
Kantholz, aus gutem Bauholz: f_u = 60 N/mm².

---

[1]   Aushärtungszustand ... Ergebnis einer materialspezifischen Wärmebehandlung (z.B. Duraluminium) bei der Werkstoffherstellung.

Die Arbeitslinie für normales Bauholz zeigt Bild 1.9. Die Proportionalitätsgrenze f_p fällt fast mit der Zugfestigkeit f_u zusammen, weshalb die Arbeitslinie bis zum Bruch geradlinig angegeben wird. Nach elastischer Dehnung bricht also Holz spröde!

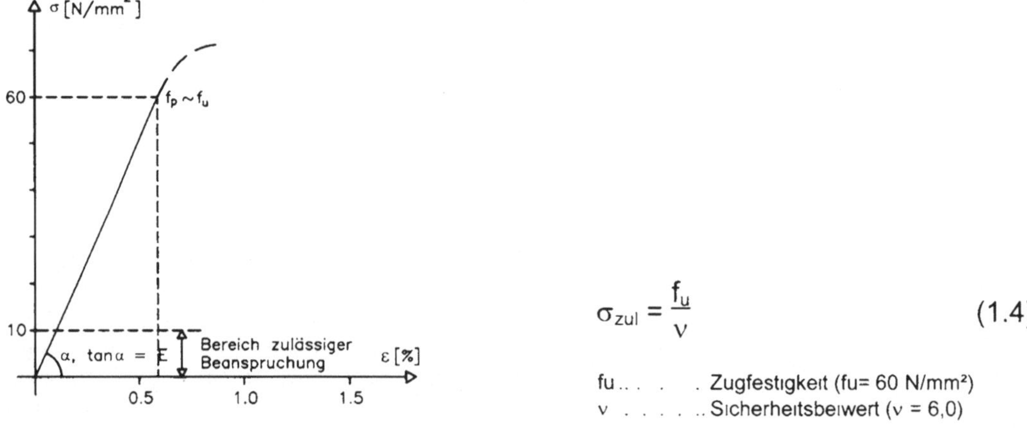

$$\sigma_{zul} = \frac{f_u}{v} \qquad\qquad (1.4)$$

Bild 1.9   Idealisierte Arbeitslinie von Bauholz

Wegen der großen Streuung der Festigkeitswerte und weil trotz Gütebedingungen und Sortierung schon durch eine Fehlstelle der Festigkeitswert stark absinken kann, wird ein relativ großer Abstand der zulässigen Beanspruchung von der Zugfestigkeit notwendig und der Sicherheitsbeiwert mit $v = 6$ angenommen. Mit diesem ermittelt sich die zulässige Spannung σ_{zul} für gutes Bauholz unmittelbar aus der für Kanthölzer bestimmten Zugfestigkeit f_u nach Gleichung (1.4).

Die für die Berechnung anzusetzende Zugfestigkeit des Bauholzes kann, sieht man von den begrenzten Möglichkeiten der Waldpflege ab, zwar nicht beeinflusst, aber von Fall zu Fall durch Auswahl, das heißt durch Sortierung des Holzes, angehoben und im speziellen Verwendungsfall dann auch genützt werden. Die Zugfestigkeit des Bauholzes ist nämlich abhängig von der Rohdichte des Holzes (Laubhölzer haben eine höhere Zugfestigkeit als Nadelhölzer), von der Astigkeit (Holz für Zugstäbe soll astfrei, gerade gewachsen und feinporig sein) und von der Holzfeuchtigkeit. Eine konstruktive Möglichkeit, die Zugfestigkeit zu verbessern, bietet auch die Verwendung von Brettschichtholz, weil in diesem die Inhomogenitäten besser gestreut sind oder sogar eliminiert werden können, indem Fehlstellen herausgenommen und durch Einleimen von gutem Bauholz ersetzt werden.

Bauglas

Glas ist ein organisches, amorph erstarrtes Schmelzprodukt, Bauglas ein aus einem homogenisierten Gemenge erschmolzenes, das vorwiegend aus Quarzsand, Soda und gebranntem Kalk besteht. Für Bauteile werden Alkali-Kalk-Silicatgläser (Kalk-Natron-Silicatgläser) bevorzugt verwendet.

Bauglas ist homogen und isotrop, verhält sich bei Belastung ideal-elastisch und bricht spröde. In Glasbauteilen erfolgt daher kein Abbau möglicher Spannungsspitzen durch Plastizieren - im Gegensatz zu solchen aus Stahl - was ihre Verwendung für tragende und sich im Bauwerk unter

Last oder durch Zwang verformende Bauteile erschwert. Es besitzt, ob direkt aus der Schmelze gewonnen und verwendet (Basisprodukte) oder in einer weiteren Bearbeitung verbessert (Veredelungsprodukte), zudem eine mehr oder weniger verletzte und obendrein verletzliche Oberfläche. Wegen der somit von Haus aus vorhandenen und bei Herstellung und Verwendung unvermeidbaren Oberflächendefekte (Risse, Kerben) ist seine effektive Zugfestigkeit gering und außerdem nur unsicher angebbar. Bei Glasfasern bestehen die Schädigungen nur im Größenbereich von Submikrorissen ($< 10^{-4}$ mm), bei Glastafeln nach langer Nutzung hingegen aus sichtbaren Rissen ($\sim 10^{-1}$ mm). Daher liegt die Zugfestigkeit von Glasfasern im Bereich von $100 \div 500$ kN/cm², die von Glastafeln hingegen nur im Bereich von rd. $2 \div 3$ kN/cm²; die molekulare Bindungsfestigkeit und somit die theoretische Zugfestigkeit von Silicatglas beträgt aber mehr als 1000 kN/cm². Auch bei Bauglas ist die Kurzzeitfestigkeit größer als die Dauerfestigkeit, was bei der Wahl der jeweiligen Sicherheiten zu beachten ist. Die Arbeitslinie von Bauglas zeigt Bild 1.10 das auch die Zugfestigkeiten einiger Glassorten angibt. Die Zugbeanspruchbarkeit kann durch Vorspannen verbessert werden, was thermisch oder chemisch beziehungsweise mittels externer Spannelemente auch mechanisch erfolgen kann.

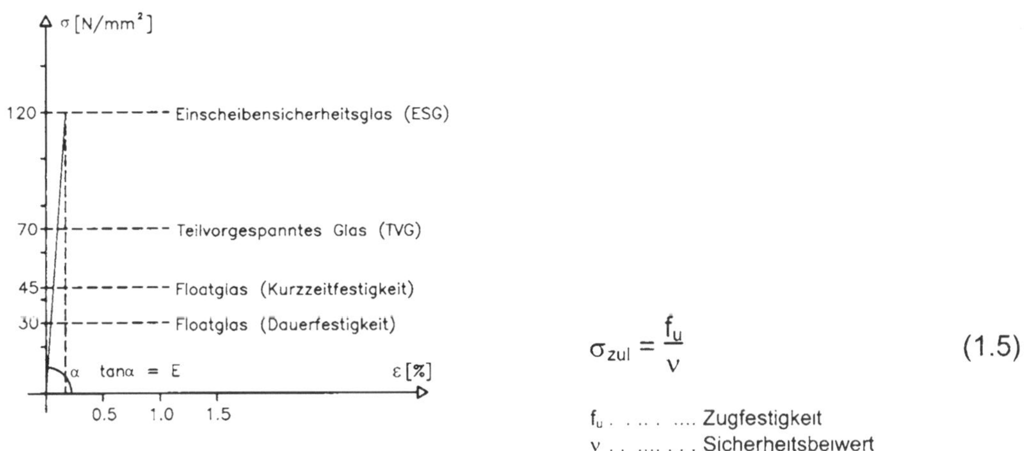

$$\sigma_{zul} = \frac{f_u}{v} \tag{1.5}$$

f_u . . . . Zugfestigkeit

v . . . . Sicherheitsbeiwert

Bild 1.10 Arbeitslinie von Bauglas mit Richtwerten der Zugfestigkeiten einer Reihe von Flachgläsern

Bauglas ist ein Oberbegriff, eine nähere Produktdefinition ist erforderlich, etwa durch Angabe der Zusammensetzung des Gemenges für die Glasschmelze (Alkali-Kalk-Silicatgläser), der Art der Basisglaserzeugung (Floatglas, Walzglas, Gussglas), von Ausmaß und Art der Veredelung (Einscheibensicherheitsglas ESG, Verbundsicherheitsglas VSG, thermisch oder chemisch vorgespanntes Glas), der Form des Halbzeuges (Glasfasern, Flachgläser, Glasrohre) sowie der Möglichkeit der Verwendung (Konstruktive Gläser, Fenstergläser).

Für Bauteile wird als Basisprodukt meist Floatglas verwendet, das aus der Schmelze zähflüssig kommend, auf einem Zinnbad schwimmend, in einer Schutzatmosphäre erkaltet und in großen Tafeln geschnitten in den Handel kommt. Glasrohre werden gezogen, gegossen oder im Schleuderverfahren hergestellt.

1.2.3   Einige Kriterien für die Auswahl

Das Gewicht

Zugstäbe sollen leicht sein, damit das Tragwerk nicht zu schwer und dadurch unwirtschaftlich wird, müssen aber dennoch hinreichend fest sein. Die Reißlänge L der Baustoffe gibt ein Maß für den diesbezüglichen Vergleich: je größer die Reißlänge des Baustoffes ist, desto leichter ist nämlich der aus ihm hergestellte Zugstab.

Als Reißlänge[1] bezeichnet man die Länge eines frei hängenden Stabes, der unter der Last seines Eigengewichtes abreißt. Sie wird aus Gleichung (1.6), in der Gewicht und Bruchlast eines Stabes gleichgesetzt werden, berechnet zu:

$$A \cdot \gamma \cdot L = A \cdot f_u \;\rightarrow\; L = \frac{f_u}{\gamma} \tag{1.6}$$

Ein Vergleich der Baustoffe bezüglich ihrer Reißlänge zeigt beispielsweise, dass Zugstäbe aus Stahl, nachdem alle Stahlsorten die gleiche Masse haben, umso leichter sein können, je höher ihre Festigkeit ist, und dass eine entsprechende Aluminiumlegierung dem Stahl überlegen ist.

Die Dehnbarkeit

Zugstäbe sollen so steif wie notwendig sein, damit sich das Tragwerk nicht bis zur Unbrauchbarkeit verformt, das heißt, dass es nicht zu weich wird; und sie sollen nur aus so festem Material sein, wie es in dieser Hinsicht überhaupt sinnvoll ist. Für den diesbezüglichen Vergleich der Baustoffe bietet sich ihre Dehnung ε bei ihrer vollen zulässigen Ausnutzung an, die nach Gleichung (1.7) berechnet werden kann.

$$\varepsilon_{zul} = \frac{\sigma_{zul}}{E} \tag{1.7}$$

Ein Vergleich der Baustoffe bezüglich ihrer Dehnbarkeit zeigt beispielsweise, dass Zugstäbe aus Stahl, nachdem alle Stahlsorten den gleichen E-Modul haben, umso dehnbarer, d.h. weicher sind, je höher ihre Festigkeit ist, vorausgesetzt, dass sie spannungsmäßig entsprechend ihrer Festigkeit gleich ausgenutzt werden. Andererseits haben Aluminium und der normalerweise verwendete Baustahl St 360 nahezu gleiche Festigkeiten. Aluminium hat jedoch gegenüber Stahl einen E-Modul, der nur ein Drittel dessen von Stahl beträgt, so dass sich ein Aluminiumstab im Vergleich zum Stahlstab um das Dreifache dehnt. Ein Holzstab dagegen entspricht, wenn man seine

---

[1]   Das Merkmal Reißlänge wurde in den Anfängen der Leichtbauweise in der ersten Hälfte des 20. Jahrhunderts als Kriterium für die Leichtigkeit einer Konstruktion eingeführt. Der Vergleich der Reißlängen (Stahl St 360: 4,6 km, Bauholz: 12 km, Aluminium F35: 12,7 km, Cr-Ni-Stähle: 17,8 km, Stahldrähte: 22,5 km und Faserwerkstoffe: > 40 km) zeigt deutlich, welche Baustoffe im Sinne der Leichtbautechnik welchen überlegen sind. Und aus ihm lässt sich unter anderem auch, was die Werkstoffe betrifft, die Geschichte des Flugzeugbaues, beginnend mit den Flugzeugen aus Holz bis hin zu jenen aus Cr-Stählen beziehungsweise Faserwerkstoffen, ablesen.

Dehnbarkeit betrachtet, nahezu einem Stahlstab, wenn beide entsprechend ihrer zulässigen Beanspruchung belastet sind.

Große Reißlänge und geringe Dehnbarkeit sind gegeneinander abzuwägen.

Das Bruchverhalten

Zugstäbe sollen sich bei Beanspruchung zäh verhalten und ihren möglichen Bruch im Falle einer irrtümlichen Überlastung oder eines Bemessungsfehlers vorzeitig ankündigen. Sie sollen also nicht spröde brechen.

Es gibt, wie bereits gezeigt, Baustoffe mit ausgeprägt zähplastischem Verformungsverhalten, wie etwa die genormten Baustähle, und solche, die nahezu spröde brechen, wie etwa hochfeste Stähle, aber auch Holz und Glas. Dehnbarkeit oder Sprödigkeit sind nicht nur Baustoffeigenschaften, sondern auch Verhaltensweisen unter ganz bestimmten Umständen, beziehungsweise bei ganz bestimmter Beanspruchung. Alle Baustoffe verhalten sich mit zunehmender Festigkeit sowie bei schlagartiger Belastung spröder. Die meisten Baustoffe verspröden auch bei niedrigen und hohen Temperaturen oder mit der Zeit, man spricht vom Altern. Alle Baustoffe verhalten sich schließlich spröde, wenn sie mehrachsig auf Zug beansprucht werden, wozu im Verborgenen die Eigenspannungszustände[1] in Schweißkonstruktionen beitragen können. Baustoffe, die sich bei Zugbeanspruchung spröde verhalten, können sich hingegen bei Druckbeanspruchung zähplastisch verhalten, wie beispielsweise Beton oder auch viele Kunststoffe.

1.2.4 Einige Mechanische Kennwerte

Als Anhalt für die Entwurfsberechnung gelten nachstehende Werte:

Tabelle 1.1 Mechanische Kennwerte bei Zugbelastung

	γ	f_u	f_y	E	σ_{zul} *)
	[kN/m^3]	[kN/cm^2]			
Stahl St 360	78,5	36,0	23,5	21.000	14,5
Stahl St 430	78,5	43,0	28,5	21.000	17,5
Stahl St 510	78,5	51,0	35,5	21.000	21,5
Aluminium F 31	27,5	35,0	27,5	7.000	15,5
Bauholz	6,0	6,0	-	1.000	1,0
Floatglas	25,0	3,0	-	7.000	1,0

*) für überschlägliche Entwurfsberechnungen

---

[1] Eigenspannungen sind Spannungen, welche in einem Werkstück bestehen, auch wenn es keiner äußeren Belastung unterliegt.

1.3   Zur Frage des Querschnittes

1.3.1   Erforderliche Querschnittsfläche

Die nötige Querschnittsfläche des Zugstabes kann direkt bemessen werden.

Aus Gleichung (1.8) für den Spannungsnachweis folgt nach Gleichsetzung von σ_{max} mit σ_{zul} Gleichung (1.9) für die Bemessung des Mindest- oder Nettoquerschnittes.

$$\sigma_{max} = \frac{N}{A_{min}} \leq \sigma_{zul} \tag{1.8}$$

$$A_{min,erf} = \frac{N}{\sigma_{zul}} \tag{1.9}$$

Die Querschnittsfläche des ungeschwächten Zugstabes A folgt weiter nach Gleichung (1.10) aus dem Nettoquerschnitt durch Zugabe eines Zuschlages ΔA, der in etwa der möglichen, durch den Anschluss hervorgerufenen Querschnittsschwächung (Lochabzug) zu entsprechen hat.

$$A = \frac{N}{\sigma_{zul}} + \Delta A \tag{1.10}$$

1.3.2   Mögliche Querschnittsformen

Zugstäbe sind, wie bereits im Abschnitt 1.1 dargelegt, formstabil und unterliegen daher keiner Formbeschränkung. Es sind also, zumindest theoretisch, alle erdenklichen Querschnittsformen möglich. Dennoch wird ihre Form in gestalterischer Hinsicht (vor allem bei sichtbaren Tragstrukturen), in ökonomischer Hinsicht (was die handelsüblichen Halbzeuge[1], ihren Preis und ihre Verarbeitungsmöglichkeiten betrifft) und in funktioneller Hinsicht (bezüglich ihrer Anbindung und des Anschlusses anderer Bauteile an sie) zu überlegen sein. Im Allgemeinen empfehlen sich einfache, symmetrische Querschnittsformen.

1.4   Zur Frage des Anschlusses

Man unterscheidet generell zwischen Anschluss und Stoß und spricht dort vom Anschluss, wo das Tragwerkselement endet und in das Tragwerk einbindet, und dort vom Stoß, wo einzelne Teile des Tragwerkselementes zusammengefügt sind. Beim Zugstab gelten sowohl für den Anschluss als auch für den Stoß die gleichen Konstruktionsgrundsätze, weil beim einen wie beim anderen allein die Zugkraft zu übertragen ist.

---

[1]   Halbzeuge ... ein für die Weiterverarbeitung bestimmtes Vor- bzw. Zwischenprodukt

1.4.1 Erfordernisse der Kraftübertragung

Der Anschluss hat die Zugkraft aufzunehmen, soll weitgehend gelenkig sein, hat die zentrische Durchleitung der Zugkraft zu ermöglichen und soll außerdem den gesamten Zugstabquerschnitt erfassen. Die Kraft, die im Zugstab gleichmäßig verteilt ankommt, ist anderenfalls weit genug vor dem Anschluss in den für ihn vorgesehenen Teil umzuleiten. Diesen Anforderungen haben auch die Stöße zu entsprechen. Beide müssen aber nicht als Gelenk, sondern können nach Bild 1.11 auch als Kopfplatten- oder Laschenstoß, beziehungsweise als Stumpf- oder Durchdringungsstoß und somit steif ausgebildet werden. Je empfindlicher aber der anzuschließende Zugstab gegen unbeabsichtigte Verbiegung ist und je größer seine Bewegungsfreiheit sein soll, desto vollkommener muss das Anschlussgelenk ausgebildet werden. Symmetrische Zugstabquerschnitte sind symmetrisch zu stoßen und anzuschließen.

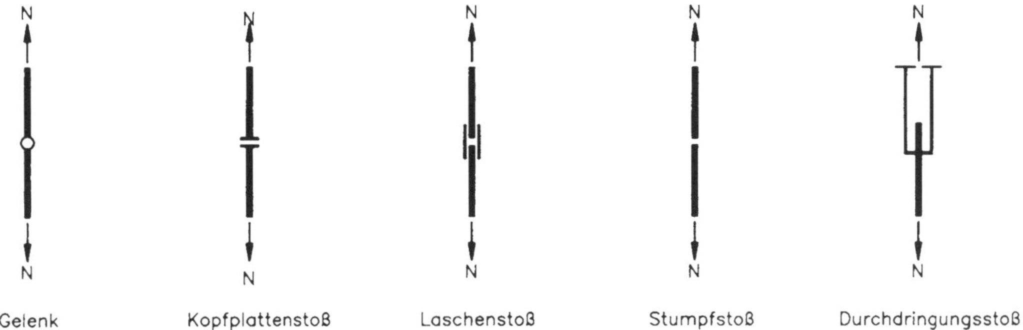

Bild 1.11 Ausführungsmöglichkeiten für Zugstabstöße

Erfolgt der Anschluss in einer Zange beziehungsweise der Stoß durch Laschen, werden die äußeren Anschlusselemente, wie Bild 1.12 zeigt, dann auf Biegung beansprucht, wenn die Kraft in sie exzentrisch eingeleitet wird. Das Ausmaß der Biegung hängt also davon ab, ob die Kraft unmittelbar in der Berührungsfuge abgegeben wird, wie dies zum Beispiel bei einer Dübelverbindung der Fall ist (vgl. Bild 1.12 sowie Bild 1.14), oder ob die Kraft durch einen sehr steifen Gelenkbolzen tiefer in die Anschlusselemente hineingetragen wird.

Bei den relativ dünnen Stahllaschen darf diese Ausmittigkeit immer vernachlässigt werden; bei den ungleich dickeren Holzlaschen hingegen ist der gegebenen Ausmittigkeit vereinfachend dadurch Rechnung zu tragen, dass sie für die 1,5 fache anteilige Kraft, mittig wirkend gedacht, zu bemessen sind. Das heißt, sie sind, jede für sich, ca. 3/4 so dick wie der Zugstab auszuführen. Will man im Anschluss jedes Maß an Biegung vermeiden, muss konstruktiv bewirkt werden, dass die Kraft in die Laschen mittig abgegeben wird. Das kann beispielsweise durch einen Kugellagerkranz geschehen, der zudem auch ein gewisses Maß an Querbeweglichkeit gewährleistet.

1.4.2 Verfügbare Anschlussmechanismen

Für die bauliche Durchbildung der Anschlüsse und Stöße stehen folgende Fügemechanismen zur Verfügung:

der **Formschluss**
der **Reibungsschluss** und
der **Stoffschluss.**

Beim Formschluss werden die zu verbindenden Teile verzahnt oder gekuppelt. Beim Reibungsschluss wird die Kraft von einem Teil in den anderen durch Reibung übertragen, wozu unter anderem die Klemmreibung, die Keilreibung oder die Umschlingungsreibung baupraktisch genutzt werden können. Beim Stoffschluss werden die zu verbindenden Teile entweder flächig verklebt oder naht- bzw. punktförmig verschweißt.

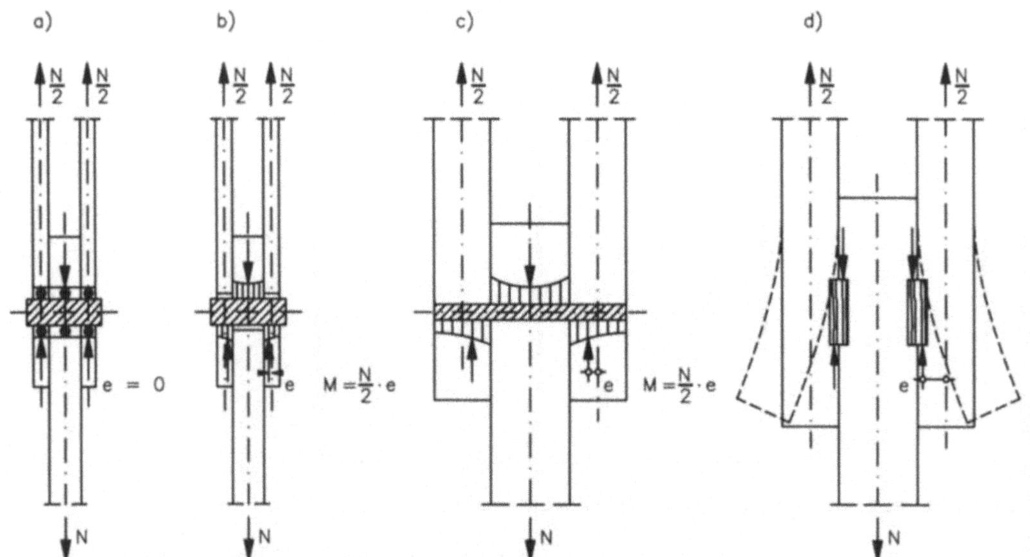

Bild 1.12 Biegung der Außenlasche infolge exzentrischer Kraftübertragung
     a) keine Biegung, weil Lastzentrierung durch Kugellagerkränze
     b) schwache Biegung, weil dünne Bleche und vergleichsweise dicker Bolzen
     c) stärkere Biegung, weil dicke Hölzer und vergleichsweise dünner Bolzen
     d) starke Biegung, weil Kraftüberleitung durch Dübel unmittelbar in der Stoßfuge

Der Formschluss

Formschlüssige Verbindungen sind beispielsweise im Stahlbau die Schrauben- und Bolzenverbindungen oder im Holzbau die verschiedenen Dübel-, Bolzen- und Nagelverbindungen, aber auch die unterschiedlichsten Haken- und Schnappverbindungen sowie Kupplungen zählen dazu. Auch im Glasbau werden formschlüssige Verbindungen verwendet.

In den meisten dieser Verbindungen wird die Zugkraft N, wie beispielsweise in Bild 1.13 gezeigt, durch Lochleibungsdruck σ_{L1} vom Verbindungsmittel aufgenommen. Das Verbindungsmittel überträgt die Kraft aus dem Zugstab in die Anschlussteile, wird dabei vorwiegend auf Abscheren τ_A beansprucht, und gibt sie über Lochleibungsdruck σ_{L2} in diese ab.

Im **Stahlbau** sind es durchweg Scher-Lochleibungs-Verbindungen (SL-Verbindungen), das heißt, entweder bestimmt die Scherfestigkeit der Verbindungsmittel, das sind die Schrauben oder

Bolzen, oder die Lochleibungsfestigkeit (Ausreißfestigkeit) der Teile, das sind der Zugstab oder die Laschen, die Tragfähigkeit der Verbindung, weshalb sowohl die Tragfähigkeit der Verbindungsmittel als auch die der Teile zu untersuchen ist.

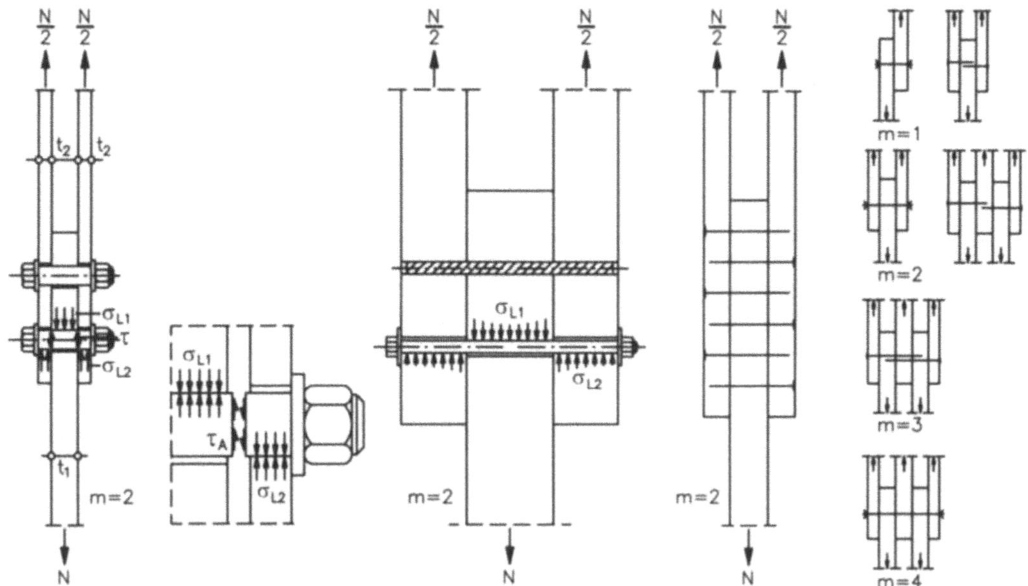

Bild 1.13 Schraubenverbindung im Stahlbau, bzw. Schraubenbolzen-, Stabdübel- und Nagelverbindungen im Holzbau, sowie Angaben zum Begriff „Schnittigkeit"

Die in den Verbindungsmitteln gleichmäßig verteilt angenommene Scherspannung τ_A, beziehungsweise die entsprechende, zulässige Übertragungskraft der Verbindungsmittel $N_{A,zul}$ ermittelt sich aus den Gleichungen (1.11).

Der in den Löchern der zu verbindenden Teile gleichmäßig über den Lochquerschnitt verteilt angenommene Leibungsdruck σ_L beziehungsweise die entsprechende, zulässige Übertragungskraft $N_{L,zul}$ ermittelt sich aus den Gleichungen (1.12).

Für die Erfüllung des Nachweises der Verbindung müssen die ermittelten Spannungen τ_A und σ_L kleiner als die jeweils zulässigen Werte sein, beziehungsweise muss die zu übertragende Zugkraft N kleiner als die von den Verbindungsmitteln und den Anschlussteilen aufnehmbare Kraft sein (Gleichungen 1.13).

Im **Holzbau** hingegen müssen die verschiedenen formschlüssigen Verbindungen differenzierter gesehen werden.

Bei den mit jenen des Stahlbaus vergleichbaren Stiftverbindungen, wie den Schraubbolzen- und Stabdübelverbindungen, wird die Tragfähigkeit der Verbindung nicht nur durch die Lochleibungsfestigkeit der relativ weichen Holzteile sondern auch durch die Biegesteifigkeit der Verbindungsstifte bestimmt. Da nämlich die zu verbindenden Teile hier ungleich dicker (vgl. Bild 1.13) und deshalb die Bolzen viel länger sind, müssen die stabförmigen Verbindungsmittel hinreichend biegesteif sein, damit die durch sie zu übertragende Kraft von ihnen auch weit genug in die anschließenden Teile hineingetragen wird. Mit anderen Worten gesagt: nur bei hinreichend steifen Stiften kann von einer gleichmäßigen Verteilung des Lochleibungsdruckes σ_L, wie sie in Gleichung (1.12) der Berechnung zugrunde liegt, ausgegangen werden. Die sich aus der Lochleibungsfestigkeit ergebende Übertragungskraft wird also durch die aus der Biegesteifigkeit der Bolzen resultierende Übertragungskraft eingeschränkt.

$$\tau_A = \frac{N}{n \cdot m \cdot A_s}, \quad N_{A,zul} = n \cdot m \cdot A_s \cdot \tau_{A,zul} \tag{1.11}$$

τ_A ....Scherspannung im Verbindungsmittel
$N_{A,zul}$...Aufnehmbare Kraft, was das Verbindungsmittel betrifft
N ....Anzuschließende bzw. aufzunehmende Zugkraft
n ....Anzahl der Verbindungsmittel
m ....Anzahl der Schnitte in der Verbindung, durch welche die Zugkraft übertragen wird (Schnittigkeit)
A_s.......Scherfläche des Verbindungsmittels ($d^2\pi/4$)
d ....Bolzen- bzw. Schraubendurchmesser

$$\sigma_L = \frac{N}{n \cdot A_L}, \quad N_{L,zul} = n \cdot A_L \cdot \sigma_{L,zul} \tag{1.12}$$

σ_L ....Lochleibungsdruck für das Stab- bzw. Laschenmaterial
$N_{L,zul}$...Aufnehmbare Kraft, was die Bauteile im Anschlußbereich betrifft
N........Anzuschließende bzw. aufzunehmende Zugkraft
n ....Anzahl der Verbindungsmittel
A_L.......Projizierte Lochleibungsfläche ($d \cdot \Sigma t$)
d ... .Bolzen- bzw. Schraubendurchmesser
Σt.......Gesamtdicke des Zugstabes bzw. der Laschen

$$\tau_A \leq \tau_{A,zul}, \quad \sigma_L \leq \sigma_{L,zul} \quad bzw. \quad N \leq N_{A,zul}, \quad N \leq N_{L,zul} \tag{1.13}$$

Die Tragfähigkeit einer Nagelverbindung nach Bild 1.13, bei der dicke Hölzer meistens durch relativ dünne Nägel verbunden werden, hängt unter anderem von der Einschlagtiefe und von der Anordnung der Nägel ab, wird aber bei Einhaltung diverser konstruktiver Regeln allein durch die Biegefestigkeit der Nägel bestimmt. Für die Ermittlung der Tragfähigkeit einer Stift- oder Nagelverbindung gibt es in den entsprechenden Berechnungsnormen entweder auf Versuchen basierende Berechnungsformeln oder in Versuchen ermittelte Traglasttabellen, die den beschriebenen Abhängigkeiten Rechnung tragen.

Bei den Dübelverbindungen wird, wie in Bild 1.13 gezeigt, die Kraft durch die Dübel unmittelbar in der Berührungsfuge der zu verbindenden Teile übertragen, dafür stehen Rechteckdübel aus Hartholz, sowie eine Reihe von Einlass- und Einpressdübel zur Verfügung.

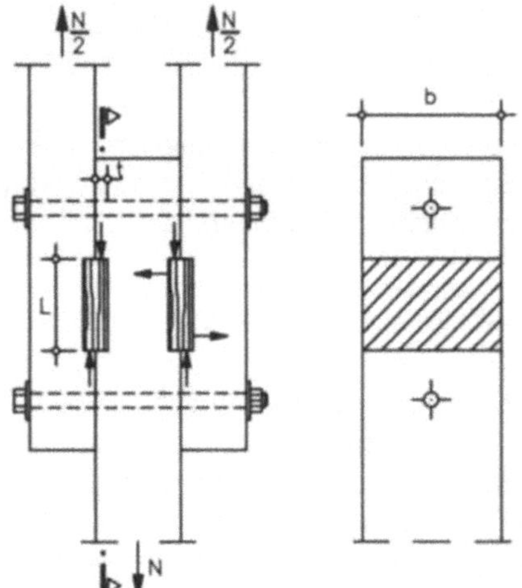

Bild 1.14 Dübelverbindung mit Hartholzdübel

Bei der in Bild 1.14 gezeigten Dübelverbindung übernimmt der Blockdübel die Kraft auf der einen Seite durch Lochleibungsdruck und gibt sie auf der anderen Seite über Lochleibungsdruck ab. Dabei wird der Dübel verdreht. Das Gleichgewicht zwischen dem Leibungsdruck auf der einen und dem auf der anderen Seite wird allein durch die zur Verbindung notwendigen und daher für eine Dübelverbindung unerlässlichen Bolzen möglich. Die Tragfähigkeit der Dübelverbindung aber wird einerseits durch die Scher- und Lochleibungsfestigkeit der Dübel und andererseits durch die Lochleibungsfestigkeit der Teile bestimmt und kann für den gezeigten Rechteckdübel aus den Gleichungen (1.11) und (1.12) mit der Scherfläche $A_s = b \cdot L$ und der Lochleibungsfläche $A_L = b \cdot t$ ermittelt werden, wobei b, L und t Abmessungen der Dübelverbindung sind.

Der Reibungsschluss

Für den Klemmreibungsschluss sind die zu verbindenden Teile zusammenzuspannen, das heißt aneinanderzupressen. Der Anpressdruck p bewirkt in den Berührungsflächen die Reibung R, und diese ermöglicht die Kraftübertragung aus dem einen Teil in den anderen.

Das Prinzip wird am Beispiel nach Bild 1.15 erklärt, bei dem ein Zugstab mit einer Schraube zwischen die Backen der Zange geklemmt und auf diese Weise gehalten wird. Dazu muss die Schraube vorgespannt werden, wobei sie sich über Kopf und Mutter auf die zu klemmenden Teile abstützt und diese aneinanderpresst. Die Vorspannkraft V wird durch Anziehen der Schraube erzeugt.

Die Reibung in den Berührungsflächen und damit die zulässige Übertragungskraft ist abhängig von der Größe des Anpressdruckes, das heißt von der Vorspannung V und dem Reibbeiwert μ der Berührungsflächen, welcher vom Material und von der Oberflächenstruktur der Berührungsflächen abhängt; sie ist aber unabhängig von der Größe der Berührungsflächen!

Die zulässige Übertragungskraft N_{zul} einer gleitfest vorgespannten Verbindung (GV-Verbindung) ermittelt sich aus Gleichung (1.14).

$$N_{zul} = \frac{\mu \cdot V}{\nu} \cdot n \cdot m \geq N \tag{1.14}$$

V ......Aufgebrachte Vorspannkraft je Schraube
N Anzuschließende bzw. aufzunehmende Zugkraft
μ ... Reibbeiwert.   Stahl– Stahl (sandgestrahlt) . μ ..μ = 0,5
                              Stahl Stahl (unbohandolt) ... ...μ − 0,2
                              Holz – Holz (sagerauh) .... μ = 0,5
ν . . Sicherheitszahl, ν = 1,4
n . .. Anzahl der Schrauben
m . Anzahl der Reibflächen

Der Anpressdruck wird im Allgemeinen durch Klemmschrauben aufgebracht, kann aber auch durch das Aufschrumpfen erwärmter Stahlhülsen oder, wie bei dünnen Seilen angewendet, durch Aufpressen von weichen Leichtmetallhülsen mit hohem Druck, unter dem sie sich plastisch verformen, erzeugt werden.

Beim Keilreibungschluss nach Bild 1.15 wird das Zugglied (Stahlband oder Stahldraht) in einer konischen Öffnung durch Gleitkeile gehalten. Die Keile müssen in den Konus leicht hineingedrückt werden, damit sie von Anfang an gegen den zu verankernden Stab drücken. Wird der Zugstab dann belastet, zieht er die Keile mit in die Verankerung – der Keil 'beißt'. Das ist aber nur dann der Fall, wenn die Reibung zwischen Zugstab und Keil um vieles größer ist als zwischen Keil und Ankerkonus ($\mu_1 \gg \mu_2$), und wenn der Keil schmal ($\alpha \approx 1{:}10$) und auf der Konusseite möglichst glatt ($\mu_2 = 0{,}2$) ist. Der hohe Reibbeiwert auf der Greifseite wird fallweise erreicht, indem diese Keilfläche einen 'Feilenschlag' erhält und besonders gehärtet wird.

Dieser Kraftschluss ist im Allgemeinen nur für Dauerbelastung geeignet, weil sich die Verbindung bei Entlastung dann löst, wenn μ_2 kleiner als $\tan \alpha$ ist. Selbstsperrend ist diese Verbindung also nur, wenn μ_2 größer als $\tan \alpha$ ist.

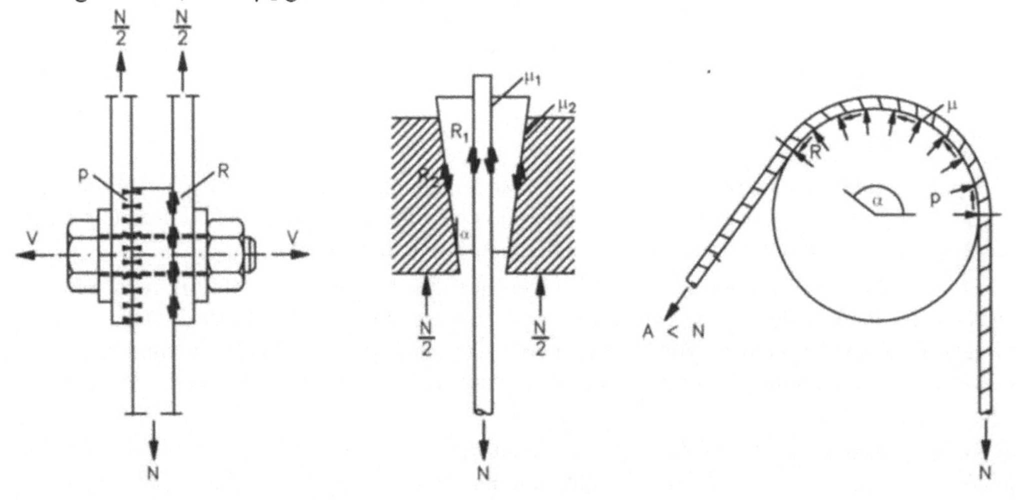

Bild 1.15 Reibungsschlüssige Verbindungen

Mit Keilen können aber nicht nur einzelne Drähte, sondern auch ganze Drahtbündel verankert werden. Der Keil ist das klassische Verbindungsmittel des Maschinenbaus.

Beim Umschlingungsreibungsschluss erfolgt die Verankerung des Zuggliedes, wie in Bild 1.15 gezeigt, durch Umlenkung des Zuggliedes in einem Sattel. In der Krümmung wird das Seil durch die Umlenkkräfte gepresst und die dabei entstehenden Reibungskräfte bewirken eine Abnahme der zu verankernden Kraft, bis gegebenenfalls allein die Haftreibung zur Verankerung der restlichen Kraft ausreicht. Die Kraftabnahme hängt vom Umlenkwinkel α, gemessen im Bogenmaß ($\alpha = \alpha° \cdot \pi/180$), und vom Reibbeiwert μ ($0{,}1 < \mu < 0{,}6$) ab. Die zu verankernde Kraft A errechnet sich aus Gleichung (1.15).

$$A = N \cdot e^{-\mu \cdot \alpha} \tag{1.15}$$

A .... Ankerkraft
N .... zu verankernde Kraft
e .... Basis des natürlichen Logarithmus (2.718)
μ .... Reibbeiwert ($0.1 < \mu < 0.6$)
α .... Umlenkwinkel gemessen im Bogenmaß

Bei $\alpha = 180°$ und $\mu = 0{,}6$ beziehungsweise $\alpha = 360°$ und $\mu = 0{,}3$ beträgt die Haltekraft A nur mehr 15 % der Zugkraft N.

Auf diese Weise werden Schiffe an einem Poller vertaut und Tragseile von Brücken oder Hängedächern in Umlenksätteln verankert. Nach diesem Prinzip funktioniert aber auch jedes Hanfseil oder das Stoßen von Drähten im Seil durch Spleißen, bei dem die einzelnen Drähte ineinander verflochten werden und sich die beiden Seilenden auf diese Weise auf Spleißlänge übergreifen.

Der Stoffschluss

Stoffschlüssige Verbindungstechniken sind das Kleben und das Schweißen. Beim Schweißen werden die zu stoßenden Teile an den Berührungsstellen aufgeschmolzen und unter Zugabe verflüssigten Füllmaterials, gleicher oder ähnlicher Zusammensetzung wie das Material der Teile, miteinander verbunden. Beim Löten hingegen, das zur Verbindung von tragenden Elementen nicht verwendet wird, hat das verbindende Lot einen niedrigeren Schmelzpunkt.

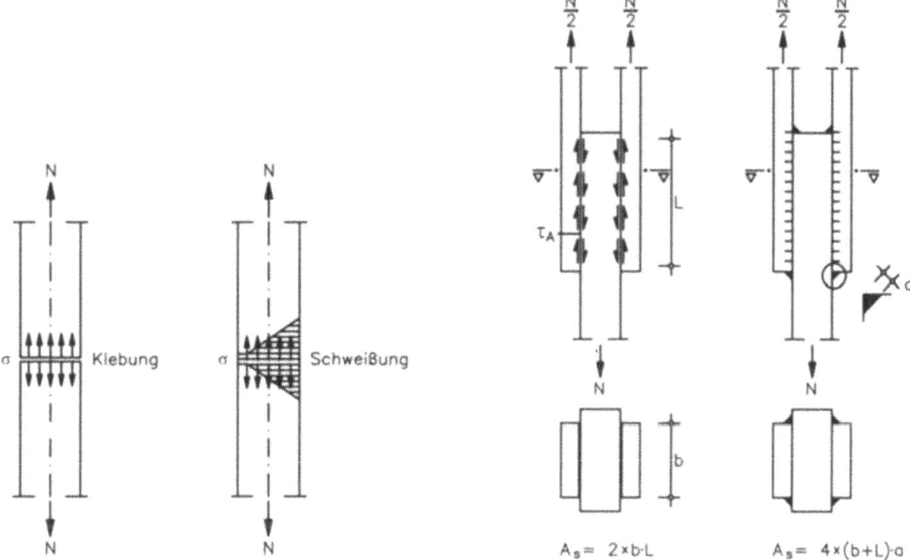

Bild 1.16 Kraftdurchleitung beim Stumpfstoß   **Bild 1.17** Kraftüberleitung beim Laschenstoß

Hinsichtlich der Beanspruchung hat man bei stoffschlüssigen Verbindungen generell zwischen dem Stumpfstoß - bei dem die Verbindung auf Zug - und dem Überlappungsstoß - bei dem die Verbindung auf Abscheren beansprucht wird - zu unterscheiden.

Beim Stumpfstoß nach Bild 1.16 wird die Zugkraft N direkt durch die Klebung beziehungsweise die Schweißung geleitet und diese auf Zug beansprucht. Die zulässige Übertragungskraft im Stumpfstoß ist nach Gleichung (1.16) nachzuweisen.

$$\sigma = \frac{N}{A} \leq \sigma_{zul} \quad \rightarrow \quad N_{zul} = A \cdot \sigma_{zul} \geq N \tag{1.16}$$

N Anzuschließende bzw aufzunehmende Zugkraft
A.   . Zugstabquerschnitt
σ_{zul} Zulässige Spannung in der Verbindung
N_{zul} Von der Verbindung aufnehmbare Zugkraft

Die Größe von σ_{zul} ist bei einer Klebung vom Kleber und bei einer Schweißung von der Materialqualität der zu verbindenden Teile abhängig, weil das Schweißgut immer tragfähiger ist als das Grundmaterial.

Beim Laschenstoß nach Bild 1.17 wird die Zugkraft über die Klebeflächen beziehungsweise Schweißnähte in die Laschen oder die Zangen geleitet, und dabei wird die Verbindung als solche vorwiegend auf Abscheren beansprucht. Die Scherspannung τ_A beziehungsweise die zulässige Übertragungskraft N_{zul} ist unter der Voraussetzung, dass die Zugkraft entlang der Schweißnähte beziehungsweise in der Klebefläche gleichmäßig übertragen wird, nach Gleichung (1.17) zu ermitteln.

In Wirklichkeit wird aber die Kraft in der Verbindung nicht gleichmäßig übertragen, und außerdem wird die Verbindung als Teil des Zugstabes bei Belastung in Längsrichtung ebenfalls gedehnt und somit auf Zug beansprucht. Die Beanspruchung der Schweißnaht beziehungsweise der Verklebung wäre also genauer mit dem Nachweis der Vergleichsspannung[1] σ_v zu beurteilen.

$$\tau_A = \frac{N}{A_s} \leq \tau_{A,zul} \rightarrow N_{zul} = A_s \cdot \tau_{A,zul} \geq N \tag{1.17}$$

N........Anzuschließende bzw. aufzunehmende Zugkraft
A_s.......Scherfläche (vgl.: Bild 1.17)
$\tau_{A,zul}$....Zulässige Scherspannung
N_{zul}.....Von der Verbindung aufnehmbare Kraft

Auch bei dieser Verbindung ist die Größe von $\tau_{A,zul}$ bei einer Klebung vom Kleber und im Falle einer Schweißung von der Materialqualität der zu verbindenden Teile abhängig.

1.4.3   Hinweise zur baulichen Anwendung

Die vorhergehend angesprochenen Anschlussmechanismen haben ein unterschiedliches Last - Verformungsverhalten. Während sowohl die stoff- als auch die reibungsschlüssigen Verbindungen steif, das heißt nahezu unnachgiebig sind, verhalten sich alle formschlüssigen Verbindungen relativ nachgiebig. Die formschlüssigen Verbindungen sind durchwegs Verzahnungen, wenn auch unterschiedlichster Ausführung. Bei ihnen können sowohl die Zähne als auch die Leibungen im Bauteil, in die sie eingreifen, mehr oder weniger weich sein bzw. konstruktionsbedingt einen Schlupf (Spiel) haben.

Dieser Sachverhalt ist besonders dann zu bedenken, wenn aus irgendwelchen Gründen verschiedene Anschlussmechanismen kombiniert verwendet werden sollen (vgl. Bild 1.18). Eine Kehlnahtverbindung beispielsweise kann und eine Scher-Klebeverbindung muss durch eine zusätzliche Klemmverbindung gestützt werden. Auch die Verankerung mit Hilfe eines Umlenkreibungsschlusses kann durch eine zusätzliche Klemmung verstärkt beziehungsweise ergänzt werden. Stoff- und reibungsschlüssige Verbindungsmechanismen dürfen zwar mit-einander, aber nicht mit formschlüssigen Verbindungsmechanismen kombiniert genutzt werden,

---

[1]   eine reduzierte, nach versch. Hypothesen ermittelte Normalspannung, stellvertretend für den einachsigen Spannungszustand (σ, τ) an dieser Stelle.

und auch die verschiedenen Ausführungsarten formschlüssiger Verbindungen sollen wegen ihrer unterschiedlichen Nachgiebigkeit nicht kombiniert verwendet werden.

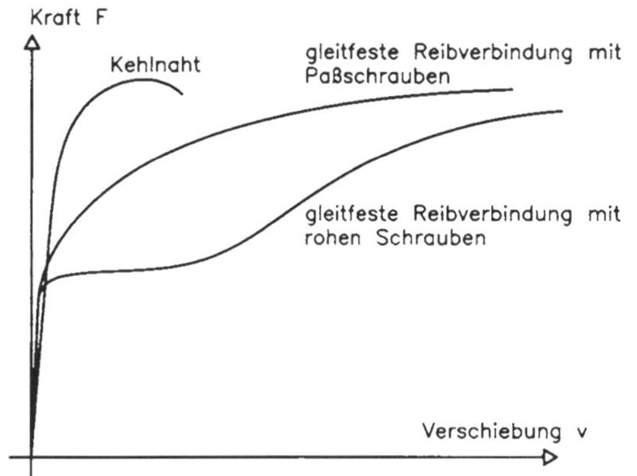

Bild 1.18 Arbeitslinien kombinierbarer Verbindungsmittel, beispielsweise im Stahlbau

Die Nachgiebigkeit einer Verbindung ist aber gegebenenfalls auch zu beschränken, um die Gesamtdehnung des Zugstabes so klein wie nur möglich zu halten. Das kann durch ein entsprechend kleines Spiel der Verbindungsmittel in den für sie vorgesehenen Lochungen (Passschrauben, Stabdübel mit Passung) erreicht werden, was aber eine aufwendigere Herstellung verlangt.

Bei jedem Anschluss und jeder Verbindung wird davon ausgegangen, dass die Anschlusskraft in der Verbindung gleichmäßig übertragen wird, was allerdings nur der Fall ist, wenn der Anschluss nicht zu lang ist. Man kann im konstruktiven Ingenieurbau sowohl bei geschraubten als auch bei geschweißten Laschenstößen davon ausgehen, dass bis zu einer Anschlusslänge von etwa einem halben Meter diese Voraussetzung gegeben ist. Bei längeren, sogenannten „Langen Anschlüssen" ist die zulässige Übertragungskraft abzumindern.

In den formschlüssigen Verbindungen werden die Schraubenbolzen, besonders die Gelenkbolzen Gelenk-, aber auch die Stabdübel oder Nägel nicht nur auf Abscheren, sondern mehr oder weniger auch auf Biegung beansprucht, weshalb sie aus zähem Material, das heißt, aus einem Material mit nicht zu hoher Festigkeit und mit ausgeprägter Streckgrenze (siehe Bild 1.7) sein müssen. In reibungsschlüssigen, gleitfesten Klemmverbindungen hingegen sind die Schrauben Klemmschrauben, die wie Federn die zu verbindenden Teile zusammenspannen und sich auf diese abstützen. Wegen der notwendigen Federwirkung müssen sie aus hochfestem Material sein, und wegen der Abstützung auf die gepressten Teile müssen sie im Vergleich zu normalen Schrauben einen größeren Kopf und eine größere Mutter haben.

Bei den Scher-Lochleibungsverbindungen ist auch dafür zu sorgen, dass die Verbindung als Ganzes nicht ausreißt, weshalb bei der Anordnung der Verbindungsmittel hinreichende Rand- und Lochabstände einzuhalten sind. Diese sind für die einzelnen Verbindungsarten in Bauvorschriften festgelegt. Die gewählten Randabstände bestimmen die Größe der zulässigen Lochleibungsspannung $\sigma_{L,zul}$ für den Nachweis der Verbindung (vgl. Bild 1.24).

1.5 Zugstäbe aus Stahl und aus Aluminium

1.5.1 Allgemeines

Für Stahl und Aluminium gelten weitgehend die gleichen Konstruktionsgrundsätze, so dass im Rahmen dieses Kapitels beide Werkstoffe in einem abgehandelt werden können. Was die Festigkeit betrifft, sind die genormten Massenbaustähle, allen voran der St 360, mit entsprechenden Aluminiumlegierungen vergleichbar, so dass in dieser Hinsicht die in Stahl konzipierten Bauteile auch in Aluminium hergestellt werden könnten. Es bleibt aber der Unterschied im E-Modul (Aluminiumstäbe dehnen sich unter Last dreimal mehr als Stahlstäbe!) und in der Wärmedehnzahl (Al-Stäbe dehnen sich bei Erwärmung zweimal mehr als Stahlstäbe!). Somit ergeben sich Abweichungen in den Entwurfs- und Konstruktionsregeln unter anderem überall dort, wo sie vom E-Modul beeinflusst sind. Beim Zugstab spielt vor allem die Frage der Dehnbarkeit eine Rolle.

Zugglieder aus Stahl können biegesteif in Form von Profilen oder biegeweich in Form von Seilen ausgeführt werden. Bauglieder, die im Tragwerk zwar vorwiegend zugbeansprucht sind, die aber gegebenenfalls auch unbelastet oder geringfügig druckbelastet sein können, müssen, damit die Stabilität des Tragwerks unter allen Umständen gewährleistet ist, biegesteif ausgeführt werden und zumindest der Bedingung genügen, dass ihre Schlankheit λ (darunter versteht man im Falle von seitlich nicht gehaltenen Zuggliedern das Verhältnis von Länge zu Trägheitsradius) kleiner als 250 ist (vgl. Abschnitt 2.1.3).

1.5.2 Walz-, Kant- und Strangpressprofile

Walzprofile

Walzprofile gibt es aus Stahl aber auch aus Aluminium. Die Walzprofile aus Aluminium haben im Allgemeinen eine gedrungenere Querschnittsform als jene aus Stahl. Die gängigsten Formen zeigt Bild 1.19 und zwar geordnet nach:

Formstähle: Schmale I-Profile mit geneigten Flanschflächen (z.B. I 200)
Mittelbreite I-Profile mit parallelen Flanschflächen (z.B. IPE 200)
Breite I-Profile mit parallelen Flanschflächen (z.B. HE-A 200, HE-B 200, HE-M 200)
Rundkantige U-Profile (z.B. U 200).

Stabstähle: Rundkantige Z-Stähle (z.B. Z 100)
Gleichschenkelige, rundkantige Winkelstähle (z.B. L 60/8)
Ungleichschenkelige, rundkantige Winkelstähle (z.B. L 120/80/8)
Rundstähle (z.B. R 50)
Quadratstähle (z.B. Q 50)
Rundkantige T-Stähle (z.B. T 50)

Hohlprofile: Nahtlose Rohre (z.B. 139,7/4,9)
Nahtlose Hohlprofile mit Quadratquerschnitt (z.B. HP 80/4)
Nahtlose Hohlprofile mit Rechteckquerschnitt (z.B. HP 120/80/4)

Flachstähle: Flachstähle $b \leq 150$ (z.B. 100/15)

            Breitflachstähle $150 < b \leq 1250$ (z.B. 550/20)

            Bleche $b \geq 1250$

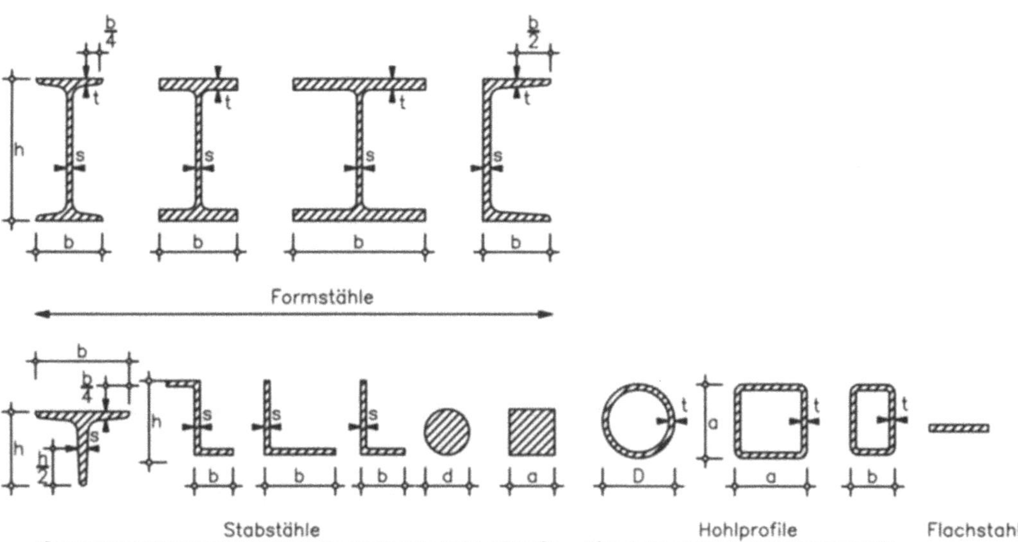

Bild 1.19 Verschiedene Walzprofile

Die Kurzbezeichnung gibt jene Nennmaße (Profilhöhe, Schenkelbreite, Außenmaße, Blechdicke) an, mit denen das Profil eindeutig festgelegt ist.

Form- und Stabstähle können auch für zusammengesetzte Zugstabquerschnitte und dabei sowohl lose - dann aber aus Gründen des Korrosionsschutzes mit Abstand voneinander - als auch miteinander verschweißt verwendet werden. Einige solche Beispiele zeigt Bild 1.20.

Bild 1.20 Beispiele zusammengesetzter Profile

Gekantete Profile

Gekantete Profile werden aus Stahlband im Rollengang kalt gefaltet, beziehungsweise aus Stahlblech bis zu 7 m Länge in Pressen kalt gekantet. Einige Formen zeigt Bild 1.21.

Bild 1.21 Verschiedene Kantprofile

Das Kanten ermöglicht eine nahezu beliebige Formgebung, jedoch ist der Biegeradius vom Material und von der Blechdicke abhängig. Die Blechdicke ist im gesamten Querschnitt konstant.

Die Mindestschenkellänge soll gleich der vierfachen Blechdicke sein. Hohlprofile werden durch Längsschweißung hergestellt. Entlang der Kantung soll wegen der dort vorhandenen Kaltverfestigung nicht ohne Nachbehandlung geschweißt werden.

In der Kurzbezeichnung des Profils werden zu seiner eindeutigen Kennzeichnung neben der Profilform alle äußeren Abmaße rings um den Querschnitt sowie die Blechdicke angegeben (z.B. U 50/100/50x5).

Geschweißte Profile

Geschweißte Profile werden aus Stahl oder Aluminiumblechen gebildet, die miteinander zum Profil verschweißt sind. Bild 1.22 zeigt einige Beispiele. Sie sind im Gegensatz zu den Kantprofilen scharfkantig. Ihre Herstellung ist aufwendig, und daher sind sie teuer.

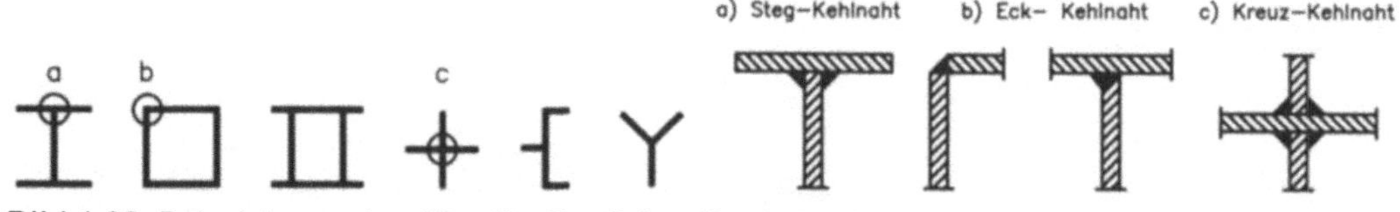

Bild 1.22 Beispiele geschweißter Profile, Schweißnahtdetails

Strangpressprofile

Strangpressprofile sind meistens Aluminiumprofile. Das relativ weiche Aluminium wird angewärmt und mittels eines Pressstempels durch eine Matrize gepresst, welche das Profil bestimmt. Es sind nahezu beliebige Profile möglich: Profile mit unsymmetrischen Querschnitten, Profile mit unterschiedlichen Wanddicken, offene und halboffene Profile sowie ein- und mehrzellige Hohlprofile, die sowohl außen als auch innen noch zusätzlich profiliert sein können. Im Allgemeinen soll der Umkreisdurchmesser der gewünschten Profile nicht größer als 200 mm und die Wanddicke je nach Form des Querschnittes nicht kleiner als 2 bis 4 mm sein.

Verarbeiten

Die Profile werden auf Kreissägen oder auf Profilscheren und die Bleche auf Schneidbrennanlagen zugeschnitten. Sind Ein- oder Ausschnitte zu machen, sind die einspringenden Ecken abzubohren, um Einrisse zu vermeiden. Die Löcher für die Schrauben werden gebohrt, oder - sofern das Material nicht dicker als 15 mm ist - auch gestanzt. Die Schweißkanten der Bleche für zu schweißende Stumpfnähte in Form einer K-, V-, X- oder U-Naht werden gebrannt oder je nach Bauteilsituation gefräst beziehungsweise gehobelt.

Fügen

Werkstattstöße werden im Allgemeinen geschweißt, Baustellenstöße und Anschlüsse werden vorwiegend geschraubt oder gebolzt.

Schweißen

Die Verbindung erfolgt im Allgemeinen nahtförmig und zwar meistens durch elektrische Lichtbogenschweißung. Bei dieser wird die Wärmequelle des Lichtbogens genutzt, der sich zwischen der Elektrode (Stromquelle) und dem Werkstück bildet, sobald die Elektrode über die Schweißstelle geführt wird. Die Nähte sind nach Möglichkeit so auszuführen, dass Schweißgut gespart wird und Schrumpfspannungen vermieden werden, das heißt, sie sollen so klein als möglich sein. Die grundlegenden Nahtformen zeigt Bild 1.23.

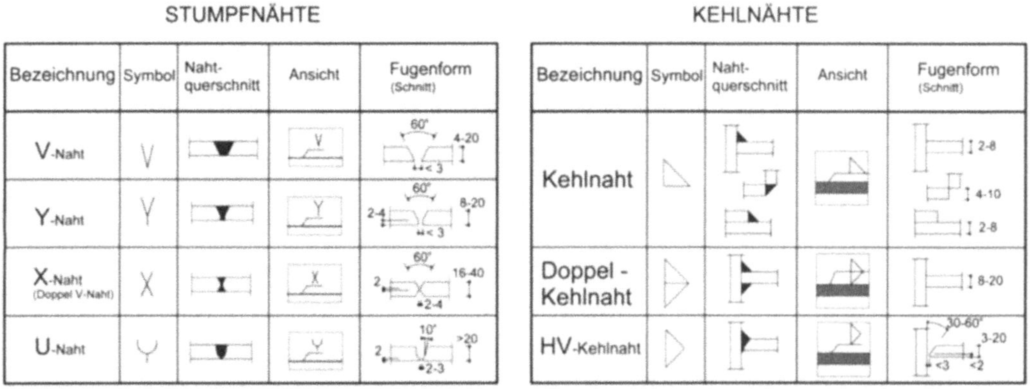

STUMPFNÄHTE

Bezeichnung	Symbol	Naht-querschnitt	Ansicht	Fugenform (Schnitt)
V-Naht	V			60°; 4-20; ++< 3
Y-Naht	Y			60°; 8-20; 2-4; ++< 3
X-Naht (Doppel V-Naht)	X			60°; 16-40; 2; •2-4
U-Naht	U			10°; >20; 2; •2-3

KEHLNÄHTE

Bezeichnung	Symbol	Naht-querschnitt	Ansicht	Fugenform (Schnitt)
Kehlnaht				2-8; 4-10; 2-8
Doppel - Kehlnaht				8-20
HV-Kehlnaht				30-60°; 3-20; <3; <2

Bild 1.23 Grundlegende Schweißnahtformen, Schweißzeichen und Hinweise zur Ausführung

Anschlusskehlnähte sollen mindestens 3 mm dick sein und sollen, um der Voraussetzung einer gleichmäßigen Kraftübertragung auf der ganzen Anschlusslänge bei der Berechnung zu genügen, nicht länger als die 100-fache Nahtdicke und wegen ausführungsbedingter Unsicherheiten nicht kürzer als die 15 fache Nahtdicke sein. Nahtkreuzungen sowie Anhäufungen von Schweißnähten sind zu vermeiden. Die allenfalls dort zu erwartenden Schweißeigenspannungen können durch Spannungsarmglühen bei ungefähr 600 °C abgebaut werden. Über die Notwendigkeit dieser Maßnahme entscheidet der Schweißtechnologe.

Schrauben

Die Verbindung erfolgt punktförmig und wirkt je nach Ausführung entweder als formschlüssige Scher-Lochleibungsverbindung (SL-Verbindung) oder als gleitfest vorgespannte Verbindung (GV-Verbindung). Die hierfür verwendeten Schrauben sind im Allgemeinen Sechskantschrauben mit Schaftdurchmessern von 16 bis 36 mm und bestehen aus Kopf, Schaft, Gewinde und Mutter.

Für SL-Verbindungen, in denen die Schrauben normal zu ihrer Achse beansprucht sind, werden rohe Schrauben (schwarze Schrauben) der Güte 4.6 oder 5.6, aber auch 8.8 oder 10.9, aber nur selten Passschrauben (blanke Schrauben) verwendet. Sie werden mit einem Schraubenschlüssel lediglich handfest angezogen.

Für GV-Verbindungen, in denen die Schrauben in ihrer Achse auf Zug beansprucht sind, werden hochfeste Schrauben der Güte 8.8 oder 10.9 verwendet. Im Vergleich zu normalen Schrauben haben diese einen größeren Kopf und eine größere Mutter; auch sie gibt es als Passschrauben. Diese Schrauben werden mit einem Drehmomentenschlüssel angezogen, bis die erforderliche Vorspannung erzielt ist.

Die Löcher für die rohen Schrauben werden wegen ihrer Maßtoleranzen generell um 2 mm größer gebohrt. Passschrauben werden auf ihren Nenndurchmesser abgedreht, und das Loch für den Durchgang darf wegen der nötigen Passgenauigkeit nur um 0,3 mm größer sein.

Die Symbole der Schrauben für die Werkstattzeichnung sowie die erforderlichen Abstände der Schrauben in der Verbindung (Achsmaße) zeigt Bild 1.24. Bei Anschlüssen und Stößen sollen hintereinander ohne genaueren Nachweis nicht mehr als sechs Schrauben angeordnet werden.

Schraubensymbole

Schraube	M12	M16	M20	M22	M24	M27	M30
Symbol						M27	M30

Schraubenabstände

		Art der Verbindung			
		SL-, SLP-		GV-, GVP-	
		min.	max.	min.	max.
e_{LOCH}	unabh. von der Kraftrichtung	2.5 d	6 d, 15 t	2.5 d	4.0 d
e_{RAND}	$\parallel$ zur Kraftrichtung	siehe nebenstehende Tab	4 d, 8 t	2.0 d	2.5 d
	$\perp$ zur Kraftrichtung	1.5 d		1.5 d	

d .... Nenndurchmesser der Schraube

t .... Blechdicke der außenliegenden Teile

$$\mathrm{_{ZUL}}\sigma_L = \alpha \cdot \mathrm{_{ZUL}}\sigma_{GRUNDWERKSTOFF}$$

e_{LOCH}	$\geqq 3.5$ d	2.5 d	-	-
e_{RAND} (Belasteter Rand)	$\geqq 3.0$ d	2.0 d	1.5 d	1.2 d
Beiwerte α	3.0	2.0	1.4	1.0

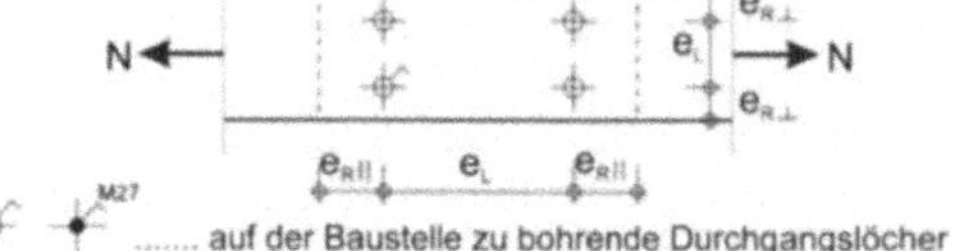

Bild 1.24 Schraubensymbole und Schraubenabstände. Einfluss der Schraubenabstände auf die zulässige Lochleibungsspannung

Bolzen

Bei Bolzen erfolgt die Verbindung meist nur durch einen aus zähem Vergütungsstahl gefertigten, zylindrischen, stabförmigen Verbinder, der gegen seitliches Herausfallen auf verschiedene Weise gesichert werden kann, wobei die einfachste Ausführung die mit Splint ist. Bolzen werden wie Schrauben in einer SL-Verbindung beansprucht. Bild 1.25 zeigt zwei übliche Bolzenformen.

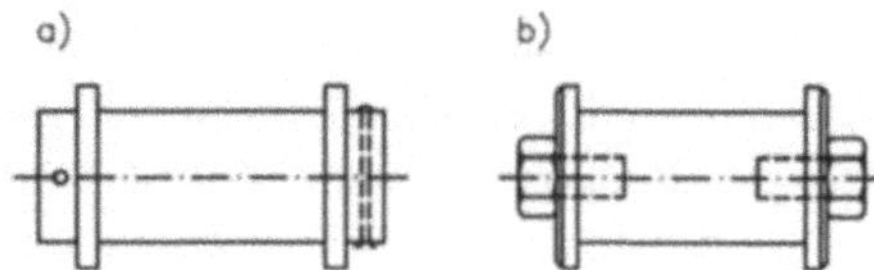

Bild 1.25 Verschiedene Bolzenausführungen
a) Bolzen mit Beilagscheiben und Splint, b) Tellerbolzen

Konstruktionsbeispiele

Einige zusätzliche Hinweise für das Entwerfen und Konstruieren von Zugstäben aus Stahlprofilen geben die in Bild 1.26 gezeigten Beispiele.

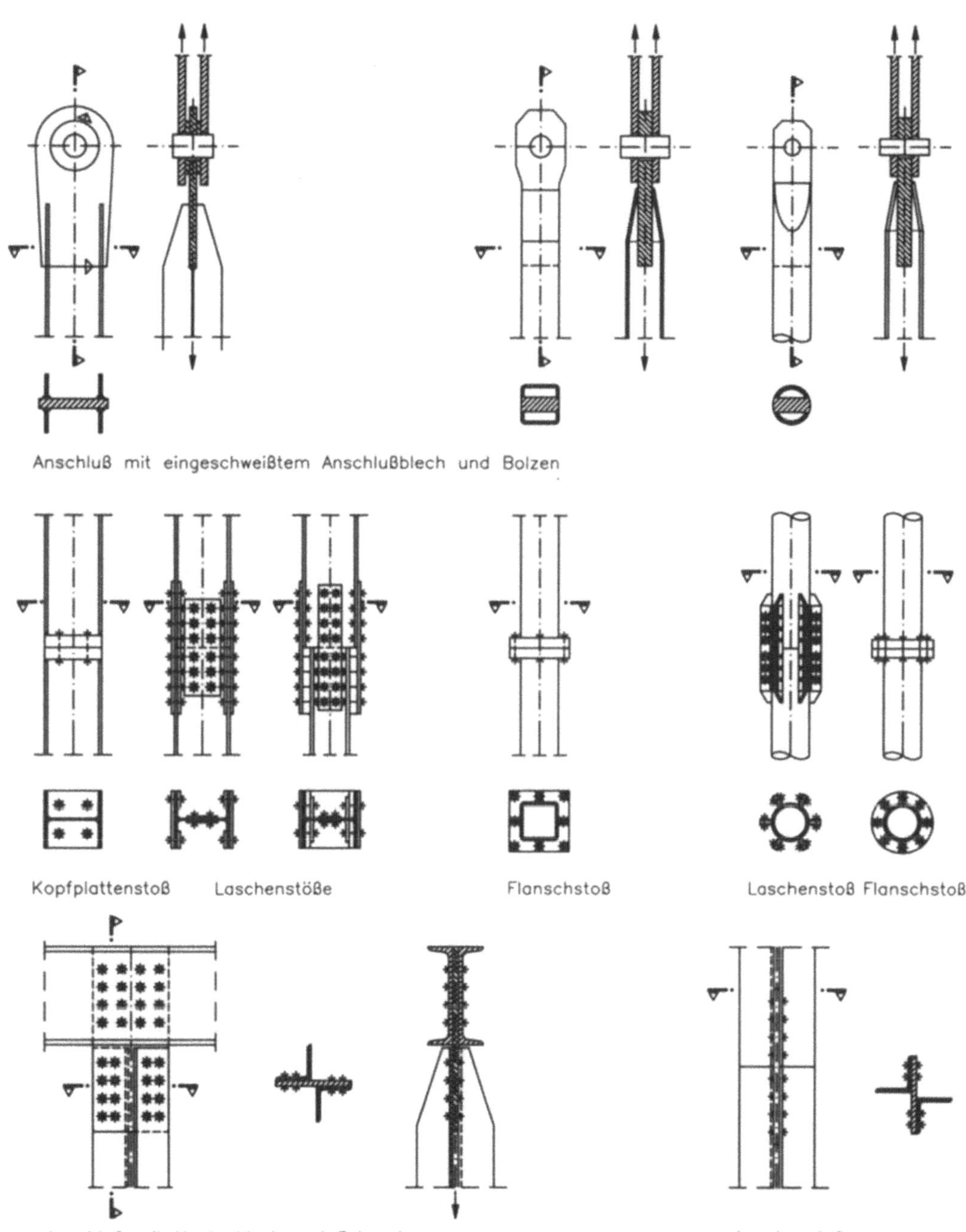

Bild 1.26 Zugstäbe aus Stahlprofilen

1.5.3   Stangen, Drahtbündel und Drahtseile

Für Verankerungen und Abspannungen werden Stahlstangen oder Stahldrahtbündel beziehungsweise Stahldrahtseile verwendet; es sind durchwegs biegeweiche Zugglieder.

Stahlstangen

Es gibt glatte Stangen und Gewindestangen. Den glatten Stangen kann für den Anschluss an den Enden ein Gewinde aufgeschnitten werden. Gewindestangen haben dagegen ein über die ganze Länge warm aufgewalztes Gewinde und können somit beliebig unterteilt werden. Für ihre Verankerung gibt es eigene Muttern, die höher als die normalen sind und eine ballige[1] Auflage in der Mulde der zugehörigen Ankerplatte haben. Für den Stoß solcher Stangen stehen Spezialmuffen zur Verfügung.

Stahldrähte

Stahldrähte für Zugglieder sind gezogene Rund- oder Profildrähte aus wärmebehandeltem, legiertem oder niedriglegiertem Kohlenstoffstahl. Die konsequente Nutzung der technologischen Möglichkeiten, die die Zugfestigkeit des Stahles erhöhen, führt zum Stahldraht hoher Festigkeit, und je dünner der Draht, desto höher im Allgemeinen seine Festigkeit. Aus Korrosions- und Sicherheitsüberlegungen sollen jedoch im Bauwesen keine Drähte verwendet werden, die dünner als 3 mm sind oder eine höhere Zugfestigkeit als 1770 N/mm² haben. Es werden verzinkte Drähte verwendet.

Drahtbündel

Drähte können, wie in Bild 1.27 gezeigt, zu Drahtbündel gelegt werden. Die stabilste Anordnung der Drähte im Bündel ist die im Sechseck. Meist werden aber kreisförmige Bündel verwendet. Um ein Auseinanderfallen der Bündel im ungespannten Zustand zu verhindern, werden sie in gewissen Abständen gebunden (gebendselt[2]).

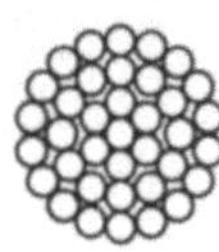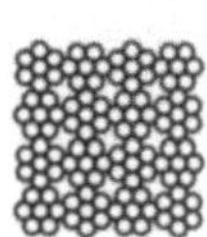

Bild 1.27 Drahtbündel, sechseckig und rund;
Litzenbündel, rechteckig

Der E-Modul eines Drahtbündels ist mit ungefähr 200.000 N/mm² niedriger als der des Stahls, aus dem die einzelnen Drähte bestehen (E = 210.000 N/mm²), weil es nicht gelingt, alle Drähte gleich lang zu machen. Das Drahtbündel ist demnach geringfügig nachgiebiger als eine Stahlstange mit gleichem Querschnitt.

Litzen und Drahtseile

Beim Spiralseil werden 3 bis 7 mm dicke Drähte in einer oder in mehreren Lagen schraubenlinienförmig um einen Kerndraht geschlagen. Die Drähte in den einzelnen Lagen haben gleiche

---

[1]   ballig: ballförmig, gerundet

[2]   Bendel: schmales Band

Durchmesser und werden in den aufeinanderfolgenden Lagen entweder gleich (Normalschlag) oder jeweils entgegengesetzt (Gegenschlag) geschlagen.

Ihr Aufbau ist lagenweise: 1+6, 1+6+12, 1+6+12+18 Drähte usw.. Auf diese Weise können bis zu fünf Lagen und in Ausnahmefällen auch mehr miteinander verseilt werden. Werden nur Runddrähte verwendet, erhält man ein offenes Spiralseil (Bild 1.28), werden dagegen für die Außenlagen keil- oder z-förmige Profildrähte verwendet, erhält man ein verschlossenes Spiralseil (Bild 1.28), das wegen seiner glatten und geschlossenen Oberfläche einen besseren Korrosionsschutz ermöglicht. Spiralseile, die zur weiteren Verseilung bestimmt sind, also nur ein Zwischenprodukt bilden, werden auch Litzen genannt. Beim Litzenspiralseil werden 7- oder 19-drähtige Litzen in einer Lage oder in mehreren Lagen schraubenförmig um einen Kerndraht oder eine Kernlitze verseilt. Das Spiralseil oder die Litze ist also einfach verseilt, das Litzenspiralseil (kurz: „Litzenseil") hingegen zweifach, wobei die Schlagrichtung der Drähte in den Litzen gleich jener der Litzen im Seil (Gleichschlag) oder entgegengesetzt jener der Litzen im Seil (Kreuzschlag) sein kann.

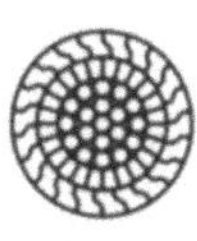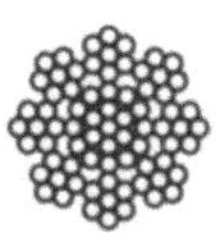

Bild 1.28 Offene Spiralseile, verschlossenes Spiralseil, Litzenspiralseil

Als Durchmesser des Seiles gilt jeweils der Umkreisdurchmesser.

Der E-Modul der Drahtseile hängt von ihrem Aufbau, ihrer Machart und außerdem von ihrer Belastung ab. Am Anfang der Belastung dehnt sich ein Seil ungleich stärker und zwar so lange, bis der Fabrikationsreck überwunden und das Seil gestreckt ist. Daher verwendet man im Bauwesen gerne in der Fabrik auf Bemessungslast vorgereckte und unter dieser Last auf ihre Solllänge im Bauwerk abgeschnittene Seile. Für Verformungsberechnungen kann bei Spiralseilen mit E = 150.000 N/mm² und bei Litzenspiralseilen mit E = 120.000 N/mm² gerechnet werden.

Drahtseile sollen so steif wie nur möglich sein, damit sie sich unter Last wenig dehnen und außerdem gut klemmen, das heißt sich gut querpressen lassen. Sie sollen aber auch so biegsam wie notwendig sein, um sie gegebenenfalls krümmen und in einem Sattel umlenken zu können. Der Seilhersteller kann durch Aufbau und Machart der Seile, vor allem mit der gewählten Schlaglänge (Steigung der Spirale), den unterschiedlichen Anforderungen im Bauwerk entsprechen. Kurz geschlagene Seile sind biegsamer als lang geschlagene. Der mögliche Biegeradius (Umlenkradius) für ein Stahldrahtseil soll in etwa größer als der 20-fache Seildurchmesser sein. Außerdem sollen Stahldrahtseile drallarm sein, damit sie sich beim Spannen nicht aufzudrehen beginnen. Gegenschlagseile beziehungsweise Kreuzschlagseile sind diesbezüglich besser als Normal- oder Gleichschlagseile.

Litzen- und Seilbündel

So wie die einzelnen Drähte können auch Litzen zu Litzenbündeln und Seile zu Seilbündel gelegt werden (Bild 1.27).

Verankerung eines Bündels

Drähte können grundsätzlich mit aufgestauchten Köpfchen hinter einer Lochplatte verankert, zwischen Klemmplatten gehalten oder in Ankerplatten verkeilt werden.

Verankerung eines Seiles

Das Drahtseil kann in einem Seilkopf eingegossen und mit diesem Kopf auf verschiedene Weise verankert werden. Der Seilkopf ist aus hochwertigem Stahlguss, und für das Eingießen wird das Seil an seinem Ende zum Besen aufgefächert. Der Seilbesen wird im Vergusskonus des Seilkopfes entweder mit einer Zinn-Blei-Legierung heiß eingegossen, wobei die Schmelztemperatur des Vergussmetalls unter 460 °C liegen muss, damit die hochfesten Stahldrähte in der Verankerung nicht verspröden und brechen, oder mit einem Gemisch aus Stahlkügelchen und Epoxyharz kalt eingegossen. Die Drähte halten im Vergusskegel durch Haftung beziehungsweise Reibung, die entsteht, sobald unter Last der Vergusskegel in den Konus des Seilkopfes hineingezogen und dabei quer gepresst wird (Bild 1.29).

Ein dünnes, biegsames Seil kann an den Enden auch zu einer Schlaufe gebogen werden. Der zurückgebogene Seilschwanz wird dann um das Seil gedreht und mit diesem durch Steckklemmen oder durch eine aufgepresste Leichtmetallhülse verbunden. In die Schlaufe ist zum Schutz des Seiles eine Kausche einzulegen. Mit dieser Öse kann das Seil eingehängt werden (Bild 1.29)

Verbindung von Seilen

Seile sollten möglichst aus einem Stück sein. Ist ein Stoß nicht zu vermeiden, kann man die beiden Enden verspleißen. Dabei werden die beiden zu verbindenden Seilenden aufgemacht und die Drähte auf eine bestimmte Länge ineinander verschlungen. Man kann aber auch die beiden zu verbindenden Seilenden in Köpfe eingießen und diese mit einer Muffe oder mit einem Einschraubstück (Verbinder mit Rechts- und Linksgewinde) verbinden.

Anbindung an einem Seil

Die Anbindung eines Bauteils an einem Seil beziehungsweise die Lastabgabe in ein Seil erfolgt über aufgeklemmte oder aufgepresste Schellen. Bei den Klemmschellen werden im Gesenk[1] geschmiedete Klemmbacken oder solche aus Stahlguss mit Klemmschrauben an das Seil gespannt. Bei den Pressschellen werden Hülsen aus Weichmetall auf das Seil geschoben und aufgepresst, so dass es zum Formschluss kommt. An solchen Schellen können Lasten auf verschiedenste Weise abgesetzt und in das Seil eingeleitet werden.

1.5.4 Das lotrechte, vorgespannte Seil

Wird ein Seil, wie in Bild 1.30 gezeigt, lotrecht zwischen zwei Widerlagern, beispielsweise Decken, gespannt - und zwar nur gestrafft, aber nicht vorgedehnt eingebaut - und mit F belastet, hängt sich diese Last zur Gänze nach oben. Der obere Teil des Seiles dehnt sich, während der untere schlaff wird. Der Anbindepunkt verschiebt sich um das Maß v.

Wird dagegen das Seil mit einer Kraft V vorgespannt - also entsprechend vorgedehnt eingebaut -

---

[1] Gesenk: Schmiedeform (negativ). Im Gesenk geschmiedete Stahlteile weisen eine besonders hohe Zähigkeit auf.

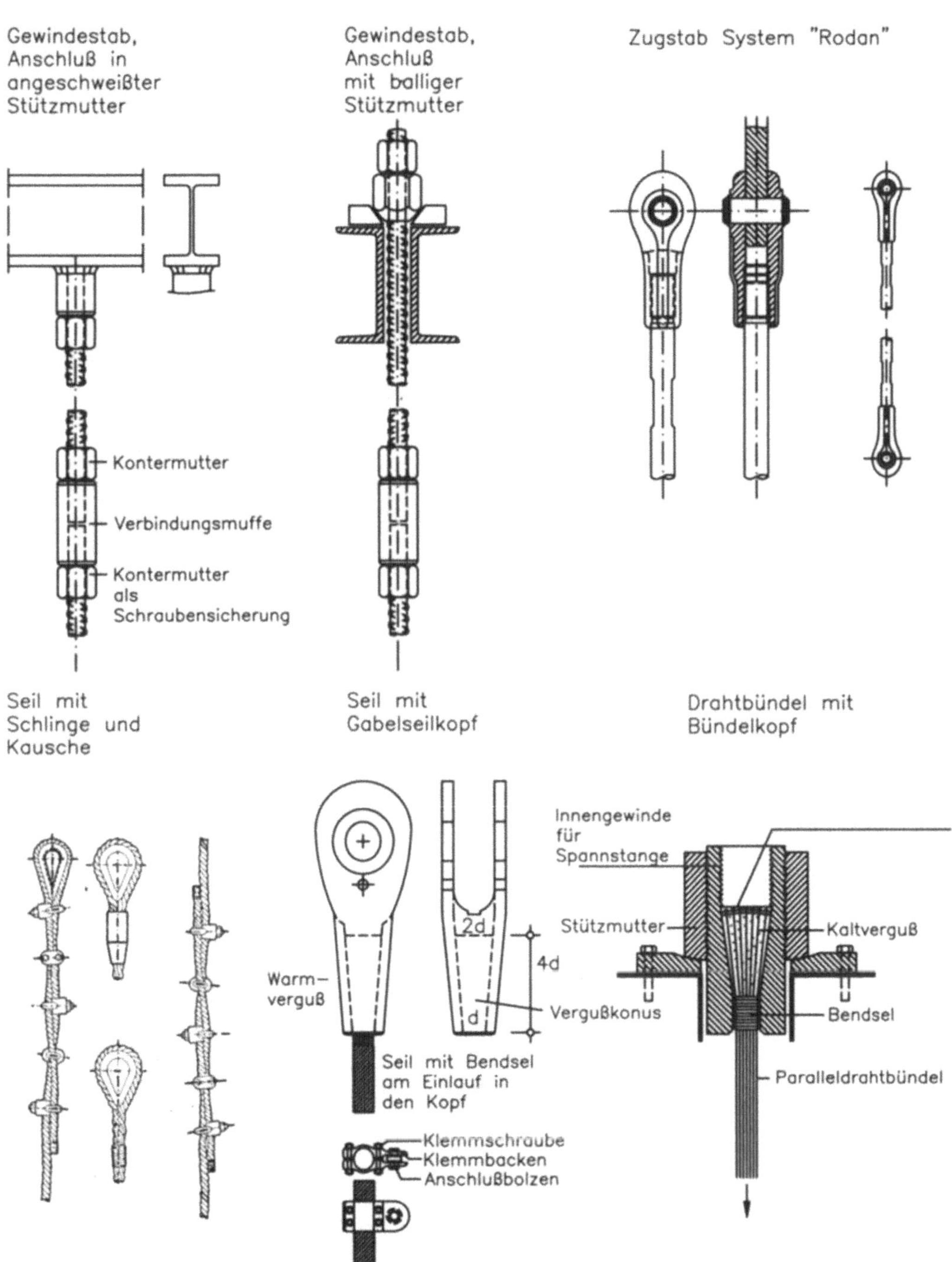

Bild 1.29 Zugstäbe aus Stangen, Bündeln und Seilen

und dann mit F belastet, wird die eine Hälfte der Last nach oben und die andere nach unten abgetragen. Der obere Teil wird dabei zusätzlich gezogen und entsprechend gedehnt, während im unteren Teil die Vordehnung abgebaut wird; der untere Teil des an sich biegeweichen Seiles übernimmt Druck in dem Maße, wie das Seil vorgespannt ist. Der Anbindepunkt verschiebt sich nun lediglich um das Maß v/2.

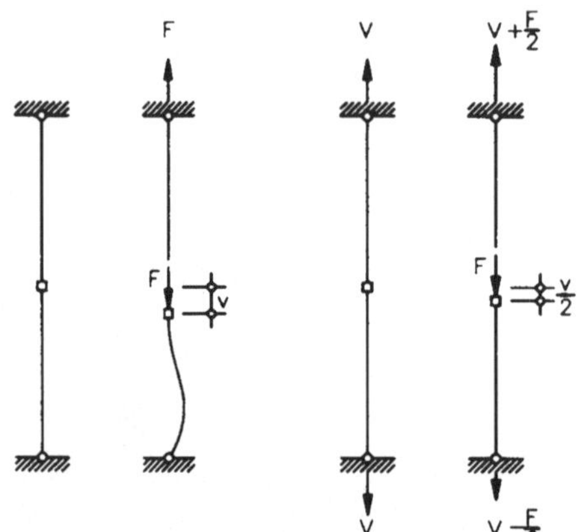

Bild 1.30 Wirkungsweise eines nicht vorgespannten und eines vorgespannten, lotrechten Seiles bei Belastung mit einer Kraft F

Überschreitet der nach unten fließende Lastanteil die Vorspannkraft, wird der untere Teil schlaff - es tritt ein Systemwechsel ein, indem aus dem vorgespannten Seil plötzlich ein nicht vorgespanntes wird - und die Last F hängt sich wieder zur Gänze nach oben. Das Seil sollte daher mit einer Kraft vorgespannt werden, die mit Sicherheit größer als die halbe Last ist (V > F/2), damit kein Schlaffwerden eintritt und die Absenkung des Lastanbindepunktes entsprechend klein bleibt. Nach dem Systemwechsel wird der Anbindepunkt bei Laststeigerung doppelt so stark nach unten gehen wie vor dem Systemwechsel, denn aus dem vorgespannten Seil ist ein schlaffes Seil geworden.

1.6   Zugstäbe aus Holz

1.6.1   Allgemeines

Für Zugstäbe ist möglichst astfreies Bauholz zu verwenden. Es steht als **Rundholz** mit Durchmessern d ≥ 7 cm, als **Schnittholz** in Form von Kanthölzern mit Breiten b ≥ 6 cm, Pfosten bzw. Bohlen mit Dicken t ≥ 4 cm, Brettern mit Dicken t ≥ 2,4 cm und Latten, als **Brettschichtholz**, das sind schichtverleimte Brettstapel mit Breiten   b ≤ 20 cm und als **Furnierholz** mit Dicken t ≥ 1 cm zur Verfügung. Furnierholz ist Sperrholz, bei dem eine ungerade Anzahl von Furnieren (meist Buchenfurnieren) mit sich rechtwinkelig kreuzender Faser verleimt sind.

Holz kann man sägen, bohren, hobeln und fräsen (schlitzen!). Eine sorgfältige und plangerechte Ausführung der Holzbauteile ist eine der Voraussetzungen des Ingenieurholzbaus und deshalb ebenso erforderlich wie die Herstellungsgenauigkeit im Stahlbau. Und eine solche verlangt Kontrolle und Abnahme!

Die Abmessungen des Zugstabes werden durch die Art seines Anschlusses bedingt. Für den Entwurf kann man davon ausgehen, dass im Anschluss die Schwächung des Bruttoquerschnitts bei Nagelverbindungen bis zu 10 %, bei Stiftverbindungen bis zu 15 % und bei Dübelverbindungen bis zu 25 % ausmacht.

Für den Spannungsnachweis ist aber für die jeweilige formschlüssige Verbindung, ausgenommen jene mit Nägeln d < 5,5 mm, die tatsächliche Fehlfläche festzustellen, wobei entsprechend Bild 1.31 nicht nur die nebeneinander liegenden Löcher, sondern auch die versetzt hintereinander liegenden Löcher - sofern sie nicht mehr als 15 cm beziehungsweise den 4 fachen Nagel- oder Stiftdurchmesser in Faserrichtung voneinander entfernt sind - als in einer möglichen Rißlinie liegend zu berücksichtigen sind.

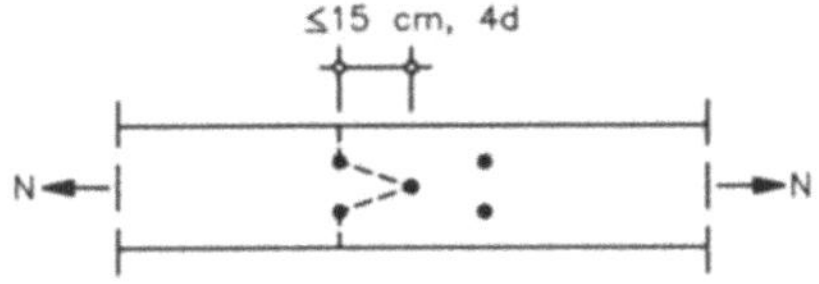

Bild 1.31 Zur Festlegung des Lochabzuges bei Zugstäben aus Holz

Die Anschlüsse und Stöße werden im Allgemeinen mit Laschen aus Schnittholz oder Furnierholz beziehungsweise aus verzinktem Stahlblech hergestellt. Diese werden an die zu verbindenden Stäbe angelegt oder in sie eingeschlitzt. Die relativ dünnen Furnierholz- und Stahllaschen werden vorwiegend eingeschlitzt verwendet. Auf diese Weise können mehrere Stoßplatten (Laschen) nebeneinander angeordnet werden, was wegen der Mehrschnittigkeit der Verbindung kleinere Anschlussabmessungen bringt. Als Verbinder dienen Nägel, verschiedene Arten von Dübel und Stifte. Gelenke müssen in Stahl ausgeführt werden.

1.6.2 Verbindungen

Leimverbindungen

Für Anschlüsse ist die Verleimung nicht geeignet. Sie ergibt nämlich einen starren Anschluss, der einer Einspannung gleich kommt, während Zugstäbe in einem gewissen Maße gelenkig

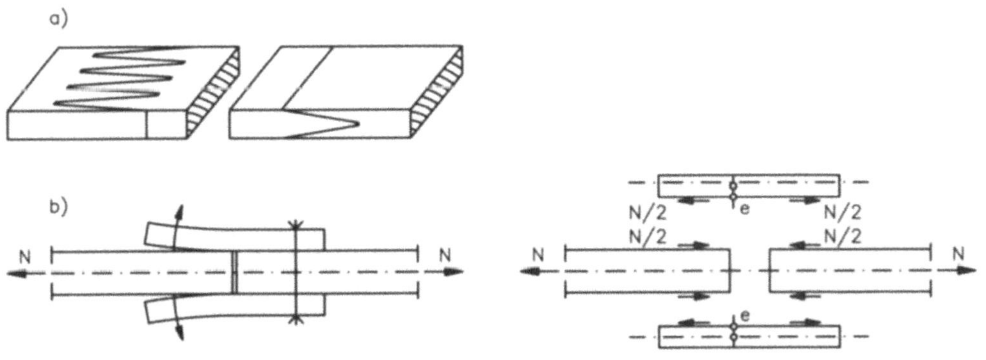

Bild 1.32 Ausführungsmöglichkeiten geleimter Längsstöße:
a) Keilzinkung, b) geleimter Laschenstoß (tunlichst zu vermeiden!)

anzuschließen sind. Für den Längsstoß wird die geleimte Keilzinkenverbindung entsprechend Bild 1.32 verwendet. Der Längsstoß mit aufgeleimten Holzlaschen ist unzweckmäßig, weil an den Laschenenden wegen der Kraftumleitung Querzugspannungen entstehen, die das Aufgehen der Leimfuge bewirken können. Eine solche Verbindung ist daher, wenn sie überhaupt verwendet wird, an den Laschenenden, wegen des unvermeidlichen Schwindens des Holzes, durch nachspannbare Klemmschrauben zu sichern.

Nagelverbindungen

Die Nagelung bringt, sofern nicht sehr große Kräfte zu übertragen sind, eine ganze Reihe von Vorteilen: kurze Anschlusslänge, hohe Tragfähigkeit, geringe Nachgiebigkeit, sehr geringe Querschnittsschwächung. Die Tragfähigkeit einer Nagelverbindung kann dadurch verbessert werden, dass mehrere, eingeschlitzte Anschlußlaschen aus Furnierholz oder noch besser aus Stahl verwendet und die Nagellöcher mit dem 0,85 fachen Nageldurchmesser vorgebohrt werden. Viele dünne Nägel tragen im Allgemeinen mehr als wenige dicke. Verwendet werden runde Drahtnägel mit Senkkopf. Die zulässigen Übertragungskräfte der Nägel hängen von ihrer Einschlagtiefe ab, und davon, ob sie ein- oder zweischnittig beansprucht sind. Sie sind in den einschlägigen Bauvorschriften festgelegt. Für eine Verbindung sind mindestens 4 Nägel erforderlich.

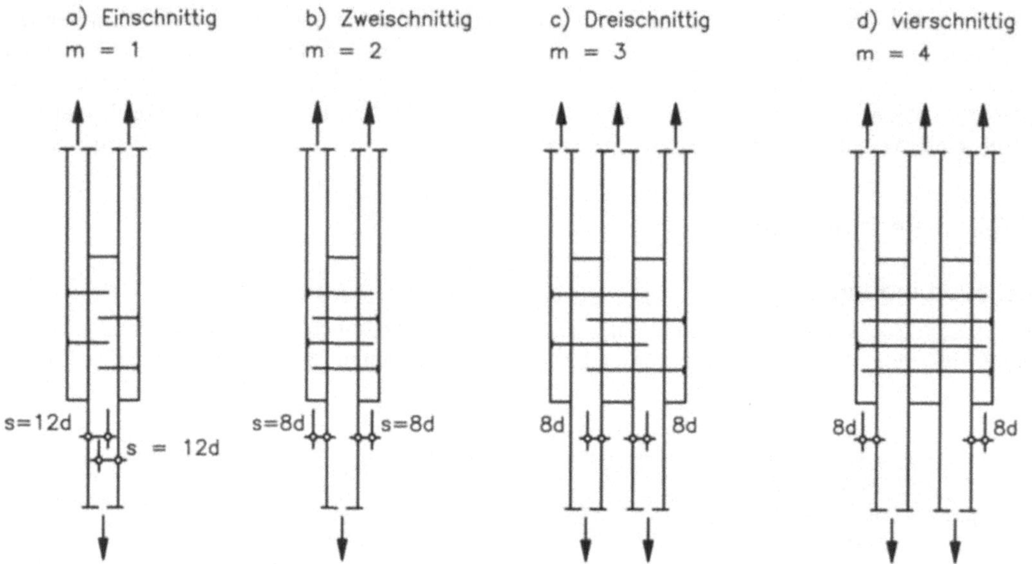

Bild 1.33 Ausführung ein- und mehrschnittiger Nagelverbindungen (Einschlagtiefe s)

Bei der Herstellung von Nagelverbindungen ist zu beachten, dass die dünneren Teile der Verbindung an den dickeren anzunageln sind, dass vom Rand des Nagelbildes nach innen zu nageln ist, dass mehrschnittige Nagelverbindungen von beiden Seiten zu nageln sind und dass man die Mindestabstände für die Nägel (entsprechend Bild 1.34) durch Vorbohren reduzieren darf.

Stiftverbindungen

Als Verbinder werden Stabdübel oder Schraubenbolzen verwendet. Stabdübel sind verzinkte bis zu 24 mm dicke Stahlstifte, die an einer Seite abgefasst (vgl. Bild 1.13) und in ein um 1 mm kleiner vorgebohrtes Loch eingetrieben werden. Schraubenbolzen sind verzinkte Stahlschrauben (d = 12 bis 24 mm) mit Kopf, Mutter und Beilagscheiben, die in ein um 1 mm größer vorgebohrtes Loch gesteckt werden. Stabdübelverbindungen haben alle Vorteile der Nagelverbindungen und können außerdem größere Kräfte übertragen. Schraubenbolzenverbindungen sind dagegen sehr nachgiebig und aus diesem Grunde nur mit Vorbehalt zu verwenden. Werden Schraubenbolzen als Passbolzen verwendet, können sie den Stabdübeln gleichgestellt werden. Es sollen im Allgemeinen mindestens 4 Stifte je Anschluss und im Anschluss nicht mehr als 6 Stifte hintereinander verwendet werden. Die Mindestabstände der Stabdübel beziehungsweise Schrauben zeigt Bild 1.34. Bezüglich der zulässigen Übertragungskräfte wird auf die einschlägigen Bauvorschriften verwiesen.

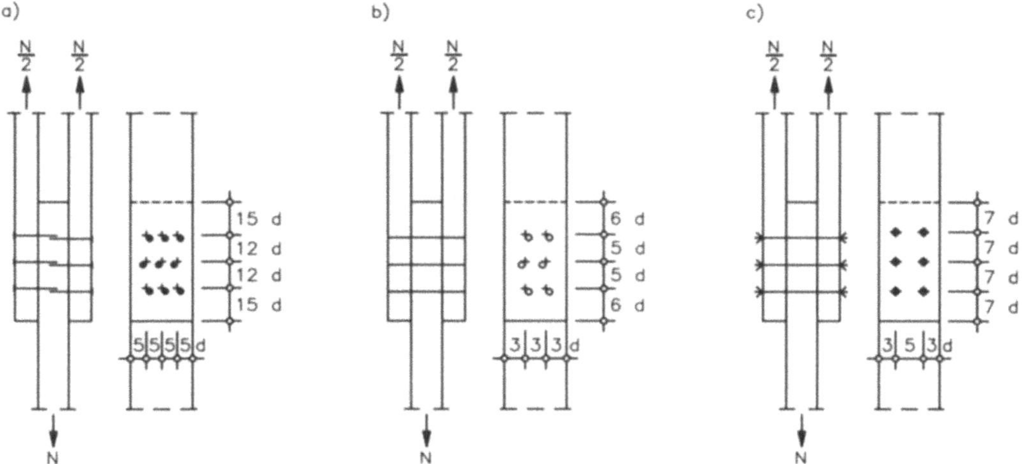

Bild 1.34 Mindestabstände für a) Nägel, b) Stabdübel und c) Schraubenbolzen

Dübelverbindungen

Die Dübelverbindungen sind für die Übertragung sehr großer Kräfte geeignet, die in der Verbindung in wenigen Punkten konzentriert übertragen werden. Als Verbinder werden Rechteckdübel aus Hartholz oder Einlaß- bzw. Einpreßdübel aus Stahl verwendet. Zur Dübelverbindung gehören auch die Klemmschrauben, und zwar ein Schraubenbolzen pro Dübelachse, die bei der Kraftübertragung das Kippen der Dübel zu verhindern haben (vgl Bild 1.14).

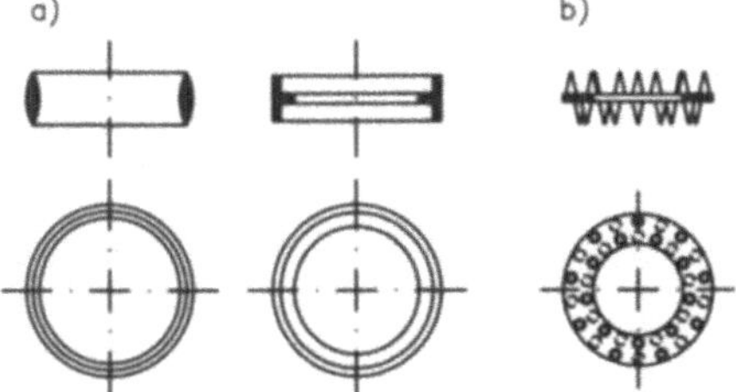

Bild 1.35 Beispiele von a) Einlaß- und b) Einpressdübel im Holzbau

Die Anzahl der hintereinander angeordneten Dübel soll nicht größer als 4 sein, damit von einer gleichmäßigen Kraftübertragung durch alle Dübel ausgegangen werden kann. Auch bei Dübelverbindungen sind Mindestholzdicken und Mindestabstände, die von der Art der verwendeten Dübel abhängen und in deren Zulassungen angegeben sind, zu beachten. Es können auch Stahllaschen mit aufgeschweißten Stahldübeln verwendet werden.

Der Versatz

Der Versatz ist keine zug- sondern eine druckbeanspruchte Verbindung, dient aber zum Anschluss der Hängesäule (Zugstab) im Hängewerk nach Bild 1.36. Es ist zwischen dem Stirnversatz, dem Fersenversatz und dem Doppelversatz - eine Kombination beider - zu unterscheiden. Jeder Versatz ist gegen Aufgehen in geeigneter Weise (z.B. durch Klemmschrauben oder seitlich aufgenagelte Laschen) zu sichern. Die konstruktive Ausbildung der einzelnen Versatzarten sowie einige Richtmaße zeigt Bild 1.36.

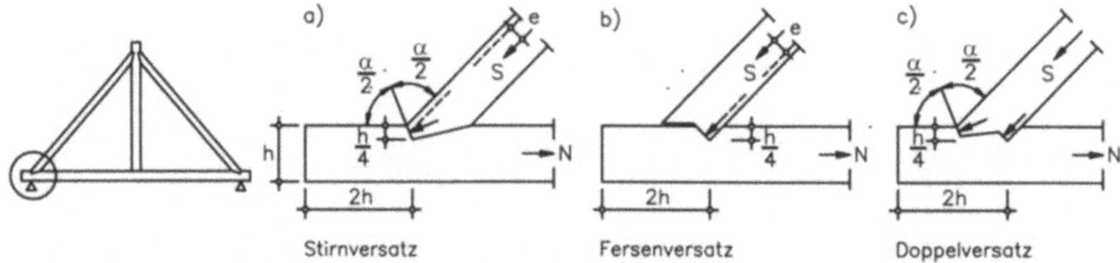

Bild 1.36 Ausführungsmöglichkeiten eines Versatzes mit konstruktiven Richtmaßen

1.6.3   Konstruktionsbeispiele

Bild 1.37 zeigt Konstruktionsbeispiele von Zugstäben aus Holz.

1.7   Zugstäbe aus Stahlbeton sowie aus vorgespanntem Stahlbeton

1.7.1   Die unzulängliche Zugfestigkeit des Betons

Beton ist ein Kunststein, genauer gesagt ein Konglomerat aus Sand, Kies und Zementstein. Der Zementstein ist der erhärtete Zementleim, der aus Zement und Wasser gebildet wird. Beim Abbinden des Zementleims wird nur ein Teil des Anmachwassers chemisch gebunden, weshalb der Zementstein anfangs neben dem chemisch gebundenen Wasser noch kolloidal[1] gebundenes Wasser in den Poren des Zementgels und freies Wasser in den Großporen des Betons enthält.

Beim Erhärten verdunstet dann nach und nach das freie Wasser und es kommt dabei, unabhängig von jeder Belastung, zu einem Schrumpfen des Betonkörpers - man spricht vom **Schwinden**, das

---

[1]   kolloidal: leimartig, gallertartig, nicht kristallin

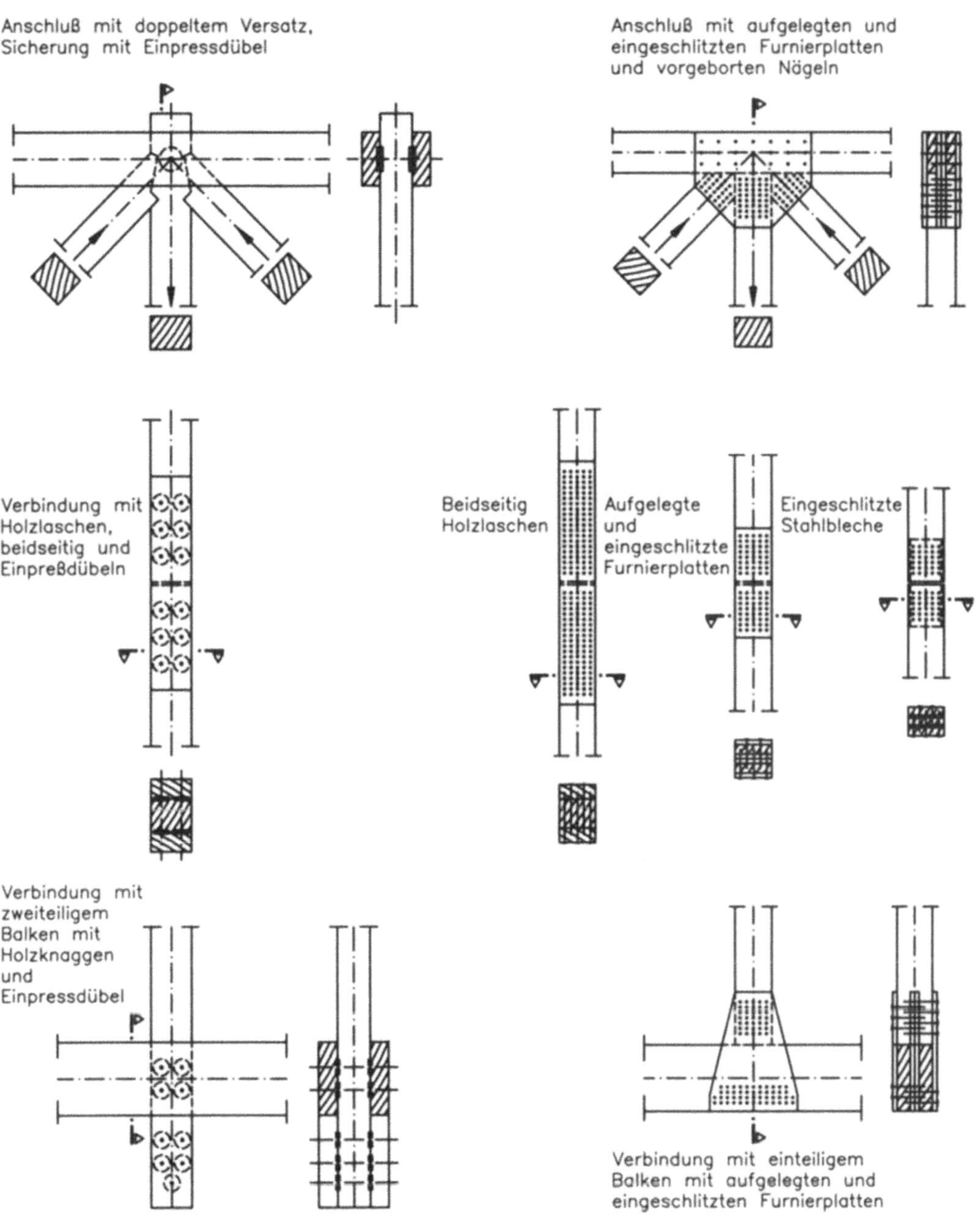

Bild 1.37 Zugstäbe aus Holz verschiedener Ausführung für eine Nennlast von 150 kN

anfangs stärker in Erscheinung tritt und mit der Zeit zum Stillstand kommt. Das Schwindmaß ε_s, das heißt, um wie viel ein Betonkörper schwindet, ist von den klimatischen Verhältnissen abhängig, denen der Beton im Laufe der Zeit ausgesetzt ist, und beträgt 0,2 bis 0,4 mm/m.

Wird später der Beton dauernd belastet, beispielsweise gedrückt, dann diffundiert allmählich das kolloidale Wasser in die freien Poren und verdunstet von dort aus ebenfalls. Die Folge ist ein zusätzliches Schrumpfen des Betons, das aber von der Belastung abhängig ist - man spricht vom **Kriechen** des Betons, das zwar erst durch die Belastung ausgelöst wird, aber ansonsten von den gleichen Faktoren wie das Schwinden abhängt. Es gehorcht daher den gleichen Gesetzmäßigkeiten.

Beton ist - wie jeder Stein - spröde, kann als homogen und isotrop betrachtet werden und ist vorwiegend auf Druck beanspruchbar. Seine Zugfestigkeit ist gering und hängt davon ab, wie sehr der Zementstein am Kiesgerüst klebt. Sie beträgt nur rund 1/10 bis 1/12 seiner Druckfestigkeit. Doch nicht einmal dieser geringe Betrag steht zur Aufnahme einer Zugbelastung sicher zur Verfügung, weil unvermeidbare Eigenspannungen im Beton sein Zugtragvermögen unter Umständen bereits aufgebraucht haben, bevor es zur Lastaufnahme kommt. Diese Eigenspannungen sind zum einen eine Folge der Abbindewärme des Zements und zum andern eine Folge der Schwindbehinderung des Betons durch seine Bewehrung beziehungsweise Schalung. Und überall dort, wo Betonierfugen sind, ist die Zugfestigkeit von Anfang an gleich Null.

1.7.2   Der Verbundbaustoff Stahlbeton

In den Beton werden zur Aufnahme der Zugkräfte Stahlstäbe eingelegt, die fest mit dem Beton verbunden beziehungsweise verzahnt sind (Formverbund). Der auf diese Weise gebildete Verbundbaustoff **Stahlbeton** wird nur möglich, weil Stahl und Beton das gleiche Wärmedehnverhalten haben ($\alpha_{t,b} = \alpha_{t,s}$) und somit verträglich sind.

Bei Zugbelastung kann nun davon ausgegangen werden, dass der Beton früher oder später reißt und die gesamte Zugkraft von den Stahleinlagen (man spricht auch von der Bewehrung oder der Armierung) aufgenommen wird. Die zulässige Zugkraft N_{zul} beziehungsweise die erforderliche Stahlfläche A_s folgt somit aus Gleichung (1.18).

$$N_{zul} = A_s \cdot \sigma_{s,zul} \, , \quad A_s = \frac{N}{\sigma_{s,zul}} \quad bzw. \quad \frac{v \cdot N}{\sigma_s^*} \tag{1.18}$$

N........Anzuschließende bzw. aufzunehmende Zugkraft
A_s.......Querschnittsfläche der Stahleinlagen
$\sigma_{s,zul}$....Zulässige Spannung des Bewehrungsstahls
σ_s^* ......Stahlspannung bei der Grenzdehnung von 4 ‰
v ....Sicherheitsbeiwert, $v = 1,7$

1.7.3   Das Konstruktionsprinzip Vorspannung

Wenn man Risse im Beton mit Sicherheit vermeiden will, dann müssen die Zugspannungen ausgeschaltet werden. Das kann man erreichen, indem man den Beton zunächst vorspannt, genauer gesagt vordrückt, so dass bei Zugbelastung zuerst dieser Druck abgebaut werden muss, bevor in ihm überhaupt Zugspannungen entstehen können; wenn der vorausgehende Druck hinreichend groß ist, dann entsteht im Beton trotz Zugbelastung kein Zug.

Für das Vorspannen wird durch den Beton-Zugstab in einem Kanal ein Spannglied - beispielsweise ein Stahlstab oder ein Drahtbündel - geführt und an seinen Enden im Beton so verankert, dass es sich beim Spannen auf den Beton abstützt (Bild 1.38) und ihn unter Druck setzt.

Das Spannglied wirkt somit im Beton wie eine gespannte Feder, die ihn zusammendrückt. Beim Vorspannen wird das Spannglied gedehnt (Federweg Δl_Z) und der Betonstab gestaucht (Δl_B); beide Längenänderungen zusammen machen den sogenannten Spannweg ($\Delta l_Z + \Delta l_B$) aus.

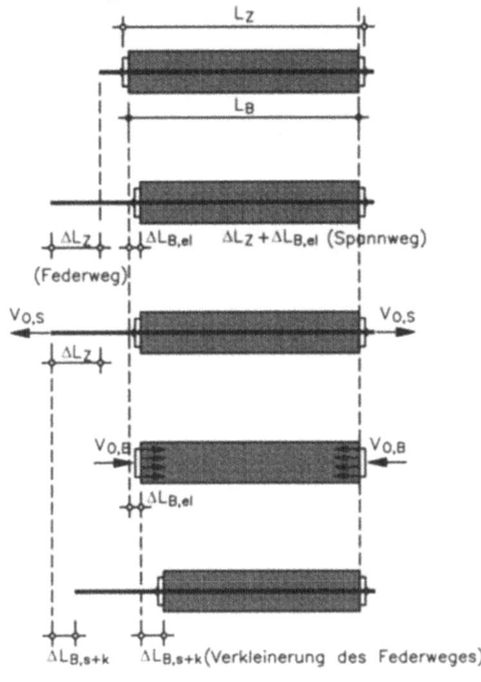

Bild 1.38 Mittige Zugstabvorspannung

Der Betonstab wird aber durch die Vorspannung nicht nur elastisch gestaucht, sondern er schwindet und kriecht auch im Lauf der Zeit. Und durch das Schwinden und Kriechen wird er, wie aus Bild 1.38 zu ersehen ist, wieder teilweise entspannt, weil sich der Federweg verringert; man spricht auch vom Vorspannverlust. Dieser wird umso kleiner sein, je mehr das Spannglied - also die eingebaute Feder - anfangs gedehnt worden ist. Große Dehnungen sind aber nur möglich, wenn für die Spannglieder hochfeste Stähle (z.B. St 1080/1230 oder St 1570/1770) verwendet werden, die hoch belastbar sind und daher mit kleinem Querschnitt besonders stark gedehnt werden können. Es muss nämlich die anfängliche Dehnung des Spanngliedes um ein Vielfaches größer sein als die nachträgliche Verkürzung des Betons, damit die Vorspannung im Laufe der Zeit nicht verloren geht. Bei mittiger Vorspannung - und um eine solche handelt es sich bei der Vorspannung von Zuggliedern - beträgt der Spannkraftverlust weniger als 10 % der Vorspannkraft.

Ergänzend sei noch bemerkt, dass mit dem möglichen Aufheben der Vorspannung durch die Zugkraft erst die Gebrauchslast überschritten wird (das ist jene Last, bis zu der noch keine Risse auftreten können, weil es noch keinen Zug gibt), und dass anschließend der dann nicht mehr vorgespannte Stahlbetonstab auf Zug zunächst bis zu seiner Rißlast (das ist jene Last, bei der der Beton zu reißen beginnt) und darüber hinaus der vorhandene Stahl (Spannglied und Bewehrung) bis zur Erschöpfung seiner Tragfähigkeit belastet werden kann. Daher braucht der Zugstab sicherheitshalber nicht überspannt werden.

Bei der Anwendung des Vorspanngedankens kann zwischen der Vorspannung vor dem Erhärten und der Vorspannung nach dem Erhärten des Betons unterschieden werden. Bei der Vorspannung vor dem Erhärten des Betons - die nur selten und lediglich bei der Herstellung von Fertigteilen angewendet wird - werden die Spannglieder zwischen ortsfesten Widerlagern, dem Spannbett, gespannt, einbetoniert und nach dem Erhärten des Betons gekappt. Die Spannglieder, die dann das Bestreben haben zusammenzuspringen, aber bereits mit dem Beton fest verbunden sind, ziehen den Beton zusammen und setzen ihn dabei unter Druck. Bei der üblichen Vorspannung nach dem Erhärten des Betons, die im Ortbetonbau ausschließlich und im Fertigteilbau vorwiegend angewendet wird, werden die Spannglieder im bereits erhärteten Betonteil in Spannkanälen längsbeweglich geführt und an den Enden im Beton verankert. Sie werden dann so gegen den Beton gespannt, dass sie sich gegen ihn abstützen und ihn unter Druck setzen. Die Spannkanäle werden durch knautschfähige Hüllrohre, die die elastische Bauteilverkürzung nicht behindern, ausgespart. Sie werden nach dem Spannen im Allgemeinen zum Schutz gegen Korrosion mit Mörtel verpresst.

Für die praktische Durchführung wurde eine Reihe von Spannsystemen entwickelt, die sich bezüglich der Art des Spanngliedes und seiner Verankerung unterscheiden. Einige davon sind in der nachfolgenden Tabelle 1.2 genannt:

Tabelle 1.2 Gebräuchliche Spannsysteme

SPANNSYSTEM	SPANNGLIED	VERANKERUNG
BBR	Drahtbündel	Aufgestauchte Köpfchen
VT	Litzenbündel	Keilverankerung oder Schlaufe
VSL	Litzenbündel	Keilverankerung oder Klemmplatten
DYWIDAG	Stangen	Gewinde

1.8 Zugstäbe aus Bauglas

Zugstäbe aus Bauglas sind zwar denkbar, wenn beispielsweise gestalterische Gründe für ihre Wahl sprechen, andererseits ist aber Glas für Zugstäbe kaum geeignet, weil Glas spröde und seine Oberfläche zum einen von Haus aus durch Kerben beschädigt und zum anderen auch in der Verwendung kerbempfindlich (vgl. Abschnitt 1.2.2) ist. Mit Stäben aus Glas können zwar Zugkräfte übertragen werden, wegen ihrer geringen Zugbeanspruchbarkeit unter Dauerlast ist aber die übertragbare Zugkraft im Vergleich zu jenen aus anderen Baustoffen, wie etwa Stahl, gering.

1.8.1 Halbzeuge und Formgebung

Flachglas

Flachglas steht in planen Tafeln aus durchsichtigem, klaren oder gefärbten Floatglas mit parallelen und feuerpolierten Oberflächen in den Abmessungen 6000 x 3210 x 2÷25 mm zur Verfügung. Flachglas kann durch Sandstrahlen oder durch Ätzen mit Flusssäure mattiert werden. Es kann auch emailliert werden; für solche Gläser ist die zulässige Spannung entsprechend zu reduzieren.

Die Tafeln können von Hand oder maschinell geschnitten werden. Beim Schneiden von Hand wird auf der Tafel die Schnittlinie mit einem harten Gegenstand (Diamant) angerissen und die Tafel über die Kante gebrochen. Maschinelles Schneiden geschieht mittels Wasser- oder Laserstrahl. Die Schnittkanten sind zu fräsen und zu schleifen oder zu polieren.

Die Tafeln können zylindrisch gelocht werden, wobei die Lochung entweder abzufasen oder für versenkte Glashalter konisch zu erweitern ist (Bild 1.39). Das zylindrische Loch wird geschnitten, der konische Teil gefräst.

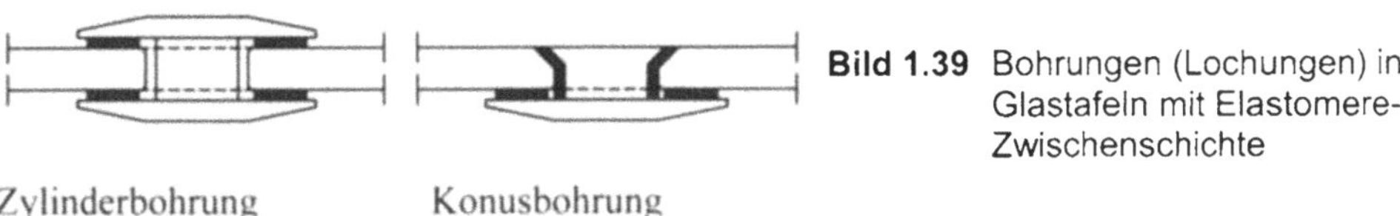

Bild 1.39 Bohrungen (Lochungen) in Glastafeln mit Elastomere-Zwischenschichte

Gebogenes Glas

Flachglas kann zylindrisch zu offenen oder geschlossenen Querschnitten (min. Radius 200 mm) gebogen werden.

Flachglas und gebogenes Glas müssen für die Verwendung als Zugstab vorgespannt werden (vgl. Abschnitt 1.8.2).

Verbundglas (VG)

Verbundglas besteht aus zwei oder mehreren unbehandelten Tafeln aus Floatglas (Basisglas), die mit Gießharz verbunden sind. Verbundglas ist kein Sicherheitsglas, weil im Falle eines Versagens die Glassplitter durch das Gießharz nicht gebunden werden.

Verbundsicherheitsglas (VSG)

Verbundsicherheitsglas besteht aus zwei oder mehreren in diesem Falle aber vorgespannten Tafeln aus Floatglas, die mit einer zähelastischen, hochreißfesten, durchsichtigen Kunststofffolie (Polyvenylputyral PVU) fest verbunden sind. Glastafeln und Folien werden unter Hitze und Druck verbunden. VSG ist wegen der eingebauten Folien ein Sicherheitsglas, weil diese im Falle eines Versagens die Glassplitter verbinden.

Glaslaminat

Beim Glaslaminat haben die Außenseiten der Glastafel eine Bewehrung aufgeklebt; bei einem Glas-Gewebelaminat ist es eine Carbon- oder eine Acrylbewehrung. Als Kleber dient Epoxitharz.

Glasrohre

Glasrohre werden aus einer Borosilicatglasschmelze nach einem besonderen Verfahren gezogen oder im Schleuderverfahren hergestellt.

1.8.2 Fügetechniken

Die Formgebung des Zugstabes hängt von der Art seines Anschlusses ab, der gleichsam gelenkig (Bild 1.10) auszuführen ist und bei dessen Konzeption dem kerbempfindlichen und spröden

Materialverhalten des Glases Rechnung zu tragen ist. Praktisch denkbar ist nur der Formschluss als Scherlochleibungsverbindung mit Verbindungsmitteln aus Stahl oder Aluminium. Dabei ist der Kontakt von Stahl und Glas zu vermeiden, weil die harten Stahlflächen nicht imstande sind, sich an die Glasflächen anzupassen. Kunststoff oder Aluminiumzwischenstücke sind daher erforderlich, damit die zu übertragende Kraft möglichst gleichmäßig auf alle Glastafeln übertragen wird. Es gibt Fertighülsen aus Aluminium, bei denen immer ein gewisses Spiel bleibt und Gießhülsen aus Gießharz, die eine Passung bringen.

Eine Klemmwirkung darf bei Zugstäben nicht genutzt werden, da keine Dauerhaftigkeit gegeben ist.

Die Möglichkeiten von Klebe- (Silicon) und Reibungsverbindungen (Reibschichten aus faserverstärktem Kunststoff) sind nicht erprobt.

1.8.3 Vorspannung der Glastafeln (Halbfabrikat)

Die Vorspannung, einerlei ob der einzelnen Tafeln oder des Zugstabes als Ganzes, hat zum Ziel, die Zugfestigkeit zu steigern. Dazu wird bei der Vorspannung der einzelnen Glastafeln dem Glas an den oberflächennahen Bereichen eine Druckspannung eingeprägt. Sie behindert die Rissbildung beim Bruchvorgang, weil der bei der Verwendung auftretende Zug bereits überdrückt ist.

Zur Vorspannung der einbaufertig bearbeiteten Tafeln gibt es die Möglichkeiten der thermischen und der chemischen Vorspannung. In beiden Fällen wird dann das so vorgespannte Glas als Einscheibensicherheitsglas (ESG) bezeichnet.

Die thermische Vorspannung

Ebenes oder gebogenes, einbaufertig bearbeitetes Flachglas (geschnitten, kantenbearbeitet und gebohrt) wird gleichmäßig auf ca. 700 ° C erhitzt. Nach der Erwärmung befindet sich die Glastafel im spannungslosen Zustand. Durch anschließendes Anblasen mit kalter Luft kühlt die Glasoberfläche ab und wird fest. Dabei befindet sich im Innern der Glastafel noch flüssiges Glas. Schreitet nun die Abkühlung weiter voran, behindert die bereits feste Oberfläche das Bestreben der Glastafel, sich weiter zusammen zu ziehen. Dadurch entstehen im Tafelinneren Zug- und an deren Außenflächen Druckspannungen (vgl.. Bild ...). Die gezogene Zone erstreckt sich über etwa 60 % des Tafelquerschnittes und die beidseitig gedrückten Zonen über je 20 %. Die Zugspannung beträgt ca. $6 \div 7$ kN/cm², die Druckspannung ca. 12 kN/cm². Je nach Größe der eingeprägten Druckspannung spricht man dann von vollvorgespanntem (ESG) oder teilvorgespanntem (TVG) Sicherheitsglas, das lediglich langsamer abgekühlt wird als das vollvorgespannte.

Bei gebogenen Gläsern erfolgen Biegen und Vorspannen in einem Arbeitsvorgang.

Die chemische Vorspannung

Durch einen technologisch bewirkten Ionenaustausch an der Oberfläche der Glastafel kommt es in dieser zur Ausbildung von Druckspannungen. Die dabei in den Außenflächen erzeugten Druckspannungen sind relativ groß, die Zugspannungen im Inneren der Glastafel hingegen klein (vgl. Bild 1.40).

Einmal, auf welche Weise auch immer, vorgespanntes Glas darf nicht mehr bearbeitet (d.h. geschnitten, gefräst oder gebohrt) werden. Kommt es zu einer Beschädigung der Oberfläche bis in den Bereich der Zugspannungen im Inneren der Glastafeln, so zerbricht diese in viele kleine Glaskrümel.

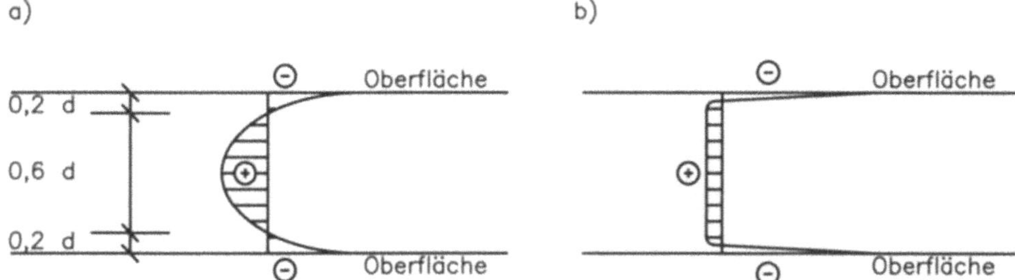

Bild 1.40   Vorspannung der Glastafeln: a) thermische Vorspannung, b) chemische Vorspannung

1.8.4   Vorspannung des Zugstabes (Fertigprodukt)

Ein Zugstab aus Glas kann als Ganzes mit einem extern, d.h. außerhalb des eigentlichen Glasquerschnittes geführtem Spannglied, vorgespannt werden (vgl. Bild 1.41). Das auf diese Weise überdrückte Tragwerkselement ist ein dehnarmer Zugstab aus Glas.

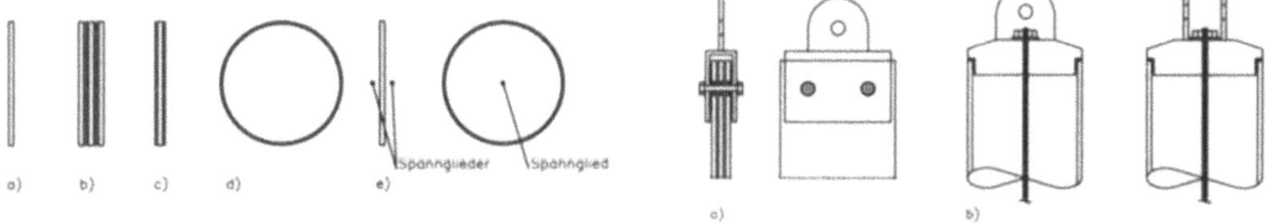

Bild 1.41   Geeignete Zugstabquerschnitte aus Bauglas: a) Flachglas, b) Verbundglas, c) Glaslaminat, d) Glasrohr, e) extern vorgespannte Zugstäbe

Bild 1.42   Zugstäbe aus Bauglas mit Anschlusselementen aus Stahl: a) Verbundglas, b) Glasrohr

1.8.5   Konstruktive Durchbildung

Zugstäbe aus Glas sind praktisch als Pendelstäbe auszubilden, das heißt sie müssen im Gesamttragwerk ohne nennenswerten Zwang den Tragwerksverformungen folgen können. Sie sind gegen Beschädigungen durch seitlichen Anprall zu schützen und dann gegen Ausfall zu sichern, wenn dieser einen Kollaps der Gesamtkonstruktion zur Folge hätte.

Einige geeignete Glasquerschnitte zeigt Bild 1.41.

Die Gelenke an den Einbindungen in das Tragwerk sowie die Schuhe zur Verbindung mit dem Glasstab werden zweckmäßig aus Stahl (Edelstahl) oder Aluminium hergestellt. Beispiele diesbezüglicher konstruktiver Lösungen zeigt Bild 1.42.

2 Druckstäbe

2.1 Allgemeines

2.1.1 Druckstäbe in Tragwerken

Druckstäbe sind unter anderem alle Stützen, Pfeiler und Säulen, aber auch die Spreizen und
Streben, Bögen und Gewölbeabschnitte zählen dazu. Sie sind als solche in Tragwerken ohne

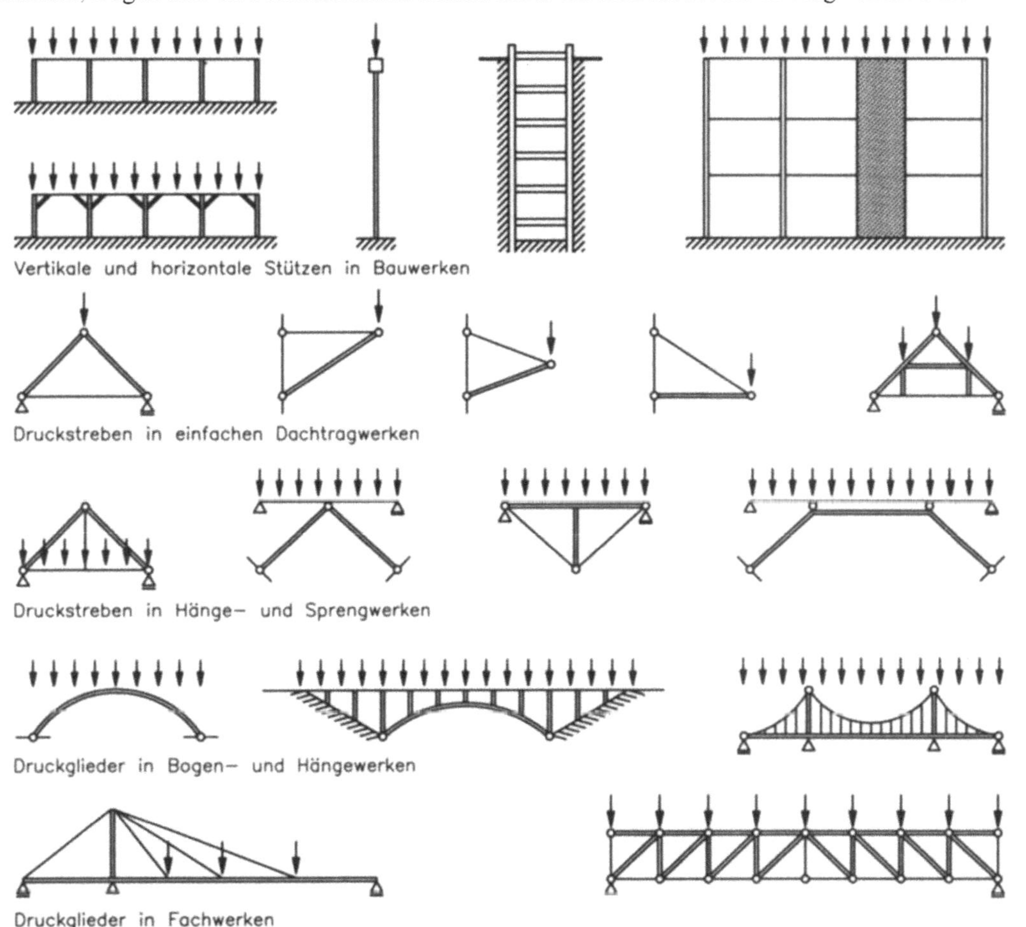

Bild 2.1 Beispiele druckbeanspruchter Tragglieder ⎯⎯ in Bauwerken

weiteres feststellbar. Außerdem lässt eine einfache, schematische Kraftzerlegung im lastbringenden Knoten Druckbeanspruchung in den anschließenden Teilen des belasteten Tragwerkes erkennen. Auf diese Weise lässt sich beispielsweise der Druckgurt in Seil- und Bogenwerken ebenso feststellen wie die Druckstreben in Hänge- und Sprengwerken. In den Fachwerken werden die Druckstäbe erkennbar, wenn man sich vorstellt, wie sich das belastete Fachwerk verformt. Jene Stäbe, die sich nämlich bei der Verformung verkürzen, werden gestaucht, das heißt gedrückt. So können in jedem Tragwerk nahezu alle Druckstäbe auch ohne Berechnung festgestellt werden. Bild 2.1 zeigt einige Beispiele von Druckgliedern in Tragwerken.

2.1.2   Beanspruchung und Formänderung

Die Druckkraft kann im Stab mittig, das heißt in der Stabachse, oder ausmittig, das heißt außerhalb der Stabachse, wirken. Die Ausmittigkeit kommt entweder von einer ausmittigen Einleitung der Druckkraft an den Stabenden, oder sie ist die Folge einer nicht geraden Stabachse. Auch ein Moment, resultierend aus einer auf den gedrückten Stab zusätzlich wirkenden Querlast, verursacht eine Ausmittigkeit. Der mittig gedrückte Stab wird gestaucht, und die Stauchung wird von einer Querdehnung begleitet. Ein Stab wird somit bei Druckbelastung kürzer und dicker, der ausmittig gedrückte Stab wird zusätzlich verbogen (vgl. Abschnitt 1.1.2).

Die Druckspannungen sind bei mittiger Druckbelastung über den Stabquerschnitt gleichmäßig und bei ausmittiger Druckbelastung, solange die Druckkraft innerhalb der Kernfläche wirkt, keilförmig verteilt[1]. Wenn die Ausmittigkeit e größer als die Kernweite k wird, das heißt, wenn die Druckkraft außerhalb der Kernfläche wirkt, treten aber auf dem dem Lastangriff gegenüberliegenden Querschnittsrand Zugspannungen auf. Dann kann man nicht mehr von einem Druckstab sprechen, sondern es muss von einem Biegestab gesprochen werden.

Bild 2.2 und Bild 2.3 zeigen Belastung Beanspruchung und Verformung des druckbelasteten Stabes, und der Vergleich mit den Bildern 1.2 und 1.3 macht deutlich, dass der gedrückte Stab sich genau entgegengesetzt dem gezogenen verhält; Zugkraft und Druckkraft unterscheiden sich nur im Richtungssinn beziehungsweise im Vorzeichen.

Wie beim Zugstab so darf auch beim Druckstab die vorhandene Spannung nicht größer als die nach den Bauvorschriften zugelassene sein. Während aber der Zugstab reißt, und somit die Zugfestigkeit seines Materials im Allgemeinen allein maßgebend ist, kann der Druckstab ausknicken lange bevor sein Material infolge Überbeanspruchung versagt. Ein Stab knickt nämlich aus, wenn das Gleichgewicht zwischen den äußeren und den inneren Kräften nicht mehr gegeben, das heißt nicht mehr stabil ist. Die für den druckbelasteten Stab zulässige Spannung hängt deshalb in erster Linie von seiner Knickfestigkeit f_k ab und erst in zweiter Linie von der Druckfestigkeit f_d seines Materials. Die Knickfestigkeit des Stabes hat aber nichts mit der Druckfestigkeit des Materials zu tun, sondern hängt vom Elastizitätsmodul E des Stabmaterials und einer Reihe von System- und Querschnittsgrößen ab, die den Biegewiderstand des Stabes bestimmen. Man hat also bei der Beurteilung von Druckstäben zwischen schlanken, ausweichgefährdeten Stäben (z.B. Stützen) und gedrungenen, nicht ausweichgefährdeten Stäben (z.B. Sockeln) zu unterscheiden.

---

[1]   Voraussetzung für die gleichmäßige oder keilförmige Spannungsverteilung ist, wie beim Zugstab, homogenes und isotropes Material, was praktisch immer angenommen werden kann.

Mittige Druckbeanspruchung

Den mittig auf Druck beanspruchten Stab zeigt Bild 2.2. Die Ebene 1...1 vor der Belastung und die identische Ebene 1'...1' während der Belastung sind zueinander parallel.

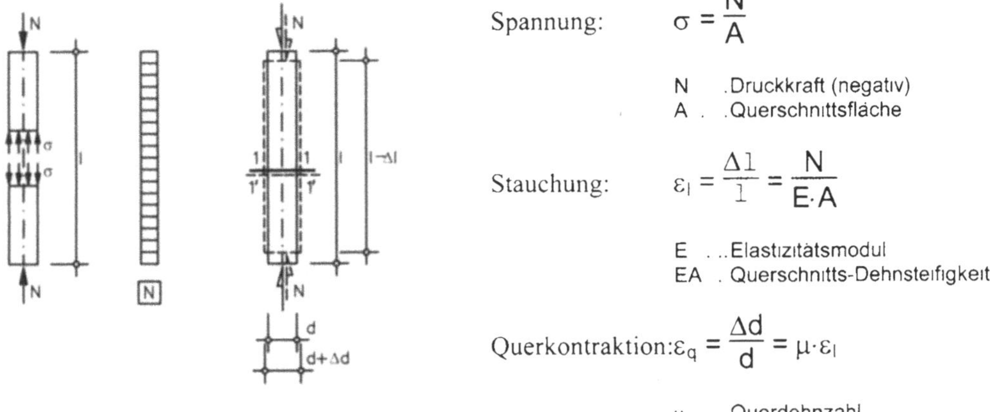

Spannung:
$$\sigma = \frac{N}{A}$$

N .Druckkraft (negativ)
A . .Querschnittsfläche

Stauchung:
$$\varepsilon_l = \frac{\Delta l}{l} = \frac{N}{E \cdot A}$$

E ...Elastizitätsmodul
EA . Querschnitts-Dehnsteifigkeit

Querkontraktion:
$$\varepsilon_q = \frac{\Delta d}{d} = \mu \cdot \varepsilon_l$$

μ ....Querdehnzahl

Bild 2.2   Mittiger Druck, Beanspruchung und Stabverformung

Ausmittige Druckbeanspruchung

Den ausmittig auf Druck beanspruchten Stab zeigt Bild 2.3. Die Ebene 1...1 vor der Belastung und die identische Ebene 1'...1' während der Belastung sind gegeneinander verschwenkt.

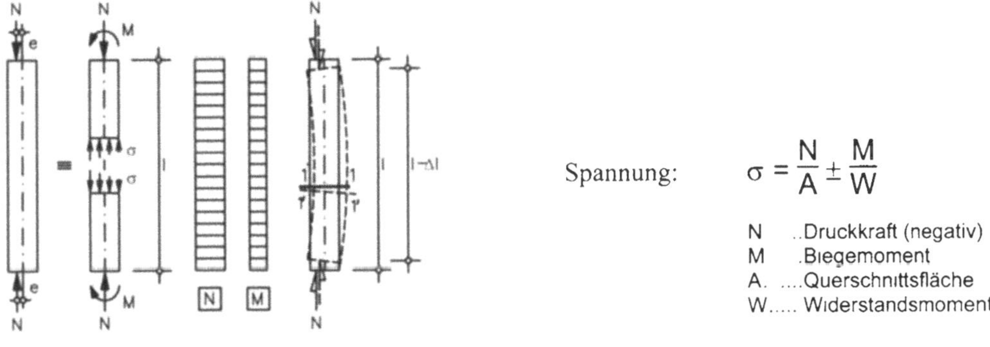

Spannung:
$$\sigma = \frac{N}{A} \pm \frac{M}{W}$$

N ..Druckkraft (negativ)
M .Biegemoment
A. ....Querschnittsfläche
W..... Widerstandsmoment

Bild 2.3   Ausmittiger Druck, Beanspruchung und Stabverformung

2.1.3   Das Knicken

Dass ein von Haus aus gekrümmter Stab unter zunehmender Druckbelastung sich zunehmend mehr verbiegt und dann mehr oder minder plötzlich bricht, ist verständlich. Dass sich aber ein gerader und mittig belasteter Stab aus eigenem auszubiegen vermag, sobald die Druckkraft einen kritischen Wert erreicht, ist nicht ohne weiteres einsichtig, wurde aber bereits im Jahre 1744 von L. Euler[1] theoretisch erfasst und hat sich seither oftmals folgenschwer bestätigt. Ein hoher Prozentsatz aller Tragwerksversagen hat nämlich seine Ursache im Instabilwerden von Bauteilen, das entweder nicht vorhersehbar war oder dessen Gefahr beim Konstruieren übersehen wurde.

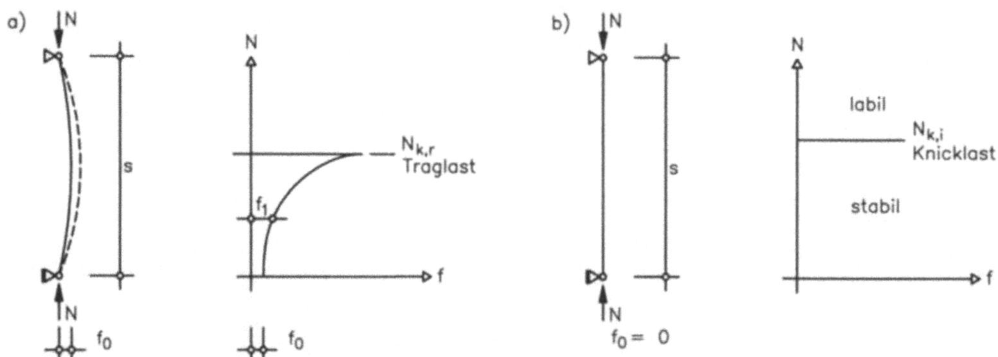

Bild 2.4 Das Last-Verformungsverhalten eines a) vorgekrümmten Stabes bei realen Gegebenheiten ($N_{k,r}$) und eines b) geraden Stabes unter idealen Voraussetzungen ($N_{k,i}$)

Ab einer kritischen Größe der Last, und zwar ab der Knicklast entsprechend Bild 2.4 b, ist nämlich das zuvor stabile Gleichgewicht zwischen den äußeren und inneren Kräften labil, und eine Steigerung der Last ist nur mehr theoretisch denkbar, denn schon bei der geringsten Störung, die auch mit einer geometrischen Imperfektion gegeben sein kann, weicht der Stab seitlich aus und versagt.

Ob sich der Stab oder auch ein ganzes Tragwerk im stabilen Gleichgewicht befindet, kann beurteilt werden, wenn man versucht, sein Gleichgewicht zu stören, indem man ihm einen Stoß versetzt. Solange das System im stabilen Gleichgewicht ist, bedarf es einer Arbeit, um es aus seiner Gleichgewichtslage zu bringen, und ist dies geschehen, schwingt es mit seiner Eigenfrequenz um seine Gleichgewichtslage wieder in diese zurück. Ist dagegen das System im labilen Gleichgewicht, bedarf es zu dessen Störung keiner Arbeit, und es würde nach erfolgter Störung nicht mehr in seine anfängliche Gleichgewichtslage zurückkehren.

Ein Anzeichen der bevorstehenden Instabilität eines gedrückten Stabes wäre das Absinken seiner Eigenfrequenz mit zunehmender Druckbelastung, wie ganz allgemein aus dem Absinken der Eigenfrequenz auf die zunehmende Erschöpfung der Tragfähigkeit eines elastischen Tragwerkes geschlossen werden kann.

Das Knicken ist deshalb so gefährlich, weil es bei einer Spannung erfolgen kann, die im Vergleich mit der Materialfestigkeit vollkommen ungefährlich erscheint, weil es ohne Vorwarnung schlagartig erfolgt und weil es unweigerlich zum Bruch führt.

Die von Euler unter den idealen Voraussetzungen

- einer geraden Stabachse,
- einer mittigen Lastwirkung in der unverformten Stabachse,

---

[1]   Euler, Leonhard 1707 -1783

- einer reibungsfrei gelenkigen und horizontal unverschieblichen Lagerung der Stabenden,
- eines konstanten, doppelt symmetrischen Querschnitts,
- und eines elastischen Materialverhaltens (Hookesches Gesetz),

abgeleitete Knicklast gibt in heutiger Schreibweise Gleichung (2.1) an.

$$N_{k,i} = \frac{\pi^2 \cdot E \cdot I}{s^2} \tag{2.1}$$

$N_{k,i}$ Knicklast (k) unter idealen (i) Voraussetzungen
E.   Elastizitätsmodul
I .   .Trägheitsmoment um die die Knicklast bestimmende Querschnittsachse
s   Stablänge

Und die bei dieser Last im Stab wirksame Spannung folgt weiter aus Gleichung (2.2).

$$f_{k,i} = \frac{\pi^2 \cdot E \cdot I}{A \cdot s^2} \tag{2.2}$$

$f_{k,i}$ ..   Knickfestigkeit unter idealen Voraussetzungen
A .   .Querschnittsfläche

Aus dieser Gleichung ist ersichtlich, dass die ideale Knickfestigkeit $f_{k,i}$ nicht von der Materialfestigkeit f_d abhängt, sondern allein von jenen Faktoren, die den Biegewiderstand des Stabes bestimmen, nämlich von seiner Länge, von seinem Querschnitt und von seinem Material. Der Biegewiderstand wird aber unter anderem auch durch die Art der Lagerung der Stabenden beziehungsweise durch die Form des Stabes bestimmt. Alle sich daraus ergebenden Fälle werden zweckmäßigerweise auf den durch die vorhergehend aufgezählten Voraussetzungen definierten Eulerstab zurückgeführt, indem man statt der effektiven Stablänge s eine fiktive Knicklänge des Stabes s_k, oder fallweise ein fiktives Trägheitsmoment I_k einführt. Diese Rechengrößen haben den vom Eulerstab (Bild 2.4b) abweichenden Gegebenheiten Rechnung zu tragen. Weiters werden alle Querschnitts- und Systemgrößen zu einer dimensionslosen Größe, die als **Stabschlankheit** λ bezeichnet wird, zusammengefasst, mit der dann die Knickfestigkeit im elastischen Bereich aus Gleichung (2.3) folgt.

$$f_{k,i} = \frac{\pi^2 \cdot E \cdot I}{A \cdot s_k^2} = \frac{\pi^2 \cdot E \cdot i^2}{s_k^2}, \quad \text{mit} \quad i = \sqrt{\frac{I}{A}} \quad \text{und} \quad \lambda = \frac{s_k}{i} \quad \rightarrow \quad f_{k,i} = \frac{\pi^2}{\lambda^2} E \tag{2.3}$$

s_k . .Knicklänge des Stabes
i .   ... Trägheitsradius des Querschnitts
λ ....Stabschlankheit

Unter welcher Last und nach welcher Richtung nun ein Stab bei Druckbelastung gegebenenfalls ausknickt, hängt also von einer Reihe von Querschnitts- und Systemgrößen ab. Diese sind in ihrer Auswirkung grundsätzlich und am leichtesten erkennbar, wenn man bedenkt, dass Knicken anfangs immer ein Verbiegen ist und daraus erkennt, dass man die Knickfestigkeit eines Stabes nur dadurch erhöhen kann, indem man seine Verbiegefähigkeit beschränkt.

Die Verbiegefähigkeit eines Stabes wird im wesentlichen durch die im folgenden beschriebenen Einflussgrößen bestimmt.

Die freie Stablänge

Wie Gleichung (2.2) zeigt, nimmt die Knickfestigkeit eines beidseits gelenkig gelagerten Stabes mit dem Quadrat seiner Länge ab. Wirksamste Maßnahme zur Erhöhung der Knickfestigkeit ist daher, seine freie Länge zu verkürzen, indem man eine Knickhaltung schafft, die den Stab an der betreffenden Stelle unverschieblich hält. Die dazu nötige Kraft ist an sich klein und kann mit 1/100 der Druckkraft angenommen werden. Bild 2.5 zeigt beispielhaft verschiedene Möglichkeiten der Knickhaltung.

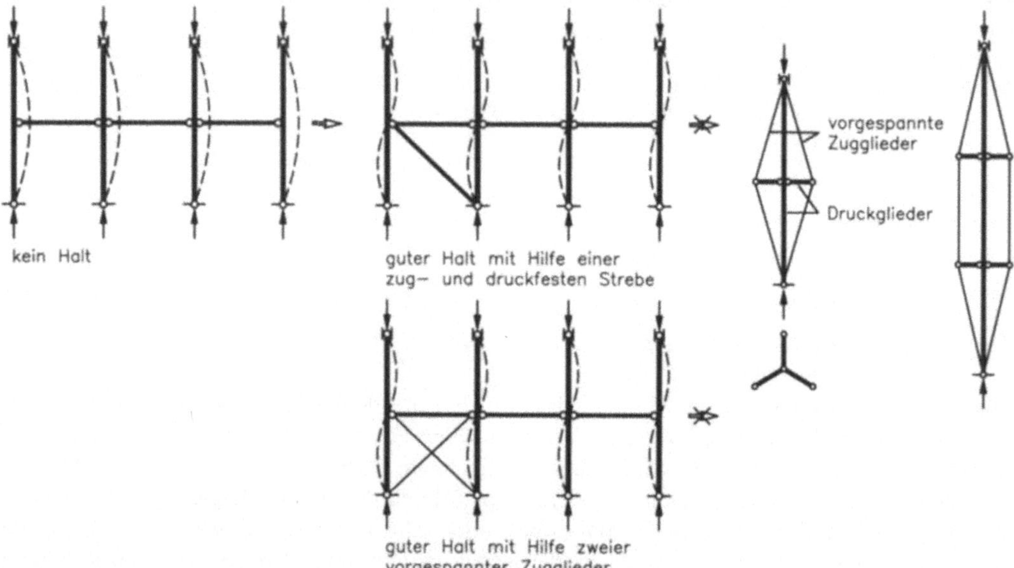

Bild 2.5   Knickhaltung (-sicherung) von Stützen

Der Stabquerschnitt

Aus Gleichung (2.2) geht weiters hervor, dass die Knickfestigkeit eines Stabes zunimmt, wenn man den Stabquerschnitt so verändert, dass das Trägheitsmoment I bei gleichbleibender

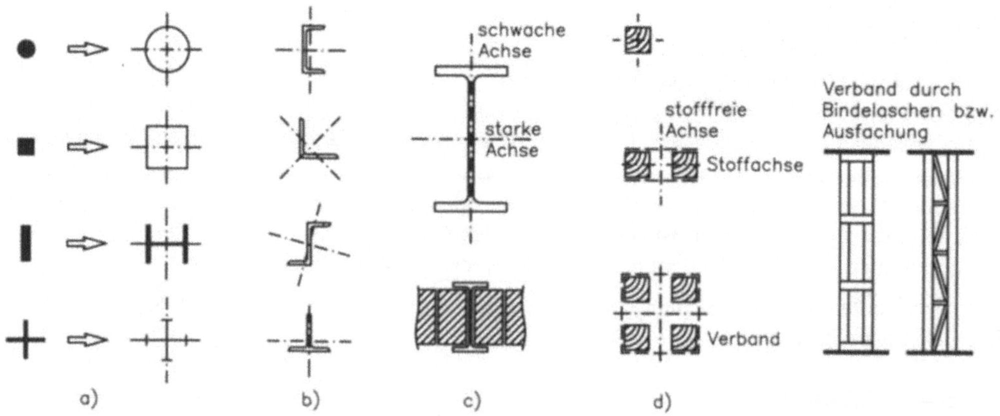

Bild 2.6   Knickfestigkeit durch Querschnittsgestaltung

Querschnittsfläche A größer wird. Geht man zusätzlich davon aus, dass der Stab nach jeder Richtung ausknicken kann, folgt der Rohrquerschnitt als optimaler Knickstabquerschnitt, dessen sich die Natur seit eh und je bedient. Bild 2.6 a zeigt Richtungen zielführender Querschnittsoptimierung.

Zentral- und doppeltsymmetrische Querschnitte (Bild 2.6 a) sind zu bevorzugen, unsymmetrische, vor allem offene Querschnitte (Bild 2.6 b), eher zu vermeiden, weil sich Stäbe mit solchen Querschnitten beim Knicken nicht nur verbiegen, sondern auch noch verdrehen und der Torsionswiderstand von diesen Stäben im Allgemeinen sehr gering ist (vgl. Abschnitt 4).

Bei der Querschnittsgestaltung ist auch zu beachten, nach welcher Richtung der Stab überhaupt ausweichen kann. Kann er in jede Richtung in gleicher Weise ausweichen, wählt man eine Stütze mit Kreisquerschnitt oder noch besser ein Rohr. Ein Wandstiel dagegen kann zwar nicht in der Wandebene, wohl aber aus der Wandebene knicken, weshalb man dafür wirtschaftlicherweise einen Querschnitt wählt, der um die eine Symmetrieachse einen kleinen Biegewiderstand (**schwache** Achse) und um die andere einen vergleichsweise großen Biegewiderstand (**starke** Achse) besitzt (Bild 2.6 c). Umgekehrt kann eine Stütze mit nach zwei Richtungen unterschiedlicher Biegesteifigkeit nach der einen Richtung eine Knickhaltung erfordern und nach der anderen nicht.

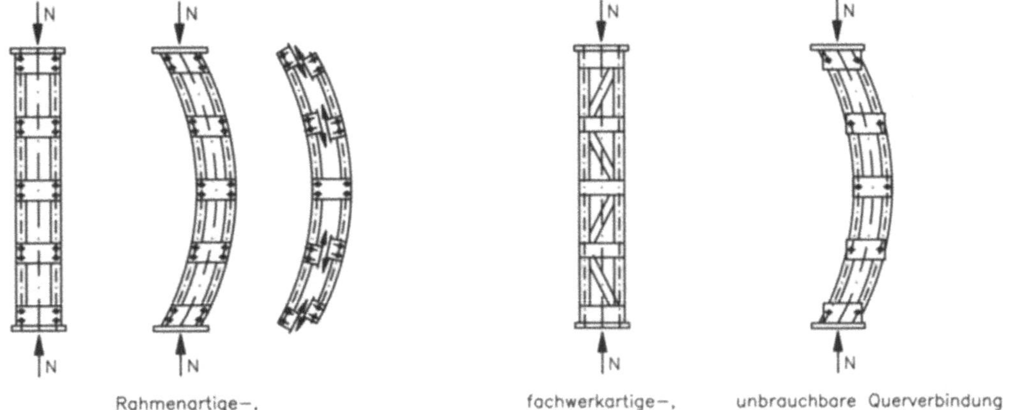

Bild 2.7   Wirkungsweise von mehrteiligen Stützen mit verschiedenartigen Verbindungen der Teile

Damit sich ein **mehrteiliger** Druckstab (Bild 2.6 d) auch beim Knicken um seine stofffreie Achse wie ein vergleichbarer **einteiliger**, das heißt als Ganzes, verhält, sind die Teile zumindest in den Drittelpunkten oder in geeigneten kleineren Abständen schubfest miteinander zu verbinden. Das kann durch einen Fachwerkverband geschehen oder durch geeignete Schubverbinder erreicht werden, wobei solche an den Stabenden besonders wirksam sind. Unterbleibt eine derartige Verbindung, wirken die Teile nicht als Ganzes, sondern nur einzeln (Bild 2.7).

Die Stabform

Wie aus Bild 2.8 erkennbar, sind im Vergleich zu einer Stütze mit konstantem Querschnitt alle Formen ausgestellter Stützen biegesteifer und somit knickfester.

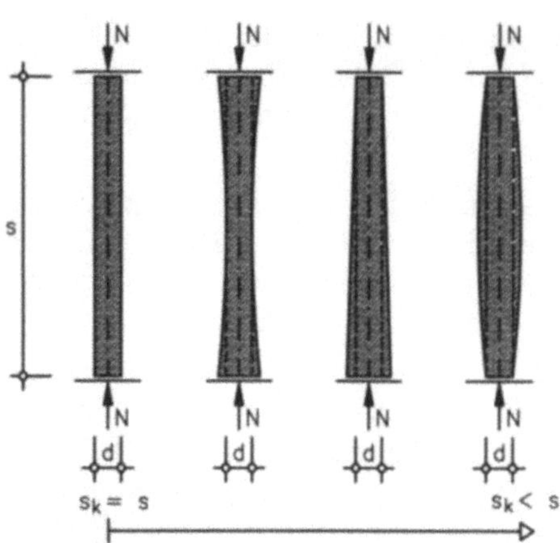

Bild 2.8   Knickfestigkeit durch Formgebung

Die Lagerung der Stabenden

Die Verbiegewilligkeit des Stabes kann auch durch entsprechendes Festhalten der Stabenden behindert werden und zwar am meisten durch starres Einspannen der Stabenden, was bewirkt, dass sich ein solcher Stab beim Knicken wie ein nur halb so langer Eulerstab verhält. Bild 2.9 zeigt die Auswirkungen verschiedener, theoretisch möglicher Lagerungen der Enden eines Stabes auf seine Verbiegewilligkeit und damit auf seine Knickwilligkeit. In Bezug zum Eulerstab kann

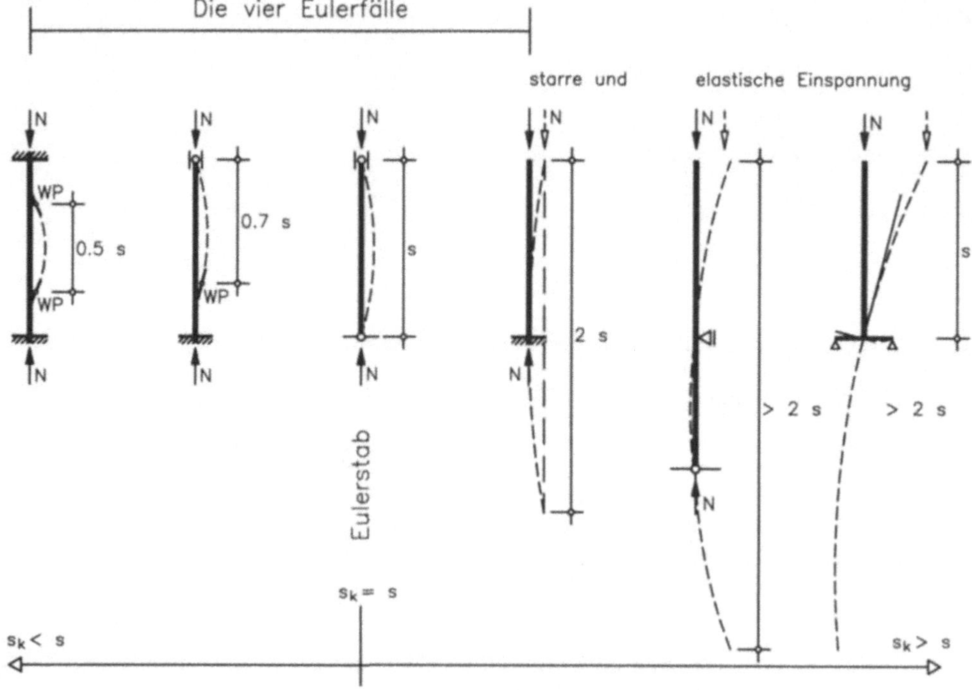

Bild 2.9   Knickfestigkeit in Abhängigkeit von der Lagerung der Stabenden

diese kleiner oder größer sein, je nachdem, ob die Stabenden weniger oder mehr gehalten sind. Die den einzelnen Fällen entsprechende Knicklänge kann aus dem Verlauf der Knickbiegelinie, welche jeweils gestrichelt eingezeichnet ist, abgelesen werden.

Der Lastangriff

In Bild 2.9 wurde auch bei den Fällen der eingespannten Stütze davon ausgegangen, dass die Last beim Ausweichen des Stabes ihre Richtung nicht ändert. Das muss aber nicht sein, denn die Last kann unter verschiedenen konstruktiven Bedingungen auch so eingetragen werden, dass sie sich beim Ausweichen des Stabes dreht und schließlich in Richtung der Sehne oder der Tangente der Ausbiegelinie wirkt, was die Knickgefahr merklich verringert. Sie kann aber beim Ausweichen auch abtauchend wirken, was andererseits die Knickgefahr erhöht. Dieser Einfluss kann ebenfalls in einer Reduktion beziehungsweise Vergrößerung der Knicklänge zum Ausdruck gebracht werden (vgl. Bild 2.10 a).

Die Last wird nicht immer - wie für die Eulersche Knickspannungsformel (Gleichung 2.2) vorausgesetzt - zentrisch eingeleitet. Sie kann auch exzentrisch eingeleitet werden und zwar an gleichen wie an gegengleichen Hebeln. Gleichgerichtete Hebel erhöhen die Knickwilligkeit; die entsprechende Knicklänge ist also größer als die Stablänge. Bei größeren Exzentrizitäten überwiegt zunehmend die Biegung, und es besteht kaum mehr die Gefahr des Knickens, sondern zunehmend die des Biegebruchs (vgl. Bild 2.10 b).

Die Last wird auch nicht immer nur an den Stabenden angreifen, sondern kann in irgendeiner Weise über den Stab verteilt in den Stab eingetragen werden, wie beispielsweise bei Gurten von Fachwerkträgern (Bild 2.10 c). Auch diese Fälle können auf den Eulerstab, dem der Lastangriff an den Stabenden zugrunde liegt, bezogen werden, wenn man die Knicklänge entsprechend reduziert und mit der maximalen Normalkraft als Stabkraft rechnet.

Das Stabmaterial

Die Knickfestigkeit eines Stabes ist außer von seiner Schlankheit schließlich noch vom Elastizitätsmodul E seines Materials abhängig. Das geht aus Gleichung (2.3) hervor, wie auch aus der Überlegung, dass die Querschnittsbiegesteifigkeit (EI) des Stabes seine Knickfestigkeit wesentlich bestimmt. Stäbe aus weichem Material knicken leichter als Stäbe aus steiferem Material.

Für jeden Baustoff kann nach Gleichung (2.3) der Verlauf der idealen Knickfestigkeit $f_{k,i}$ in Abhängigkeit von der Stabschlankheit λ dargestellt werden. Bild 2.11 zeigt diesen für den Baustahl St 360. Der Verlauf von $f_{k,i}$ folgt einer Hyperbel, der nach L. Euler benannten **Euler-Hyperbel**. Ihre Gültigkeit ist nach oben wegen der Voraussetzung des Hookeschen Gesetzes bei der Ableitung der Eulerformel mit der Proportionalitätsgrenze f_p begrenzt. Ebenso ist ihre Verwertbarkeit nach unten aus baupraktischen Überlegungen limitiert, weil die Stäbe nicht schlanker gemacht werden sollen, als es das jeweilige Material und seine Verarbeitbarkeit zulassen. Der Knickfestigkeitslinie folgt im entsprechenden Sicherheitsabstand die Linie der zulässigen Knickspannungen $\sigma_{k,zul}$. Die Verhältniszahl von zulässiger Druckspannung $\sigma_{d,zul}$ und zulässiger Knickspannung $\sigma_{k,zul}$ wird mit $\omega = \sigma_{d,zul}/\sigma_{k,zul}$ bezeichnet und Knickbeiwert genannt. Er zeigt jeweils, um wieviel der Druckstab im Vergleich mit einem entsprechenden Zugstab (vorausgesetzt $\sigma_{d,zul} = \sigma_{z,zul}$) mehr an Material erfordert, beziehungsweise wie hoch der Preis für die gewählte Schlankheit ist.

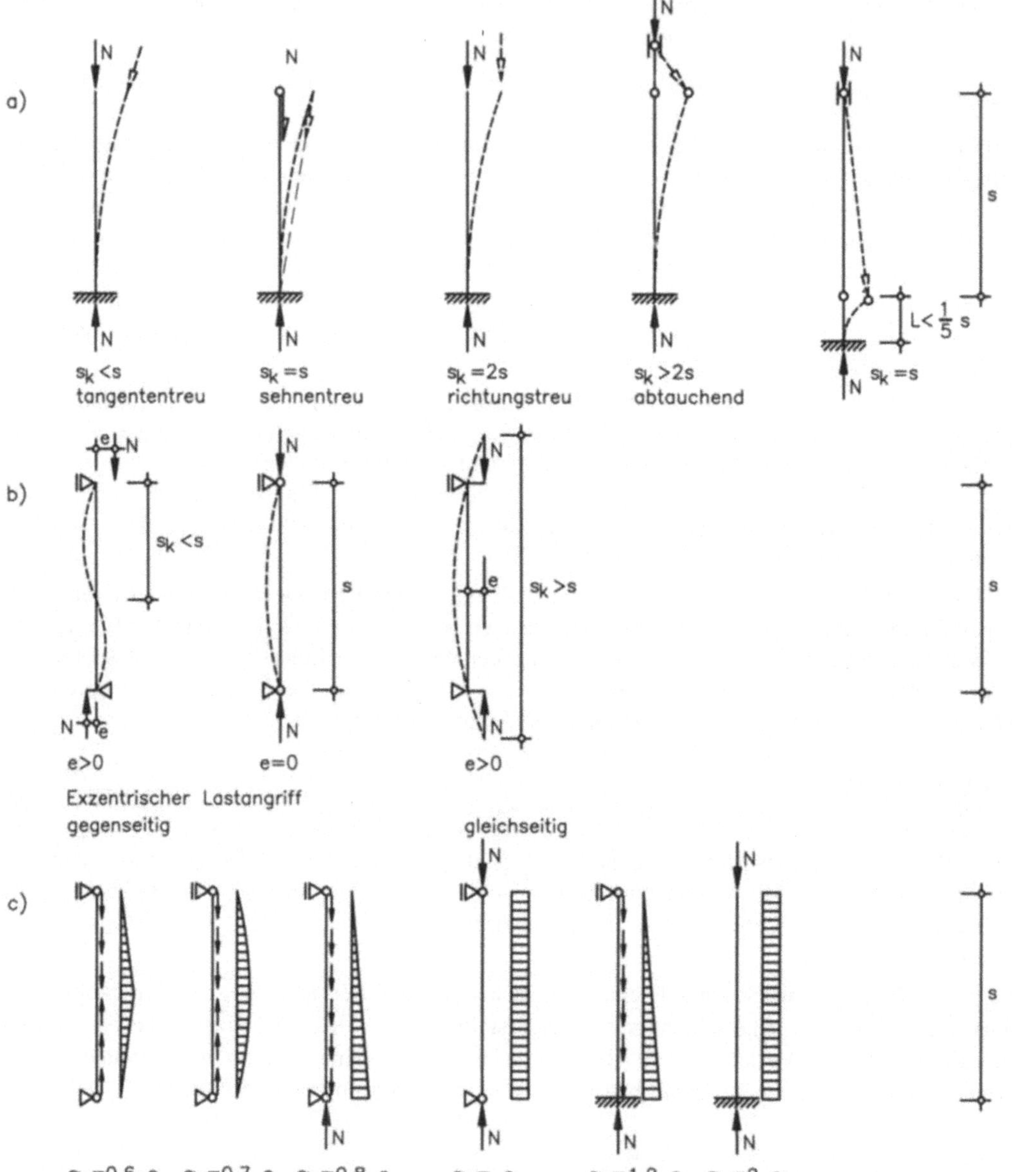

Bild 2.10 Einfluss des Lastangriffes auf die Knickfestigkeit: a) während des Ausknickens konstruktionsbedingt gleichbleibende oder sich ändernde Lastrichtung, b) planmäßig exzentrischer Lastangriff, c) über den Stab unterschiedlich verteilte Lasteintragung und somit unterschiedliche Normalkraftverläufe

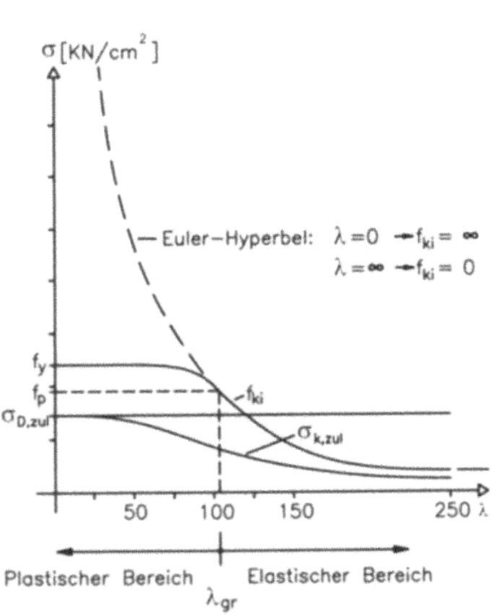

Bild 2.11 Knickspannungslinie für St 360

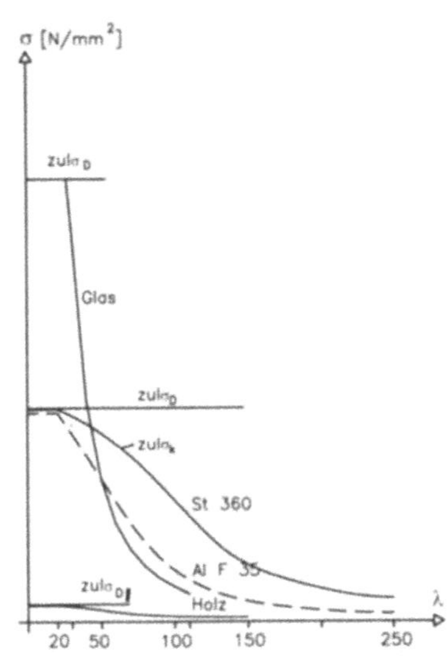

Bild 2.12 Zulässige Knickspannungen in Gegenüberstellung zur zulässigen Zugspannung

Der Knicknachweis für den gedrückten Stab kann nach Gleichung (2.4) oder Gleichung (2.5) geführt werden.

$$\sigma_{vorh} = \frac{N}{A} \leq \sigma_{k,zul} \qquad \text{mit} \qquad \sigma_{k,zul} = f(\lambda) \tag{2.4}$$

$$\sigma_{rech} = \omega \frac{N}{A} \leq \sigma_{d,zul} \qquad \text{mit} \qquad \omega = \frac{\sigma_{d,zul}}{\sigma_{k,zul}} = f(\lambda) \tag{2.5}$$

ω . Knickbeiwert
σ_{vorh}....Vorhandene Normalspannung zufolge N
σ_{rech}. .Rechnerische Normalspannung zufolge einer mit ω multiplizierten Normalkraft N
$\sigma_{k,zul}$.. .Zulässige Knickspannung
$\sigma_{d,zul}$ . .Zulässige Druckspannung (ohne Knickgefahr)

Bild 2.12 zeigt in einem Diagramm die zulässigen Knickspannungen für Holz, Glas, Aluminium und Stahl in Abhängigkeit von der Stabschlankheit λ und in Gegenüberstellung mit der zulässigen Druckspannung. Aus dieser wird ersichtlich, wie unwirtschaftlich es sein kann, übertrieben schlank bauen zu wollen.

2.1.4   Das Druckbeulen

Ein achsial gedrückter Stab weicht sobald die Druckkraft eine kritische Größe erreicht aus und knickt. In ähnlicher Weise baucht eine in der Mittelebene gedrückte Scheibe aus, sobald die

Druckkraft eine kritische Größe erreicht, und beult. Stegbleche oder Gurte von Stahlstützen können beispielsweise beulen, noch bevor die Stütze als Ganzes knickt.

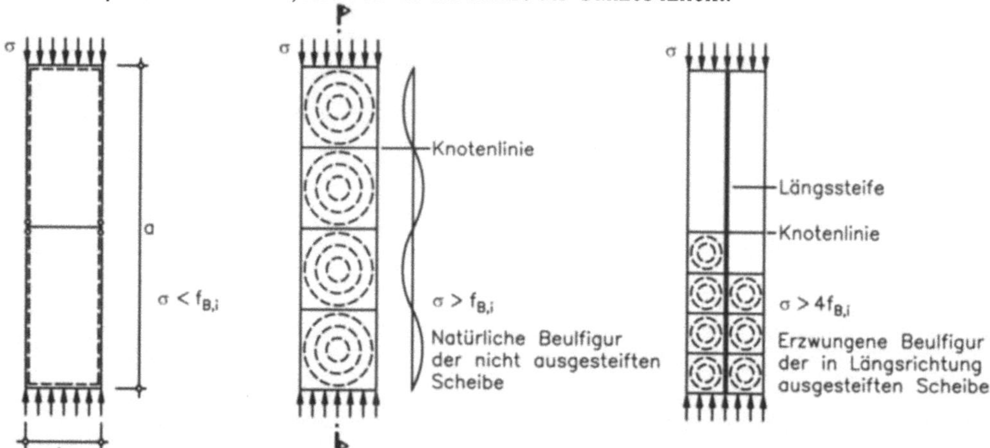

Bild 2.13 Druckbeulen von Rechteckscheiben a/b

Zur Erläuterung des Phänomens Knicken geht man vom beidseits gelenkig gelagerten, mittig gedrückten Stab - dem Eulerstab - aus. Bei der Erläuterung des Phänomens Beulen setzt man sinngemäß zunächst eine umfangs gelenkig gelagerte, mittig gedrückte Scheibe entsprechend Bild 2.13 voraus. Die Beulfestigkeit einer solchen Scheibe, das heißt jene kritische Spannung bei der das stabile Gleichgewicht zwischen den äußeren und den inneren Kräften in ein labiles übergeht, ist von den Abmessungen der Scheibe, ihrem Seitenverhältnis, von der Dicke der Scheibe, der Art und Weise ihrer Aussteifung und vom Material abhängig. Der geringste Beulwiderstand einer umfangs gelenkig gelagerten Scheibe ist beispielsweise gegeben, wenn ihr Seitenverhältnis ein ganzzahliges ist und sich Kugelkalotten über quadratischen Teilflächen auftun können (natürliche Beulfigur). Die Beulfestigkeit anders gelagerter Scheiben hängt zusätzlich von der Art der Lagerung ihrer Ränder ab.

Das Beulen kann hintan gehalten werden, wenn man die Scheibe in geeigneter Weise aussteift. Die natürliche Beulfigur in Bild 2.13 gibt dafür einen Anhalt. Beulsteifen in den Knotenlinien sind wirkungslos. Quersteifen werden früher oder später zu Knotenlinien und verbessern daher nicht die Beulsteifigkeit der Scheibe. Längssteifen, die die Buckel durchkreuzen, verhindern dagegen ihr Entstehen, vorausgesetzt, dass sie genügend knicksteif sind. Solche Längssteifen erhöhen die Beulfestigkeit einer Scheibe beträchtlich. Die eine Längssteife in Bild 2.13 vermag beispielsweise die Beulfestigkeit auf den vierfachen Wert der nicht ausgesteiften Scheibe anzuheben. Quersteifen können gegebenenfalls notwendig werden, um die Längssteifen zu halten.

2.1.5   Formgebung und bauliche Durchbildung

Will man Stützen beziehungsweise Druckstäbe schlank gestalten, so ist darauf zu achten, dass sie planmäßig nur Druck aber keine Biegung bekommen. Das verlangt eine gelenkige Lagerung der Stabenden und eine zentrische Kraftein- beziehungsweise Kraftdurchleitung, das heißt Pendelstützen. Wenn im vorhergehenden Abschnitt über das Knicken auf die Einspannung als eine der Möglichkeiten zur Reduzierung der Knicklänge hingewiesen wurde, so sei hier ergänzend bemerkt, dass jede starre Verbindung der Stütze mit dem übrigen Tragwerk Biegemomente aus diesem anzieht oder solche verursacht. Dann hat man es aber mit Biegestäben mit zusätzlicher Druckbeanspruchung zu tun.

Die Konstruktion des Gelenkes bringt in den meisten Fällen eine konzentrierte Lasteintragung. Die Last muss sich dann in der Stütze auf den gesamten Stützenquerschnitt ausbreiten, wobei Spaltzugkräfte verursacht werden, die von der Stütze im Einleitungsbereich einwandfrei aufzunehmen sind. Das kann durch entsprechende Kopf- und Fußplatten beziehungsweise durch geeignete Umschnürung der Stützen an den Enden geschehen, weil ansonsten die Gefahr besteht, dass sich die Stütze an ihren Enden aufspaltet. Wird dagegen die Last über den ganzen Querschnitt in die Stütze eingetragen, gibt es keine Spaltwirkung.

Bei Stützen verlangt die Gefahr des Knickens eine biegesteife Ausführung der Stöße. Wenn es sich um eine mehrteilige Stütze handelt, dann sind ihre Teile so miteinander zu verbinden, dass sie sich im Falle des Ausbiegens dabei als Ganzes verhalten. Die einzelnen Steher sind entweder fachwerkartig oder rahmenartig miteinander zu verbinden und zwar nicht nur an den Enden, sondern auch im Feld, zumindest in den Drittelpunkten. Dabei hängt die Wirksamkeit einer solchen Verbindung nicht nur von der Steifigkeit der Bindeglieder, sondern auch von der Steifigkeit ihrer Verbindung mit den einzelnen Stehern ab, die im Falle der rahmenartigen Verbindung Biegemomente zu übertragen hat.

Bei gedrungenen Säulen aus Stein oder Mauerwerk, bei denen keine Ausweichgefahr besteht, sind Kontaktstöße unter der Voraussetzung waagrechter und ebenflächiger Stoßfugen möglich.

Es besteht aber nicht nur die Gefahr, dass die Stütze als Ganzes knickt, sondern dass Teile ihres Querschnittes durch Beulen oder, bei mehrteiligen Stützen, Teile der Stütze durch Knicken vorzeitig versagen. Das verlangt, dass dünnwandige, offene Querschnitte hinreichend ausgesteift werden, und dass mehrteilige Stützen entsprechend eng ausgefacht, beziehungsweise in relativ engen Abständen miteinander verbunden werden. Die notwendige Formfestigkeit der Stütze kann auf verschiedenste Weise, etwa durch Aussteifen oder Falten, erreicht werden.

Die schlanke, ausweichgefährdete Stütze verlangt im Vergleich zur gedrungenen, nicht ausweichgefährdeten immer einen relativen Mehraufwand an Material (Knickbeiwert als Maß unwirtschaftlichen Bauens), der aber durch Fantasie bei der Formgebung begrenzt werden kann. Für die Formfindung von schlanken Druckstäben können deshalb keine absoluten Regeln angegeben werden, weil alle Überlegungen von der Größe der Last, von der angestrebten Schlankheit und dem ins Auge gefassten Baustoff in vielfältiger Weise abhängen. Die erste und wichtigste Information wird immer sein, ob bei gegebener Länge das Knicken überhaupt maßgebend ist, und im weiteren, welche Gesichtspunkte der Querschnittsfestlegung der jeweilige Baustoff fertigungstechnisch überhaupt zulässt.

Es soll nicht nur eine zentrische Lasteinleitung, sondern auch eine zentrische Lastdurchleitung gewährleistet sein, um ungewollte, dem Knicken förderliche Biegemomente zu vermeiden. Das verlangt eine besonders sorgfältige und maßgerechte Ausführung druckbeanspruchter Bauteile. Säulen im Verkehrsbereich sind gegen Anprallasten zu sichern.

Druckbögen und Sprengwerke sind plangerecht nach der für die Berechnungslast errechneten Stützlinie auszuführen, denn nur dann können sie auch tatsächlich frei von Biegemomenten bleiben. Hier besteht ein großer Unterschied zu den entsprechenden Zuggliedern, bei denen sich die Stützlinie von selbst einstellt.

2.2   Zur Frage des Baustoffes

2.2.1   Mögliche Baustoffe

Für Druckstäbe eignen sich die meisten Natur- und Kunststeine, und zwar sowohl in einem Stück behauen, gegossen oder gebrannt, wie auch aus Stücken im Verband gemauert, Beton wie auch Stahlbeton, die verschiedenen Laub- und Nadelhölzer, Bauglas und Stahl. Aber auch Sand (im Sandtopf) und Kies (als Kiespfahl) beziehungsweise anderes Granulat, diverse Flüssigkeiten (in hydraulischen Pressen oder als Stützflüssigkeit beim Ausschachten) und Gase (in luftgestützten Tragwerken oder luftgefüllten Tragelementen) sind hierfür geeignet, sofern diese Stoffe am seitlichen Ausweichen entsprechend gehindert sind. Aluminium wird seltener verwendet. Die Eignung der in erster Linie genannten Materialien wird am besten aus ihrem Spannungs-Stauchungsverhalten im Druckversuch erkennbar.

2.2.2   Ihr Spannungs-Stauchungsverhalten

Beton

Eine kurze Beschreibung des Baustoffes Beton steht am Anfang des Abschnittes 1.7. Beton ist in besonderer Weise geeignet Druckkräfte aufzunehmen, ist außerdem beständig, leicht formbar - er lässt sich in nahezu beliebigen Formen gießen - und billig. Seine Druckfestigkeit hängt von der Zementgüte, der Qualität der Zuschlagstoffe und der Kornzusammensetzung (im Allgemeinen weniger als 30 % Feinkorn unter 4 mm), vom Wasser-Zement-Gehalt, von der Art der Verarbeitung und von seinem Alter ab. Die Betonfestigkeit nimmt zunächst mit dem Alter zu. Sie wird entweder als Würfelfestigkeit f_{cw} oder als Prismenfestigkeit f_c angegeben.

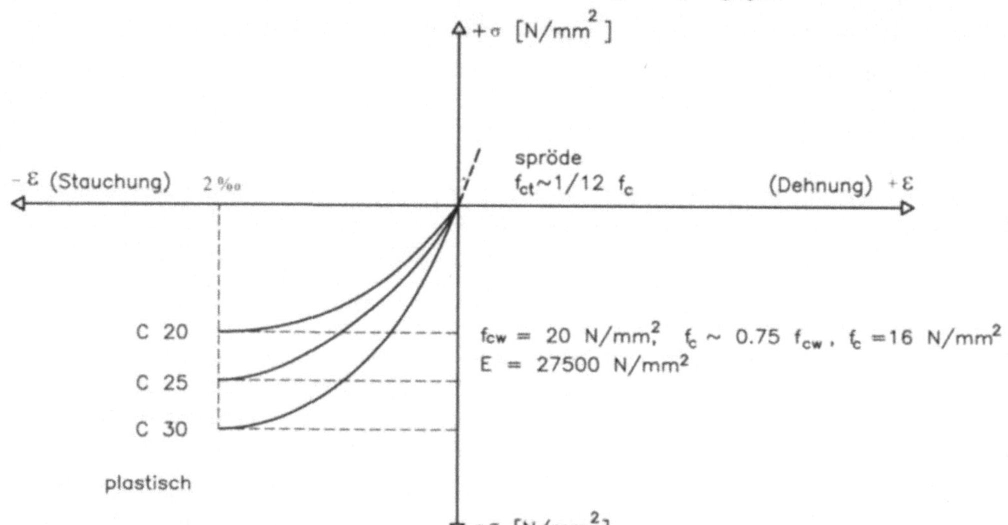

Bild 2.14 Idealisierte Spannungs-Stauchungslinien häufig verwendeter Betongüten

Die Würfelfestigkeit f_{cw} wird an Probewürfeln mit 15 cm Seitenlänge nach einer Auslagerungszeit von 28 Tagen gemessen. Die Kurzbezeichnungen der verschiedenen Betongüten geben deren garantierte Würfelfestigkeit in N/mm² an: ein C 30 hat beispielsweise eine Würfelfestigkeit von 30 N/mm². Die Prismenfestigkeit f_c wird dagegen an Probeprismen gemessen, deren Höhe gleich der dreifachen Breite ist, und wird mit etwa 80 % der Würfelfestigkeit angegeben. Die Prismenfestigkeit f_c dient als Rechenwert für die Bemessung von Beton- beziehungsweise Stahlbetontragwerken.

Beton verhält sich bei Druckbelastung plastisch und sein Spannungs-Stauchungsverhalten wird in Österreich durch eine quadratische Parabel beschrieben. Bild 2.14 zeigt die Arbeitslinien der am häufigsten verwendeten Betongüten.

Bauholz

Die Druckbeanspruchbarkeit von Holz ist, wenn man fehlerfreies Holz voraussetzt, weit geringer als seine Zugbeanspruchbarkeit. Das zeigt die in Bild 2.15 dargestellte idealisierte Arbeitslinie für Normholz, worunter man ausgesuchte Weichholzproben versteht. Bedingt durch diverse Inhomogenitäten, vor allem durch die Astigkeit, kann sich aber für Bauholz das Verhältnis umkehren, so dass der Rechenwert der Druckfestigkeit gleich oder größer als der Rechenwert der Zugfestigkeit anzusetzen ist.

Die gemessenen Druckfestigkeitswerte von Bauholz streuen stark und sind unter anderem abhängig von der Rohdichte (Laubhölzer sind in dieser Hinsicht besser als Nadelhölzer), von der Holzfeuchtigkeit (mit zunehmender Feuchtigkeit nimmt die Druckfestigkeit ab) und von den verschiedenen Wuchsfehlern. Bild 2.16 zeigt weiters die Abnahme der Druckfestigkeit mit dem Anstellwinkel der Kraftrichtung zur Faserrichtung. Parallel zur Faserrichtung ist Holz weit mehr belastbar als normal dazu.

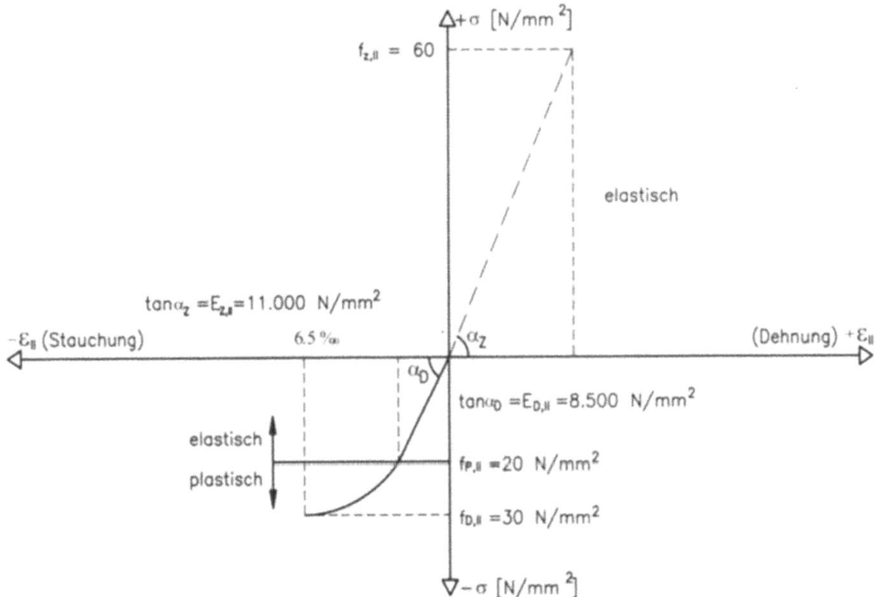

Bild 2.15 Idealisierte Spannungs-Stauchungslinie von fehlerfreiem Normholz

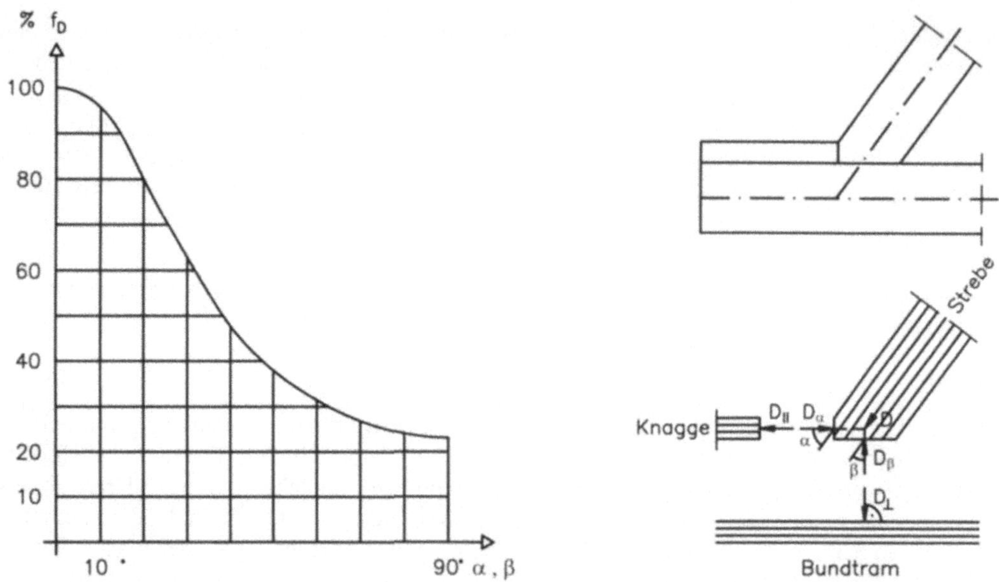

Bild 2.16 Abnahme der Druckfestigkeit mit dem Winkel zwischen Kraft- und Faserrichtung

Baustahl

Eine Beschreibung des Werkstoffs Stahl befindet sich im Abschnitt 1.2. Hier werden vollständigkeitshalber nur noch seine im Druck- und im Zugversuch gewonnenen Arbeitslinien

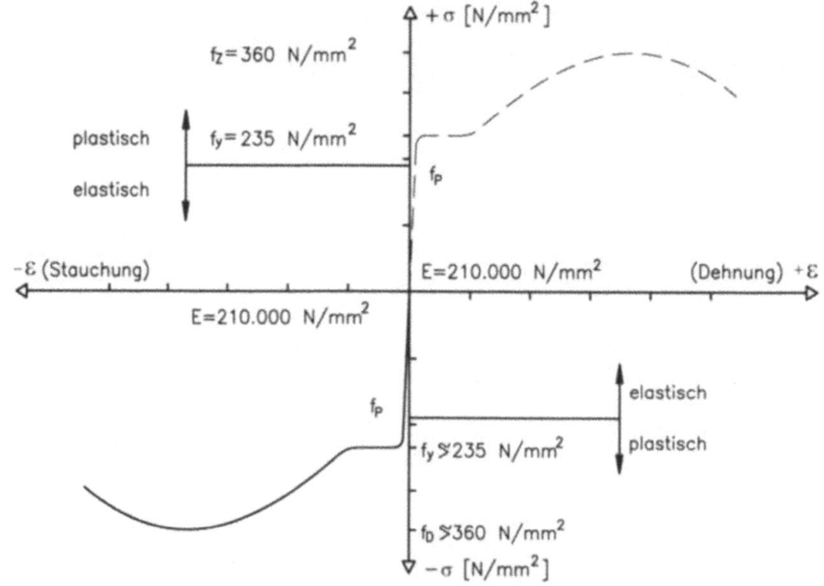

Bild 2.17 Idealisierte Spannungs-Stauchungslinie von St 360

gegenübergestellt. Die in Bild 2.17 gezeigten Arbeitslinien des auf Druck und des auf Zug belasteten Stahls unterscheiden sich nur geringfügig über der Proportionalitätsgrenze. Stauchgrenze und Druckfestigkeit erreichen, absolut gesehen, etwas höhere Werte als vergleichsweise Streckgrenze und Zugfestigkeit. Unterhalb der Proportionalitätsgrenze, das heißt im elastischen Bereich, unterscheiden sich die beiden Arbeitslinien aber nicht, weshalb auch in den Bauvorschriften für Baustahl die Druckbeanspruchbarkeit gleich der Zugbeanspruchbarkeit gesetzt wird.

Bauglas

Eine kurze Beschreibung des Baustoffes Glas befindet sich im Abschnitt 1.2.2. Hier werden noch seine im Zug- und Druckversuch gewonnenen Arbeitslinien gegenübergestellt (Bild 2.18). Die Steigung der Arbeitslinie ist in beiden Fällen identisch. Seine Druckbeanspruchbarkeit ist jedoch annähernd um das zwanzigfache größer als seine Zugbeanspruchbarkeit. Bauglas entspricht bei Druckbeanspruchung festigkeitsmäßig in etwa einem hochwertigen Baustahl (vgl. Tabelle 2.1).

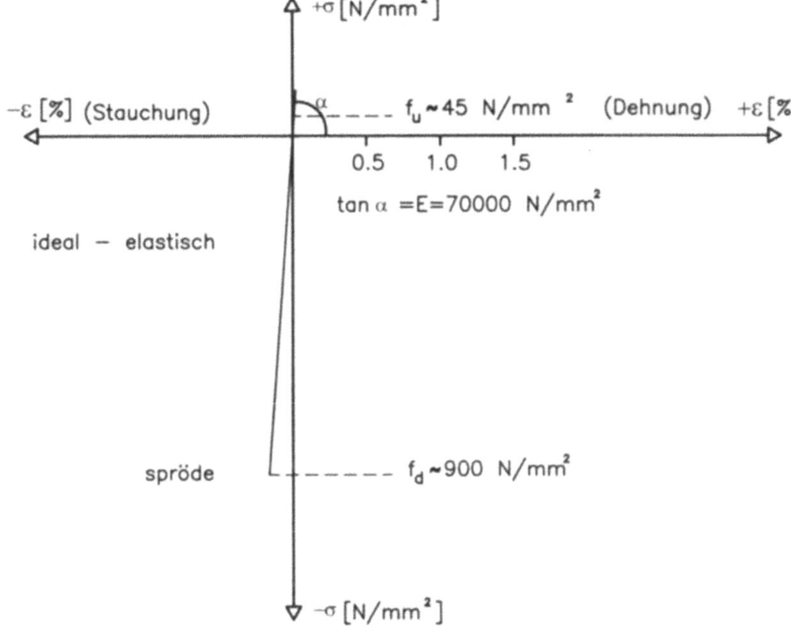

Bild 2.18 Spannungs-Stauchungslinie von Flachglas (Floatglas)

2.2.3   Zwei Kriterien für die Auswahl

Will man die Gewichte von Druckstäben aus verschiedenen Baustoffen mit dem Ziel vergleichen, das Konstruktionsgewicht zu minimieren, muss man wegen des Phänomens Knicken von einer Vergleichslast ausgehen.

Druckfestigkeit und Gewicht

Das Konstruktionsgewicht gedrungener Druckstäbe ist umso kleiner, je kleiner das Gewicht und je höher die Festigkeit des in Betracht zu ziehenden Baustoffes ist. Für die verschiedenen Baustoffe ergäbe sich somit die Reihung: Bauglas, Aluminium, Bauholz, Baustahl, Beton. Bauholz hat beispielsweise bei ähnlicher Festigkeit wie Beton ein viel geringeres Konstruktionsgewicht.

Elastizitätsmodul und Gewicht

Das Konstruktionsgewicht schlanker Druckstäbe ist umso kleiner, je kleiner das Gewicht und je größer der Elastizitätsmodul des in Betracht kommenden Baustoffes ist. Für die in Betracht kommenden Baustoffe ergibt sich somit die Reihung: Bauholz, Aluminium, Bauglas, Beton höherer Festigkeit, Beton niedriger Festigkeit, Baustähle aller Festigkeitskategorien.

Es wäre demnach falsch, für sehr schlanke Knickstäbe aus Stahl Stähle höherer Festigkeit zu wählen, weil der Elastizitätsmodul für alle Stahlsorten gleich ist; es ist aber wohl sinnvoll für sehr schlanke Knickstäbe aus Beton einen Beton höherer Festigkeit zu wählen, weil bei den Betonsorten mit steigender Festigkeit auch der Elastizitätsmodul zunimmt.

2.2.4 Einige Mechanische Kennwerte

Für die Wahl eines für Druckstäbe geeigneten Baustoffs ist entsprechend dem zuvor Gesagten die Kenntnis des Materialgewichtes γ, der Druckfestigkeit f_d (f_c bei Beton), des Elastizitätsmoduls E und, für Fälle bei denen keine Ausweichgefahr gegeben ist, der zulässigen Druckspannung dienlich. Die Richtwerte der nachstehenden Tabelle geben einen Anhalt für die Wahl sowie für die Entwurfsberechnung.

Tabelle 2.1 Mechanische Kennwerte bei Druckbelastung

	γ	f_d (f_c)	E	$\sigma_{d,zul}$
	[kN/m³]	[kN/cm²]		
Stahl St 360	78,5	36,0	21.000	14,5
Stahl St 430	78,5	43,0	21.000	17,5
Stahl St 510	78,5	51,0	21.000	21,5
Aluminium F 31	27,5	35,0	7.000	15,5
Beton C 20	24,0	1,6	2.750	0,8
Beton C 25	24,0	2,0	2.900	1,0
Beton C 30	24,0	2,5	3.050	1,2
Bauholz	6,0	3,0	1.000	1,0
Bau-Basisglas	25,0	90,0	7.000	30,0

2.3   Zur Frage des Querschnittes

Der Querschnitt eines Druckstabes kann nur im Falle des gedrungenen, nicht ausweichgefährdeten Druckkörpers, wie beispielsweise bei Schwellen, Sockel oder Lagerkörper beziehungsweise im Lasteinleitungsbereich direkt bemessen werden. Seine Tragfähigkeit hängt von der Querschnittsfläche und der Materialfestigkeit ab.

Die Tragfähigkeit des schlanken, ausweichgefährdeten Druckstabes, wie beispielsweise einer Stütze, hängt dagegen von der Querschnittsfläche und der Knickfestigkeit ab. Diese ist wiederum durch die Querschnittsform bedingt, weshalb die Druckgliedbemessung, sobald das Knicken maßgebend ist - und das ist meistens der Fall - nur schrittweise erfolgen kann. Man wählt einen Querschnitt und weist nach, dass dieser für die gegebene Belastung ausreicht. Wurde er zu klein gewählt, muss, und wurde er zu groß gewählt, kann der Vorgang mit einer verbesserten Querschnittsangabe wiederholt werden. Da diese Vorgangsweise auch dem Entwerfen entspricht, sollte sie generell angewendet werden.

2.3.1   Querschnittswahl und Nachweise

Gedrungene Stäbe

Bei gedrungenen Druckkörpern, wie beispielsweise bei Schwellen, Sockeln und dergleichen, bei denen das Knicken offensichtlich nicht maßgebend ist, wird ein Querschnitt gewählt und für diesen die Querschnittsfläche A ermittelt. Bei gegebener Normalkraft N errechnet sich die im Druckkörper vorhandene Druckspannung σ nach Gleichung (2.6). Diese Spannung wird der für das jeweilige Material zulässigen Druckspannung $\sigma_{d,zul}$ gegenübergestellt.

$$\sigma = \frac{N}{A} \leq \sigma_{d,zul} \tag{2.6}$$

Die erforderliche Querschnittsfläche A_{erf} lässt sich für einen gedrungenen Druckkörper direkt nach Gleichung (2.7) bemessen.

$$A_{erf} = \frac{N}{\sigma_{d,zul}} \quad und \quad A_{vorh} \geq A_{erf} \tag{2.7}$$

Schlanke Stäbe

Einteilige Stäbe aus Stahl, Aluminium, Bauglas oder Holz

Für Stäbe, bei denen das Knicken maßgebend ist, wird ein Querschnitt angenommen, und für diesen werden die Querschnittsfläche A sowie die Trägheitsmomente I_y und I_z [1] ermittelt. Unter Beachtung des unter 2.1.3 allgemein Gesagtem wird für den konkreten Fall die Knicklänge in und aus der Systemebene ($s_{k,y}$ und $s_{k,z}$) des Stabes festgestellt, und mit diesen Knicklängen und den jeweils zugeordneten Trägheitsradien des Querschnitts wird die maßgebende Stabschlankheit λ_{max} nach Gleichung (2.8) ermittelt.

---

[1]   y-. z-Achse ... Querschnitts-Trägheitshauptachsen

$$\lambda_y = \frac{s_{k,y}}{i_y} \quad \text{mit} \quad i_y = \sqrt{\frac{I_y}{A}}$$

$$\lambda_z = \frac{s_{k,z}}{i_z} \quad \text{mit} \quad i_z = \sqrt{\frac{I_z}{A}} \quad \rightarrow \quad \lambda_{max} = \max\,(\lambda_y,\,\lambda_z) \tag{2.8}$$

Im Weiteren wird die dem jeweiligen Baustoff entsprechende zulässige Knickspannung $\sigma_{k,zul}$ oder der ihr entsprechende Knickbeiwert ω als Funktion der maßgebenden Stabschlankheit λ_{max} anhand von Tabellen festgestellt. Der Knicknachweis kann dann, wie im Abschnitt 2.1.3 ausgeführt, entweder nach Gleichung (2.4) oder nach Gleichung (2.5) geführt werden, die nachfolgend nochmals angeführt sind.

$$\sigma_{vorh} = \frac{N}{A} \leq \sigma_{k,zul} \quad \text{mit} \quad \sigma_{k,zul} = f(\lambda) \tag{2.4}$$

$$\sigma_{rech} = \omega\,\frac{N}{A} \leq \sigma_{d,zul} \quad \text{mit} \quad \omega = \frac{\sigma_{d,zul}}{\sigma_{k,zul}} = f(\lambda) \tag{2.5}$$

ω ....Knickbeiwert
σ_{vorh} ....Vorhandene Normalspannung zufolge N
σ_{rech} ....Rein rechnerische Normalspannung zufolge einer mit ω multiplizierten Normalkraft N
$\sigma_{k,zul}$ ....Zulässige Knickspannung
$\sigma_{d,zul}$ ...Zulässige Druckspannung (ohne Knickgefahr)

Betonstützen - Verbundstäbe

Verbundstäbe bestehen aus zwei oder mehreren miteinander schubfest verbundenen Lamellen aus verschiedenen Baustoffen. Eine Stahlbetonstütze, die aus dem Beton und den Stahleinlagen besteht, ist beispielsweise ein solcher Verbundstab. Bei Druckbelastung wird diese Stütze als Ganzes gestaucht, und die Last verteilt sich auf den Beton und den Stahl entsprechend den bei der gegebenen Stauchung in ihnen auftretenden Spannungen. Die Tragfähigkeit einer Stahlbetonstütze wird auf diese Weise nach Gleichung (2.9) durch Addition der vom Beton und der Bewehrung im Bruchzustand des Betons aufnehmbaren Lastanteile festgestellt.

$$N_k = \frac{1}{\omega}\,(A_b \cdot f_c + A_s \cdot f_{s,c}) \tag{2.9}$$

Für die Erfüllung des Knicknachweises muss für die vorhandene Normalkraft N folgende Beziehung gegeben sein:

$$N \leq \frac{N_k}{\nu} \quad \text{beziehungsweise} \quad N \leq \frac{1}{\nu \cdot \omega}\,(A_b \cdot f_c + A_s \cdot f_{s,c}) \tag{2.10}$$

N_k ....Knicklast
ν ....Sicherheit gegen Erreichen der Knicklast, $\nu = 2,5$
ω ....Knickbeiwert entsprechend Stabschlankheit λ nach baustoffspezifischen Tabellen
A_b ....Betonquerschnitt
f_c ....Prismenfestigkeit
A_s ....Bewehrungsquerschnitt
$f_{s,c}$ ......Stahlspannung bei der der Prismenfestigkeit entsprechenden Stauchung von 2 ‰

2.3.2 Querschnittsform und Formfestigkeit

Die Knickfestigkeit eines Druckstabes hängt von seiner Form ab. Bei der Bestimmung der Stabschlankheit wird vorausgesetzt, dass diese Form starr ist, so dass der Druckstab nicht vorzeitig durch partielles Beulen einzelner Querschnittsteile versagt.

Die Formfestigkeit oder Formtreue eines Querschnittes wird durch Aussteifen oder Falten, beziehungsweise Profilieren der Querschnittsteile erreicht. Im Einzelnen wird darauf in den baustofforientierten Abschnitten eingegangen.

Im Allgemeinen wird man einen Querschnitt mit möglichst großem Trägheitsradius wählen und dieser soll nach Möglichkeit symmetrisch und nicht zu feingliedrig sein. Es können aber für die Gestaltung von Druckstäben keine allgemeingültigen Entwurfskriterien angegeben werden, weil sie davon abhängen, nach welcher Richtung der Stab ausknicken kann, wie schlank der Stab und wie groß seine Belastung ist. Neben den statisch-konstruktiven Gesichtspunkten sind bei der Querschnittsfestlegung aber auch gestalterische, ökonomische, funktionelle und herstellungstechnologische Gesichtspunkte zu beachten.

2.4 Zur Frage der Lagerung

2.4.1 Das Gelenk

Im Gelenk ist eine Stütze unverschieblich, aber frei drehbar gelagert. Ist sie an beiden Enden gelenkig gelagert, spricht man von einer Pendelstütze. Die vom Lager aufzunehmende Stabkraft und die gegebenenfalls vom Lager in das Widerlager zu übertragenden Kräfte zeigt Bild 2.19. Durch das Drehen einer Stütze aus der Lagernormalen treten nämlich im Widerlager Seitenkräfte auf.

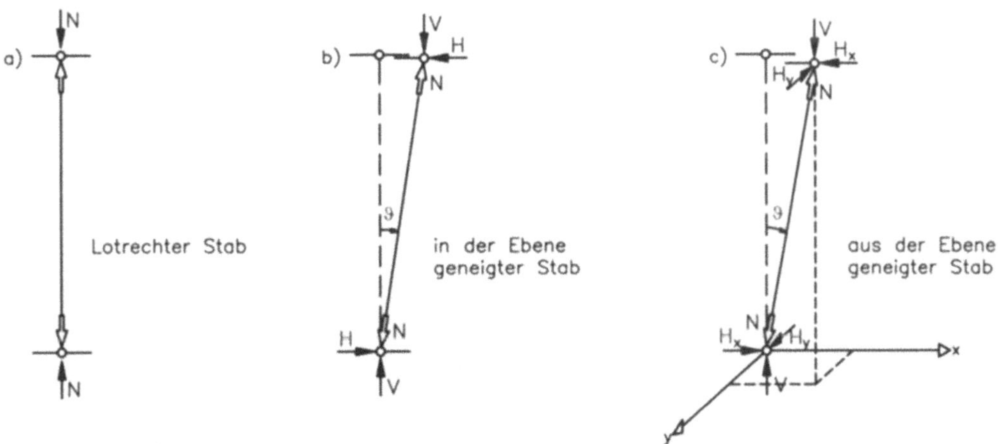

Bild 2.19 Darstellung und Belastung des Gelenks in der baustatischen Skizze (Stützkräfte)

Die Unverschieblichkeit wird durch den Anschlag an einem Zapfen (Dollen, Dorn) oder an einer Leiste (Knagge) beziehungsweise durch die Bettung des Gelenkkörpers in einer Pfanne, wie etwa beim Kugelgelenk, erreicht. Sich allein auf die Reibung zu verlassen, ist weder ratsam noch statthaft. Die Stütze ist im Gelenklager seitlich in jeder Richtung gehalten, wenn sie in zwei beliebigen Richtungen gehalten ist. Die Drehbarkeit wird durch geeignet gekrümmte Lagerflächen erreicht, die sich, wie beim Kipplager, aufeinander abwälzen, oder, wie beim Zapfenlager, gegenseitig verschieben. Sie kann aber auch durch ein elastisch deformierbares Medium zwischen Stütze und Widerlager erreicht werden. Bild 2.20 zeigt schematisch diese Reihe konstruktiver Möglichkeiten.

Hinsichtlich der Bewegungsfähigkeit der Gelenklager wird zwischen einfachen Gelenken, die eine Drehbewegung nur in einer Ebene erlauben (Linienkipplager, Zapfenlager), Kreuzgelenken, die eine Drehbewegung in zwei aufeinander normal stehenden Ebenen erlauben und Kugelgelenklagern (Punktkipplager, Kallottenlager, Pfannenlager) sowie Kissenlagern, die ein allseitiges Kippen der Stütze erlauben, unterschieden.

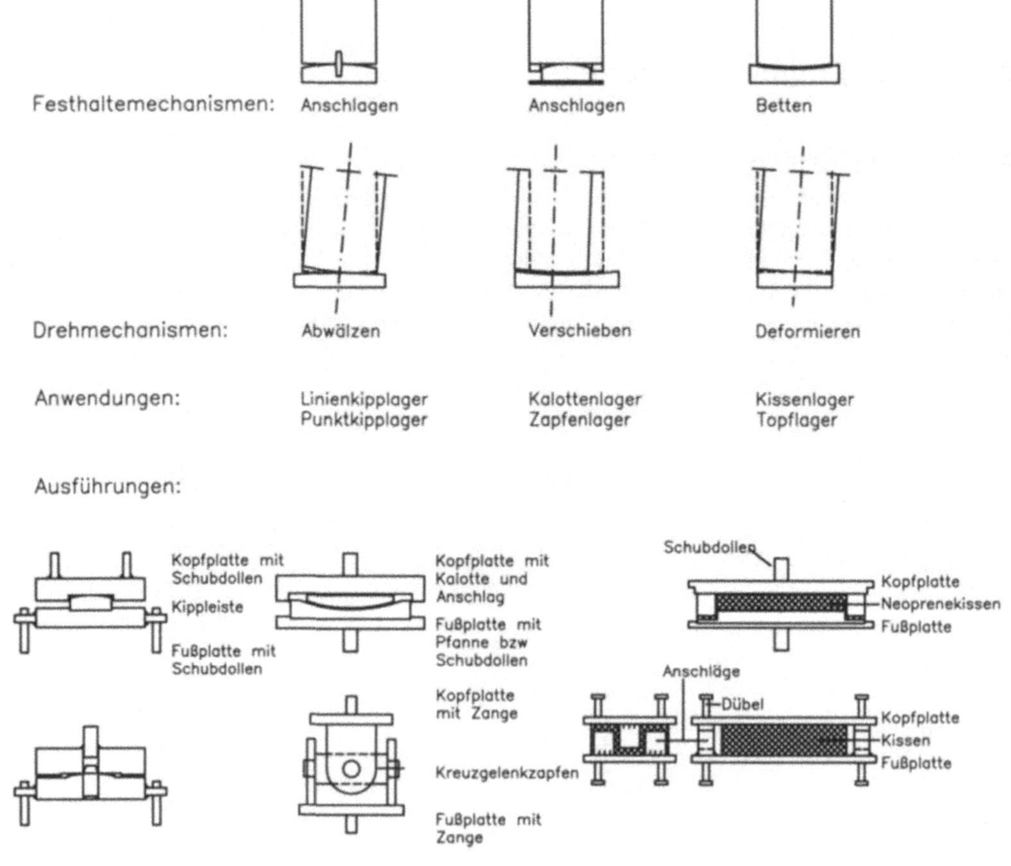

Bild 2.20 Funktionsmechanismen und Ausführung von Gelenklagern

Die Lager sind, sieht man von den Neoprenekissen ab, Stahllager aus Baustahl St 510 oder aus Stahlguß GS 50, wobei die Wälzflächen in verschiedener Weise zusätzlich gehärtet sein können.

Bei geringen Auflasten und bei möglichen Wechsellasten (z.B. Erdbeben) ist eine konstruktive Abhebesicherung, beispielsweise durch Klauen, notwendig.

Durch die linienförmige oder punktförmige Lastabgabe kommt es im Gelenkkörper örtlich zu hohen Pressungen. Das ist aber nicht schlimm, denn das engbegrenzt hochgespannte Material ist von weniger gespanntem Material umgeben, weshalb sehr hohe Pressungen ohne nennenswerte Verformungen ertragen werden und daher auch relativ hohe örtliche Pressungen zulässig sind. Die Pressung von Lagerkörpern aus Stahl ist bei Flächenbelastung nach Gleichung (2.11a), bei Linienbelastung nach Gleichung (2.11b) und bei Punktbelastung nach Gleichung (2.11c) nachzuweisen.

$$p = \frac{C}{a \cdot b} \le 2{,}5 \, \sigma_{zul} \qquad (2.11a)$$

p	Örtliche Pressung
C	Auflagerkraft
a,b	Abmessungen der Auflagerfläche
σ_{zul}	Zulässige Spannung des Lagerwerkstoffs

$$p = 0{,}42 \cdot \sqrt{\frac{C \cdot E}{r \cdot b}} \le 5{,}0 \, \sigma_{zul} \qquad (2.11b)$$

E	Elastizitätsmodul des Lagerwerkstoffes
r	Radius der Kippleiste bzw. des Kippkorpers in 2.11c
b	Länge der Kippleiste

$$p = 0{,}39 \cdot \sqrt[3]{\frac{C \cdot E^2}{r^2}} \le 7{,}5 \, \sigma_{zul} \qquad (2.11c)$$

Die Pressung des Betons unter der Fußplatte ist nach Gleichung (2.11a) zu berechnen und soll, wenn die Fläche des Fundamentkörpers rund das 10-fache der Fläche des Lagerkörpers beträgt, die 1,5-fache Prismenfestigkeit f_c des Fundamentbetons nicht überschreiten.

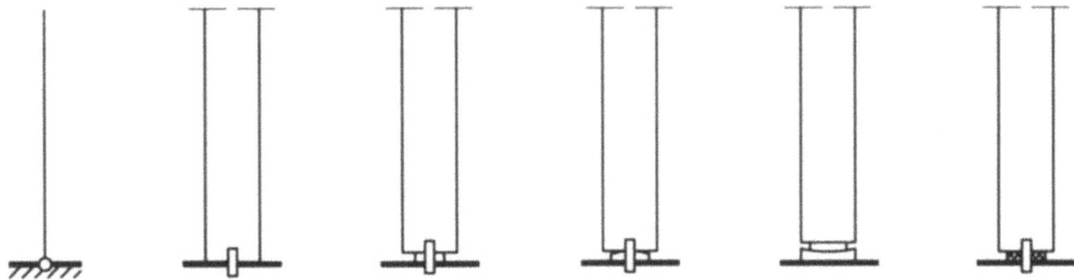

Bild 2.21 Verschiedene Gelenksausbildungen gereiht nach zunehmender Drehfähigkeit

Die Drehbarkeit einer Stütze, vor allem die beliebig große und die allseitige Drehbarkeit, kostet viel, weshalb bei der Wahl oder beim Entwerfen von Gelenklagern nicht nach der konstruktiv möglichen, sondern nach der im Bauwerk zu erwartenden Schiefstellung der Stütze zu fragen und das Lager entsprechend zu wählen oder auszubilden ist. Im Hochbau genügt in den meisten Fällen ein unvollkommenes Gelenk und nur in den seltensten Fällen ist ein Gelenklager, das weitgehend zwangfrei große Kippwinkel und ein Kippen nach allen Seiten erlaubt, notwendig. Bild 2.21 zeigt schematisch die konstruktive Entsprechung vernachlässigbar kleiner Kippwinkel mit einem unvollkommenen Gelenk - oft genügt es einfach, eine Einspannung zu verhindern - sowie großer Kippwinkel mit einem Kipplager oder einem Kissenlager.

2.4.2   Die Einspannung

Die Einspannung einer Stütze verhindert an der Stelle der Einspannung nicht nur deren Verschiebung, sondern auch deren Verdrehung, weshalb die Stütze, wie auch immer, auch auf Biegung beansprucht wird. Die Einspannung in der Ebene erfordert drei Stützungen und die im Raum sechs Stützungen. Bild 2.22 zeigt in einer baustatischen Skizze die von einer ebenen Einspannung im Allgemeinen aufzunehmenden Kraftgrößen (V, H, M) und die in das Widerlager zu übertragenden Stützkräfte (C_1, C_2, C_3). Bild 2.22 zeigt aber auch die beiden konstruktiven Möglichkeiten für die Realisierung einer solchen Einspannung. Entweder wird die Stütze mit ihrem Fuß auf das Fundament gestellt und mit Hilfe von Ankerschrauben auf dieses gespannt (Bild 2.22 a), oder die Stütze wird mit ihrem Fortsatz in einen Köcher gestellt und in diesem verkeilt oder eingegossen (Bild 2.22 b), wobei darauf hinzuweisen ist, dass die Kraftgrößen H und M jeweils sowohl nach der einen als auch nach der anderen Richtung wirken können.

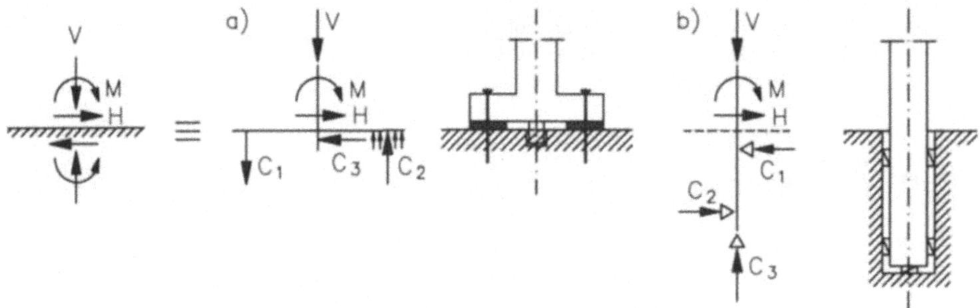

Bild 2.22 Konstruktive Lösungen einer Einspannung (Stützkräfte)
             a) waagrechte Einspannung, b) lotrechte Einspannung (im Köcher)

2.5   Zur Frage der Stöße

Bei der konstruktiven Durchbildung der Anschlüsse und Stöße von Knickstäben sind die ihrem System und ihrer Berechnung zugrunde gelegten Voraussetzungen bezüglich Lagerung und Biegesteifigkeit genau zu beachten. Für die Stöße, soweit solche überhaupt erforderlich sind, sind somit im Allgemeinen nur biegesteife Ausführungen verwendbar, wie beispielsweise der Kopfplattenstoß oder der Laschenstoß.

Beim Laschenstoß soll die Stoßdeckung symmetrisch sein, und zwar nicht nur was den Gesamtquerschnitt, sondern auch was die Querschnittsteile, wie etwa beim I-Querschnitt den Steg und die Flansche, betrifft. Und Querschnittsfläche sowie Trägheitsmoment der Laschen sollen im Allgemeinen gleich der Querschnittsfläche sowie dem Trägheitsmoment des Stabes sein, damit der Stoß keine Schwachstelle des Stabes ist.

Der Kontaktstoß

Unter der Voraussetzung, dass die Stoßflächen exakt normal zur Stabachse gerichtet und als Berührungsflächen glatt bearbeitet sind, kann bei mittigem Druck davon ausgegangen werden, dass ein Teil der Druckkraft durch den Kontakt der Berührungsflächen übertragen wird und nur ein Teil durch die Laschen übertragen werden muss. Wieviel an Druckkraft dem Kontakt zugewiesen werden darf, hängt von der Schlankheit der Stütze, der Weichheit - besser gesagt der Zusammendrückbarkeit - des Stützenmaterials und davon ab, ob die Stütze in Stoßnähe seitlich gehalten ist. Im Allgemeinen ist ein Viertel (bei Holz) bis zur Hälfte (bei Stahl) der Druckkraft über die Laschen zu leiten, abgesehen von massiven Pfeilern aus behauenen Steinen.

2.6 Stützen aus Stahl und aus Aluminium

2.6.1 Allgemeines

Was das Verhältnis zwischen Stahl und Aluminium als Baustoff betrifft, gilt das im Abschnitt 1.5 einleitend Gesagte. Der geringere E-Modul macht Aluminium im Vergleich zu Stahl auch für Stützen weniger geeignet (vgl. Bild 2.12).

Für die Herstellung von Stützen stehen im Prinzip alle unter 1.5 in den Bildern 1.18 bis 1.21 vorgestellten Profile zur Verfügung, nur sind sie wegen des Knickens nicht beliebig verwendbar, sondern zu gewichten. Der wirtschaftliche Stabquerschnitt soll im Allgemeinen bei minimaler Querschnittsfläche in Richtung beider Trägheitshauptachsen einen möglichst großen Trägheitsradius haben. Unter diesem Gesichtspunkt ergibt sich in etwa folgende Reihung: Rohre, Hohlprofile mit Quadrat- oder Rechteckquerschnitt, aus Blechen oder Profilen zusammengesetzte Kästen und Breitflanschprofile. Breitflanschprofile sind, schon allein im Hinblick auf Anschlüsse und Stöße, besonders vorteilhaft. Die schmalen I-Profile haben dagegen stark unterschiedliche Trägheitsradien in y- und z-Richtung und sind nur dann geeignet, wenn auch die Knicklängen in beiden Richtungen entsprechend unterschiedlich sind, wie das etwa bei Fassadenstielen der Fall ist.

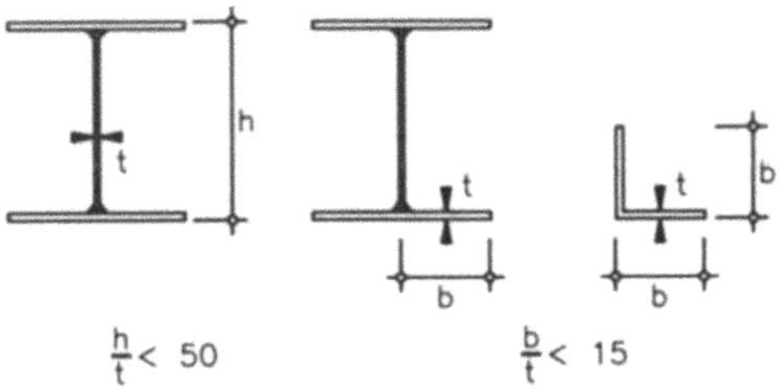

Bild 2.23 Entwurfsregeln für aus Blechen gekantete oder geschweißte Profile

Der wirtschaftlichen Entwicklung von aus Blechen gekanteten oder geschweißten Profilen sind Grenzen gesetzt. Es ist nämlich unmöglich, die Knickfestigkeit des Profils allein dadurch zu steigern, indem man den Trägheitsradius i des Profilquerschnitts vergrößert und dabei die Wanddicken des Profils verringert, weil dann die Gefahr besteht, dass die dünnen Profilwände früher ausbeulen als der Stab als Ganzes knickt. Die Blechdicke bestimmt nämlich dann die Tragfähigkeit des Stabes. Einen Anhalt für das Entwerfen solcher Profile aus Stahl und Aluminium, betreffend das Verhältnis von Blechbreite zu Blechdicke, gibt Bild 2.23.

Die Schlankheit von Druckstäben aus Stahl beziehungsweise Aluminium ist aus bautechnischen Gründen mit 250 begrenzt (λ_{max} = 250). Damit soll eine gewisse Robustheit der Konstruktion gewährleistet werden.

2.6.2   Knicknachweis

Der Knicknachweis ist im Falle einteiliger Stützen bei mittigem Druck nach Gleichung (2.4) oder (2.5) zu führen.

Für den Fall mehrteiliger Druckstäbe, bei denen zwei oder mehrere Profile zu einer Stütze verbunden sind, ist der Knicknachweis bei mittigem Druck ebenfalls nach diesen Vorschriften zu führen. Dazu ist für den Knicknachweis um die Stoffachse die Stabschlankheit λ wie für einen einteiligen Stab ($\lambda = s_k/i$)[1] zu ermitteln. Der Knicknachweis um die stofffreie Achse ist hingegen mit einer für den mehrteiligen Druckstab ermittelten ideellen Stabschlankheit λ_i nach in den jeweiligen Normen angegebenen Rechenvorschriften zu führen. Mehrteilige Druckstäbe verhalten sich nämlich, im Vergleich mit einer vollwandigen Ausführung, um ihre stofffreie Achse stets biegeweicher. Das kommt in der ideellen Stabschlankheit λ_i zum Ausdruck, die stets größer ist als die unter der Annahme einer schubstarren Verbindung der Gurtstäbe ermittelte.

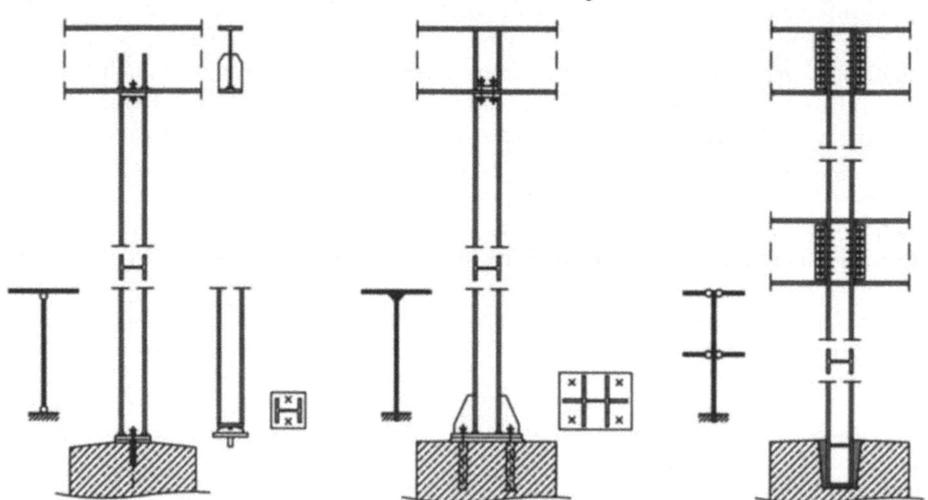

Bild 2.24 Konstruktionsbeispiele für einteilige Stützen aus Stahl

---

[1]   Mit i als Trägheitsradius des Gesamtprofils um die Stoffachse.

2.6.3 Konstruktive Durchbildung

Bei der Konstruktion des Stützenfußes ist zu unterscheiden, ob die Stütze im Skelett der Stützen und Träger auf einem der Stahlträger oder unten auf dem Fundament steht. Im einen Fall dient er lediglich der Befestigung, im anderen Fall hat er auch dafür zu sorgen, dass die Pressung in der weniger belastbaren Aufstandsfläche das zulässige Maß nicht überschreitet. Entsprechend der Größe der Auflagerkraft wird entweder eine unversteifte Fußplatte genügen oder eine versteifte Fußplatte notwendig sein. Damit der Fuß auf dem Fundament horizontal unverschieblich festgehalten ist, ist auf der Unterseite der Fußplatte eine Schubknagge auszubilden. Bezüglich der Ausbildung eines Fußgelenkes oder einer Fußeinspannung wird auf Abschnitt 2.4 verwiesen.

Der Stützenstoß ist meistens ein Montagestoß und wird daher als geschraubter Laschenstoß oder Kopfplattenstoß ausgeführt.

Einige Konstruktionsbeispiele zeigt Bild 2.24.

2.7 Stützen aus Holz

2.7.1 Allgemeines

Für Stützen aus Holz stehen Rundhölzer, Kanthölzer und Brettschichthölzer zur Verfügung, die für einteilige und mehrteilige Stützen verwendet werden. Es können hierfür aber auch Profilhölzer mit zusammengesetztem Querschnitt, beispielsweise mit einem I-Querschnitt, erzeugt und verwendet werden. Die einzelnen Teile solcher Querschnitte sind, wie die Teile einer mehrteiligen Stütze, auf ganze Höhe und im Besonderen an den Enden so miteinander zu verbinden, dass sie als Ganzes wirken. Die einzelnen Teile müssen wegen der Gefahr des Beulens gewisse Mindestdicken haben. Diesbezügliche Angaben finden sich in den einschlägigen Normen. Die Schlankheit von Stützen aus Holz ist aus bautechnischen Gründen mit 150 begrenzt ($\lambda_{max} = 150$).

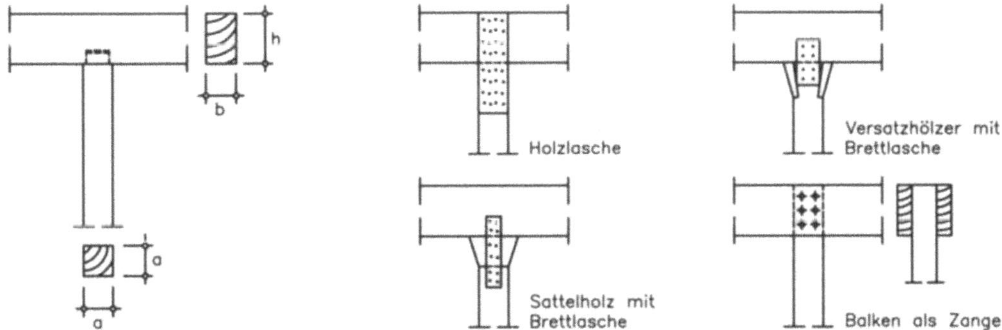

Bild 2.25 Konstruktionsbeispiele für die verbesserte Lasteintragung in einteilige Stützen aus Holz, gereiht nach zunehmender Tragfähigkeit

2.7.2 Knicknachweis

Der Knicknachweis ist im Falle einteiliger Stützen bei mittigem Druck nach Gleichung (2.5) zu führen.

Im Falle eines mehrteiligen Druckstabes, bei dem zwei oder mehrere Stäbe durch Bindehölzer zu einer Stütze verbunden sind, ist der Knicknachweis bei mittigem Druck ebenfalls nach Gleichung (2.5) zu führen. Dazu ist für den Knicknachweis um die Stoffachse die Stabschlankheit λ wie für einen einteiligen Stab ($\lambda = s_k/i$) zu ermitteln. Für den Knicknachweis um die stofffreie Achse ist hingegen wiederum eine ideelle Stabschlankheit λ_i unter Beachtung der Anzahl, der Stellung und der Schlankheit der Einzelstäbe, sowie der Anzahl und der Art der Verbindungen der Einzelstäbe nach in den jeweiligen Normen angegebenen Rechenvorschriften zu ermitteln.

2.7.3 Konstruktive Durchbildung

Die Einzelstäbe mehrteiliger Stützen sind an den Enden und mindestens in den Drittelpunkten durch Bindehölzer (Rahmenstützen) oder fachwerksartig (Gitterstützen) zu verbinden. Die Bindehölzer sind an jedem der Stäbe mit mindestens 2 Schrauben oder 4 Nägeln anzuschließen.

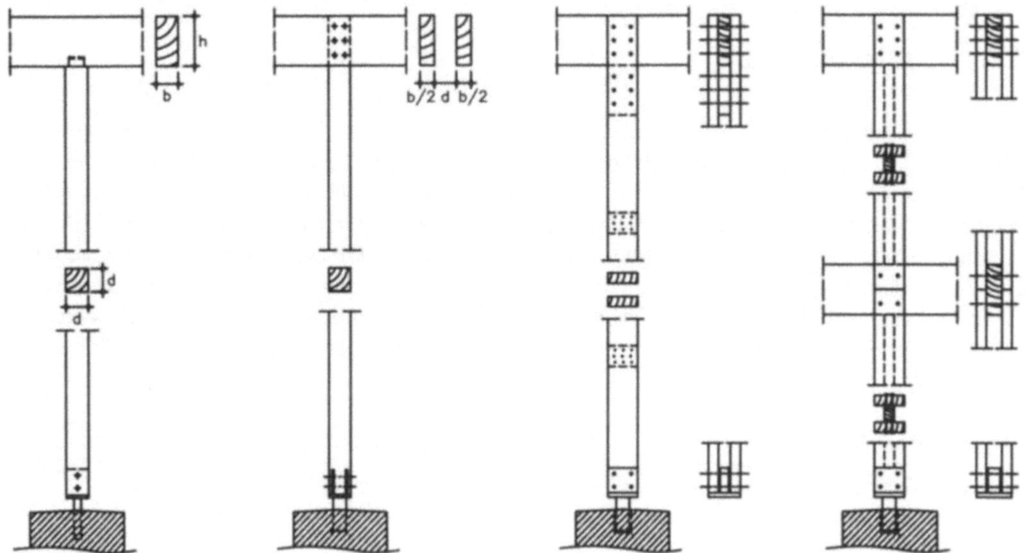

Bild 2.26 Konstruktionsbeispiele für einteilige und mehrteilige Stützen aus Holz

Wenn an der Lasteintragungsstelle (Kopf und/oder Fuß) Stütze und Balken aufeinander normal stehen, ergibt sich das Problem, dass die Stütze nicht ausgenützt werden kann, weil sie sich zu sehr in den Balken pressen würde, der durch sie quer zur Faserrichtung belastet wird und daher nicht so hoch beansprucht werden kann. In diesem Fall kann die Stütze entweder nur entsprechend der Beanspruchbarkeit des Balkens normal zur Faserrichtung ($\sigma_{\perp,zul}$) belastet werden, oder es ist ihr Kopf beziehungsweise ihr Fuß entsprechend zu verbreitern. Bild 2.25 zeigt einige solcher Lösungen. Es kann aber auch sinnvoll sein, entweder den lastbringenden Balken als Zange an der Stütze anzuschlagen oder den Balken durch eine mehrteilige Stütze in die Zange zu nehmen (Bild 2.25 und Bild 2.26).

Das Auflager der Stütze am Fundament oder ihre Einspannung im Fundament erfolgt durchwegs mit Stahlschuhen.

2.8 Stützen aus Bauglas

2.8.1 Allgemeines

Für Stützen aus Bauglas stehen Flachgläser, gebogene Gläser und Glasrohre mit verschiedenen Wanddicken zur Verfügung (siehe Abschnitt 1.8.1); Flachgläser sowohl als Einscheibensicherheitsglas (ESG) als auch als Verbundsicherheitsglas (VSG). Im Allgemeinen ist Verbundsicherheitsglas (VSG) zu verwenden. Bild 2.27 zeigt mögliche Stützenquerschnitte.

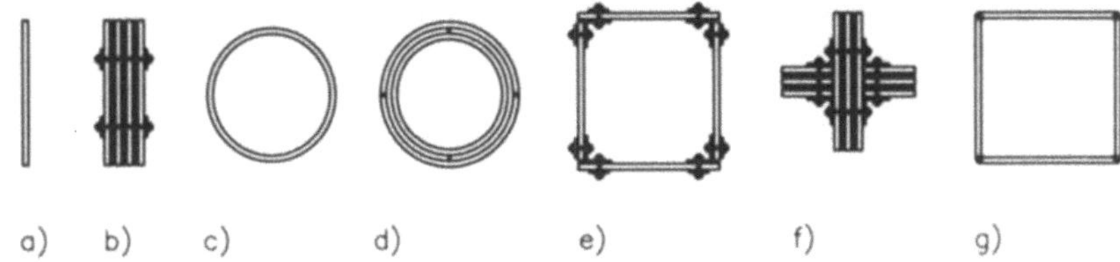

Bild 2.27 Stützenquerschnitte aus Bauglas:
a) Glaslamelle, b) Verbundglas mit zusätzlicher Klemmung, c) Glasrohr,
d) Glasrohre im Verbund mit Gießharz, e) geklemmter Kastenquerschnitt,
f) Kreuzquerschnitt, g) geklebter Kastenquerschnitt

Stützen aus einer einzelnen ESG-Scheibe sind zwar möglich, aber nur dort vertretbar, wo bei deren Versagen ein Versagen der Gesamtkonstruktion ausgeschlossen werden kann. Sind wegen der Größe der Last oder aus Gründen der Tragsicherheit mehrere, parallel gestellte ESG-Scheiben notwendig, ist die Stütze als mehrteilige Stütze gemäß Abschnitt 2.1.3 auszuführen. Dazu sind die Scheiben im geeigneten Abstand zueinander zu stellen und in den Drittelspunkten oder in geeignet kleineren Abständen mit Bindeplatten aus Aluminium oder Kunststoff - jedenfalls mit Platten aus einem weicheren Material als Glas – mit Hilfe von Schrauben schubfest miteinander zu verbinden.

Bei Stützen aus Verbundsicherheitsglas (VSG) darf der Verbund zwischen den einzelnen Glastafeln wegen mangelnder Gewähr nicht in Rechnung gestellt werden. Für die Berechnung ist also davon auszugehen, dass die Stütze aus mehreren einzelnen, voneinander unabhängigen Scheiben besteht, die jede für sich den ihrer Querschnittsfläche entsprechenden Lastanteil zu übernehmen hat. Die Verbundwirkung beziehungsweise das Zusammenwirken als Ganzes kann aber auch dadurch gewährleistet werden, dass das vorhandene Verbundpaket mit Hilfe von außen angelegten Stahllaschen und Schrauben in bestimmten Abständen oder kontinuierlich auch ganze Höhe zusätzlich geklemmt wird. Darüber hinaus können mit Tafeln aus Verbundsicherheitsglas (VSG), wie vorausgehend beschrieben, aber auch mehrteilige Stützen konzipiert und ausgeführt werden.

2.8.2   Knicknachweis

Bei mittig gedrückten Pendelstützen ist der Knicknachweis nach Gleichung (2.5) zu führen, wobei die Schlankheit aus technologischen Gründen mit $\lambda = 110$ zu begrenzen ist. Einer möglichen mehrteiligen Ausführung, wie im Abschnitt 2.8.1 angesprochen oder im Bild 2.27 gezeigt, ist bei der Bestimmung der Schlankheit λ für das Knicken um die stofffreie oder bei nichtbeachteter Verbundwirkung quasi stofffreien Achse, Rechnung zu tragen (vgl. Abschnitt 1.3).

2.8.3   Konstruktive Durchbildung

Bei zusammengesetzten Stützen sind für die Verbindung der einzelnen Glasscheiben mittels Bindeblechen aus Aluminium Stahlschrauben in Fertighülsen aus Aluminium beziehungsweise Kunststoff oder, wegen der entsprechenden Passung, besser Gießhülsen aus Gießharz zu verwenden. Bei Kreuz- wie auch bei Kastenstützen, einerlei ob die Glastafeln in den Ecken auf Gehrung geschnitten oder normal, stumpf aufeinanderstoßen, dürfen sich die Glastafeln nicht berühren sondern sind voneinander durch eine transparente Zwischenlage aus Elastomer zu trennen; diese sind dann wie mehrteilige Stützen im Sinne von Abschnitt 2.1.3 zu behandeln. Nicht nur der Kontakt Glas-Glas sondern auch der Kontakt Glas-Stahl ist jeweils durch eine weiche Zwischenlage, das heißt weicher als Glas, zu verhindern.

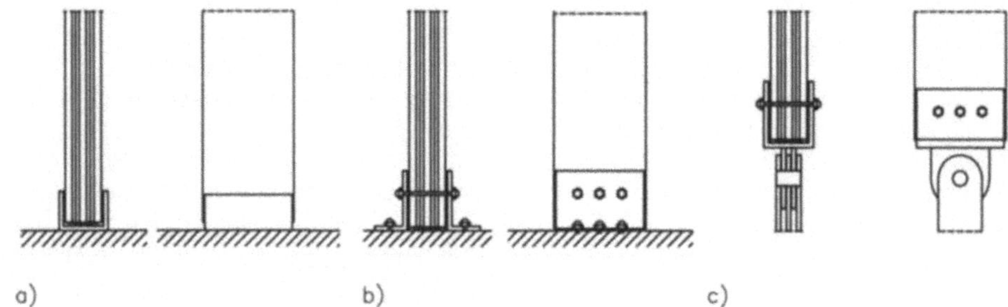

Bild 2.28 Stützen aus Bauglas, Anschlussdetails
a) Stütze auf Klötzchen im Stahlschuh, b) Einspannung in seitlichen Bakken aus Stahl,
c) gelenkige Kopf- und Fußausbildung

Stützen aus Bauglas sollen nach Möglichkeit als Pendelstützen ausgeführt werden. Bild 2.28 zeigt einerseits die Lagerung einer Pendelstütze in einem Stahlschuh, mit dem sie in das Gesamttragwerk eingebunden ist, und andererseits die Fußeinspannung eines Rahmenstieles mit Hilfe von seitlichen Stahlbacken. Im Stahlschuh ist die Stütze auf Hartholz- oder besser Kunststoffklötzchen abzusetzen und seitlich durch weiche Abstandhalter vom Schuh zu trennen. Um im Bereich der Lastabgabe Spaltzugkräfte zu vermeiden, ist mit den Klötzchen eine durchgehende flächige Lastübertragung zu gewährleisten. Am Fuß eingespannte und mit dem Tragwerk biegesteif verbundene Stiele sind möglich, doch sollte das Tragwerk so konzipiert sein, dass solche lediglich auf einachsige Biegung beansprucht werden.

2.9 Stützen und Wände aus Stahlbeton

2.9.1 Allgemeines

Beton kann man gießen, und deshalb wäre eigentlich bei Stahlbetonstützen eine große
Formenvielfalt möglich. Bild 2.29 zeigt eine Reihe möglicher Stützenquerschnitte, von denen
aber - wohl wegen der geringen Herstellungskosten - meist nur der Rechteck- und der
Kreisquerschnitt verwendet werden.

Bild 2.29 Verschiedene Querschnittsformen von Stahlbetonstützen

Beton ist ein Kunststein und wie es Säulen aus Stein gibt, wären grundsätzlich auch Säulen aus
Beton ohne Stahlbewehrung möglich. Die Gefahr unbeabsichtigter Einspannungen und damit
einer Verbiegung sowie die Gefahr des Knickens mit vorangehendem Verbiegen lassen allerdings
eine Bewehrung der Stützen, das heißt ihre Ausführung als Stahlbetonstützen zweckmäßig
erscheinen.

Die Stützenbewehrung besteht aus den Längsstäben, die sich entsprechend ihrer Steifigkeit
($A_S E_S \neq A_b E_c$) neben dem Beton an der Druckdurchleitung beteiligen, und den Bügeln, die die
Längsstäbe umfassen und auf diese Weise deren Ausknicken beziehungsweise Ausbrechen
verhindern. Der Abstand, der Durchmesser und die Form der Bügel haben dieser Aufgabe zu
entsprechen (vgl. Bild 2.30). An den Stützenenden kommt es bei konzentrierter Lastein- oder
Lastaustragung wegen der anschließend in der Stütze erfolgenden Lastausbreitung zu
Spaltzugkräften, die von den an den Stützenenden dichter eingelegten Bügeln aufzunehmen sind.
Die Bügel haben also auch dafür zu·sorgen, dass die Stütze an ihren Enden nicht aufspaltet (vgl.
Bild 2.30 sowie Abschnitt 2.1.5).

2.9.2 Knicknachweis

Für die Knicklänge kann im Geschoßbau die Geschoßhöhe eingesetzt werden, und zwar dann,
wenn sich die Decken gegenseitig nicht verschieben können, das heißt wenn sie an einem
Tragkern angebunden oder durch lotrechte Scheiben entsprechend gehalten sind. Die Schlankheit
von Druckgliedern aus Stahlbeton ist mit $\lambda_{max} = 120$ begrenzt. Der Tragfähigkeitsnachweis ist bei
mittigem Druck und bei nur geringfügig ausmittigem Druck nach Gleichung (2.10) zu führen.

2.9.3 Konstruktive Durchbildung

Stahlbetonstützen haben mindestens 20 cm dick zu sein. Die Mindestlängsbewehrung $A_{s,\,min}$ von
Stahlbetonstützen muss 0,8 % des statisch erforderlichen Betonquerschnittes betragen. Die
Höchstbewehrung $A_{s,\,max}$, abhängig von der Betongüte, soll 5 % des Betonquerschnittes nicht
überschreiten.

Bei eckigen Stützen ist in jeder Ecke mindestens ein Längsstab und in kreisrunden Stützen sind mindestens sechs Längsstäbe anzuordnen. Der Abstand der Längsstäbe in der Stütze soll nicht größer als 40 cm sein. Bis zu fünf Längsstäbe können in den Ecken der Bügel gegen Ausknicken gehalten werden. Allfällige Stöße der Längsbewehrung sind als Übergreifungsstöße auszuführen, dabei sind die Eckstäbe sauber zu kröpfen (vgl. Bild 2.30).

Die Bügel sollen im Allgemeinen 8 mm dick sein. Ihr Abstand soll nicht größer als die Stützenbreite, nicht größer als 25 cm und nicht größer als der 12-fache Durchmesser der durch sie gegen Ausknicken zu sichernden Längsstäbe sein.

Das Bild 2.30 zeigt die konstruktive Gestaltung von Stahlbetonstützen.

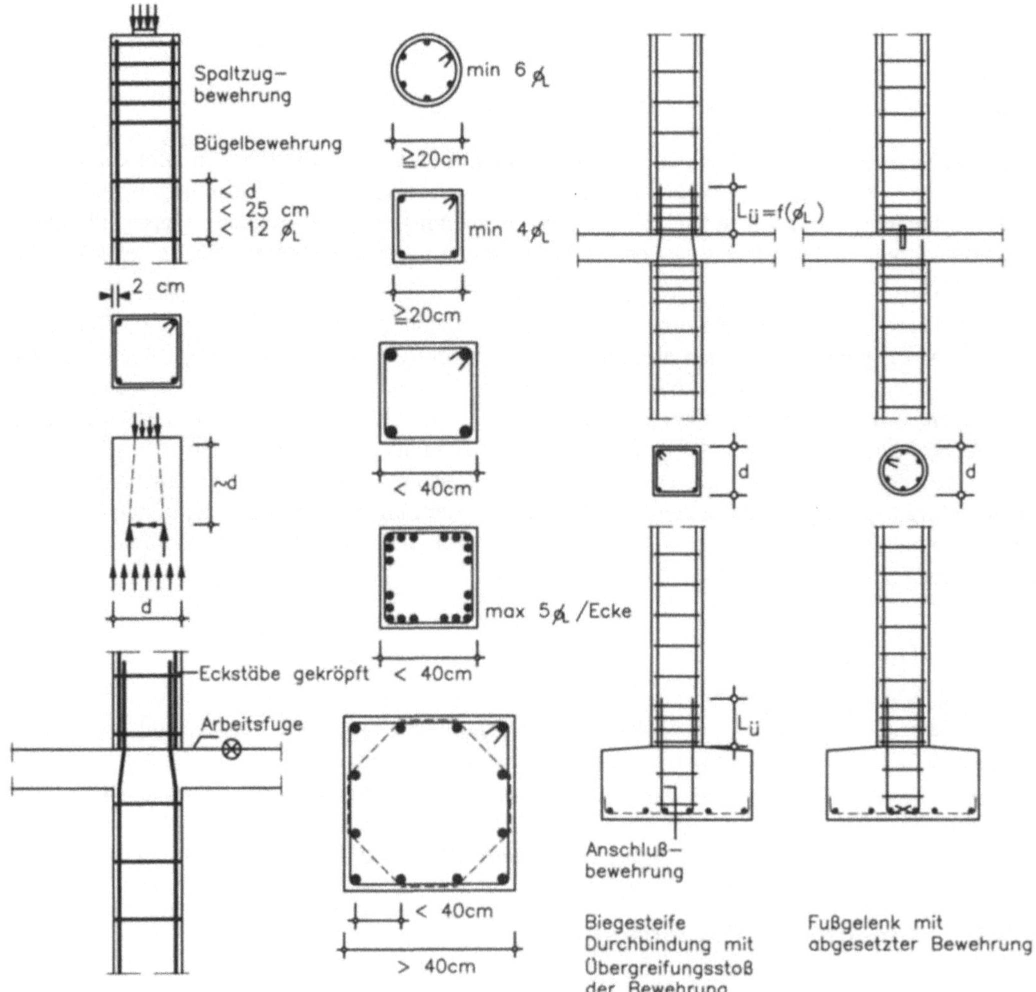

Bild 2.30 Regeln für die konstruktive Gestaltung von Stahlbetonstützen

Für schlanke Geschoßstützen, die eine besonders hohe Tragfähigkeit haben sollen, gibt es erprobte Sonderlösungen wie beispielsweise die stark bewehrte Stahlbetonstütze, die Stahlkernstütze oder die Verbundstütze (Bild 2.31). Ihnen ist gemeinsam, dass dem Stahl die gesamte Lastdurchleitung und dem den Stahl umhüllenden Beton lediglich die Knicksicherung beziehungsweise der Schutz der Bewehrung gegen Brand (Hitze) und Korrosion zukommt.

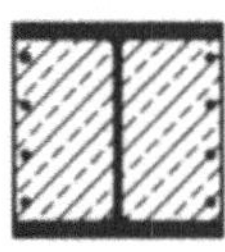

Bild 2.31 Querschnitte von Stahlbetonstützen hoher Tragfähigkeit

Stahlbetonwände sind grundsätzlich als Stahlbetonstützen zu behandeln. Sie sind auf beiden Seiten mit einem Netz zu bewehren, wobei die waagrechten Stäbe außen zu liegen haben. Die Wände sind an den freien Rändern mit sogenannten Nadeln einzufassen. Die auf beiden Seiten der Wand kreuzweise zu verlegende Mindestbewehrung muss 1 % des Betonquerschnittes betragen, und die Maschenweite des Netzes darf 25 cm nicht überschreiten.

2.10 Wände aus Ziegelmauerwerk

2.10.1 Allgemeines

Im Ziegelmauerwerk sind Ziegelsteine lagenweise im Verband, mit Mörtel gefügt. Die Steine sind aus gebranntem Ton und unterscheiden sich im Format, in der Struktur und in der Festigkeit. Für einen Bauteil sollen nur ein und dieselben Ziegel verwendet werden, um so eine gewisse Homogenität zu erreichen, die allen Festigkeitsbetrachtungen zu Grunde liegt. Als Mortel wird Kalkmörtel, Kalkzementmörtel oder Zementmörtel verwendet, neuerdings auch Leichtmörtel auf Polystyrol-, Perlit- oder Lecabasis. Die Lagerfugen sind im Allgemeinen 1,2 cm dick und müssen vollflächig vermörtelt sein. Die Stoßfugen sind 1,0 cm breit, oder die Steine werden ohne Abstand Stein an Stein vermauert, das heißt knirsch gestoßen. Die Lagerfugen müssen horizontal sein, damit es bei lotrechter Belastung in ihnen zu keinem Gleiten kommt. Der Verband der Steine ist nach erprobten Regeln auszuführen. Diesen Forderungen entsprechend ist jedes Mauerwerk sorgfältig auszuführen, weil die Güte seiner Ausführung zu einem guten Teil seine Tragfähigkeit bestimmt.

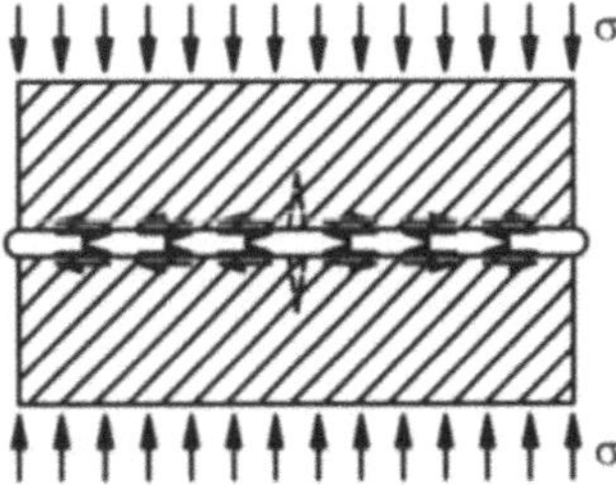

Bild 2.32 Kräftespiel in der gepressten Lagerfuge mit im Vergleich zum Stein weichem Mörtel

Tragende Wände aus Ziegelmauerwerk sollen im Allgemeinen mindestens 25 cm dick sein. In Ausnahmefällen dürfen tragende Wände auch 17 cm dick sein.

Die Druckkraft wird im Mauerwerk von Stein zu Stein durch die Lagerfuge übertragen. Der Fugenmörtel ist im Allgemeinen weicher als der Stein und versucht bei Belastung zwischen den Steinen auszuquillen. Das verhindert aber die Haftreibung zwischen Mörtel und Stein, der Mörtel ist quasi eingesperrt. Auf diese Weise wird der Mörtel räumlich unter Druck gesetzt, was ihm über seine eigentliche Festigkeit hinaus eine höhere Tragfähigkeit gibt. Die Haftung des aus der Fuge drängenden Mörtels an den Steinen bewirkt aber in den Steinen eine Spaltwirkung. Bild 2.32 zeigt dieses Kräftespiel.

Die Festigkeit des Mauerwerks ist demnach nicht allein durch die Steinfestigkeit oder allein durch die Mörtelfestigkeit - je nachdem welche geringer ist - gegeben, sondern hängt vielmehr von deren Zusammenspiel unter Last ab. Die zulässige Druckspannung für Mauerwerk wird darüberhinaus auch durch die Schlankheit des Mauerwerkskörpers bestimmt. Sie kann für den jeweiligen Fall nach Gleichung (2.12) bestimmt werden.

$$\sigma_{zul} = 0{,}3 \cdot f_k \cdot k_1 \cdot k_2 \tag{2.12}$$

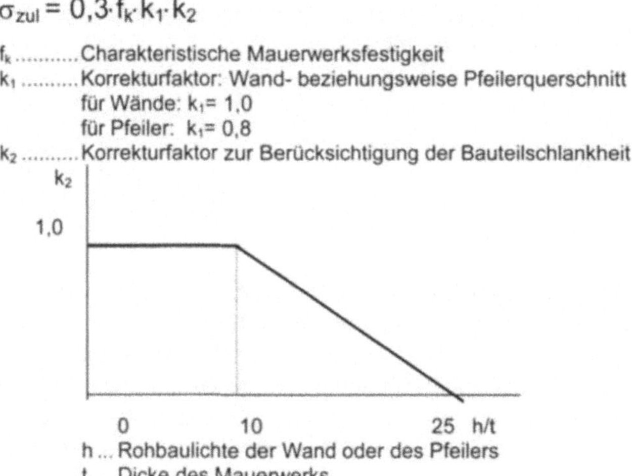

Die charakteristische Mauerwerksfestigkeit f_k ermittelt sich in Abhängigkeit von der Art der verwendeten Steine aus den folgenden Beziehungen:

$$f_k = 0{,}60 \cdot f_b^{0,65} \cdot f_m^{0,25} \qquad \text{für Vollsteine} \tag{2.13}$$

$$f_k = 0{,}55 \cdot f_b^{0,65} \cdot f_m^{0,25} \qquad \text{für Hohlsteine} \tag{2.14}$$

f_b ....Steinfestigkeit (zwischen 10 und 35 N/mm²)
f_m ....Mörtelfestigkeit: Kalkmörtel: f_m =   2 N/mm²
                            Kalkzementmörtel: f_m =   4 N/mm²
                            Zementmörtel: f_m = 10 N/mm²

2.10.2 Knicknachweis

Bei mittigem Druck ist der Knicknachweis nach Gleichung (2.15) zu führen, wobei die im Pfeiler oder in der Wand vorhandene gleichförmige Spannung σ der den gegebenen Verhältnissen entprechenden zulässigen Spannung σ_{zul} (nach Gleichung 2.12) gegenüberzustellen ist.

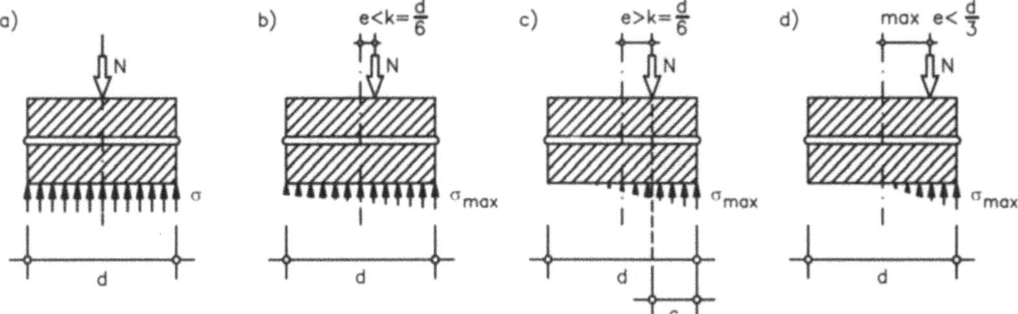

Bild 2.33 Mauerwerkspressungen in Abhängigkeit von der Ausmittigkeit der Druckkraft:
a) mittiger Druck, b) ausmittiger Druck e < k, c) ausmittiger Druck e > k,
d) ausmittiger Druck e_{max}

Bei ausmittigem Druck ist, solange die Exzentrizität e kleiner als die Kernweite k bleibt, die Spannungsverteilung entsprechend Bild 2.33 b nach Gleichung (2.16) zu berechnen. Beim Nachweis ist die mittlere Spannung $σ_m$ der zulässigen Spannung, und die maximale Randspannung dem 1,5-fachen Wert der zulässigen Spannung gegenüberzustellen.

$$\sigma = \frac{N}{b \cdot d} \leq \sigma_{zul} \tag{2.15}$$

$$\sigma_m = \frac{N}{b \cdot d} \leq \sigma_{zul} , \quad \sigma_{max} = \frac{N}{b \cdot d} + \frac{6 \cdot M}{b \cdot d^2} \leq 1{,}5 \cdot \sigma_{zul} \tag{2.16}$$

$$\sigma_{max} = \frac{2 \cdot N}{3 \cdot b \cdot c} \leq 1{,}5 \cdot \sigma_{zul} \quad \text{mit} \quad c = \frac{d}{2} - e \tag{2.17}$$

Wird die Exzentrizität e größer als die Kernweite k, ist davon auszugehen, dass die Haftung des Mörtels am Stein gering, vor allem unzuverlässig ist, und dass in der Lagerfuge keine Zugspannungen übertragen werden, das heißt, dass die Zugzone versagt und die Lagerfuge teilweise klafft. Dann stellt sich ein Gleichgewicht ein, das vereinfacht nach Bild 2.33 c angenommen werden kann. Dementsprechend ist die maximale Randspannung nach Gleichung (2.17) zu berechnen. Die Exzentrizität e darf d/3 nicht überschreiten (Bild 2.33 d).

3 Biegestäbe

3.1 Allgemeines

3.1.1 Biegestäbe in Tragwerken

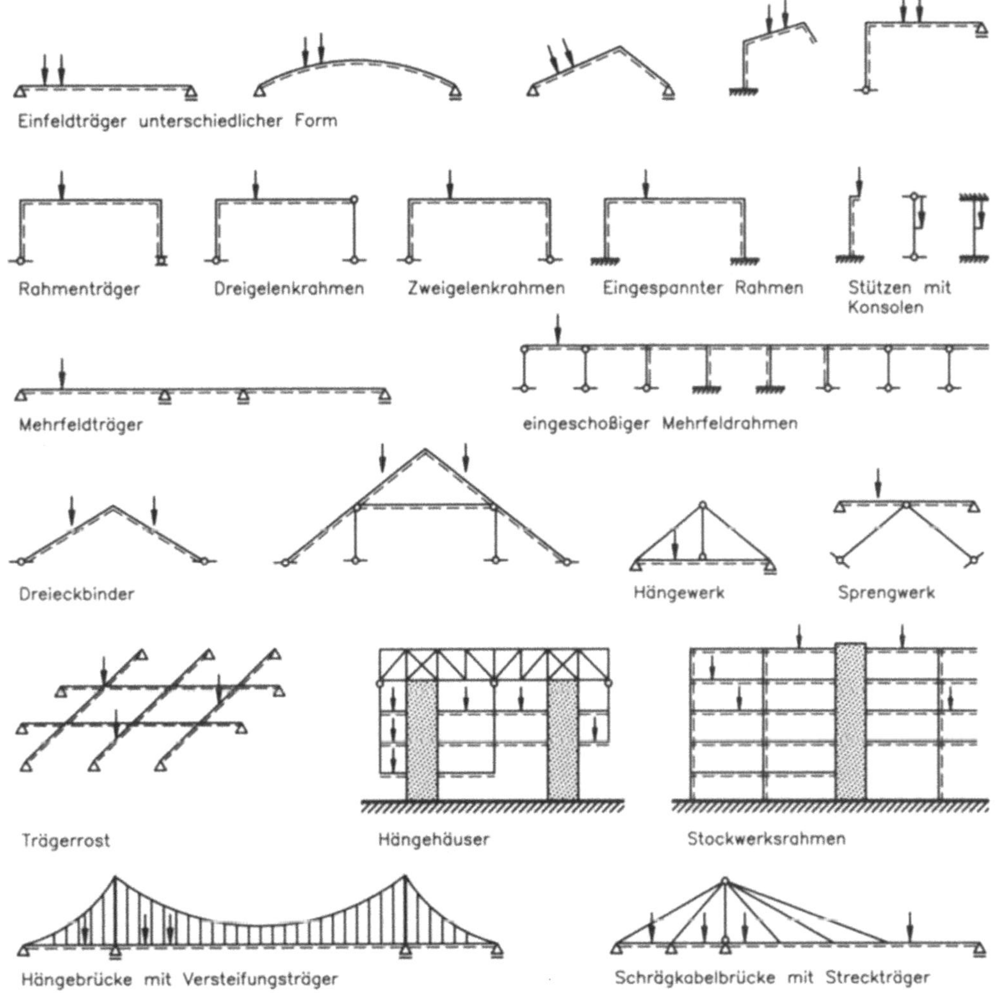

Bild 3.1 Biegestäbe in Tragwerken, dargestellt mit gestrichelter Kennfaser

Biegestäbe dienen in Tragwerken im Allgemeinen zur Abtragung von Bauwerkslasten quer zu ihrer Wirkungsrichtung, wie etwa die Deckenträger, die die lotrecht wirkenden Deckenlasten waagrecht zu den Stützen und Wänden abtragen, oder die Fassadenstiele, die die an der Fassade angreifenden Windkräfte zu den Deckenscheiben abtragen. Sie verbiegen sich unter der Querlast und werden dementsprechend auf Biegung beansprucht. Zu ihnen zählen folglich alle Balken, Träger, Riegel und Sprossen, welche einfeldrig oder mehrfeldrig, gerade, gekrümmt oder abgewinkelt sein können, dabei aber eben sein müssen. Sie sind als solche und damit als Biegestäbe in einem Tragwerk leicht erkennbar.

Sind solche Träger, wie die Deckenträger, mit ihren Stützen starr verbunden, werden sich diese mitverbiegen und zwangsweise auf Biegung beansprucht. Bei den Rahmen sind also nicht nur die Riegel, sondern auch die Stiele biegebeanspruchte Tragwerksteile und damit im Tragwerk als Teile von ebenen oder räumlichen Rahmen ebenfalls von vornherein als Biegestäbe feststellbar.

Stäbe können aber, wie bereits in den Abschnitten 1.1 beziehungsweise 2.1 ausgeführt, auch durch ausmittig angreifende Längskräfte mehr oder weniger verbogen werden, wie beispielsweise Stützen, die ihre Lasten über Konsolen bekommen. Diese sind dann bei entsprechend großer Lastexzentrizität ebenfalls als Biegestäbe zu sehen.

Wenn die Stäbe eines Tragwerks allein auf Grund ihrer bauhandwerklichen Bezeichnung oder auf Grund ihrer Lage beziehungsweise Einbindung im Tragwerk nicht eindeutig den Biegestäben zugeordnet werden können, dann verhilft die Vorstellung, welche der Stäbe sich im Tragwerk bei Belastung verbiegen, sie als Biegestäbe zu erkennen und anzusprechen.

Bild 3.1 zeigt Beispiele von Biegestäben, wobei einige der bereits in den Bildern 1.1 und 2.1 gezeigten Beispiele hinsichtlich der Biegestäbe ergänzt sind.

3.1.2   Belastung - Beanspruchung - Verformung

In diesem Abschnitt werden zunächst die der Technischen Biegelehre[1] zugrunde liegenden Voraussetzungen genannt, wird anschließend ein Überblick über die verschiedenen Arten der Biegung gegeben, werden einige Begriffe der Technischen Biegelehre herausgestellt und in Bezug zur Entwurfspraxis erläutert und werden abschließend die anfangs genannten Voraussetzungen noch dahingehend erörtert, in wie weit sie beim Konstruieren auch realisiert werden müssen.

Voraussetzungen für die Gültigkeit der Technischen Biegelehre,

betreffend die *Geometrie*:
Die Stabachse als Verbindungslinie der Schwerpunkte der Balkenquerschnitte ist gerade.
Die Querschnittsabmessungen sind im Verhältnis zur Stablänge klein.
Der Querschnitt ist formtreu, das heißt, die Querschnittsfigur ist starr.
Der Querschnitt darf sich entlang der Stabachse sowohl sprunghaft als auch stetig aber nicht dergestalt verändern, dass der Balken ähnlich einer Schraube verwunden ist.

betreffend den *Werkstoff*:

---

[1]   Eine auf Bernoulli, J. (1654-1705), Hook, R. (1635-1703) und Navier, L. (1785-1836) zurückgeführte Sichtweise

Der Werkstoff ist homogen und isotrop, und die Verformung der Stäbe verhält sich idealelastisch (Hook).

betreffend die *Belastung*:

Die Belastung greift so am Stab an, dass die Kräfte keine Verdrehung um dessen Achse sondern nur dessen Verbiegung bewirken, das heißt durch die Stabachse wirkend.

betreffend die *Verbiegung*:

Die Durchbiegung ist im Verhältnis zu den Querschnittsabmessungen klein.
Die Querschnitte bleiben bei der Verbiegung eben (Bernoulli), was, wie Bild 3.2 zeigt, die lineare Verteilung der Spannungen über den Stabquerschnitt bedingt (Navier).

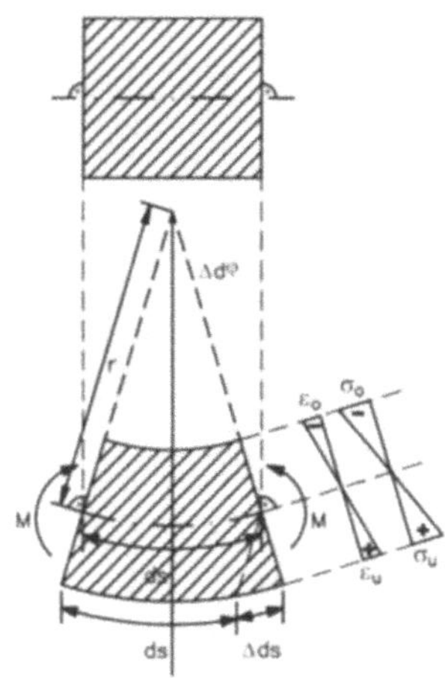

ild 3.2 Hypothese von Bernoulli vom Ebenbleiben der Querschnitte und die daraus folgende Naviersche, lineare Spannungsverteilung

Diesen Voraussetzungen entspricht im Allgemeinen - auf die Ausnahmen wird noch hingewiesen - ein gerader, frei aufliegender Balken unter seinem Eigengewicht g. Bild 3.3 zeigt sein Statisches System, das für die Beschreibung der Verformungen und Spannungen gewählte Koordinatensystem, die Belastung, den Verlauf der Schnittgrößen (Q, M) und ihren Einfluss auf die Verbiegung.

Der Verlauf der Schnittgrößen ist wegen der statisch bestimmten Lagerung des Balkens unabhängig von der Form des Balkens, nicht aber die Verformung und folglich die Beanspruchung des Balkens. Wie sich ein solcher Balken verformt, ist abhängig von seiner Querschnittsform, das heißt von der Lage der Hauptträgheitsachsen in der Querschnittsfigur, und von der Lage des Balkens im Tragsystem, genauer gesagt von der Orientierung der Hauptträgheitsachsen des Querschnitts gegenüber der Spur der Lastebene in der Querschnittsebene. Weiters ist das Verformungsverhalten des Balkens abhängig von den Querschnittsabmessungen, die die Größe der Hauptträgheitsmomente bestimmen. So zeigt nach Bild 3.3 der Balken mit verschiedenen Querschnitten selbst unter seinem Eigengewicht ein jeweils unterschiedliches Verformungsverhalten.

Ein Balken mit zur Lastebene symmetrischem Querschnitt wird sich in der Lastebene, das heißt gerade, durchbiegen und wird demzufolge auf **Gerade Biegung** beansprucht. Man spricht auch von **Einachsiger Biegung**, weil der Balken nur um die normal zur Lastebene stehende Hauptträgheitsachse gebogen wird (siehe Bild 3.3, erste Spalte der Querschnitte).

Wird ein Balken mit doppeltsymmetrischem Querschnitt gegenüber der Lastebene verschwenkt eingebaut oder ein Träger mit punktsymmetrischem Querschnitt verwendet, wird er sich unter seinem Eigengewicht aus der Lastebene, das heißt schief, verbiegen und der Balken wird demzufolge auf **Schiefe Biegung** beansprucht. Man spricht auch von **Zweiachsiger Biegung**, weil der Balken sowohl um die eine als auch um die andere Hauptträgheitsachse gebogen wird (siehe Bild 3.3, zweite Spalte der Querschnitte). In welchem Maße sich der Balken dabei aus der Lastebene verbiegt, hängt vom Verhältnis der beiden um die beiden Hauptträgheitsachsen unterschiedlichen Hauptträgheitsmomente und von der Größe der Querschnittsschräglage ab.

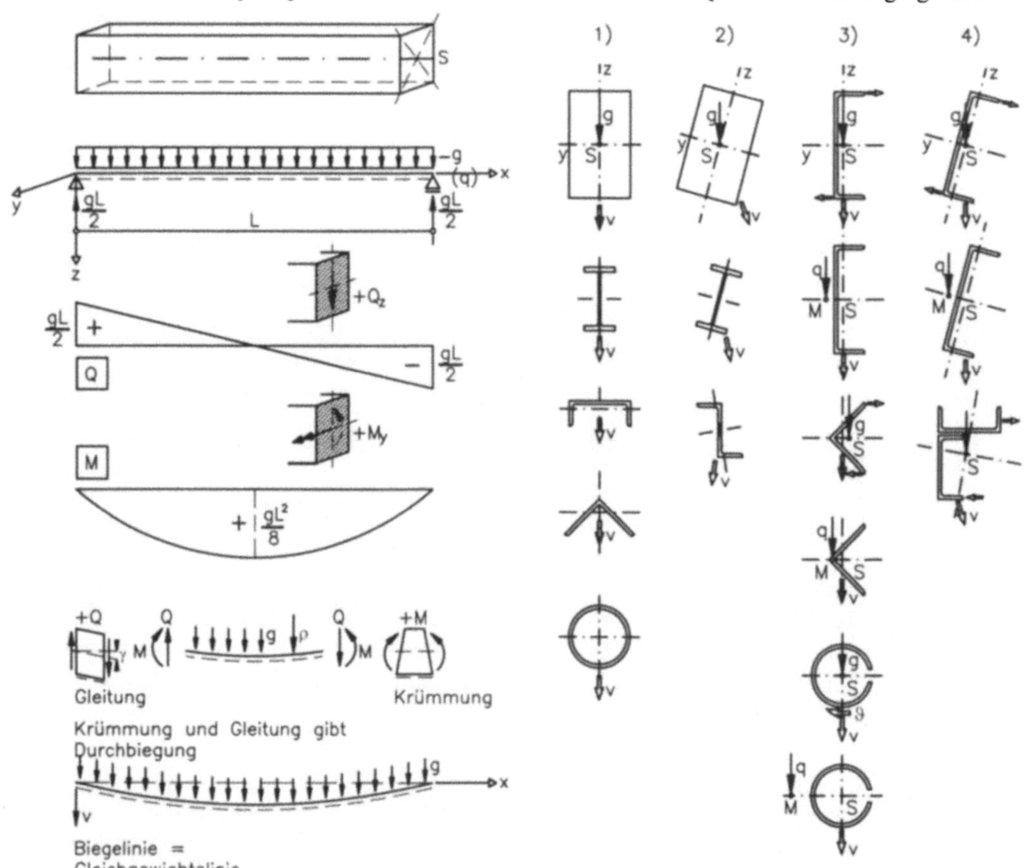

Bild 3.3   Verschieden geformte $gL^2/8$-Balken und ihr Verformungsverhalten

Wird ein Balken mit einfachsymmetrischem Querschnitt so eingebaut, dass jene Hauptträgheitsachse, die nicht Symmetrieachse ist, in der Lastebene zu liegen kommt, wird er sich unter seinem Eigengewicht nicht nur in der Lastebene verbiegen sondern zusätzlich auch verdrehen. Er wird demzufolge nicht nur auf **Einachsige Biegung** sondern auch auf **Torsion** beansprucht und das, obwohl ihn sein Eigengewicht g in der als geometrischen Ort aller Querschnittsschwerpunkte definierten Stabachse belastet (siehe Bild 3.3, dritte Spalte der Querschnitte und zwar die jeweils obere der skizzierten Querschnittsfiguren).

Wird ein Balken mit einfachsymmetrischem Querschnitt gegenüber der durch das Eigengewicht bedingten Lastebene verschwenkt eingebaut oder ein Balken mit unsymmetrischem Querschnitt verwendet, wird er sich unter seinem Eigengewicht nicht nur aus der Lastebene heraus verbiegen sondern auch noch verdrehen, und er wird demzufolge nicht nur auf **Zweiachsige Biegung** sondern auch auf **Torsion** beansprucht (siehe Bild 3.3, vierte Spalte der Querschnitte).

Solche Balken werden lediglich dann nicht verdreht und somit nicht auf Torsion beansprucht, wenn die auf sie einwirkende Querlast q nicht durch den Schwerpunkt S sondern durch den Schubmittelpunkt M der Balkenquerschnitte wirkt (siehe Bild 3.3, dritte und vierte Spalte der Querschnitte, und zwar die jeweils untere der skizzierten Querschnittsfiguren).

Eine drillungsfreie Biegung ist bei Balken mit Querschnitten bei denen Schwerpunkt S und Schubmittelpunkt M zusammenfallen (vgl. Bild 3.16) immer dann gegeben, wenn die an ihnen angreifenden Querlasten durch die Stabachse wirkend angreifen, wobei es gleichgültig ist, unter welchem Winkel sie zur Stabachse wirken und ob sich die Wirkungsrichtung der Lasten entlang der Stabachse ändert. Allein wenn die Querlasten zur Stabachse exzentrisch angreifen, werden die Balken tordiert und somit auf Torsion (Drillung) beansprucht. Womit für diese Stäbe eine eindeutige Abgrenzung zu den Torsionsstäben gegeben ist.

Eine drillungsfreie Biegung ist bei Balken mit Querschnitten bei denen Schwerpunkt S und Schubmittelpunkt M nicht zusammenfallen (vgl. Bild 3.16) theoretisch nur dann gegeben, wenn die Querlasten jeweils durch den Schubmittelpunkt wirkend am Balken angreifen, was bereits für das Eigengewicht nicht der Fall sein kann. Bei solchen Balken könnte es daher zweckmäßig sein, die Verbindungslinie der Schubmittelpunkte als Stabachse zu definieren und die Balken in dieser Weise in die System- beziehungsweise Lastebene einzubauen. Weil aber in den meisten Fällen, wie zum Beispiel bei Trägern aus U-Profilen im Stahlbau, der Abstand zwischen Flächenschwerpunkt S und Schubmittelpunkt M klein ist und die freie Drehbarkeit des Balkens im konstruktiven Verband des Tragwerkes meistens ohnehin behindert ist, werden auch diese Balken im Allgemeinen erst dann zu den Torsionsstäben gezählt, wenn sie planmäßig exzentrisch, das heißt durch äußere Torsionsmomente, belastet sind.

Quer zu ihrer Systemebene belastete Stabzüge sowie räumlich gekrümmte beziehungsweise abgewinkelte Stabzüge, wie die in Bild 3.4 gezeigten, werden durchweg tordiert und zählen definitionsgemäß nicht mehr zu den Biegestäben im engeren Sinne.

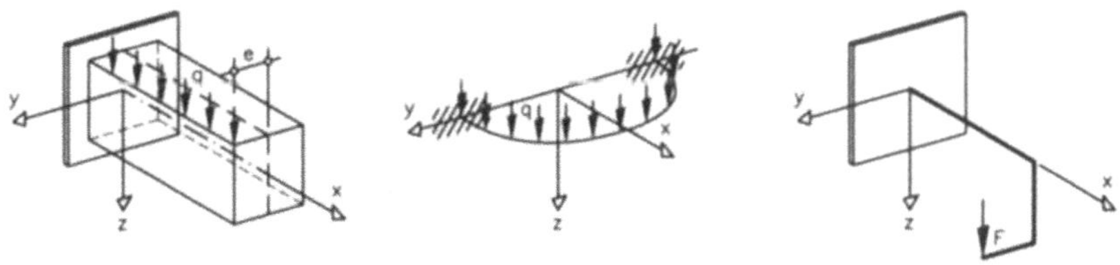

Bild 3.4   Beispiele räumlich belasteter und räumlich geformter Stäbe

Belastung und Schnittgrößen

In geraden Balken mit beliebiger aber durch die Stabachse wirkender Belastung und in ebenen Stabtragwerken mit beliebiger aber in ihrer Ebene wirkender Belastung lässt sich die innere Kraftwirkung, wie Bild 3.5 zeigt, im Allgemeinen durch die drei Schnittgrößen N, Q, M angeben.

Im ersten Falle lassen sich alle unter beliebigen und entlang der Stabachse sich ändernden Winkeln angreifenden Kräfte in zwei Lastebenen, beispielsweise in die xz- und in die xy-Ebene projizieren, die voneinander unabhängig betrachtet und untersucht werden können. Die innere Kraftwirkung kann dann durch die korrespondierenden Schnittgrößen N, (Q_z, M_y) und (Q_y, M_z) angegeben werden. Im zweiten Falle wirken die Lasten nur in der xz-Ebene und verursachen lediglich die Schnittgrößen N, Q_z und M_y.

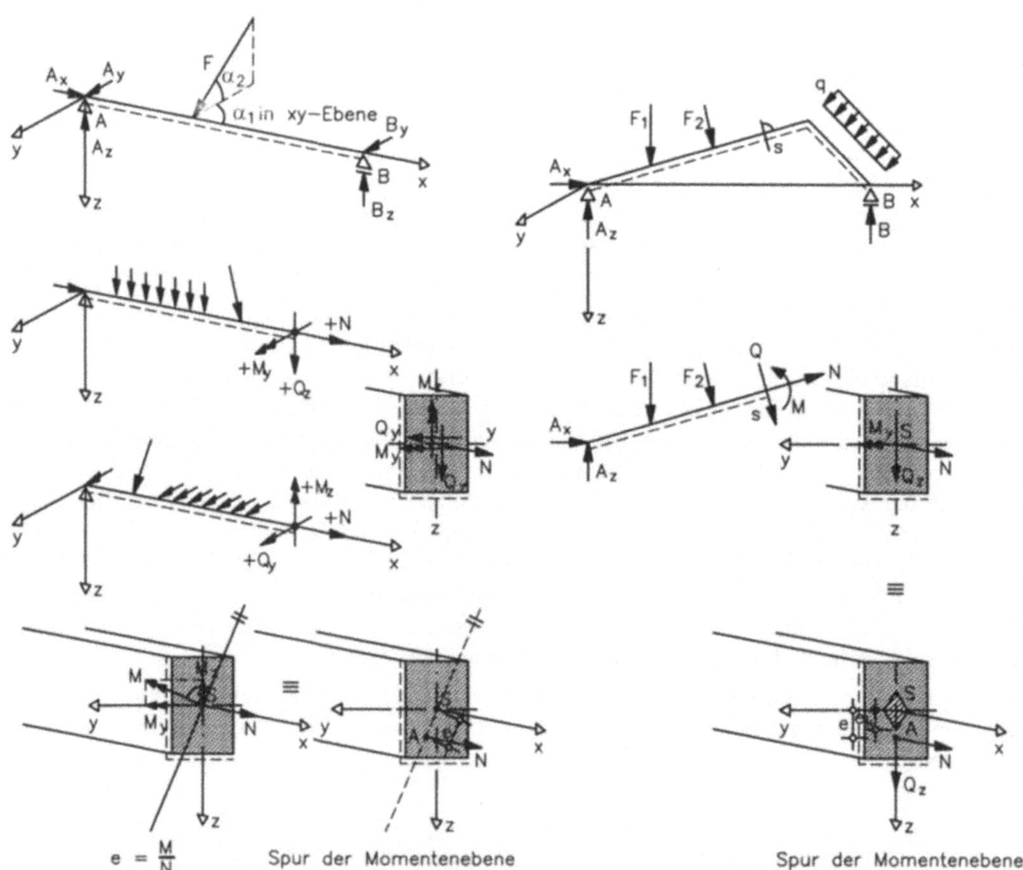

Bild 3.5 Der gerade, räumlich querbelastete Balken und das ebene, allgemein eben belastete Stabtragwerk mit Angabe der positiv gerichteten Stütz- und Schnittgrößen

Die Normalkraft N kann eine Zug- oder Druckkraft sein. Die Abgrenzung der Biegestäbe zu den Zug- beziehungsweise Druckstäben wurde bereits mit der Festlegung getroffen, dass die den Schnittgrößen (N, M) in S äquivalente Normalkraft N in A außerhalb der Kernweite ($e > e_k$) wirkt, das heißt, dass bei der Feststellung der aus N und M zusammengesetzten Beanspruchung der Einfluss von M gegenüber N überwiegt.

Reduziert sich im belasteten Stab die innere Kraftwirkung auf M, dann spricht man von Reiner Biegung oder **Querkraftfreier Biegung**. Folgen bei der Reduktion der inneren Kraftwirkung Q und M, dann spricht man von **Querkraftbiegung**. Lässt sich ganz allgemein die innere

Kraftwirkung auf N, Q und M beziehungsweise N und M reduzieren, spricht man von **Biegung mit Normalkraft** (vgl. Bild 3.6).

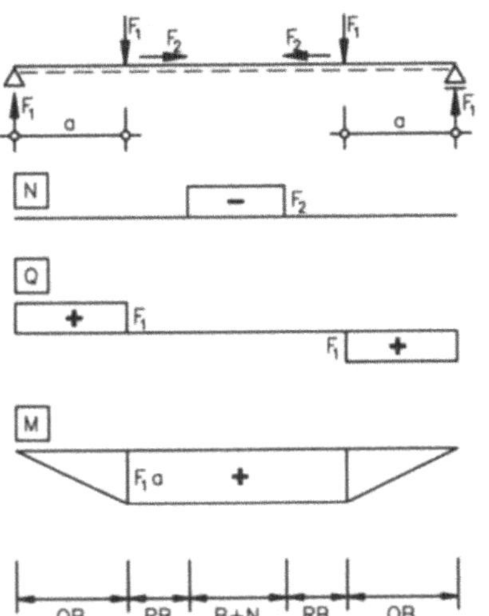

Bild 3.6 Der gerade, mit F1 und F2 belastete Balken bereichsweise unter „Reiner Biegung RB", „Querkraftbiegung QB" und „Biegung mit Normalkraft B + N"

Die Biegebeanspruchung des querbelasteten Balkens hängt in erster Linie von seiner Belastung F und von seiner Spannweite L ab und, was die Belastung betrifft, nicht nur von der Lastgröße sondern, wie Bild 3.7 einprägsam zeigt, auch von der Verteilung der Last (Lastbild, Lastart).

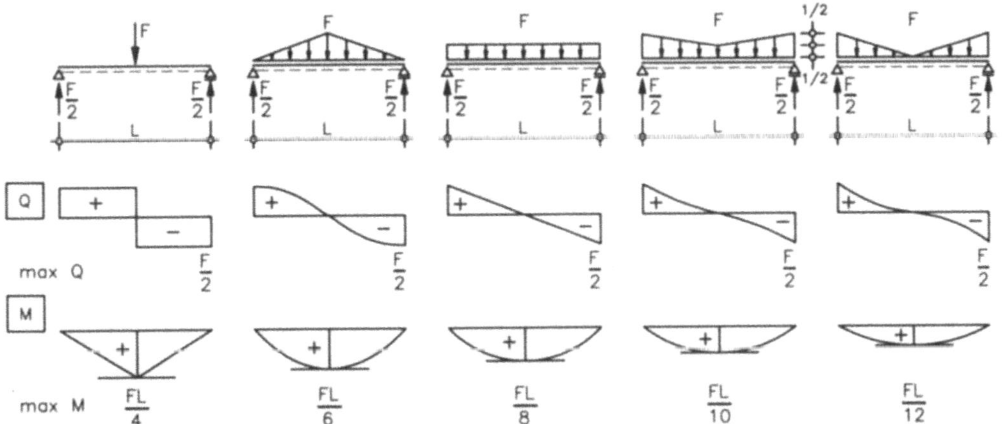

Bild 3.7 Abhängigkeit der maximalen Schnittbelastung des Balkens von der Lastverteilung am Balken

Dass eine Einzellast mittels dreier Lastverteilungsträger am Balken so abgesetzt werden kann, dass dieser durch sie nicht mehr beansprucht wird, wie wenn sie auf ihm gleichmäßig verteilt wäre, zeigt obendrein Bild 3.8.

Das Lastbild, das heißt der Verlauf der Belastung, bestimmt auch, wie bereits in den Bildern 3.7 und 3.8 zu erkennen ist, die Querkraftlinie und die Momentenlinie, wobei die folgenden, in Bild 3.9

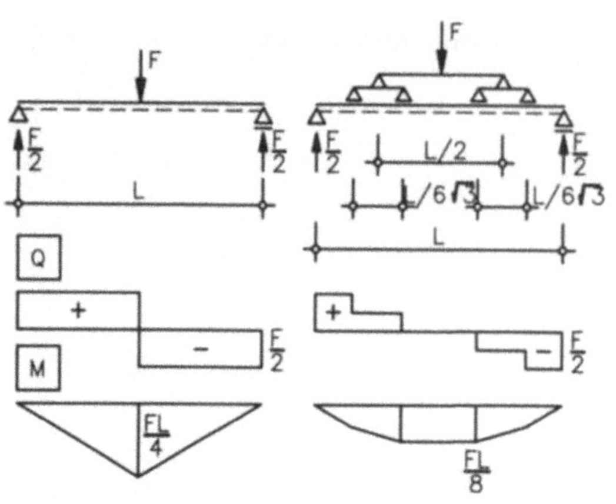

Bild 3.8 Reduktion der Lastwirkung in einem durch eine Einzellast belasteten Balken durch die Anordnung von drei Lastverteilungsträgern

für den frei aufliegenden Balken gezeigten, aber an sich allgemein geltenden Zusammenhänge bestehen. Jeweils ausgehend von dem mit den Randschnittgrößen (Auflagerkräfte) in das freie Gleichgewicht gesetzten, belasteten Stab gelten folgende Zusammenhänge:

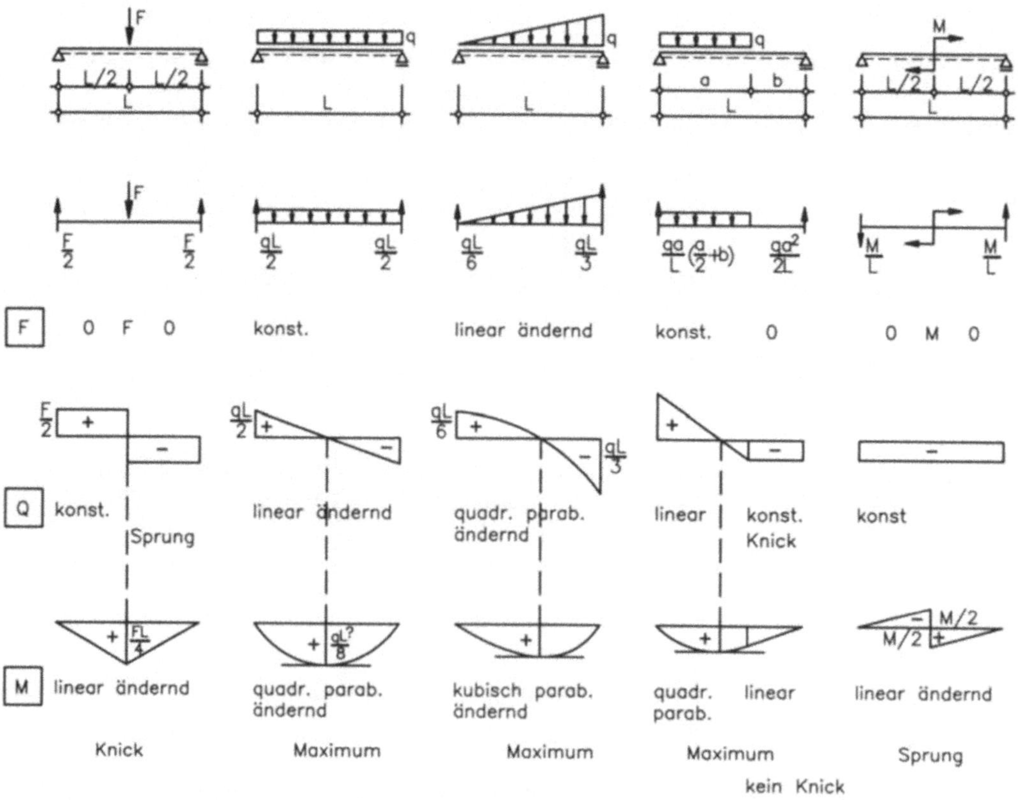

Bild 3.9 Zusammenhänge zwischen Lastbild, Q-Linie und M-Linie

Die Querkraftlinie ist die Summenlinie der Belastung, woraus im Einzelnen folgt,

wenn Belastung F:	dann Querkraft Q:
null	konstant
konstant	linear sich ändernd
linear sich ändernd	quadratisch parabolisch sich ändernd
Einzellast	Sprung in der Q-Linie
sprungartig sich ändernd	Knick in der Q-Linie

Die Momentenlinie ist die Summenlinie der Querkraft, woraus im Einzelnen folgt,

wenn Querkraft Q:	dann Biegemoment M:
konstant	linear sich ändernd
linear sich ändernd	quadratisch parabolisch sich ändernd
quadratisch parabolisch sich ändernd	kubisch parabolisch sich ändernd
Sprung in der Q-Linie	Knick in der M-Linie
Knick in der Q-Linie	Stetiger Übergang in der M-Linie
Nulldurchgang	Horizontale Tangente in der M-Linie

Wirkt ein äußeres Moment M auf einen Stab, so tritt an dieser Stelle in der Momentenlinie ein Sprung in der Größe dieses Momentes auf.

Beim Kragbalken beziehungsweise für beliebige Abschnitte statisch bestimmt und unbestimmt gelagerter Balken ändern sich lediglich die Randwerte der Schnittgrößenlinien (Q_R, M_R), nicht aber die Gesetzmäßigkeiten ihres Verlaufes. Bild 3.10 zeigt die Auswirkung unterschiedlicher Lagerung auf den Verlauf der Schnittgrößen für den mit einer Gleichlast belasteten Balken.

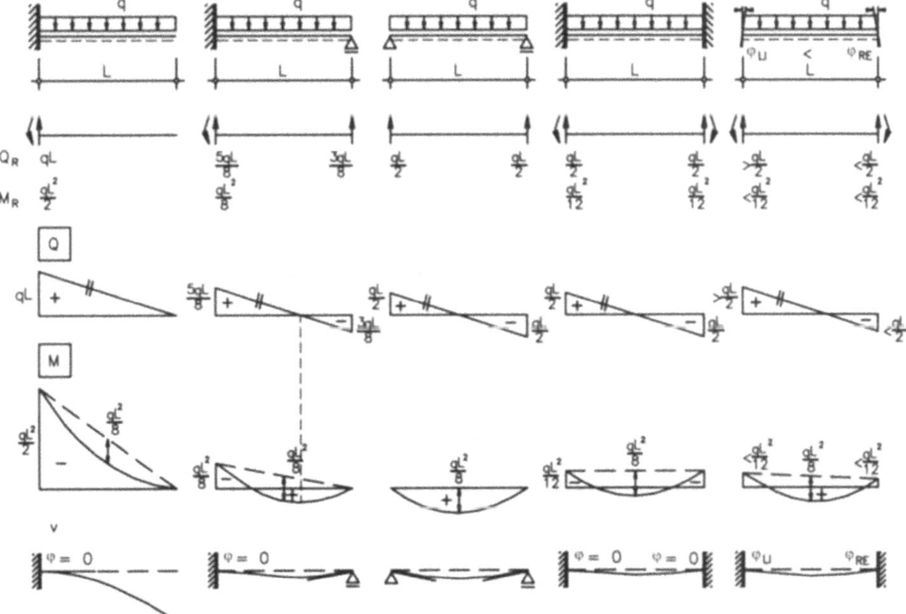

Bild 3.10 Auswirkungen unterschiedlicher Lagerung auf den Verlauf der Schnittgrößen und die Durchbiegung für den mit einer Gleichlast belasteten Balken

Das wirklich frei drehbare Auflager gibt es kaum und die absolut starre Einspannung nie. So sind die dafür angegebenen Werte nicht viel mehr als brauchbare Anhaltspunkte für eine Eingrenzungsberechnung, während die tatsächlichen Werte von der Nachgiebigkeit der Einbindung im Tragwerk beziehungsweise von der Steifigkeit des betrachteten Stabes und seiner Einbindung im Tragwerk abhängen.

Querschnittssteifigkeit - Stabsteifigkeit - Knotensteifigkeit

Bei den folgenden Überlegungen wird, obwohl sie allgemein gültig sind, allein des leichteren Verständnisses wegen, von ebenen Balkentragwerken ausgegangen. Bei statisch bestimmt gelagerten Balken, wie beim Kragträger oder bei dem in Bild 3.11 gezeigten frei drehbar gelagerten Einfeldträger, hängen die Schnittgrößen Q und M nur von der Lagerung, der Geometrie und der Belastung des Balkens, nicht aber vom Material und vom Querschnitt ab. Die Durchbiegung aber hängt zusätzlich vom Material und vom Querschnitt ab und wird durch die Querschnittssteifigkeit EI des Balkens bestimmt.

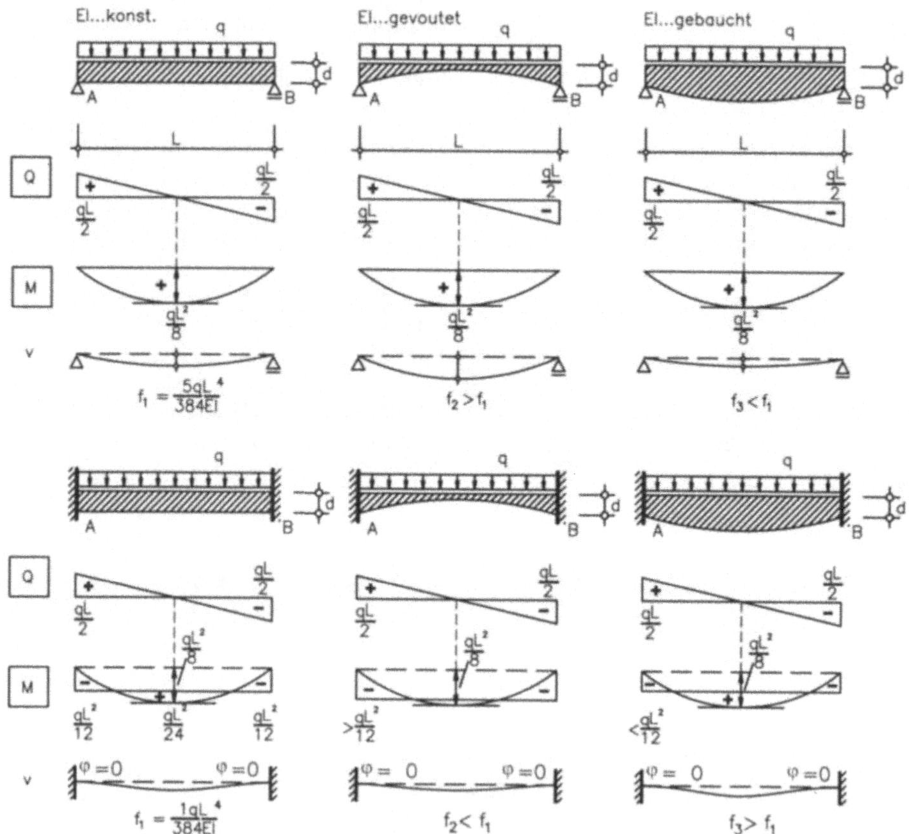

Bild 3.11 Die Auswirkungen unterschiedlich verlaufender Querschnittssteifigkeit gezeigt an einem mit einer Gleichlast q belasteten, beidseits frei aufliegenden (statisch bestimmten) und beidseits starr eingespannten (statisch unbestimmten) Balken

Je größer diese ist, desto kleiner ist die Durchbiegung und die Beanspruchung des belasteten Balkens. Ein Rechteckbalken mit stehendem Querschnitt wird sich vergleichsweise weniger durchbiegen als derselbe Balken liegend verwendet. In einem Falle ist er steifer, im anderen Falle ist er weicher. Wie die Beispiele in Bild 3.11 zeigen, beeinflusst aber auch der Verlauf der Querschnittssteifigkeit EI, das heißt die Gestalt des Balkens, seine Durchbiegung.

So wird sich der gevoutete Balken bei gleichbleibender Belastung mehr durchbiegen als ein Balken mit vergleichsweise konstantem Querschnitt und der im Feld gebauchte Balken hingegen weniger. Bei unsymmetrischem Verlauf von EI wird auch die Biegelinie unsymmetrisch.[1]

Wird der in Bild 3.11 betrachtete Einfeldträger an seinen beiden Enden eingespannt, das heißt statisch unbestimmt gelagert, dann ändert sich mit seiner unterschiedlichen Gestalt nicht nur die Durchbiegung, sondern es ändern sich auch die Schnittgrößen, wobei allgemein gilt, dass im steiferen Teil gegenüber dem weicheren Teil die Momente M größer werden. So ist beim gevouteten Balken das Moment an der Einspannung größer als beim vergleichbaren Balken mit konstantem Querschnitt und beim gebauchten Balken kleiner. Solange der Balken symmetrisch gestaltet wird, wird auch die jeweilige Momentenlinie symmetrisch sein und die Querkraftlinie unverändert bleiben.

Die maximale Durchbiegung des mit q belasteten, starr eingespannten Balkens beträgt nur 1/5 der Durchbiegung des gleich belasteten frei aufliegenden Balkens und die Durchbiegung des eingespannten, gevouteten Balkens wird geringfügig kleiner sein als die des vergleichbaren Balkens mit konstantem Querschnitt.

Die in Bild 3.11 angenommene starre Einspannung ist konstruktiv kaum zu bewerkstelligen - eine Lösung ist die Einspannung mit Hilfe kurzer Seitenfelder. Die Wirksamkeit dieser Einspannung hängt aber, wie Bild 3.13 zeigt, von der jeweiligen Querschnittssteifigkeit und Länge der Seitenfelder, das heißt von deren Stabsteifigkeit, ab. Die biegesteif mit dem Mittelstab verbundenen Seitenstäbe werden nämlich bei der Belastung des Mittelstabes gekrümmt und sie wirken mit ihrer Stabsteifigkeit der Verbiegung entgegen.

Unter der Stabsteifigkeit versteht man im Allgemeinen jenes an einem Stabende angreifende Moment, das dort den Drehwinkel 1 (gemessen im Bogenmaß) erzeugt. Entsprechend Bild 3.12 ist die Stabsteifigkeit C_φ für den Balken mit konstanter Querschnittssteifigkeit EI, der am anderen Ende frei drehbar gelagert ist, gleich 3EI / L, und für den, der am anderen Ende starr eingespannt ist, gleich 4EI / L.

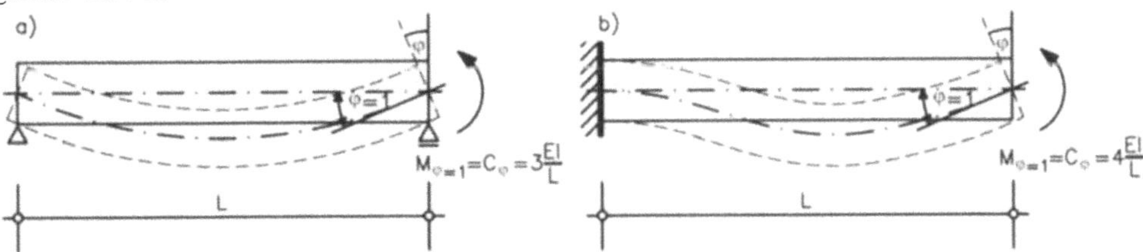

Bild 3.12 Stabsteifigkeiten für den a) frei drehbar gelagerten und für den b) eingespannten Stab mit konstanter Querschnittssteifigkeit EI

---

[1] Bei sehr schlanken Balken wird man, ohne die zulässigen Spannungen im Querschnitt ausnutzen zu können, gegebenenfalls aus Gründen ihrer Gebrauchstauglichkeit die Durchbiegung begrenzen müssen, wofür sich als Grenzmaß zul f = L/300 empfiehlt.

Die Stabsteifigkeit hängt also neben der Querschnittssteifigkeit und deren Verlauf auch von der Länge und der Lagerung des Stabes ab. Kurze Stäbe sind steifer als lange und am abliegenden Ende frei aufliegende weniger steif als solche, die am abliegenden Ende eingespannt sind.

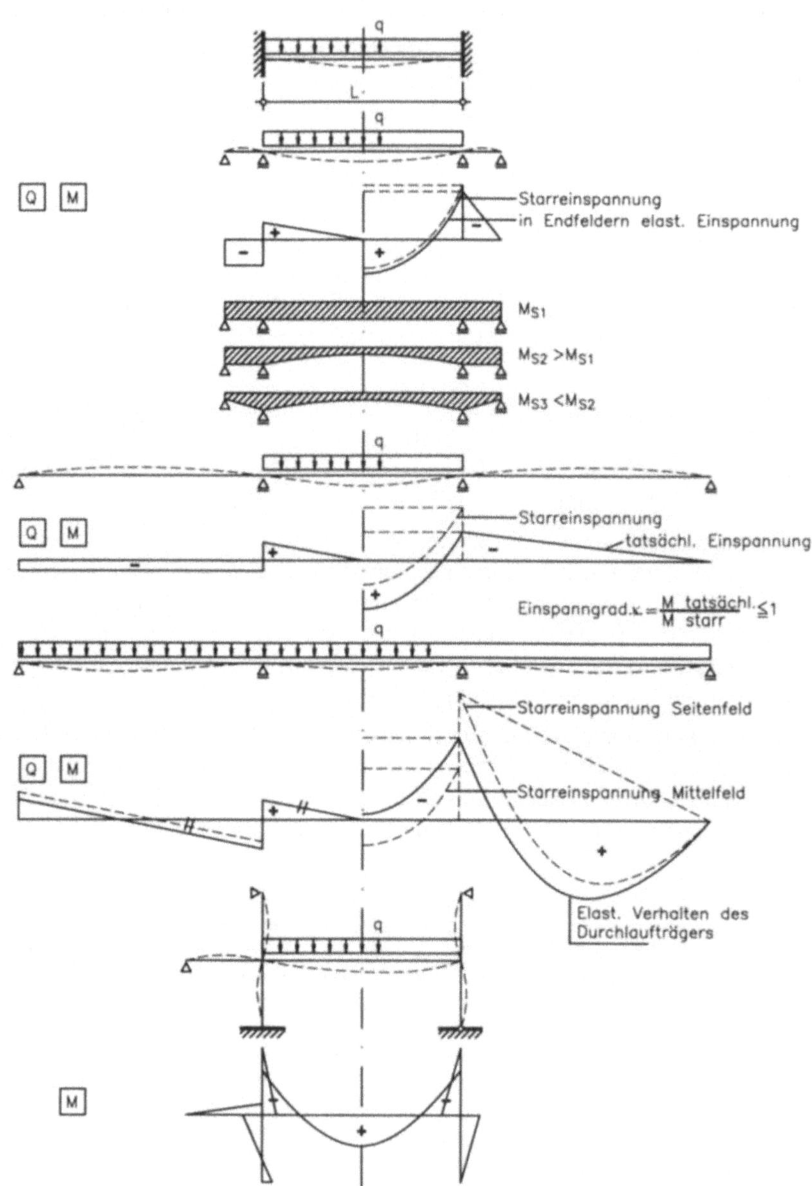

Bild 3.13 Steifigkeitsbetrachtungen an einem mit q belasteten Balken mit der Stützweite L ausgehend von einer Starreinspannung an beiden Enden

Wäre das Mittelfeld des in Bild 3.13 gezeigten, in kurzen Seitenfeldern eingespannten Balkens, starr eingespannt, das heißt über den Stützen gegen Verdrehung unnachgiebig gehalten, würde sich die gestrichelte Momentenlinie für Starreinspannung ergeben, und das Starreinspannmoment wäre vom gedachten Festhalter aufzunehmen. Weil aber das Mittelfeld in den Seitenfeldern eingebunden ist und diese nachgiebig sind, wird das Moment über der Stütze gegenüber dem Starreinspannmoment kleiner und das Moment im Mittelfeld entsprechend größer sein. Das sich bei unnachgiebiger Festhaltung ergebende Voll- oder Starreinspannmoment teilt sich auf die beiden über der Stütze (Knoten) anlaufenden Stäbe im Verhältnis ihrer Stabsteifigkeiten auf.[1]

Wie Bild 3.13 zeigt, ist mit einem kurzen Endfeld zwar ein gute, aber keine volle Einspannung zu erzielen. Das Verhältnis von tatsächlich sich ergebendem Einspannmoment und Volleinspannmoment wird als Einspanngrad bezeichnet. Doch nicht nur die Länge der Endfelder beeinflusst die Größe des Einspannmomentes, sondern auch die Form und die Länge des Mittelfeldes, wie auch die Form der Endfelder. Die effiziente Ausformung eines statisch unbestimmt gelagerten Balkens verlangt Geschick und Erfahrung. Im Allgemeinen hebt ein gevoutetes Mittelfeld das Stützenmoment an, während gevoutete Endfelder die Einspannwirkung reduzieren.

Werden die Seitenfelder länger ausgeführt und gleichermaßen belastet wie das Mittelfeld, wird gegebenenfalls das Stützmoment größer als das Volleinspannmoment des Mittelfeldes. In diesem Fall folgt das Stützmoment, indem die Differenz der am Knoten nicht im Gleichgewicht stehenden Volleinspannmomente auf die vom Knoten abgehenden Stäbe im Verhältnis ihrer Stabsteifigkeiten aufgeteilt wird.

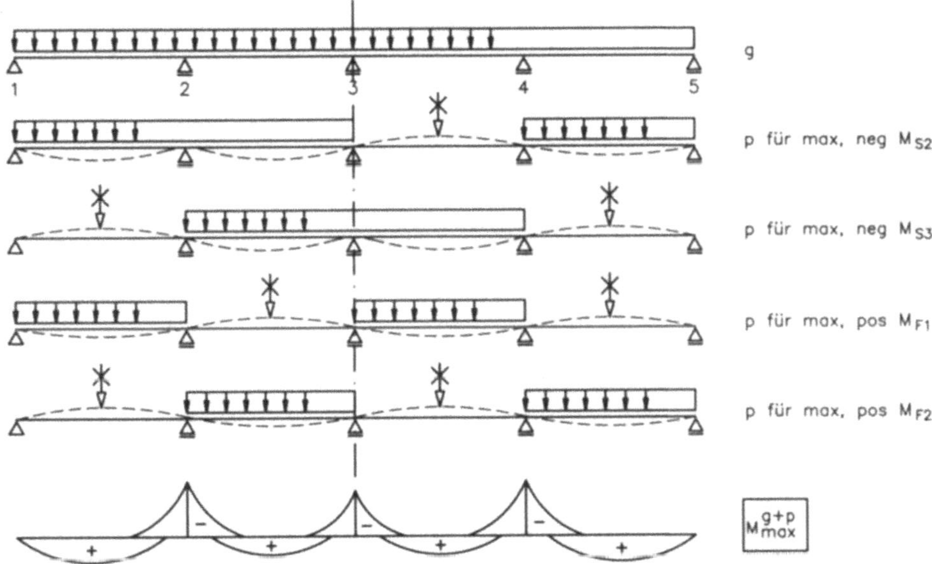

Bild 3.14 Maximalmomentenlinie (Momentenhüllkurve) eines Dreifeldträgers resultierend aus seiner feldweisen Belastung

---

[1] Grundgedanke des Momentenausgleichsverfahrens von Hardy Cross.

Bei einem im Tragwerk eingebundenen Stab hängt die Nachgiebigkeit seiner Einbindung von der Steifigkeit des anschließenden Systems ab, und das Volleinspannmoment des belasteten Stabes wird von allen vom Knoten abgehenden Stäben im Verhältnis ihrer Stabsteifigkeiten zur Knotensteifigkeit aufgenommen. Die Knotensteifigkeit ist die Summe der Stabsteifigkeiten der im betrachteten Knoten zusammenlaufenden Stäbe.

Aus dem in Bild 3.13 gezeigten Beispiel des Dreifeldträgers ist zu ersehen, dass die maßgebende Belastung nicht die über alle Felder durchgehende ist, sondern wie in Bild 3.14 gezeigt, eine feldweise aufgebrachte. Sucht man zum Beispiel den Größtwert des Stützmomentes über der ersten Innenstütze, so kann man von der Vorstellung ausgehen, jene Belastung zu suchen, die den Stab an dieser Stelle am stärksten verbiegt. Sicher wird eine Krümmung des Stabes an dieser Stelle zunächst durch Belastung der beiden angrenzenden Felder erreicht. Skizziert man für diese Belastung die Biegelinie, stellt man fest, dass sie im dritten Feld nach oben und im vierten Feld wieder nach unten schlägt. Würde man nun das dritte Feld belasten, würde die Krümmung über der ersten Stütze gemindert werden, weshalb man dieses Feld nicht belasten darf, wenn man die stärkste Krümmung der Biegelinie und somit das größte Moment über der ersten Innenstütze sucht. Anders verhält sich der Balken bei Belastung des vierten Feldes. Diese Überlegungen führen zu den für die jeweils kritischen Stellen maßgebenden Laststellungen. Überlagert man die diesen Lastfällen zugehörigen Momentenlinien, kommt man zu der für die Bemessung des Durchlaufträgers maßgebenden Maximalmomentenlinie.

Die Lagersteifigkeit

In Wirklichkeit gibt es keine unnachgiebigen Lager, wie immer sie gebaut sein mögen, und so kommt es an den Auflagern der Balken zu mehr oder weniger großen Setzungen (Verschiebungen) oder Schiefstellungen (Verdrehungen). Diese Lagernachgiebigkeiten sind im Verhältnis zu den Tragwerksabmessungen meist sehr klein und ergeben bei statisch bestimmt gelagerten Balken weder eine Änderung der Stütz- noch der Schnittgrößen gegenüber jenen Werten bei starr gedachter Lagerung.

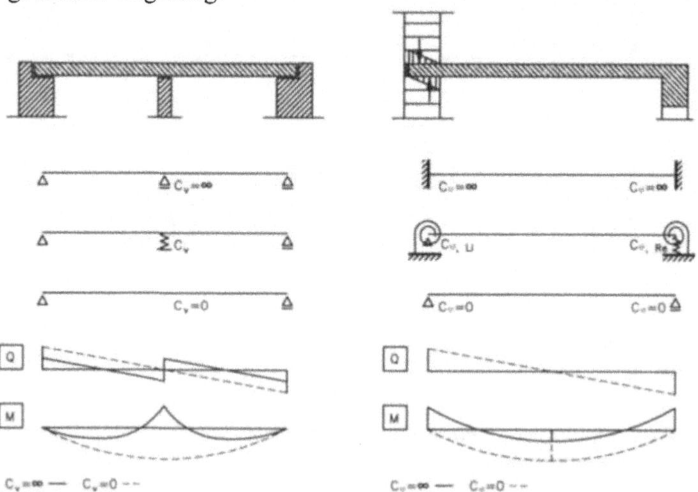

Bild 3.15 Abschätzung des Tragverhaltens bei nachgiebiger Lagerung auf Grund von Grenzbetrachtungen gezeigt an Beispielen

Nicht unbeeinflusst von den Lagernachgiebigkeiten bleiben jedoch die Verformungen sowie die Stütz- und Schnittgrößen bei statisch unbestimmt gelagerten Tragwerken. Bei solchen Tragwerken können Lagerbewegungen zu erheblichen Lastumlagerungen innerhalb des Tragsystems führen. Deshalb verwendet man beispielsweise beim Bauen in Bergsenkungsgebieten oder auf anderweitig nachgiebigen Böden häufig statisch bestimmte Tragwerke.

Bild 3.15 zeigt beispielsweise einen durch eine Zwischenwand gestützten Deckenstreifen. In diesem Falle kann sich die Zwischenwand durch Schwinden teilweise ihrer Auflagerfunktion entziehen oder die sich bei Belastung durchbiegende Decke legt sich auf eine als nichttragend konzipierte und daher ursprünglich von der Decke abgesetzte Wand. Als anderes Beispiel wird ein Deckenstreifen gezeigt, der auf der einen Seite in ein Ziegelmauerwerk und auf der anderen Seite in einen Randträger mehr oder weniger nachgiebig einbindet.

Bei diesen und ähnlichen Fällen ist eine genaue Berechnung oft nicht möglich und auch nicht notwendig. Zum Beurteilen solcher Fälle soll aber zumindest gedanklich eine Eingrenzung des wirklichen Tragverhaltens zwischen theoretisch nicht vorhandener und voll vorhandener Stützung gemacht werden, um einen Einblick in den Tragmechanismus zu gewinnen und um auf diese Weise Schäden zu vermeiden.

Der Querschnitt - Schwerpunkt, Hauptträgheitsachsen, Hauptträgheitsmomente, Schubmittelpunkt

Die Effizienz eines Biegequerschnittes hängt von seiner Form ab und wird, wie bereits festgestellt, durch die Lage des Schwerpunktes, die Lage der Hauptträgheitsachsen, die Größe der Hauptträgheitsmomente und die Lage des Schubmittelpunktes bestimmt. Sie ist letzten Endes eine Frage der Symmetrie. Man unterscheidet in dieser Hinsicht doppeltsymmetrische, einfachsymmetrische, punktsymmetrische, zentralsymmetrische und unsymmetrische Querschnitte.

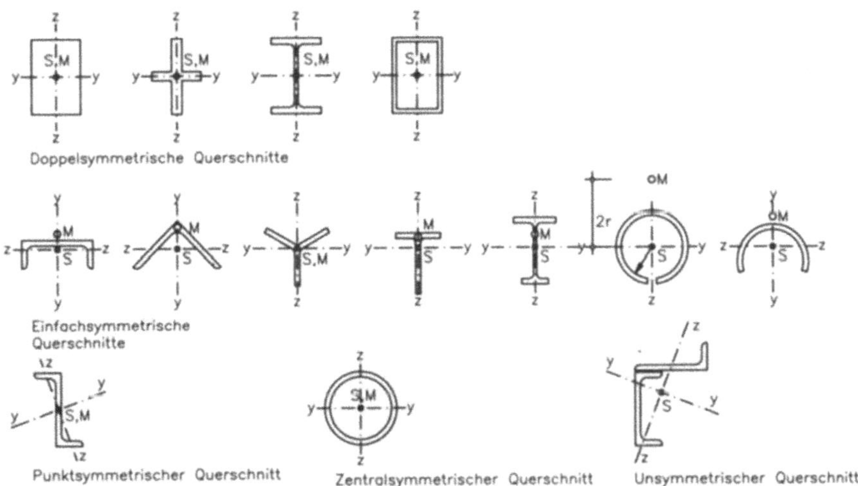

Bild 3.16 Mögliche Biegequerschnitte: Lage des Flächenschwerpunktes S, des Schubmittelpunktes M und der Hauptträgheitsachsen (y - y ... starke Achse, z - z ... schwache Achse)

Die Hauptträgheitsachsen sind jene im Flächenschwerpunkt aufeinander normal stehenden Querschnittsachsen, um die die achsialen Trägheitsmomente des Querschnittes Extremwerte erreichen. Um die eine Achse, man spricht von der **starken Achse**, ist das Trägheitsmoment das größte und um die andere, auf ihr normal stehende, man spricht von der **schwachen Achse**, das kleinste aller möglichen achsialen Trägheitsmomente des Querschnittes. Bei doppeltsymmetrischen Querschnitten fallen sie mit den Symmetrieachsen zusammen, bei einfachsymmetrischen Querschnitten fällt eine der beiden mit der Symmetrieachse zusammen. Bei zentralsymmetrischen Querschnitten ist jede Achse auch Hauptträgheitsachse (siehe Bild 3.16). Für punktsymmetrische und unsymmetrische Querschnitte können die Hauptträgheitsachsen und Hauptträgheitsmomente anhand der Literatur oder mit Hilfe eines Querschnittswerte-Rechenprogrammes ermittelt werden; dabei fällt auch die Lage des Schubmittelpunktes an.

Der Schubmittelpunkt M ist jener Punkt des Querschnittes durch den bei ebenen Systemen die Lasten am Stab angreifen müssen, damit er nur Biegung und keine Torsion erfährt. Bei doppeltsymmetrischen, punktsymmetrischen, und zentralsymmetrischen, Querschnitten fallen S und M zusammen, bei einfachsymmetrischen Querschnitten liegt M auf der Symmetrieachse, und bei aus zwei sich kreuzenden, schmalen Rechtecken zusammengesetzten Querschnitten liegt M im Schnittpunkt der Rechteckachsen (L- und Y-Profile). Er kann auch, wie beim U-Profil, außerhalb des Querschnittes liegen. Beim Rohr mit dem Radius r liegt er, wenn dieses nur aufgeschnitten ist, um 2 r außerhalb des Mittelpunktes und wandert mit größerwerdenden Ausschnitten nach innen.

Die Gerade Biegung ohne Normalkraft

Entsprechend Bild 3.3 spricht man allgemein von **Gerader Biegung**, wenn die auf den Balken einwirkenden Kräfte die Querschnittsebene durch den Schubmittelpunkt M in Richtung einer der beiden Hauptträgheitsachsen schneiden. Die Verbiegung des Balkens erfolgt dann in Richtung dieser Hauptträgheitsachse.

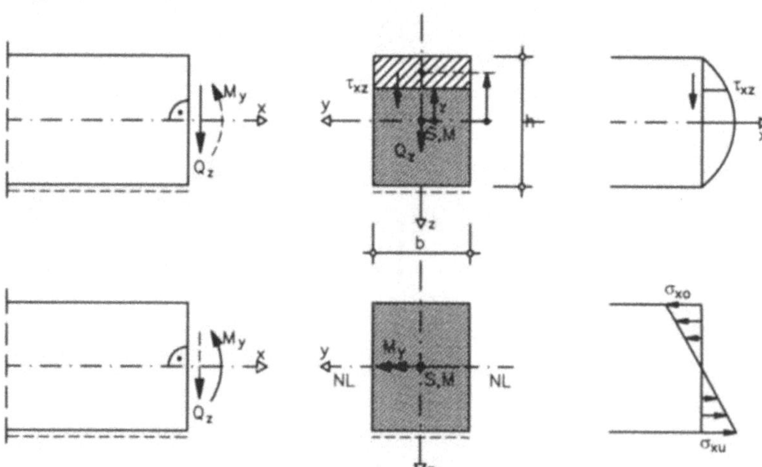

Bild 3.17 Schubspannungen und Biegespannungen in dem auf Querkraftbiegung einachsig beanspruchten Rechteckbalken

Beim Beispiel des in Bild 3.17 gezeigten Balkens mit Rechteckquerschnitt liegt dann im normal zur Stabachse geführten Schnitt der Schnittkraftvektor Q in der in der Lastebene liegenden Hauptträgheitsachse und der Schnittmomentenvektor M in der zur Lastebene normal stehenden Hauptträgheitsachse.

Die Spannungsresultierende Q hat abscherende Wirkung und bewirkt in der Schnittfläche Schubspannungen. Diese sind beim Rechteckquerschnitt an den von der Biegeachse abgelegenen Querschnittsrändern null, haben in der Biegeachse ihren Größtwert und sind über die Querschnittshöhe h quadratisch parabolisch und über die Querschnittsbreite b gleichmäßig verteilt. Sie folgen allgemein und im Besonderen für das betrachtete Beispiel nach Gleichung (3.1) zu:

$$\tau_{xz} = \tau_{zx} = \frac{Q_z . S_y}{I_y . b} \tag{3.1}$$

τ_{xz} Schubspannung an der Stelle x der Balkenachse und in Höhe z des Balkenquerschnitts
Q_z Querkraft an der Stelle x in Richtung z wirkend
S_y ..   Statisches Moment der in Höhe z abgeschnittenen Querschnittsflache um die Haupttragheitsachse y an der Stelle x (siehe Bild 3 17)
b .   Querschnittsbreite in Höhe z an der Stelle x
I_y Trägheitsmoment des Stabquerschnitts an der Stelle x um die Hauptträgheitsachse y

Die Spannungsresultierende M hat biegende Wirkung und bewirkt normal zur Schnittfläche Biegespannungen und zwar am gezogenen Rand des unter der Last gekrümmten Balkens Zugspannungen und am gegenüberliegenden Rand Druckspannungen, die über den Querschnitt geradlinig verteilt sind, wobei die zur Lastebene normal stehende Hauptträgheitsachse zur Biegespannungs-Nulllinie wird. Die Biegespannungen sind über die Querschnittsbreite b gleichmäßig verteilt und folgen nach Gleichung (3.2) zu:

$$\sigma_{xz} = \frac{M_y}{I_y} . z , \quad \sigma_{max} = \frac{M_y}{W_{min}} , \quad \text{mit } W_{min} = \frac{I_y}{e_{max}} \tag{3.2}$$

σ_{xz}. ...Biegespannung an der Stelle x der Balkenachse und in Höhe z des Balkenquerschnitts, z gemessen von der Nulllinie und positiv in Richtung Kennfaser
W... . Widerstandsmoment
e_{max}...Größter Randabstand von der Nulllinie

Die größten Schubspannungen treten dort auf, wo Q am größten ist, das ist im Allgemeinen am Auflager, und dort in Höhe des Schwerpunktes. Die größten Biegespannungen treten dort auf, wo M am größten ist, und dort am oberen und unteren Balkenrand.

Die Spannungen τ und σ sind von der Schnittführung abhängig. Im Allgemeinen wird von normal zur Stabachse geführten Schnitten ausgegangen. Für die ungünstigste Materialbeanspruchung in einem beliebigen Punkt eines Tragwerksteiles ist jedoch die Gesamtheit der Spannungen τ und σ für alle durch diesen Punkt gehenden Flächenelemente maßgebend. Diese bezeichnet man als den **Spannungszustand,** der im gegebenen Falle ein ebener oder zweiachsiger Spannungszustand ist.

Wenn man entsprechend Bild 3.18 das bisher im Balken betrachtete, rechtwinkelige Flächenelement um den Winkel α verdreht, werden bei einem bestimmten Winkel α_H die Schubspannungen null und die Normalspannungen extremal. Die um den Winkel α_H gedrehten Richtungen werden Hauptspannungsrichtungen genannt und die in ihnen wirkenden Spannungen

Hauptspannungen, von denen dann die eine eine Druckspannung, die andere eine Zugspannung ist. Sie stehen aufeinander normal und können mit den Formeln (3.3) ermittelt werden.

$$\tan 2\alpha_H = \frac{2 \cdot \tau_{xz}}{\sigma_x}, \qquad \sigma_{1,2} = \frac{1}{2} \cdot \left(\sigma_x \pm \sqrt{\sigma_x^2 + 4 \cdot \tau_{xz}^2}\right) \tag{3.3}$$

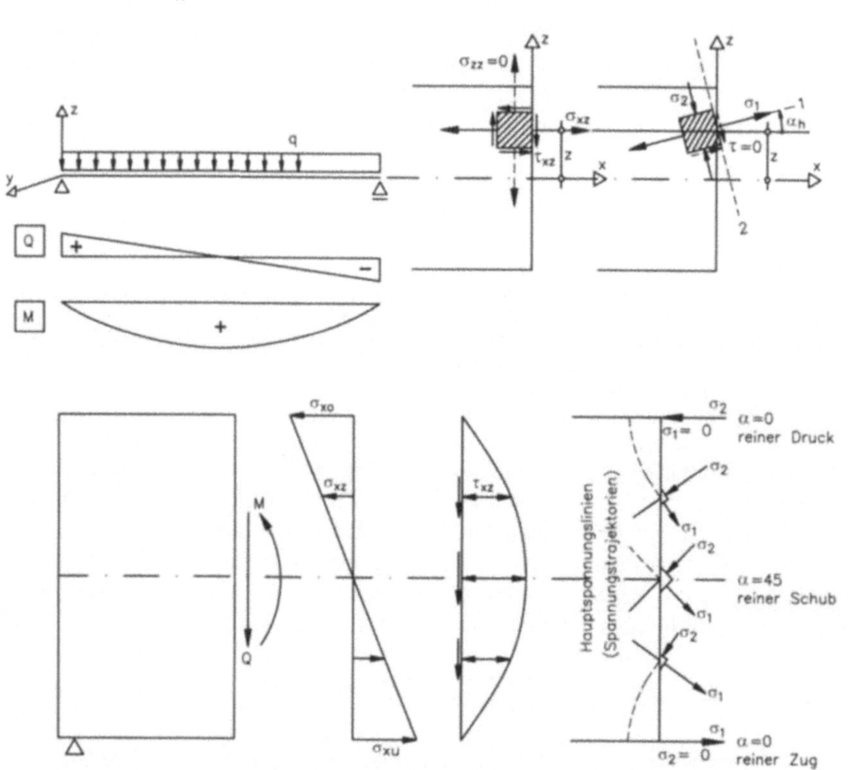

Bild 3.18 Ebener Spannungszustand, Normalspannungen und Hauptspannungen

Werden im weiteren die Hauptspannungsrichtungen von Punkt zu Punkt ermittelt, so zeichnen sich für den Balken entsprechend seiner Belastung die Hauptspannungstrajektorien ab.

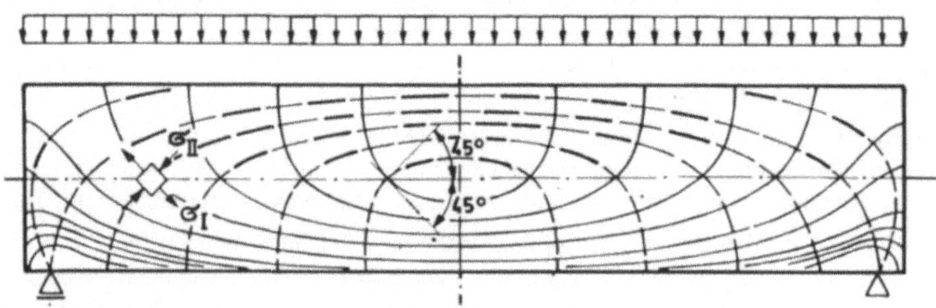

Bild 3.19 Spannungstrajektorien im mit einer Gleichlast q belasteten Balken

Sie stehen in allen Punkten aufeinander normal, kreuzen die Stabachse unter 45 ° und verlaufen in Balkenmitte im Allgemeinen parallel zum Balkenrand beziehungsweise normal auf ihn zu. Ihr Verlauf wird durch die Lastart bestimmt, und sie beschreiben die Wege der Lastabtragung im Balken. Bild 3.19 zeigt die Spannungstrajektorien in einem mit einer Gleichlast q belasteten Balken, in dem die Lastabtragung über stehende und hängende Bögen erfolgt.

Die Schiefe Biegung ohne Normalkraft

Entsprechend Bild 3.3 spricht man allgemein von **Schiefer Biegung**, wenn die auf den Balken einwirkenden Kräfte die Querschnittsebene zwar durch den Schubmittelpunkt M aber nicht in Richtung einer der beiden Hauptträgheitsachsen schneiden. Die Verbiegung des Balkens erfolgt dann nicht in Richtung einer der beiden Hauptträgheitsachsen und im Allgemeinen auch nicht in der Lastebene.

Beim Beispiel des in Bild 3.20 gezeigten Balkens mit Rechteckquerschnitt können dann alle Kräfte in die beiden Hauptträgheitsebenen (yx, zx) projiziert und die entsprechenden Komponenten der Spannungen σ und τ für beide Ebenen mit den Formeln für einachsige Biegung getrennt ermittelt und zu den Gesamtspannungen σ und τ vektoriell addiert werden.

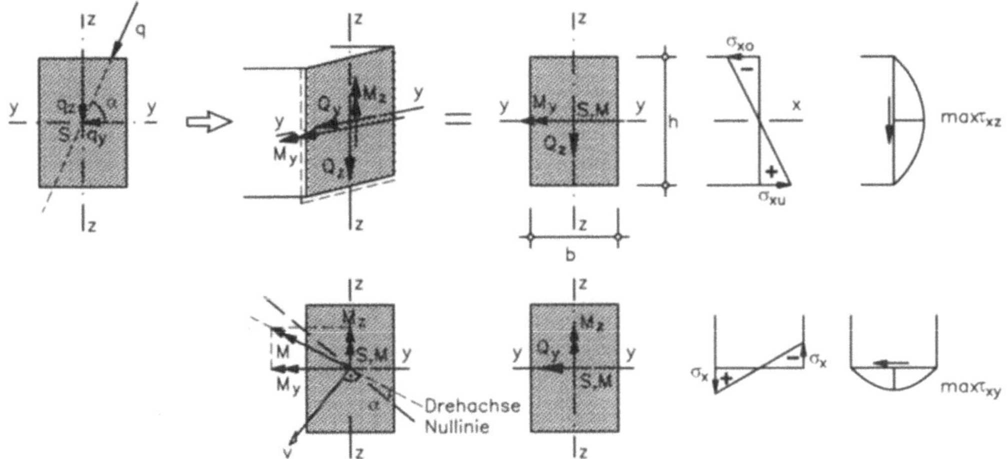

Bild 3.20 Schubspannungen und Biegespannungen in dem auf Querkraftbiegung zweiachsig beanspruchten Balken

Die Schubspannungskomponenten in den beiden Ebenen yx, zx werden nach den Gleichungen (3.4) bestimmt.

$$\tau_{xz} = \frac{Q_z.S_y}{I_y.b} \ , \qquad \tau_{xy} = \frac{Q_y.S_z}{I_z.h} \tag{3.4}$$

Und die maximale Schubspannung in Querschnittsmitte folgt nach Gleichung (3.5) zu:

$$\max \tau_x = (\max \tau_{xz} + \max \tau_{xy}) \tag{3.5}$$

Die Biegespannungskomponenten werden für die Biegung sowohl um die eine als auch um die andere Hauptträgheitsachse getrennt ermittelt und zur Gesamtbiegespannung nach Gleichung (3.6) addiert.

$$\sigma = \frac{M_y}{I_y} \cdot z \;+\; \frac{M_z}{I_z} \cdot y \tag{3.6}$$

Die größten Biegespannungen treten in gegenüber liegenden Eckpunkten der Balkenquerschnitte auf. Die Nulllinie als Schnittgerade der Biegespannungsebene mit der Querschnittsebene geht zwar auch bei schiefer Biegung durch den Flächenschwerpunkt, deckt sich aber im Allgemeinen nicht mit der Dreh- oder Biegeachse, sondern schließt mit ihr einen Winkel ein; die Verbiegung erfolgt normal zur Biegespannungs-Nulllinie.

Gerade und Schiefe Biegung mit Normalkraft

Ist im betrachteten Stab, wie in Bild 3.5 gezeigt, neben dem Biegemoment M als Schnittgröße eine Normalkraft N vorhanden, oder wird in gleichwertiger Weise der Stab, wie ebenfalls in Bild 3.5 gezeigt, durch eine exzentrisch am Stab einwirkende Längskraft N belastet, addieren sich entsprechend Bild 3.21 zu den Längs- oder Normalspannungen infolge M die Längs- oder Normalspannungen infolge N.

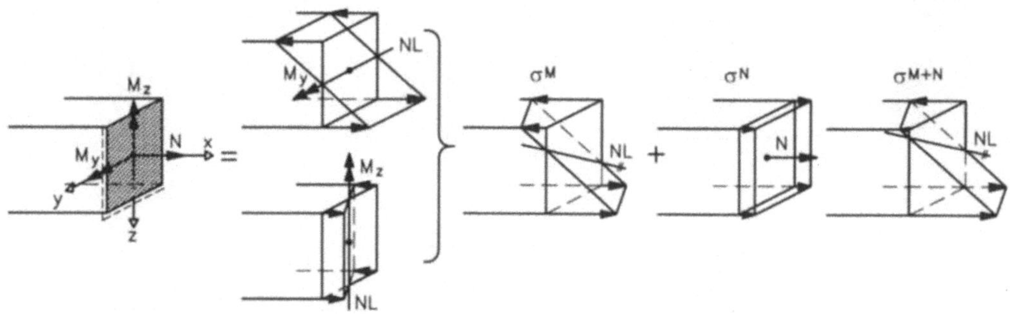

Bild 3.21 Normalspannungsverteilung für den Balken mit Rechteckquerschnitt bei schiefer Biegung mit Normalkraft

Die Addition erfolgt im Falle der geraden Biegung um die y-Achse oder um die z-Achse, nach Gleichung (3.7).

$$\sigma = \frac{N}{A} + \frac{M_y}{I_y} \cdot z \;, \qquad \sigma = \frac{N}{A} + \frac{M_z}{I_z} \cdot y \tag{3.7}$$

Die Addition erfolgt im Falle der schiefen Biegung nach Gleichung (3.8):

$$\sigma = \frac{N}{A} + \frac{M_y}{I_y} \cdot z \;+\; \frac{M_z}{I_z} \cdot y \tag{3.8}$$

Die Normalkraft N kann eine Zugkraft (+) sein, man spricht dann auch von **Zugbiegung**, oder eine Druckkraft (-), man spricht dann von **Druckbiegung**. Die Spannungsverteilung bleibt in beiden Fällen eben, nur die Biegespannungs-Nulllinie NL wird unter der Wirkung von N parallel zu sich selbst aus dem Schwerpunkt verschoben.

Die Schubspannungen bleiben vom Hinzutreten der Normalkraft N unbeeinflusst.

Anmerkungen zu den Voraussetzungen der Technischen Biegelehre

Die Technische Biegelehre geht nach der Hypothese von Bernoulli davon aus, dass entsprechende Stabquerschnitte beim Verbiegen eben bleiben, was relativ schlanke Balken voraussetzt. Sie sollen zumindest nicht kürzer als die vierfache Querschnittshöhe oder Querschnittsbreite sein.

Die Hypothese von Bernoulli gilt nicht im unmittelbaren Bereich von Knicken und Sprüngen in der Biegemomentenlinie, das heißt nicht in den Einleitungsbereichen von Einzellasten, und nicht in jenen Bereichen, wo sich die Querschnittsform sprungartig ändert. Die Länge dieser Störstellen im Spannungsverlauf kann in etwa gleich der Balkenhöhe angegeben werden. Die Beanspruchung der Balken in den Lasteinleitungsbereichen kann mit Hilfe von, dem Lastangriff gerecht werdenden, Fachwerkmodellen überlegt, simuliert und rechnerisch erfasst werden.

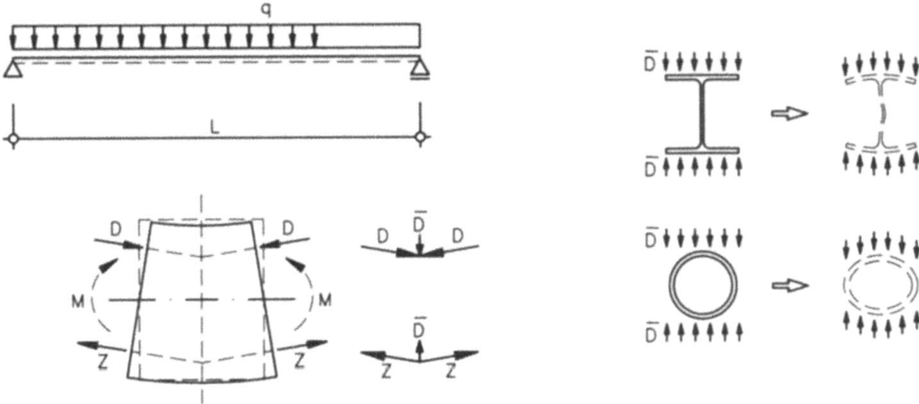

Bild 3.22 Deformation dünnwandiger Stabquerschnitte bei Biegung

Die Technische Biegelehre geht von starren Querschnittsfiguren aus. Wie Bild 3.22 zeigt, werden aber Ober- und Untergurt bei der Verbiegung gegeneinander gedrückt und dabei der Querschnitt gequetscht, weshalb dünnflanschige, geschweißte H-Profile für Biegeträger ebensowenig geeignet sind wie dünnwandige Rohre.

Die Technische Biegelehre geht von geraden Stäben aus. Bei krummen Stabachsen haben nämlich die einzelnen Fasern des Stabes nicht die gleiche ursprüngliche Länge, was die geradlinige Spannungsverteilung unmöglich macht. Die Spannungen sind dann über den Querschnitt hyperbolisch verteilt und sind am Innenrand größer als am Außenrand, weshalb auch die Spannungsnulllinie bei normalkraftfreier Biegung nicht mehr durch den Querschnittsschwerpunkt geht; ein Umstand der aber nur bei stark gekrümmten Biegestäben Auswirkungen hat.

Die Technische Biegelehre geht von einer Belastung der Balken aus, die nur deren Verbiegung und nicht auch deren Verdrehung bewirkt, das heißt, die weitgehend durch den Schubmittelpunkt M wirkend am Balken angreift.

Wie Bild 3.23 zeigt, ist die Belastung von Stäben durch oder nahe dem Schubmittelpunkt ohnehin mitunter einfacher zu realisieren als durch den Flächenschwerpunkt.

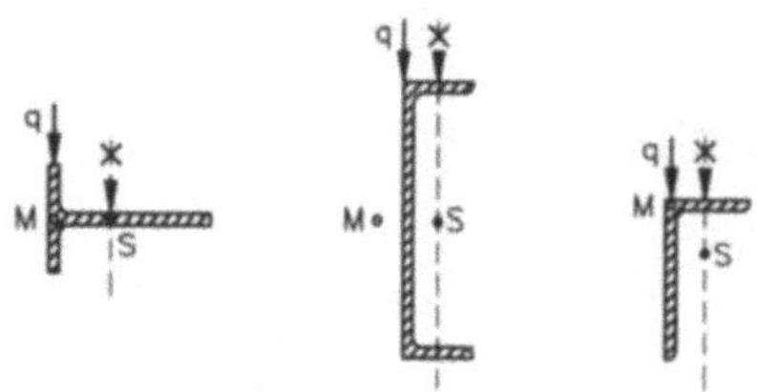

Bild 3.23 Beanspruchungsgerechte Belastung von Stäben mit einfach- oder unsymmetrischem Querschnitt

Die Technische Biegelehre geht, weil die Verformungen gegenüber den Tragwerksabmessungen klein sind, bei der Feststellung des Gleichgewichtes und somit der Ermittlung der Stütz- und Schnittgrößen von der unverformten Tragwerksfigur aus. Verbiegende Wirkung haben dann, wie in Bild 3.3 gezeigt, lediglich das Moment M (Krümmung) und die Querkraft Q (Gleitung). Wie aus Bild 3.24 aber hervorgeht, wird bei schlanken, auf Druckbiegung beanspruchten Stäben die Verbiegung durch die Druckkraft konvergierend vergrößert, weshalb bei solchen und damit knickgefährdeten Stäben das Gleichgewicht für die verformte Tragwerksfigur festzustellen ist. Diesen Einfluss bei der Bemessung der Tragwerksteile im gegebenen Falle zu berücksichtigen heißt, nach Theorie II. Ordnung zu bemessen. Mit der Theorie II. Ordnung[1] verliert das für die Tragwerksberechnung sehr vorteilhafte Superpositionsgesetz[2] aber seine Gültigkeit.

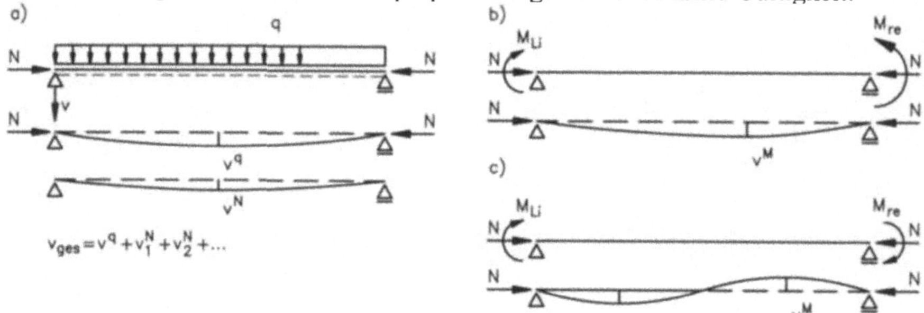

Bild 3.24 Der Einfluss der Normalkraft N auf die Verbiegung von Stäben (Theorie II. Ordnung)

3.1.3   Das Biegeknicken

Wirkt in einem schlanken Stab, wie die Beispiele in Bild 3.25 zeigen, entweder eine Druckkraft N exzentrisch und verursacht diese dadurch ein zusätzliches Moment M, oder wirkt zur Druckkraft N ein zusätzliches Moment M, das entweder aus einer Querlast q oder aus der Mitwirkung des Stabes in einem Rahmentragwerk resultiert, kommt es zur Verbiegung des Stabes, die bei entsprechender Laststeigerung mehr oder weniger plötzlich zum Bruch führt - man spricht vom Biegeknicken.

---

[1]   Gleichgewicht am verformten System unter der Voraussetzung im Verhältnis zu den Tragwerksabmessungen kleiner Verformungen

[2]   Möglichkeit der Überlagerung von voneinander unabhängig betrachteten beziehungsweise untersuchten Lastfällen

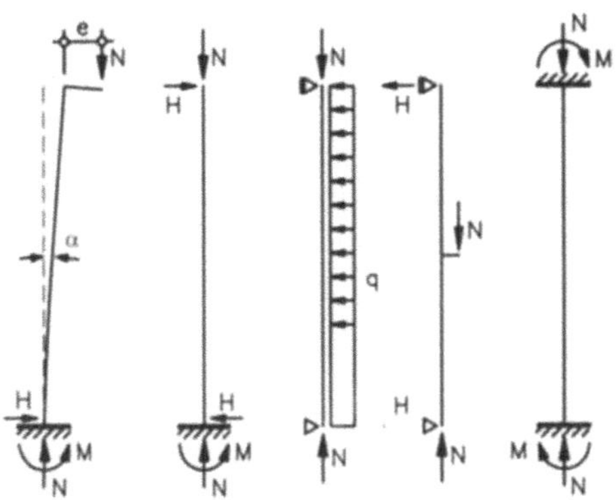

Bild 3.25 Biegestäbe, bei denen es aufgrund ihrer Geometrie oder Belastung zum Biegeknicken kommen kann

Im Gegensatz zum Knicken bei mittigem Druck wird ein solcher Stab, wie in Bild 3.26 gezeigt, bei Belastung von Anfang an gebogen und nicht erst am Beginn des Knickens. Biegeknicken ist daher kein Stabilitäts-, oder Gleichgewichtsverzweigungsproblem, sondern ein Traglast, -, das heißt ein Verformungs- und Spannungsproblem in der Momentenebene.

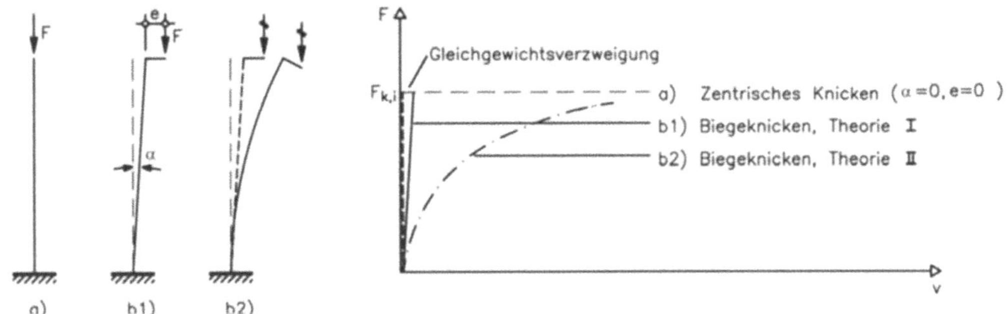

Bild 3.26 Das Last-Verformungsverhalten eines geraden Stabes bei a) mittigem Lastangriff (zentrisches Knicken), b) ausmittigem Lastangriff (Biegeknicken) mit b1) Gleichgewichtsfigur nach Theorie I. Ordnung und b2) Gleichgewichtsfigur nach Theorie II. Ordnung

Bei der Bemessung kann diesem Problem dadurch entsprochen werden, dass man entweder den Knicknachweis für den Stab mit den nach Theorie I. Ordnung ermittelten Schnittgrößen mit Hilfe von baustoffspezifischen Interaktionsformeln führt, die in den entsprechenden Kapiteln dieses Abschnittes noch angegeben werden, oder dass man den Spannungsnachweis für den ungünstigst beanspruchten Stabquerschnitt mit den nach Theorie II. Ordnung ermittelten Schnittgrößen führt.

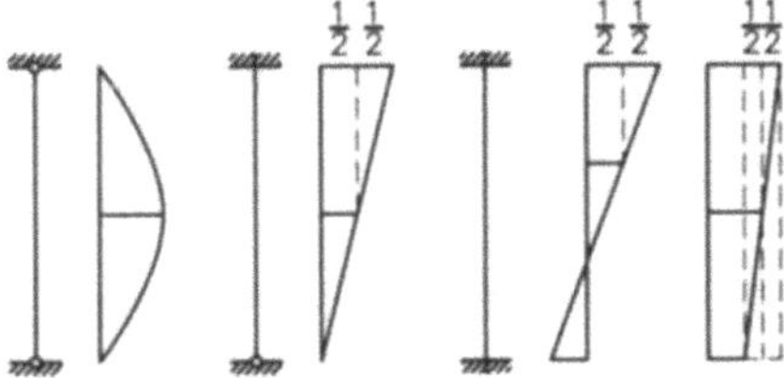

Bild 3.27 Maßgebende Biegemomente für den Biegeknicknachweis mit Hilfe von Interaktionsformeln für Stäbe mit unverschieblich gehaltenen Stabenden

Bei den Interaktionsformeln ist im Allgemeinen die mit dem der Knicklänge in der Momentenebene entsprechenden Knickbeiwert vervielfachte Normalkraft mit jenem Moment zu kombinieren, das den Angaben in Bild 3.27 folgend der gegebenen Momentenlinie zu entnehmen ist.

Die meisten EDV-Stabwerksprogramme ermöglichen die Berechnung der Schnittgrößen nach Theorie II. Ordnung, weshalb die zweite angesprochene Möglichkeit der Berechnung an Bedeutung gewinnt. Den Unterschied zwischen den nach Theorie I. Ordnung und nach Theorie II. Ordnung ermittelten Schnittgrößen zeigt Bild 3.28.

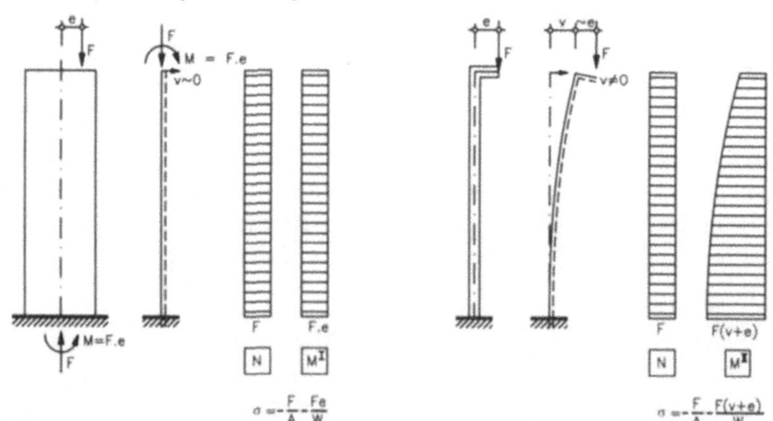

Bild 3.28 Druckbiegung - Gegenüberstellung von nach Theorie I und Theorie II ermittelten Schnittgrößen, gezeigt für zwei Stützen, die sich unterschiedlich stark verformen

3.1.4 Das Kippen

Bei schmalen, querbelasteten Balken - vor allem bei schmalflanschigen, hochstegigen I-Trägern - kann es bei einer kritischen Belastung q_{krit} zum seitlichen Ausweichen des Druckgurtes kommen, das unweigerlich zum Versagen führt. Diesen Versagensvorgang nennt man Kippen.

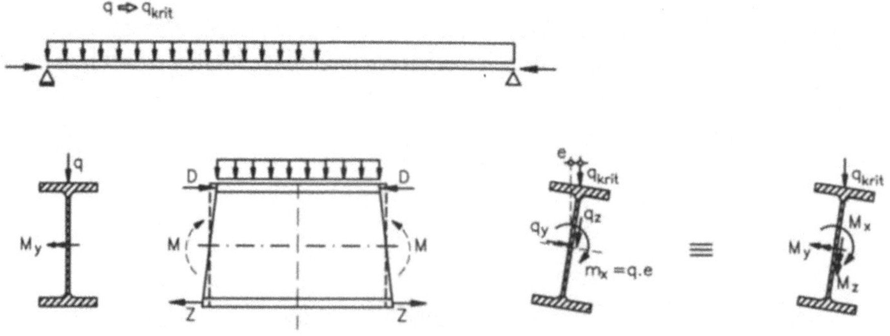

Bild 3.29 Kippen eines Balkens beim Erreichen einer kritischen Querlast q_{krit}

Wie Bild 3.29 zeigt, verdreht sich der anfangs gerade gebogene Balken und wird dann zunehmend schief gebogen und zudem noch zunehmend verdrillt, weil dabei die ursprünglich ebene Belastung zur räumlichen und abtauchenden wird. Das Kippen beginnt also mit dem plötzlichen Ausweichen (Instabilwerden) des Druckgurtes, der, soferne er nicht ohnehin im Verband des Tragwerkes gehalten ist, dagegen zu sichern ist.

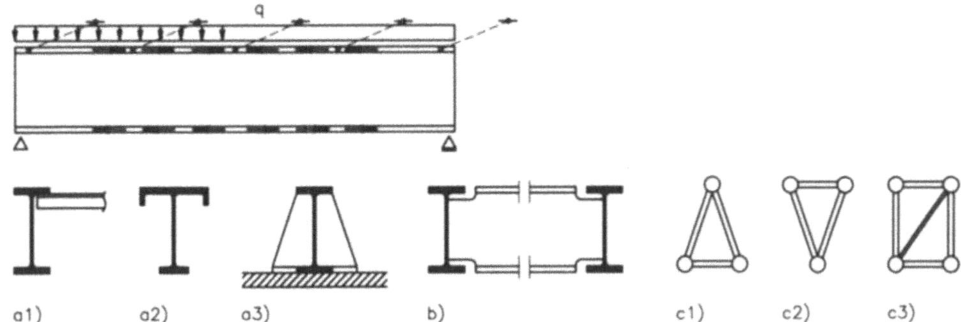

Bild 3.30 Mögliche Kippsicherungen durch Druckgurthaltung mittels a1) Verband, a2) seitensteifem Druckgurt, a3) Abstützung gegen angehängte Decke, b) paarweiser Koppelung von Trägern, c1), c2) Ausbildung als Dreigurtträger oder c3) Viergurtträger mit erforderlicher Steife

Das Kippen kann durch Maßnahmen verhindert werden, die, wie Bild 3.30 zeigt, die Seitensteifigkeit des Druckgurtes vergrößern, die seitliche Abstützung des Druckgurtes an den Auflagern und im Feld bringen oder die Torsionssteifigkeit des Gesamtquerschnittes vergrößern. So können beispielsweise parallel liegende Träger paarweise so verbunden werden, dass sie sich nicht verdrehen können, oder freispannende Träger als Dreigurtträger ausgebildet werden. Der Druckgurt ist bei frei aufliegenden Trägern im Allgemeinen der Obergurt und bei Kragträgern der Untergurt.

Besonders kippgefährdet sind natürlich Träger mit Querschnitten, bei denen Schwerpunkt und Schubmittelpunkt nicht zusammenfallen, das sind Träger mit offenem oder unsymmetrischem Querschnitt, weil in diesen meistens von Anfang an ein das Kippen begünstigendes Torsionsmoment vorhanden ist. Sie sind besonders sorgfältig gegen Verdrehen zu sichern.

Die Kippsicherheit ist, wie aus Bild 3.29 geschlossen werden kann, auch von der Lage des Lastangriffspunktes abhängig. Je tiefer der Angriffspunkt der Belastung q (angehängte Belastung) und je höher der Angriffspunkt der Auflagerkraft A liegt, desto geringer ist im Allgemeinen die Kippgefahr.

3.1.5   Das Biegebeulen

Im gedrückten Teil eines auf Biegung beanspruchten I-Trägers kann nicht nur der gedrückte Gurt mangels hinreichender Seitensteifigkeit instabil werden und ausweichen, was zum Kippen führt, sondern noch vorher der meist relativ dünne Steg ausbeulen.

Während das Kippen unmittelbar zum Versagen des Trägers führt, entzieht sich der Steg beim Beulen lediglich bereichsweise der weiteren Lastaufnahme, und nach einem Systemwechsel ist ein neuer, überkritischer Gleichgewichtszustand möglich. Da Beulen in Tragwerken aber nicht zugelassen sind, sind Maßnahmen gegen das Ausbeulen zu treffen. Neben dem Biegedruckbeulen infolge M kann sich noch ein Biegeschubbeulen infolge Q ereignen.

Der durch Druck und Schub beulgefährdete Teil des Steges wird auf der einen Seite durch den Gurt gehalten und auf der anderen Seite durch den gezogenen Teil des Steges stabilisiert. Weil aber dieser Zug eine gewisse Größe haben muss um dem Beulen entgegenwirken zu können, kann davon ausgegangen werden, dass das Stegblech, wie in Bild 3.31 gezeigt, auf 2/3 seiner Höhe über quadratischen Feldern kalottenförmig beult.

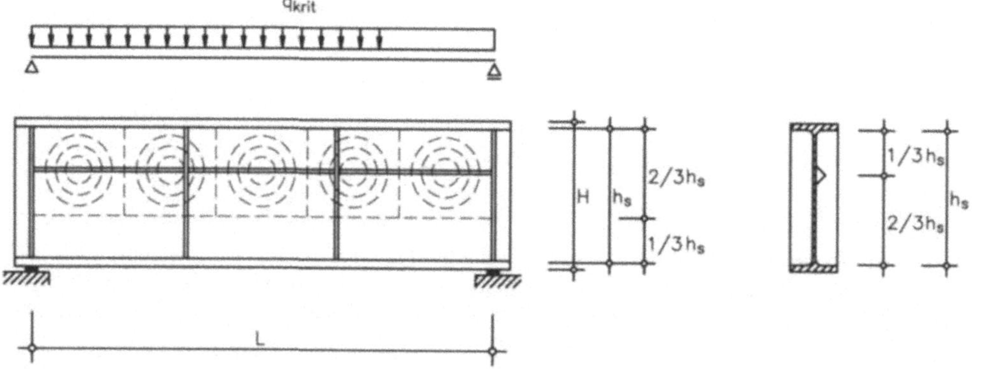

Bild 3.31 Stegbeulen beim Erreichen einer kritischen Querlast q_{krit} beziehungsweise Beulsicherung durch Aussteifen

Das Beulen des Steges kann wirksam nur verhindert werden, indem man den Steg in geeigneter Weise aussteift. Wie Bild 3.31 deutlich zeigt, wird eine horizontale Stegsteife am wirksamsten sein, weil sie das Aufgehen der Beulen am besten verhindert.

Die Horizontalsteifen können aber, weil sie gedrückt werden, ihrerseits wieder ausweichen, indem sie knicken und müssen daher durch Quersteifen gehalten werden. Die Stegsteifen sollen nicht nur biege- sondern auch verwindungssteif sein, weshalb Hohlsteifen effizienter sind als Flachsteifen (siehe Bild 3.53).

3.1.6   Formgebung und bauliche Durchbildung

Biegestäbe sind so zu gestalten, dass ihre Stabachse gerade oder zumindest eben verläuft. Räumlich gekrümmte oder räumlich abgewinkelte Stäbe werden immer auf Torsion beansprucht und unterliegen daher anderen Gestaltungskriterien.

Ihr Querschnitt kann sich entlang der Stabachse zwar verändern, darf sich aber nicht so verändern, dass der Balken als solcher verwunden ist. Symmetrische Stabquerschnitte sind zu bevorzugen. Der klassische Biegequerschnitt ist der Rechteckquerschnitt, der den Anforderungen der ein- wie auch der zweiachsigen Biegung genügt und mit seinem Seitenverhältnis diesen gut angepaßt werden kann. Die schmalflanschigen I-Profile für einachsige Biegung und die Breitflanschprofile für ein- und zweiachsige Biegung entsprechen dem Bestreben, das Material von der Nulllinie weg in die abliegenden Gurte zu verlagern und den Steg dazwischen so dünn wie möglich zu gestalten, was aber technologische Grenzen hat (vgl. Bild 3.32). Für zweiachsige

Biegungen können auch doppeltsymmetrische Hohlprofile vorteilhaft verwendet werden, während das Rohr als Biegequerschnitt nur wenig geeignet ist (vgl. Bild 3.33).

Bei den I-Querschnitten sollen Ausnehmungen beziehungsweise Einschnitte an den Gurten vermieden werden. Ausnehmungen im Steg sind dagegen möglich. Sie sind gegebenenfalls einzufassen, um die Querschnittsschwächung auszugleichen und eine Kraftumlenkung zu erreichen.

Für die Formgebung gelten, was die Zugzone betrifft, die Gestaltungskriterien für den Zugstab, und, was die Druckzone betrifft, die Gestaltungskriterien für den Druckstab und zwar sowohl im Hinblick auf den zu wählenden Baustoff als auch bezüglich der Querschnittsstabilität. Diese Überlegungen führen mitunter zu Verbundkonstruktionen (vgl. Bild 3.32).

Biegeträger können, was ihre Bauhöhe betrifft, sehr schlank aber auch gedrungen konzipiert sein. Die von ihnen aufnehmbare Belastung folgt dann aus unterschiedlichen Beanspruchungskriterien. Bei sehr schlanken Trägern (weitspannende Dach- oder Deckenträger) wird die vom Träger aufnehmbare Last möglicherweise durch die zulässige Durchbiegung des Trägers bestimmt. Bei gedrungenen, das heißt verhältnismäßig sehr hohen Trägern, wird hingegen die vom Träger aufnehmbare Last durch seine Schubtragfähigkeit bestimmt. Bei der Mehrzahl im Zwischenbereich liegenden Trägern wird die Biegetragfähigkeit die aufnehmbare Last bestimmen.

3.2   Zur Frage nach der Form und dem Material

Für Biegestäbe können weder Querschnitt noch Form noch das geeignete Material auf direktem Wege bestimmt sondern nur prozeßhaft gefunden werden. Dabei sind neben Funktion, ästhetischem Anspruch, Art und Größe der Belastung, Spannweite, Lagerung beziehungsweise Einbindung im Tragwerk, auch das Material und seine spezifischen Bearbeitungstechniken zu überlegen. Eine der Schwierigkeiten bei der Gestaltung von Balken liegt im Nichtoffenkundigwerden ihrer Tragwirkung, die meistens nur intuitiv erfahren werden kann. Beim querbelasteten Stab gibt es nämlich nicht wie beim achsial belasteten Zug- oder Druckstab nur eine Art der Belastung, sondern es sind viele Arten möglich, und jede hat innerhalb des Stabes ihren eigenen Weg zur Lastabtragung, und diese zusammen bedingen gewisse Stababmessungen. Darin liegt aber auch einer der möglichen Gestaltungsansätze und zwar der der Hervorhebung maßgebender Lastwege. Und einen Anhalt dafür geben die Hauptspannungslinien. Sie verlaufen zwar für jede Art der Belastung anders, stellen aber, vereinfacht gesehen, immer eine Kombination von Zug- und Druckbändern dar (vgl. Bild 3.19).

3.2.1   Biegungsspezifische Materialmerkmale

Im Formfindungsprozess sind hinsichtlich des Materials unter anderen folgende statisch-konstruktiven Zusammenhänge zu bedenken:

In jedem auf Biegung beanspruchten Stab stehen sich zur Lastaufnahme Zug- und Druckspannungen gegenüber. Daher ist das Verhältnis von Zug- zu Druckfestigkeit interessant, das bei Holz, Aluminium und Stahl annähernd 1, bei Beton und Glas aber nahezu 0 ist. Hat nun der Baustoff, wie im Falle des Betons oder des Glases nahezu keine Zugfestigkeit, kann diese entweder durch entsprechende Vorspannung ausgeglichen oder dadurch kompensiert werden, dass man den Baustoff im Zugbereich durch einen anderen, zugfesten ersetzt, wie das beim Stahlbeton geschieht.

In jedem querbelasteten Stab sind neben den Biegezug- und Biegedruckspannungen auch Schubspannungen aufzunehmen, von denen die Biegespannungen in den Randfasern, die Schubspannungen hingegen in der neutralen Faser des Stabes am größten sind. Dennoch ist das Verhältnis von Biege- zu Schubfestigkeit zu überlegen, das bei Holz und Beton annähernd fünfmal größer ist als bei Stahl oder Aluminium. Es geht nämlich bei der Querschnittsgestaltung mitunter darum, wieweit man den klassischen Rechteckquerschnitt, allein von der Spannungsseite her gesehen, auf einen wirtschaftlicheren I-Querschnitt reduzieren kann.

Bei der Minimierung des Konstruktionsgewichtes kann das Verhältnis von Biegefestigkeit zu Masse wegweisend sein, das Aluminium vor Holz und dieses vor Stahl stellt und dabei wieder Stähle höherer Festigkeit gegenüber dem normalen Baustahl besser stellt. Bei der Beurteilung der Steifigkeit sind hingegen die Verhältnisse von Biegefestigkeit zu E-Modul abzuwägen. Danach werden spannungsmäßig ausgenützte Träger aus Stahl steifer sein als vergleichbare aus Holz und solche aus Holz steifer als solche aus Aluminium. Leichtigkeit und Steifigkeit eines Tragwerkes sind daher gegeneinander abwägend zu beurteilen.

Ein Tragwerk muss aber nicht nur hinreichend fest sein sondern auch Bestand haben und sich rechnen, weshalb für die in Frage kommenden Baustoffe auch deren Verhalten auf Dauer und ihr Preis mit in die Überlegungen einzubeziehen sind. So gesehen müssen Massigkeit und Wirtschaftlichkeit kein Gegensatz sein, wie dies der Stahlbetonbau zeigt.

3.2.2   Balkenquerschnitt und Material

Die Querschnittsgestaltung kann nicht unabhängig vom Material erfolgen, denn für einen Balken sind Biegetragfähigkeit, Biegesteifigkeit und ausreichende Stabilität des Druckgurtes gefordert, und diese werden sowohl durch die Querschnittsform als auch durch das Material bestimmt. Der Querschnitt soll außerdem eine bestmögliche Materialausnutzung gewährleisten, wenig Masse haben und preiswert hergestellt werden können. So gesehen kann jeder Querschnitt in statisch-konstruktiver Hinsicht nur ein Kompromiss sein, der aber der Funktion des Balkens sowie den gestalterischen Ansprüchen bestmöglich zu genügen hat.

Generell soll jeder Biegequerschnitt ein im Verhältnis zur Querschnittsfläche möglichst großes Widerstandsmoment haben und zwar, je nach Beanspruchung des Balkens, entweder nur um eine oder entsprechend den Beanspruchungsverhältnissen um beide Biegeachsen.

Querschnittsform bei Einachsiger Biegung

In Bild 3.32 wird vom Rechteckquerschnitt ausgegangen, beispielsweise vom Kantholz, dem klassischen Holzbalken. Wie die Verteilungen der Biegespannungen σ und der Schubspannungen τ zeigen, wird in ihm das Material nur schlecht ausgenutzt, zumal die Schubspannungen im Allgemeinen wesentlich kleiner sind als die Biegespannungen.

Ist ein solcher Rechteckbalken aus Beton, der selbst keine Zugfestigkeit hat, gefragt, muss der Beton im Zugbereich in geeigneter Weise durch einen zugfesten Baustoff ersetzt werden. Das geschieht üblicherweise durch Stahleinlagen, die dann bei Biegebeanspruchung den Zug übernehmen und den **Stahlbeton** ausmachen. Der Beton, der sich an der Zugaufnahme nicht beteiligen kann, reißt in dieser Zone auf. Die neutrale Achse (Nulllinie) wird höher zu liegen kommen als bei einem Balken aus druck- und zugfestem Material, wie beispielsweise aus dem zuvor angesprochenen Holz. Der Beton der gerissenen Zugzone kann ohne Beeinträchtigung der Tragwirkung, wie in Bild 3.32 gezeigt, dort soweit schmäler gemacht werden, dass die Schubübertragung im verbleibenden Steg noch funktioniert und die Stahleinlagen Platz haben. Andererseits kann man aber den Beton im Zugbereich auch soweit unter Druck setzen, das heißt vorspannen, dass er in der Lage ist, den Zug infolge der Belastung in dem Maße aufzunehmen, wie er überdrückt wurde. Beim **vorgespannten Stahlbetonbalken** bleibt der Beton des gesamten Querschnittes spannungswirksam.

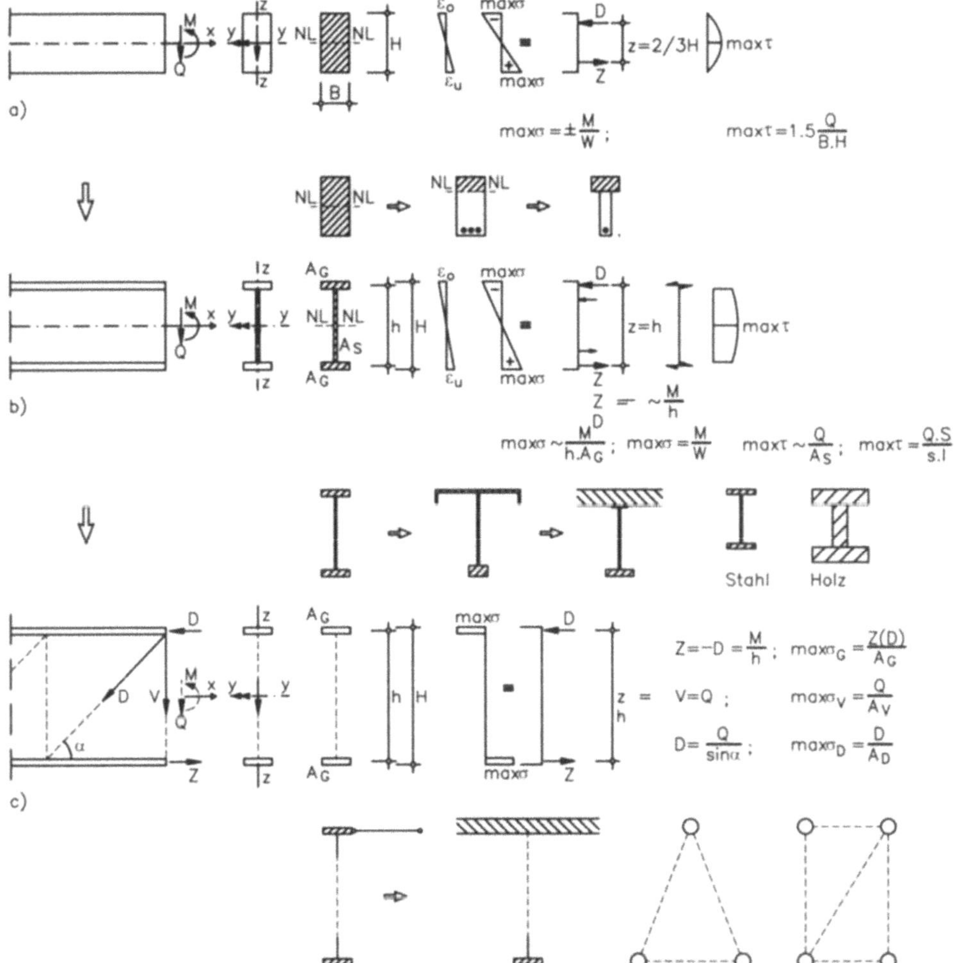

Bild 3.32 Zur Optimierung von Balkenquerschnitten im Fall einachsiger Biegung: a) Rechteckbalken, b) I-Träger, c) Fachwerkträger

Eine gegenüber dem Rechteckquerschnitt bessere Materialausnutzung im Querschnitt wird erreicht, wenn man die Masse des Querschnitts zum größeren Teil dort anordnet, wo auch die Spannungen am größten sind, nämlich am oberen und unteren Balkenrand, und den verbindenden Steg so dünn wie spannungsmäßig und fertigungstechnisch möglich macht. Das führt zum I-Querschnitt, der als Walzprofil im Stahlbau Tradition hat und im Verhältnis zur Querschnittsfläche ein wesentlich größeres Widerstandsmoment hat als der Rechteckquerschnitt. Wie aus Bild 3.32 dann hervorgeht, werden die Resultierenden der Biegespannungen D und Z überwiegend in den Gurten wirksam und die Schubspannungen τ beanspruchen fast ausschließlich den Steg, so dass in guter Näherung die Momentenbelastung dem Zug- und Druckgurt und die Querkraftbelastung dem Steg zugewiesen werden können. Das bestätigt die bessere Materialausnutzung im Vergleich zum Rechteckbalken.

Der Steg kann allerdings zum einen aus Festigkeitsgründen - er hat die Schubkräfte zu übertragen - und zum anderen aus fertigungstechnischen Gründen nicht beliebig dünn gemacht werden. Deshalb wird auch ein I-Träger aus Holz vergleichsweise massiger sein als einer aus Stahl (vgl. Bild 3.32).

Wenn der Obergurt eines I-Trägers nicht gehalten ist, so wie beispielsweise der Obergurt eines Deckenträgers durch die Decke, kann er infolge seiner Druckbeanspruchung seitlich ausweichen und in der Folge kann der Träger kippen. In diesem Falle ist dem Druckgurt eine hinreichende Seitensteifigkeit zu geben, oder er ist seitlich zu stützen, während dem gegenüber der Zuggurt beliebig geformt und frei geführt werden kann. Man kann im Druckgurt auch den teuren Stahl durch Beton ersetzen und die relativ preisgünstige und in Querrichtung steife Betonplatte mit der darunter liegenden Stahlrippe schubfest verbinden. Damit erhält man einen sogenannten **Verbundträger** (vgl. Bild 3.32).

Der I-Querschnitt bringt zwar bezüglich Materialausnutzung eine wesentliche Verbesserung, eine volle Materialausnutzung wird aber erst erreicht, wenn es gelingt, den Steg von der Biegebeanspruchung freizuhalten und die Schnittgrößen M und Q konstruktiv zu entkoppeln, wie dies beim **Fachwerkträger** geschieht. Bei ihm wird das Moment ausschließlich von den Gurtstäben und die Querkraft ausschließlich von den Stäben der Ausfachung über Zug und Druck aufgenommen, was eine volle Materialausnutzung in den Querschnitten möglich macht. Es besteht außerdem die Möglichkeit, wie aus Bild 3.32 hervorgeht, den inneren Hebelsarm z, soweit konstruktiv sinnvoll, groß zu machen und damit die Gurtkräfte entsprechend klein zu halten.

Auch beim Fachwerkträger ist der Druckgurt ausweichgefährdet und muss, soweit erforderlich, jedenfalls aber an seinen Enden gehalten werden. Der in Bild 3.32 skizzierte Dreigurtträger ist ohne weitere Maßnahmen stabil, während der Rechteck-Kastenträger in gewissen Abständen und an den Enden auszuschotten ist.

Querschnittsform bei Zweiachsiger Biegung

Der zweiachsigen Biegebeanspruchung kann beim Rechteckquerschnitt durch ein passend gewähltes Seitenverhältnis entsprochen werden. Ansonsten gelten die für den Fall der einachsigen Biegung angestellten Überlegungen erweitert nach zwei Richtungen und führen, wie Bild 3.33 zeigt, einerseits zu den Breitflanschträgern und andererseits zu den Kastenträgern. Für stark wechselnde Biegerichtungen ist auch das Rohr geeignet, weil sein Querschnitt um jede beliebige Schwerachse den gleichen Biegewiderstand hat; für einachsige Biegung ist das Rohr aber denkbar ungeeignet.

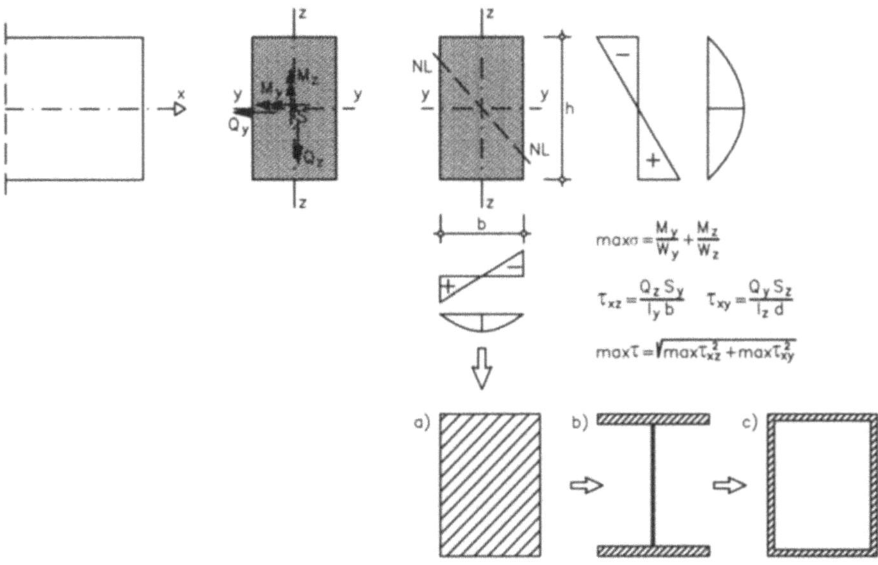

Bild 3.33 Die Beanspruchung des Rechteckbalkens bei zweiachsiger Biegung und Möglichkeiten seiner Optimierung im Falle zweiachsiger Biegung: a) Rechteckbalken, b) Breitflanschträger, c) Kastenträger

3.2.3 Balkenform, Material und Spannweite

Die Balkenform, besonders deren Eleganz, wird sehr stark durch das Verhältnis von Nutzlast zu Eigengewicht, besser gesagt zur ständig einwirkenden Last, geprägt.

Wenn das besagte Verhältnis groß ist, wenn also die Nutzlast überwiegt, heißt das, dass es viele verschiedene, maßgebende Belastungen geben kann, die, wie zu diesem Abschnitt einleitend ausgeführt, eine gedrungene Balkenform verlangen. Für kleinere Spannweiten sind es vollwandige Parallelträger, die bei größeren Spannweiten als Neben- oder Sekundärträger von Haupt- oder Primärträgern (siehe Bild 3.36) gestützt werden, deren Form vielfach den Hauptspannungslinien angepasst ist. Diese sind dabei nicht vollwandig sondern in ein Stabwerk aufgelöst und haben wegen der unterschiedlichen Belastungskollektive einen relativ hohen lasttragenden Gurt (vgl. Bild 3.36: Stabbogen). Neben- und Hauptträger können in einer Ebene oder in getrennten Ebenen nebeneinander liegen, wobei dann wie beispielsweise für Brücken, die Nebenträger über Querträger in die Hauptträger eingebunden sind.

Wenn das Verhältnis von Nutzlast zu ständiger Last klein ist, wenn also das Eigengewicht überwiegt, heißt das, dass die ständige Last als maßgebende Belastung dominiert, wie es beispielsweise bei weitgespannten Balken der Fall ist. Den Hauptspannungslinien folgende, aufgelöste Balkenformen mit relativ schmalem lasttragenden Gurt werden deshalb möglich, weil die Gurte vorwiegend normalkraftbeansprucht sind, während sie im vorhergehend beschriebenen Fall mehr biegebeansprucht sind. Das macht auch die Eleganz von Balken mit großen

Spannweiten, wie man sie im Brückenbau vorfindet, aus. Für Balkentragwerke aus Baustoffen, die vorwiegend auf Druck beanspruchbar sind, wie Beton, aber auch für solche aus Holz werden zweckmäßig druckbeanspruchte Haupttragwerke und für solche aus Stahl zugbeanspruchte Haupttragwerke gewählt, an denen, wie Bild 3.36 zeigt, die Nebenträger angehängt oder auf diesen abgestützt sein können. Im einen Falle spricht man auch von einem Hängewerk und im anderen von einem Sprengwerk.

Jede Baustoffsparte hat entsprechend den mechanischen Eigenschaften ihres Baustoffes und ihrer Fertigungsmöglichkeiten ihre spezifischen Balkenformen. Die Balkenform wird aber nicht zuletzt auch durch die Lagerung des Balkens und den mit ihr zusammenhängenden Schnittgrößenverlauf im Balken bestimmt.

Statisch bestimmt gelagerte Balken

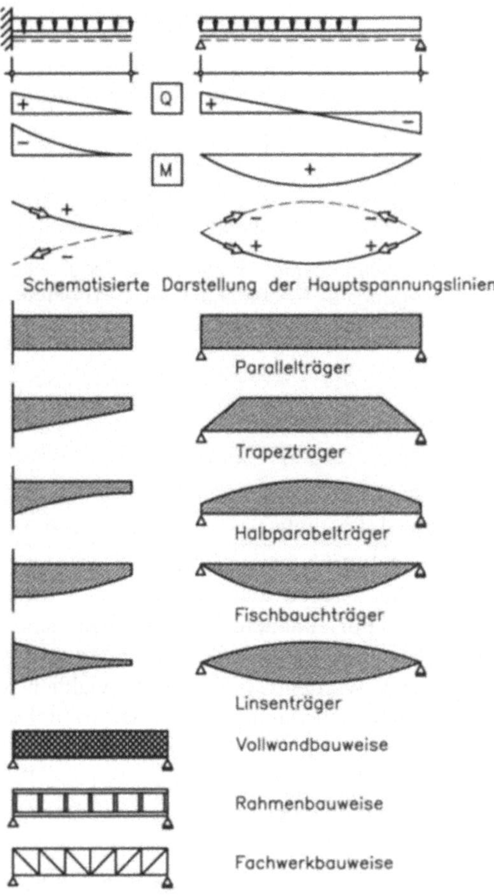

Bei statisch bestimmt gelagerten Balken folgen die Schnittgrößen für den Stab (N, Q, M), unabhängig von seiner Form, allein aus den Gleichgewichtsbedingungen. Die Form des Balkens beeinflusst lediglich sein Verformungsverhalten. Ihre Form kann daher weitgehend frei gewählt werden. Einige Grundformen, ausgehend vom Parallelträger in Vollwandbauweise für kleine Spannweiten bis zum Fischbauchträger in Fachwerkbauweise für große Spannweiten, zeigt Bild 3.34. Wie dieses Bild zeigt, kann man durch Anpassung der Balkenform an die Momentenlinie beziehungsweise an die Hauptspannungslinien die Materialausnutzung im Balken verbessern.

Wenn die Querlasten aufgrund konstruktiver Gegebenheiten als Einzellasten auf den Balken abgesetzt werden, weil beispielsweise die Nebenträger über Querträger an vorgegebenen Stellen mit dem Hauptträger verbunden sind, können die vollwandigen Grundformen der Balken vorteilhaft zwischen den Lasteintragungsstellen bei kleineren Spannweiten zu Rahmenträgern und bei größeren zu Fachwerkträgern ausgenommen werden.

Bild 3.34 Grundformen statisch bestimmt gelagerter Balken

Statisch unbestimmt gelagerte Balken

Bei statisch unbestimmt gelagerten Balken folgt der Verlauf der Schnittgrößen nicht mehr unabhängig von ihrer Form, was daraus hervorgeht dass zur Bestimmung der Schnittgrößen neben den Gleichgewichtsbedingungen auch noch Formänderungsbedingungen notwendig sind, die aber durch die Balkenform beeinflusst werden.

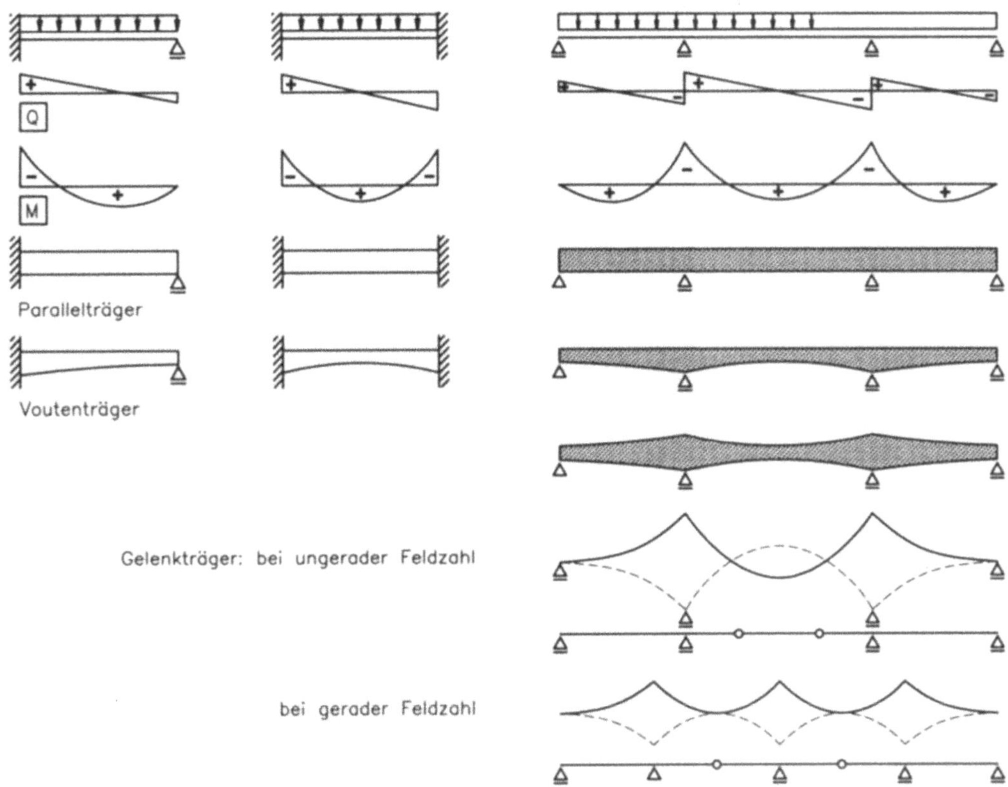

Bild 3.35 Grundformen statisch unbestimmt gelagerter Balken sowie der aus ihnen mit der Vorstellung der Hauptspannungslinien abgeleitete Gelenkträger

Wie Bild 3.35 zeigt, erreicht man bei diesen Balken eine bessere Materialausnutzung durch Vouten im Bereich der Stützen, die verschieden geformt sein können und in den gekoppelten Kragträgern ihre extremste Ausformung finden und dabei wieder zu statisch bestimmt gelagerten Balken werden.

Zusammengesetzte Balkentragwerke

Die Materialausnutzung im Biegestab ist immer eine unvollkommene; allein im Zugstab und im nicht ausweichgefährdeten Druckstab kann sie vollkommen sein. So wird man für größere Spannweiten, wie einleitend ausgeführt, kurzgestützten, gekoppelten Balken als Neben- oder Sekundärträger einen Haupt- oder Primärträger zur Seite stellen, der deren Lasten, wenngleich balkenartig wirkend, doch weitgehend über Zug und Druck zu den Auflagern hin abträgt.

Bild 3.36 zeigt verschiedene Möglichkeiten, die sich daraus ergeben, dass eine Kette von Nebenträgern am Hauptträger entweder angehängt (Hängewerke) oder abgestützt (Sprengwerke) wird. Der Hauptträger kann natürlich nach diesem Prinzip auch über mehrer Felder durchlaufend gestaltet werden.

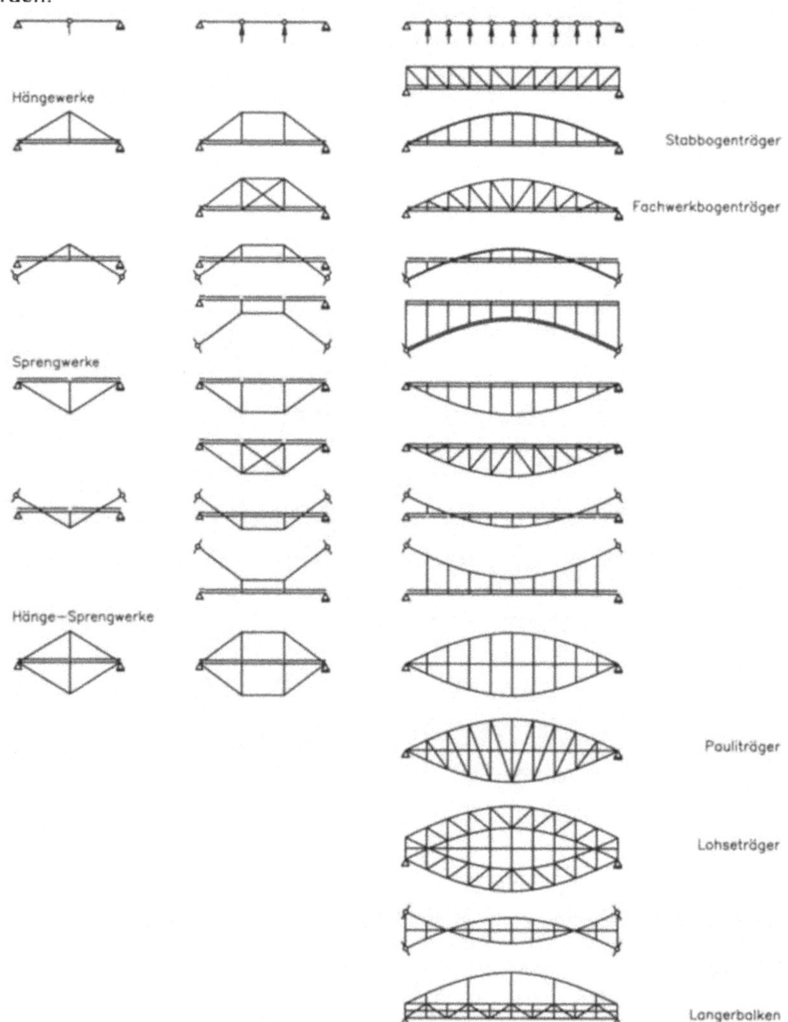

Bild 3.36 Beispiele zusammengesetzter Balkentragwerke, abgeleitet aus der Vorstellung der Stützung der Nebenträger in nach der Stützlinie der Belastung geformten Hauptträgern

Beim parallelgurtigen Fachwerkträger am Beginn der Überlegungen nach Bild 3.36 sind die Gurtkräfte sehr unterschiedlich groß. Man wird daher besser einen der Gurte nach der Stütz- beziehungsweise Seillinie der ständig wirkenden Belastung gestalten. Die gewählte Stützlinie gilt aber nur für diese Lastverteilung und von dieser abweichende Lasten müssen vom Bogen durch Biegung aufgenommen werden, während das Seil der geänderten Seillinie folgen kann.

Eine Ausfachung des Systems behebt allerdings die zusätzliche Biegung im Bogen, wie dies der Vergleich des Stabbogenträgers mit dem Fachwerkbogenträger deutlich macht.

3.2.4   Maximale und wirtschaftliche Spannweite

Unter der maximalen Spannweite oder Grenzspannweite eines Balkens wird jene Spannweite verstanden, bei der er nur mehr sein eigenes Gewicht tragen kann. Jede Balkenform hat ihre charakteristische Grenzspannweite, die dazu noch vom Baustoff und vom Grad der Auflösung in ein Stabwerk abhängt. Sie dient zwar als Maß für die Kühnheit, ist aber analytisch nicht eindeutig bestimmbar.

Die optimale Spannweite hingegen kann entweder eine ökonomische sein, die nur einen Bruchteil der maximal möglichen beträgt, oder eine ästhetisch befriedigende, die näher an der maximalen liegt, was mit einer optimalen Materialausnutzung zu tun hat.

3.3   Zur Frage der Lagerung

Die Frage der Lagerung der Balken im Tragwerk stellt sich im Zuge der konstruktiven Bearbeitung eines Tragwerkes in zweifacher Weise: zunächst bei der Formulierung des Statischen Systems, wie und wieweit das in Aussicht genommene Tragwerk für dessen Berechnung und Bemessung idealisieren - Bild 3.38 zeigt unter anderem die für ebene Tragsysteme bei reibungsfreier Lagerung und starrer Einspannung verwendeten Symbole -, und hernach bei der baulichen Durchbildung des Statischen Systems zum Tragwerk, wie und wieweit die für die Berechnung gemachten Idealisierungen realisieren. Dabei hat man in Kenntnis der Kräfte und Verformungen zu fragen, wo und weshalb man ein Lager benötigt und was es zu leisten hat, um den gegebenen Bedingungen im Bauwerk zu genügen.

3.3.1   Lagerkräfte und Lagerbewegungen

Verbindet man zwei Bauteile miteinander starr, beispielsweise einen lastbringenden Balken mit dem ihn stützenden Bauteil, dann sind bei räumlicher Anordnung und Belastung in der Verbindung sechs Kraftgrößen (F_x, F_y, F_z, M_x, M_y, M_z) zu übertragen - bei ebenen Tragsystemen sind es deren drei (F_x, F_y, M_z). Ein Lager ist nun ein zwischen den beiden Bauteilen angeordnetes Konstruktionsglied, das die Übertragung einzelner Kraftgrößen weitgehend auszuschließen vermag, indem es in deren Wirkungsrichtungen Relativbewegungen zulässt. Das können Verschiebungen oder Verdrehungen sein, je nachdem, ob Übertragsungkräfte oder Übertragungsmomente auszuschließen sind. So überträgt beispielsweise ein allseits verschiebliches Punktkipplager lediglich eine Auflagerkraft normal zur Verschiebungsebene, während es um drei Achsen eine freie Verdrehbarkeit und in zwei in der Verschiebungsebene gelegenen Achsrichtungen eine freie Verschieblichkeit gewährleistet.

Zu Verschiebungen in der Lagerebene kommt es infolge Temperaturänderungen und Schwinden oder Quellen der Bauteile und zu Verschiebungen normal zur meist waagrechten Lagerebene infolge von Bauwerkssetzungen; zu Verdrehungen kommt es infolge der Verbiegung beziehungsweise Verwindung der Bauteile bei Belastung oder zwangsweise infolge von Bauwerksbewegungen.

Auch in einem gut funktionierenden, beweglichen Lager können die Kraftgrößen in Bewegungsrichtung nicht vollkommen ausgeschaltet werden, weil selbst der beste Bewegungsmechanismus nicht reibungsfrei funktioniert und deshalb der Bewegung Widerstand entgegensetzt. Deshalb sind im Lager immer sechs Kraftgrößen zu übertragen, nur dass man bei der Einstufung der Lager und deren Berechnung zwischen vorherrschenden Hauptkräften und -momenten und nachrangigen Nebengrößen unterscheidet, die aus den Bewegungswiderständen und aus den konstruktiv bedingten Lagerexzentrizitäten resultieren.

Alle Lager sind demnach Maschinenelemente, basierend auf einfachen Dreh- und Verschiebungsmechanismen (siehe Bild 3.40) beziehungsweise Festhaltemechanismen (siehe Bild 3.41), und als bewegliche Verschleißteile im Bauwerk artfremde Teile. Im Gegensatz zu den Tragwerksteilen haben sie eine kürzere Haltbarkeit, das heißt, es ist ihre Auswechselbarkeit sicherzustellen. Sie bedürfen ungleich größerer Sorgfalt beim Einbau und hernach bei der Wartung, und außerdem sind sie relativ teuer. Deshalb wird man Lager nur dort verwenden, wo sie unumgänglich notwendig sind.

Lager wird man anordnen:

- bei Balken mit weit aus dem Rahmen des übrigen Bauwerkes fallenden Größen- beziehungsweise Steifigkeitsverhältnissen, weil entweder größere Auflagerkräfte konzentriert in das Stützbauwerk einzuleiten sind oder ein andersartiges Verformungsverhalten zu erwarten ist, wie beispielsweise bei Balken aus anderen Materialien oder ungleich weiter gespannten Balken.

- bei der Überbrückung von Bauwerksfugen, um deren Funktionsfähigkeit nicht durch übergreifende Bauteile zu beeinträchtigen.

- am Zusammenschluss verschiedenartiger Tragwerke, und zwar was das Material oder die Bauart betrifft, um auf diese Weise Tragwerke mit unterschiedlichem Verformungsverhalten zu entkoppeln (Stahlkonstruktion - Betontragwerk, Holzbau - Betonbau, Stahlbeton- fertigteile - Ortbetontragwerk).

- an setzungsempfindlichen Stellen, um die Lage der Bauteile mit der Zeit korrigieren zu können.

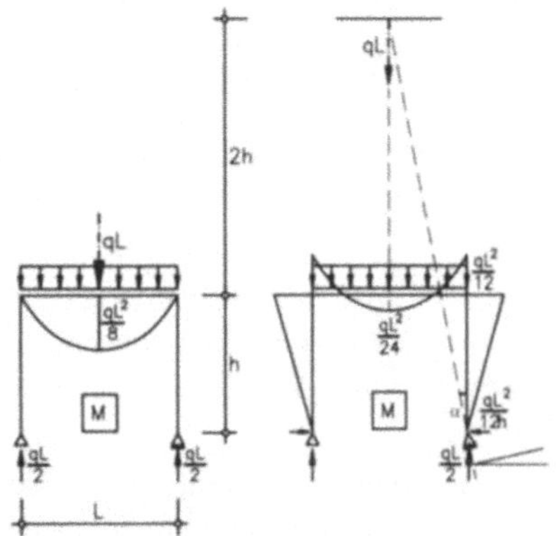

Bild 3.37 Beeinflussung des Stütz- und Schnittgrössenverlaufes in statisch bestimmt gelagerten Tragsystemen durch die Stellung (Neigung) des beweglichen Lagers

- um die Schnittgrößen, im Tragwerk auf bestimmte Weise zu beeinflussen; Bild 3.37 zeigt diese Möglichkeit am Beispiel eines zweistieligen, statisch bestimmt gelagerten Rahmens, der allein infolge Schiefstellung eines Lagers wie ein beidseits eingespannter und daher wie ein dreifach statisch unbestimmt gelagerter Rahmen wirkt

- um dynamisch belastete Balken gegenüber dem übrigen Tragwerk durch dämpfend wirkende Lager (Elastomerelager, Stahlfedern) zu isolieren.

- wo im Bauablauf Bauteile zu bewegen sind und erst nach gewisser Zeit fixiert werden können.

Bild 3.38 zeigt einige Möglichkeiten der Lagerung von Balken und zwar gereiht nach zunehmender Beweglichkeit, beziehungsweise, was die Einspannung betrifft, nach zunehmender Unnachgiebigkeit. Außerdem kann diesem Bild auch die zweckmäßige Kombination von Bewegungslagern mit artgleichen Festlagern entnommen werden, die entsprechend tieferstehend zugeordnet dargestellt sind.

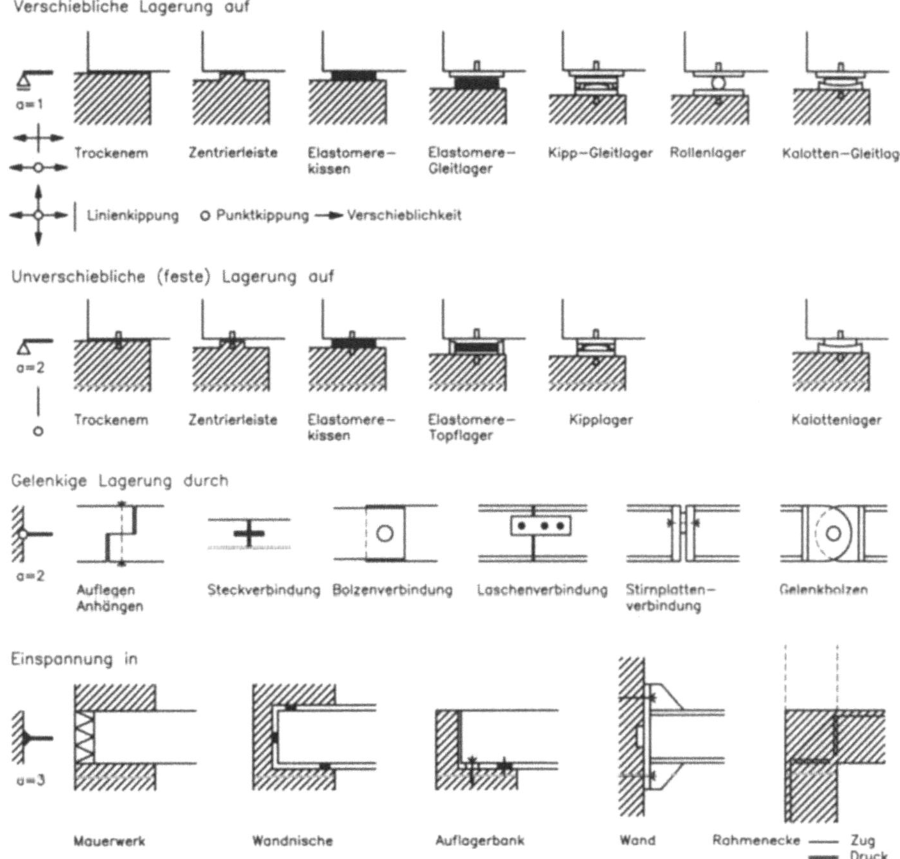

Bild 3.38 Lagerungsmöglichkeiten für einachsig beanspruchte Biegestäbe, gereiht nach zunehmendem konstruktivem Aufwand

Werden Lager im eigentlichen Sinne verwendet, soll die Lagerung möglichst zwängungsfrei sein. Eine solche Lagerung, beispielsweise die eines statisch bestimmt gelagerten Brückenbalkens, zeigt Bild 3.39. Sie besteht aus einem unverschieblichen Lager, jeweils gegenüber diesem aus einem in Längsrichtung und einem in Querrichtung einseitig verschieblichen Lager und diametral gegenüber aus einem allseits verschieblichen Lager. Eine solche Lagerung kann alle am Balken angreifenden Kräfte in seine Widerlager übertragen und ermöglicht außerdem seine freie Ausdehnung. Bei den Stahllagern sind die Möglichkeiten der Lastübertragung und die Bewegungsmöglichkeiten konstruktiv getrennt und klar definiert, was auch die gewählte Symbolik zum Ausdruck bringt. Elastomere-Kissen hingegen können sowohl Horizontal- und Vertikalkräfte übertragen und gleichzeitig in begrenztem Maße Bewegungen nach allen Richtungen nachgeben (Bild 3.39 b). Bei in der Grundrissebene gekrümmten Balken empfiehlt sich im Allgemeinen eine Polstrahlenlagerung (Bild 3.39 c).

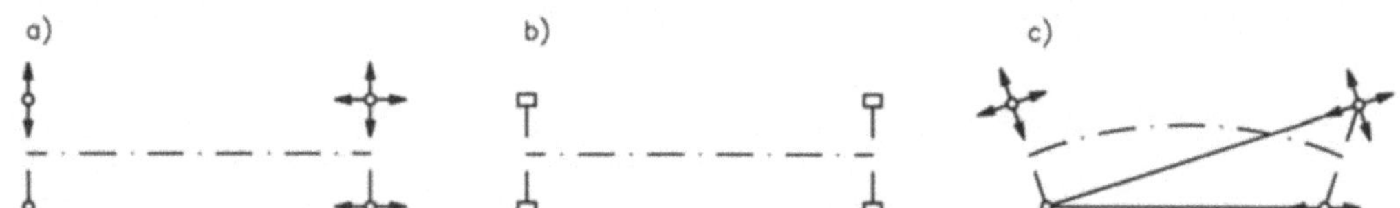

Bild 3.39 Zwängungsfreie Lagerung: a) bei geraden Balken mit Stahllagern, b) bei geraden Balken mit Elastomerelagern, c) bei gekrümmten Balken mit Stahllagern (Polstrahlenlagerung)

Von einer Einspannung sind bei räumlicher Einspannung sechs Verbindungskräfte und bei ebener deren drei aufzunehmen. Einige konstruktive Möglichkeiten der Einspannung einachsig beanspruchter Biegestäbe zeigt Bild 3.38, aus dem unter anderem hervorgeht, dass eine Einspannung mit Hilfe eines Druckkörpers (-lagers), eines Zugankers und eines Schubdübels ebenso realisiert werden kann wie durch die monolithische Verbindung von Biegestäben im Rahmeneck.

3.3.2 Bewegungs- und Festhaltemechanismen

Jede Bewegung setzt sich aus einer Verdrehung und einer Verschiebung zusammen. Die Verdrehung kann durch die Verdrehungen um drei Achsen und die Verschiebung durch die Verschiebungen nach diesen Achsrichtungen beschrieben und auch konstruktiv bewerkstelligt werden. Alle Bewegungen behindern heißt einspannen, alle zulassen heißt ein freies Stabende belassen.

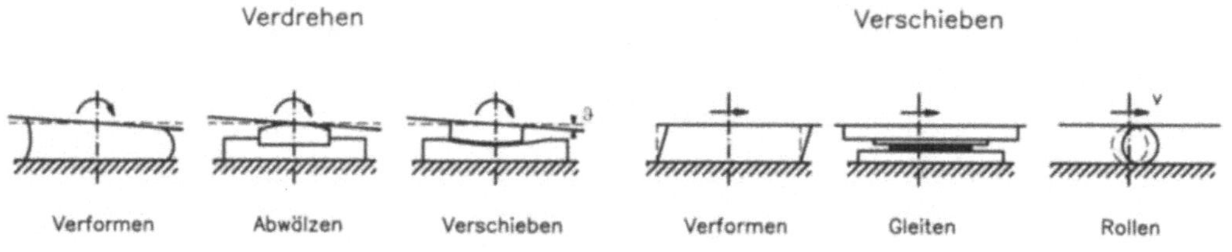

Bild 3.40 Bewegungsmechanismen in Lagern für Tragwerke

Eine Verdrehung des zu stützenden Bauteiles gegenüber dem stützenden Bauteil kann, wie Bild 3.40 schematisch zeigt, durch Verformen eines dazwischen geschobenen Mediums, durch Abwälzen zweier konvexer Flächen oder durch Verschieben einer konvexen Fläche in einer konkaven erreicht werden. Auf dem Prinzip des Verformens beruhen alle Elastomerelager, die unbewehrt oder durch einvulkanisierte Stahlplatten verstärkt sein können. Auf dem Prinzip des Abwälzens beruhen alle Kipplager, die zylindrisch als einseitige Kipplager und kugelig als allseitige Kipplager funktionieren. Auf dem Prinzip des Verschiebens funktionieren alle Kalottenlager. Kipplager und Kalottenlager sind Stahllager.

Eine Verschiebung des zu stützenden Bauteiles gegenüber dem stützenden Bauteil kann, wie Bild 3.40 ebenfalls schematisch zeigt, durch Verformen des dazwischen geschobenen Mediums (Elastomerelager), durch Gleiten eines polierten Stahlbleches auf einer Teflonschichte (Stahl-Gleitlager) oder durch Abrollen auf Rollen oder Kugeln (Rollen-) beziehungsweise Kugellager) ermöglicht werden.

Lagerkonstruktionen können zwar Verdrehungen um drei Achsen, das heißt im Raum, ermöglichen (Punkt-Kipplager), aber Verschiebungen nur in der Lagerebene. Verschiebungen normal zur Lagerebene, wie sie etwa durch Bauwerkssetzungen bedingt werden, können im Allgemeinen nur durch Nachstellen, wie beispielsweise durch Anheben mit Pressen und Einschieben oder Herausnehmen von Futterblechen oder durch Korrigieren mittels Stellschrauben bewerkstelligt werden. Gegebenenfalls normal zur Lagerebene wirkende, abhebende Kräfte müssen über feste oder verschiebliche Klauen in den Stützkörper übertragen werden.

Alle Lager ermöglichen, dass sich der lastbringende Bauteil auf seiner Unterstützung verdrehen kann, doch was ihre Verschieblichkeit betrifft unterscheidet man zwischen verschieblichen (Bewegungslager) und unverschieblichen (festen) Lagern. Wie Bild 3.38 schematisch und die Bilder 3.42 und 3.43 im Detail zeigen, kann jedes Bewegungslager durch verschiedenartige Anschläge (siehe Bild 3.41) zu einem gerichteten Bewegungslager oder zu einem festen Lager gemacht werden. Umgekehrt kann jedes Festlager durch Aufsatteln oder Unterschieben eines Gleitteiles zum Bewegungslager gemacht werden (siehe Bilder 3.42 und 3.43).

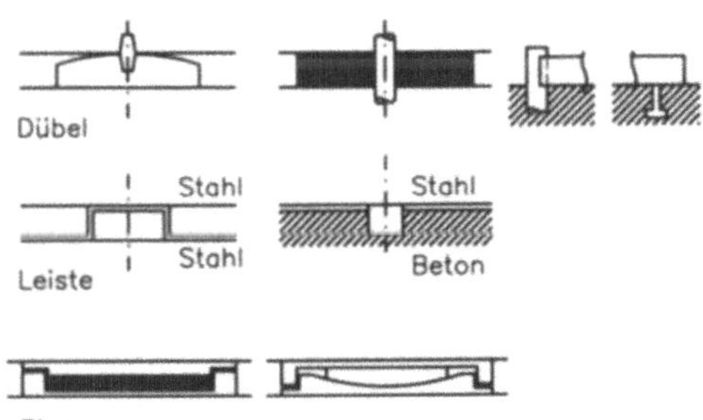

Bild 3.41 Festhaltemechanismen bzw. -mittel bei Lagern für Tragwerke

Hochwertige Lager funktionieren nur bei plangerechtem, das heißt exaktem Einbau. Einbaumängel führen zu Zwängen und zur Zerstörung der Lager und mitunter auch zur Beschädigung des Tragwerkes (vgl. Bild 3.37). So kann es bei einer Schiefstellung von in Bild 3.42 a) gezeigten Topflagern zum Herausquillen des Gummis oder bei einer Schiefstellung von in Bild 3.43 c) gezeigten Rollenlagern zum Verkanten der Rollen und zu deren Torsionsbruch kommen.

3.3.3   Lagerarten

Bewegungslager

Bewegungslager sind verschiebliche Lager. Die verschiedenen Verschiebungsmechanismen zeigt Bild 3.40 und deren bauliche Umsetzung bei den Elastomerelagern Bild 3.42 und bei den Stahllagern Bild 3.43.

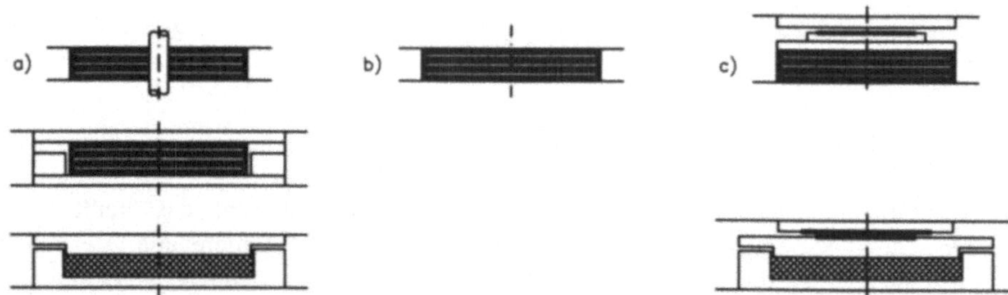

Bild 3.42 Elastomerelager: a) als festes Lager, b) als horizontal verformbares und horizontale Lasten übertragendes Lager, c) als horizontal verschiebliches und keine horizontalen Lasten übertragendes Lager

Für die Abschätzung der Verschiebungswege ausgehend vom Festpunkt des zu stützenden Teiles kann von folgenden Längenänderungen ausgegangen werden:

Temperatur $\pm\,0,5$ mm/m

Schwinden und Kriechen des Betons $-\,0,3$ mm/m

Gesamtverkürzung durch Vorspannen von Beton $-\,0,6$ mm/m.

Und mit der Kenntnis der Verschiebungswege kann entschieden werden, ob kein Lager oder ein Lager und im weiteren ob ein Verformungslager entsprechend 3.42 b) oder ein echtes Bewegungslager entsprechend 3.42 c) beziehungsweise 3.43 b) und c) verwendet werden soll.

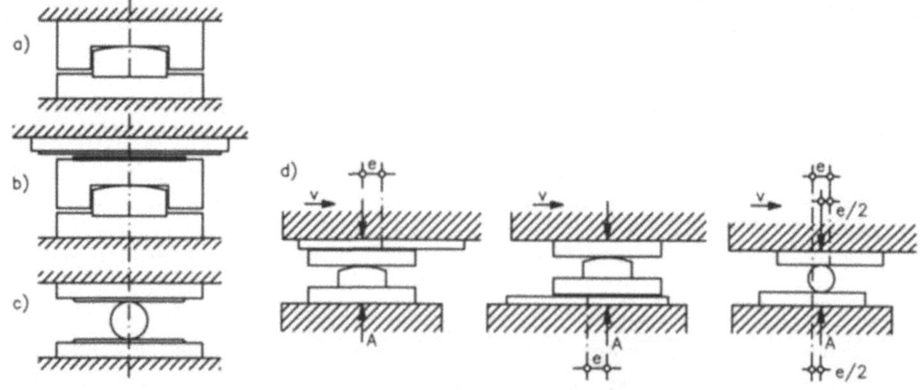

Bild 3.43 Stahllager: a) festes Kipplager, b) Kipp-Gleitlager, c) Rollenlager, d) unterschiedliche Lastexzentrizitäten e bezüglich des zu stützenden bzw. stützenden Teiles bei einer Lagerverschiebung v je nach Lage der Gleit- bzw. Rollenbahn

Elastomerelager sind Verformungslager und unterscheiden sich als solche von den Stahllagern, indem sie abhängig von ihrer Dicke verformbar und gleichzeitig lastübertragend sein können - steifigkeitstheoretisch sind sie lediglich eine hochverformbare Schichte zwischen den zu verbindenden Bauteilen. Für größere Verschiebungswege können sie wie die Stahlkipplager durch einen Gleitteil zu einem Verformungsgleitlager ergänzt werden.

Bild 3.43 zeigt, dass durch die Lastexzentrizität infolge Verschiebung des Gleitlagers je nach Lage der Gleitbahn entweder der zu stützende Bauteil oder der stützende Bauteil zusätzlich beansprucht und dass bei Rollenlagern zwar beide, aber jeweils nur halbsoviel zusätzlich belastet werden.

Als Stahl-Bewegungslager werden - in Kombination mit Stahl-Kipplagern als feste Lager - häufig Rollenlager verwendet, nur bei in der Lagerebene gekrümmten Balken ist von ihrer Verwendung wegen der Gefahr des Verkantens und in der Folge eines Torsionsbruches abzuraten.

Kopf- und Fußplatten der Lager sind mit dem zu stützenden Bauteil und mit dem Auflager (Widerlager) so zu verbinden, dass alle Lagerkräfte (Haupt- wie Nebenkräfte) einwandfrei übertragen werden können. Die Verbindung mit einer Stahlkonstruktion erfolgt durch Schrauben, die Verbindung mit einem Betonbauwerk mit Dübeln, Dollen oder Leisten (siehe Bild 3.41). Durch Leisten kann auch ein allseits verschiebliches Lager auf seine Längsverschieblichkeit beschränkt werden.

Feste Lager

Festlager sind unverschiebliche aber, im Gegensatz zur Einspannung, frei drehbare Lager. Sie haben also alle in der Lagerebene und normal zu ihr wirkenden Kräfte zu übertragen. Die Festhaltung geschieht durch Anschlagen und die sich dafür bietenden konstruktiven Möglichkeiten zeigt Bild 3.41.

Verformungslager sind wegen ihrer Nachgiebigkeit, obgleich sie auch Kräfte in der Lagerebene übertragen können, keine Festlager im eigentlichen Sinn, sondern müssen durch geeignete Anschläge zu solchen erst gemacht werden. Bild 3.42 zeigt drei Möglichkeiten, von denen das unter a) unten gezeigte Topflager heute am meisten verwendet wird.

Gelenke

Gelenke in Biegestäben gewährleisten deren freie Verdrehbarkeit, im Allgemeinen um die auf die Lastebene normal stehende Achse und übertragen zwei Kraftkomponenten (N,Q) und sind demnach festen Lagern gleichwertig. Einige Beispiele von Gelenken zeigt Bild 3.38, wobei die beiden am Anfang der Reihe gezeigten Ausführungen nur Querkräfte (Q) übertragen können, weshalb man auch von Querkraftgelenken spricht. Bei den übrigen Ausführungen erfolgt die Kraftübertragung nach beliebigen Richtungen normal zur Bolzenachse, mit einem Gelenkbolzen (vgl. auch Abschnitt 2.4.1).

3.4 Zur Frage der Stöße

Die Frage der Stöße stellt sich vorwiegend im Stahlbau. Ihr wird von dort ausgehend allgemein nachgegangen, um so auch für andere Konstruktionen Lösungsansätze zu geben.

3.4.1   Erfordernisse der Kraftübertragung

Ein Trägerstoß ist so zu konzipieren, dass von ihm alle an der Stoßstelle möglichen oder fallweise auftretenden Schnittgrößen übertragen werden können. Wie Bild 3.44 zeigt, sind dies bei einachsiger Biegung die Schnittgrößen N, Q und M und bei zweiachsiger Biegung die Schnittgrößen N, Q_y, M_z, Q_z und M_y.

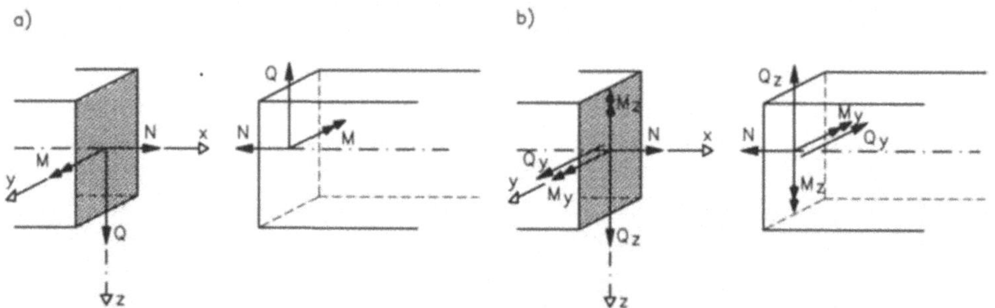

Bild 3.44 Übertragungskräfte in Stößen: a) bei einachsiger (gerader) Biegung mit Normalkraft,
b) bei zweiachsiger (schiefer) Biegung mit Normalkraft

Der Stoß kann entweder für die an der Stoßstelle vorhandene Schnittbelastung oder für die dort in den zu stoßenden Teilen aufnehmbare Schnittbelastung dimensioniert werden. Man unterscheidet demnach zwischen einem Stoß nach Schnittgrößen und einem Stoß nach Querschnittsflächen. Beim Stoß nach Querschnittsflächen ist die Stoßstelle keine Schwachstelle des Stabes. Erfolgt aber der Stoß an einer Stelle, an der die Schnittgrößen an sich klein sind, wie beispielsweise in der Nähe des Momentennullpunktes, wird man nach Schnittgrößen stoßen, weil damit die Möglichkeit gegeben ist, den Stoß unauffälliger zu gestalten. Der Balken wird so zwar örtlich geschwächt, seine Stabsteifigkeit aber nicht nennenswert beeinträchtigt.

Zur Momentenebene, beziehungsweise bei zweiachsiger Biegung zu den Momentenebenen, symmetrische Querschnitte sind entsprechend symmetrisch zu stoßen, wobei der Stoß alle Teile des Querschnitts zu umfassen hat, soll er nicht eine merkliche Schwächung des Biegestabes verursachen oder gar seine Stabsteifigkeit auf Grund der großen Nachgiebigkeit im Stoß beeinträchtigen. Alle unsymmetrischen Stoßkonstruktionen, wie beispielsweise die in Bild 3.50 gezeigten, verursachen nämlich im Stoß Torsion, die auch die gestoßenen Stabteile erfasst. Sie sollen deshalb nur in Ausnahmefällen verwendet werden.

3.4.2   Stoßausbildung und Kraftübertragung

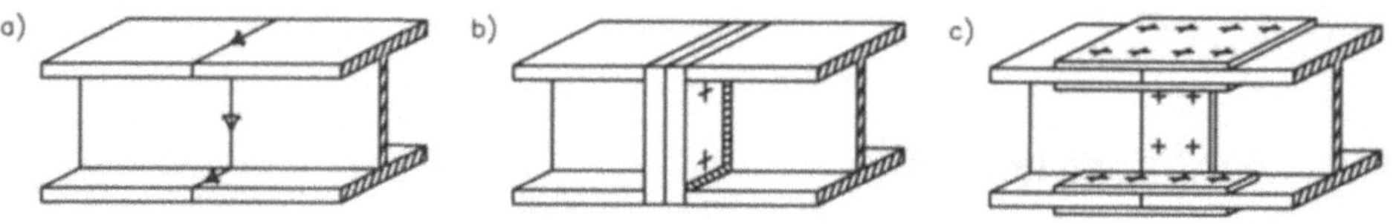

Bild 3.45 Mögliche Stoßkonstruktionen des Stahlbaus: a) Stumpfstoß, b) Stirn- oder
Kopfplattenstoß, c) Laschenstoß

Hinsichtlich der Stoßausbildung wird im Allgemeinen zwischen dem Stumpfstoß, dem Stirn- oder Kopfplattenstoß und dem Laschenstoß unterschieden. Sie entsprechen den vorher genannten Bedingungen. Bild 3.45 zeigt diesbezüglich entsprechende Beispiele aus dem Stahlbau.

Der Stumpfstoß

Für den Stumpfstoß ist charakteristisch, dass er an sich ohne Stoßmittel auskommt und dass durch ihn der im Balken herrschende Spannungszustand nicht oder nicht nennenswert gestört wird. Die zu stoßenden Trägerabschnitte werden entweder stoffschlüssig verbunden, sei es durch Schweißen oder Kleben, oder sie werden mit Hilfe durchgehender Spannelemente zusammengespannt.

Im Stahlbau werden die Trägerabschnitte stumpf verschweißt. Dabei hängt die Ausformung der Stumpfnaht von der Dicke der zu verschweißenden Bleche ab. Beispiele möglicher Stumpfnahtformen zeigt Bild 1.22. Der Spannungsnachweis für einen solchen Stoß kann entfallen, weil der Spannungsverlauf im Träger durch den Stoß nicht gestört wird und die zulässigen Spannungen der Schweißnaht denen des Stahlträgers gleich sind. Der Stumpfstoß wird in der Werkstätte ausgeführt, kann aber unter bestimmten, die Arbeitsbedingungen betreffenden Vorkehrungen auch auf der Baustelle gemacht werden.

Im Holzbau werden Balkenabschnitte oder Rahmenteile gelegentlich im Keilzinkenstoß verleimt (vgl. Bild 1.31), was sowohl im Werk wie auch auf der Baustelle geschehen kann. Der Spannungsnachweis für diesen Stoß wird mit im Verhältnis zum ungestoßenen Balken geringfügig reduzierten Querschnittswerten geführt, um der Querschnittsschwächung im Grund der Zinkung Rechnung zu tragen.

Stahlbetonfertigteile, aber auch andere Bauteile, können stumpf mit Hilfe von Spanngliedern zusammengespannt werden. Um hinsichtlich der Schubübertragung sich dabei nicht auf die Reibung verlassen zu müssen, werden die Stoßflächen häufig zusätzlich geklebt oder verzahnt. Auch bei dieser Ausführung unterscheiden sich die Spannungsverhältnisse im Stoß nicht von jenen im Bauteil.

Der Stirnplattenstoß

Beim Stirn- oder Kopfplattenstoß, beziehungsweise im Rohrbau beim Flanschstoß, werden, wie Bild 3.46 zeigt, die zu verbindenden Teile mit Stirnplatten gestoßen und mit Schrauben zusammengespannt. Was dabei den im Bauteil herrschenden Spannungsverlauf betrifft, so wird durch einen solchen Stoß der Verlauf der Zugspannungen gestört. Die Berechnung des Stoßes richtet sich daher vorwiegend auf die Übertragung der Zugkraft.

Konstruktiv sind zwei Zusammenschlüsse zu bewerkstelligen. Zum einen sind die Stirnplatten mit den Teilen und zum anderen die Teile mit Hilfe der Stirnplatten zu verbinden. Die Stirnplatten sind, abgesehen beim Stoß von Aluminiumteilen, Stahlplatten. Ihre Verbindung mit dem Bauteil erfolgt bei Stahlträgern durch Kehl- oder Stumpfnähte und bei Stahlbetonbalken durch an den Stirnplatten angeschweißte Ankerstäbe und Kopfbolzendübel, wobei auf die hinreichende Übergreifung der Zugbewehrung mit den Ankerstäben und auf eine gute Verbügelung in diesem Bereich zu achten ist. Der Stoß der Bauteile erfolgt durch die Verbindung der Stirnplatten mit Schrauben. Dabei sind die Schrauben zumindest im Zugbereich vorzuspannen, damit die Stoßfuge bei Zugbelastung nicht klafft und die Schrauben im folgenden keine zu große Schwellbelastung erfahren. Unter Schwellbelastung versteht man die Lastwechsel von Kleinst-

und Höchstwert und deren Häufigkeit. Sie verursacht die Ermüdung der Schrauben und deren vorzeitiges Versagen (vgl. Bild 3.47 → $\Delta F_{Schraube}$).

Die Kraftübertragung im Stoß zeigen schematisch die Axonometrien im Bild 3.46. Die Druckkräfte werden unmittelbar durch den Kontakt der Stoßflächen geleitet. Die Zugkräfte werden durch die im Bereich der vorgespannten Zugschrauben gepreßten Stoßflächen übertragen, wobei die Kraftumleitung zu den Stellen der Schrauben in der Stirnplatte erfolgt, die dabei auf Biegung beansprucht wird. Die Schubkraft wird durch Reibung in den vorgespannten Stoßflächen übertragen oder, sollte die Vorspannung infolge einer im Balken neben dem Moment M wirkenden Zugkraft +N reduziert werden, auch durch die Scherflächen der Schrauben, wobei anzumerken ist, dass M alleine nur eine andere Verteilung der Vorspannung in der Stoßfläche aber nicht deren Reduktion bewirkt.

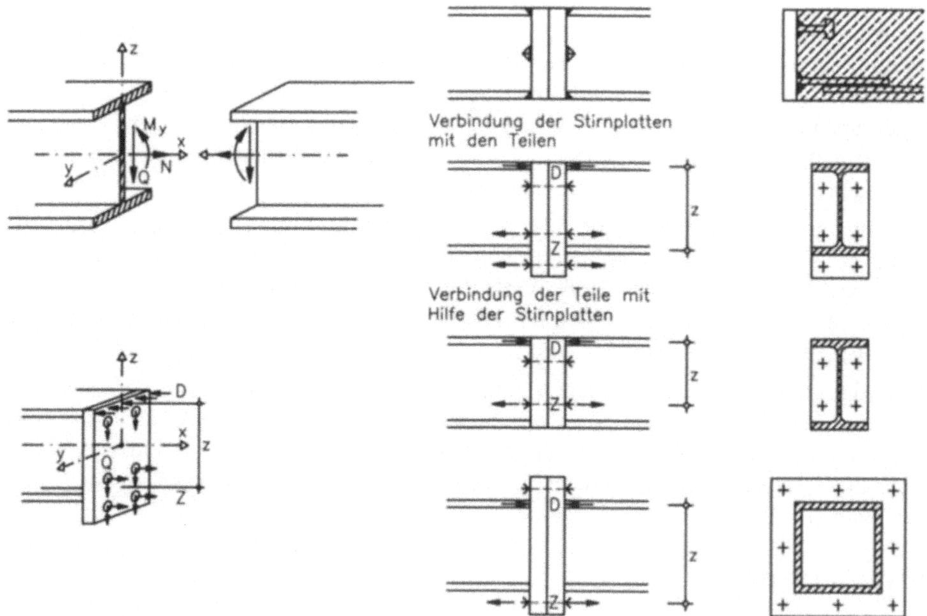

Bild 3.46 Ausführungsmöglichkeiten von Stirnplatten- und Flanschstößen bei einachsiger Biegung

Bild 3.47 zeigt die in einer Klemmverbindung vor und bei Belastung gegebenen Gleichgewichtszustände. Wie daraus hervorgeht, werden die Spannschrauben bei Belastung nur wenig über die ursprüngliche Vorspannkraft F_v hinaus auf Zug belastet, so dass für die Bemessung der Zugschraube von der 0,7-fachen maximalen Vorspannkraft ausgegangen werden kann.

$$\text{vorh } Z_s = \frac{N}{n_{ges}} + \frac{M}{z.n_z} \leq F_{zul} = 0,7.F_v \tag{3.9}$$

Z_s......In der Schraube wirkende Zugkraft, ermittelt mit Gleichgewichtsüberlegungen nach Bild 3.46
N,M ..Schnittgrößen an der Stoßstelle
n_{ges} ...Gesamtzahl der Schrauben
n_z......Anzahl der zur Aufnahme des Biegezuges vorgesehenen Schrauben
F_v......Vorgegebene Vorspannkraft für die gewählte Schraube

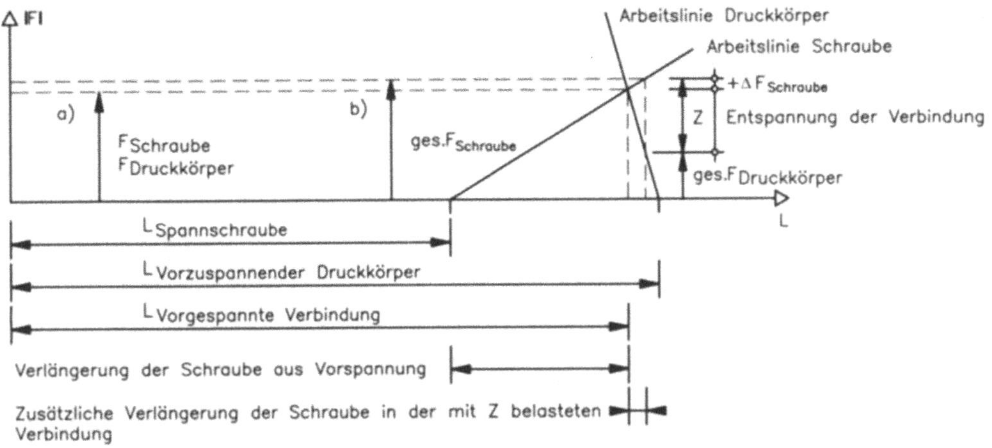

Bild 3.47 Schematische Darstellung der Gleichgewichtszustände in einer Klemmverbindung: a) in der vorgespannten, unbelasteten Verbindung, b) in der vorgespannten und anschließend mit einer Zugkraft Z belasteten Verbindung

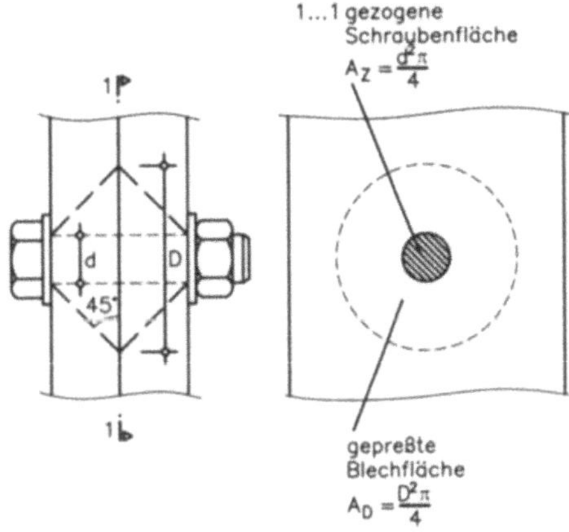

Bild 3.48 Vorgespannte Schraubenverbindung: Unterschied zwischen gezogener Schraubenfläche und gepresster Blechfläche als Ursache der verschieden geneigten Arbeitslinien in Bild 3.47

Wegen der ungleichen Steigung der Arbeitslinien von gezogener Schraube und gedrückten Stirnplatten wird nämlich bei Zugbelastung der Verbindung mehr die Stoßfuge entlastet als die Schraube zusätzlich belastet. Das deshalb, weil die beanspruchten Flächen beider Elemente verschieden groß sind (vgl. Bild 3.48). Vorausgesetzt wird dabei allerdings, dass die Zugkraft Z nicht an den Schrauben sondern an der Stirnplatte angreift, was der Fall ist, weil Z über das Profil an der Stirnplatte angreift und erst in dieser an die Stellen der Zugschrauben umgeleitet wird. Dabei werden die Stirnplatten auf Biegung beansprucht und müssen daher entsprechend dick sein, im Allgemeinen zwischen 30 und 60 mm.

Sie müssen aber auch deshalb so dick sein, weil die Arbeitslinie der gepressten Stirnplatten steil geneigt sein soll, was aber große Anpressflächen und, wenn man von einem Lastausbreitungswinkel von 45° ausgeht, entsprechend dicke Kopfplatten erfordert (vgl. Bild 3.48).

Der Laschenstoß

Beim Laschenstoß, wie ihn Bild 3.45 als möglichen Stoß eines Stahlträgers zeigt, werden die zu verbindenden Trägerabschnitte mit Hilfe von Laschen verstiftet beziehungsweise verschraubt, wobei die Verschraubung handfest angezogen (Scher-Lochleibungs-Verbindung) oder vorgespannt (Gleitfest vorgespannte Verbindung) sein kann (siehe Abschnitt 1.4). Der Kraftfluß im Träger wird bei diesem Stoß vollkommen unterbrochen und geht von einem Teil über die Verbindungsmittel in die Laschen und von den Laschen über die Verbindungsmittel wieder in den anderen Teil. Dem Kraftfluß folgend erfolgt auch die Berechnung der Stoßmittel; das sind die Laschen und Verbindungsmittel.

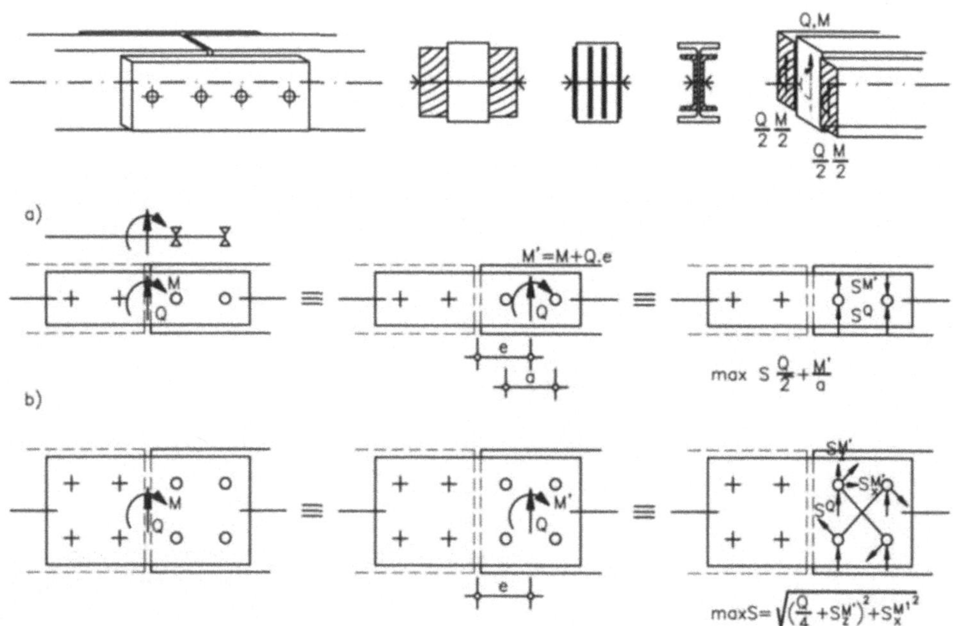

Bild 3.49 Laschenstoß mit seitlichen Laschen: Ausführungsmöglichkeiten und Kraftübertragung: a) beim 2-Bolzenstoß, b) beim 4- und Mehrbolzenstoß

Bild 3.49 zeigt zunächst die einfachsten Ausführungen eines Laschenstoßes und zwar die mit seitlichen Laschen. Die Stoßfuge ist beim Laschenstoß grundsätzlich frei von Kräften, und die Übertragungskräfte wirken bei dieser Ausführung an der Stelle des Stoßes zur Gänze in den seitlichen Laschen, die für diese Kräfte entsprechend Bild 3.49 an den zu stoßenden Trägerabschnitten anzuschließen sind.

Entsprechend der in Bild 3.49 gezeigten Reduktion der Übertragungskräfte von der Stoßstelle hin zum Schwerpunkt der Verbinder, ist die Belastung des ungünstigst beanspruchten Verbinders (Nagel, Schraube, Dübel) zu berechnen und das Verbindungsmittel dafür nachzuweisen. Das Verbindungsmittel wird, wenn es sich um eine Scher-Lochleibungs-Verbindung handelt, auf Abscheren und der Bauteil (Träger wie Lasche) sowie das Verbindungsmittel auf Lochleibung beansprucht. Die entsprechenden Nachweise sind nach Abschnitt 1.4 zu führen.

Beim Laschenstoß eines Trägers mit I-Querschnitt kann entsprechend Bild 3.50 davon ausgegangen werden, dass der Biegezug und der Biegedruck vorwiegend von den Gurten und der Schub vom Steg aufgenommen werden und dass die Laschen dieser Teile sowie die zugehörigen Verbinder entsprechend Bild 3.50 für diese Kräfte zu berechnen sind.

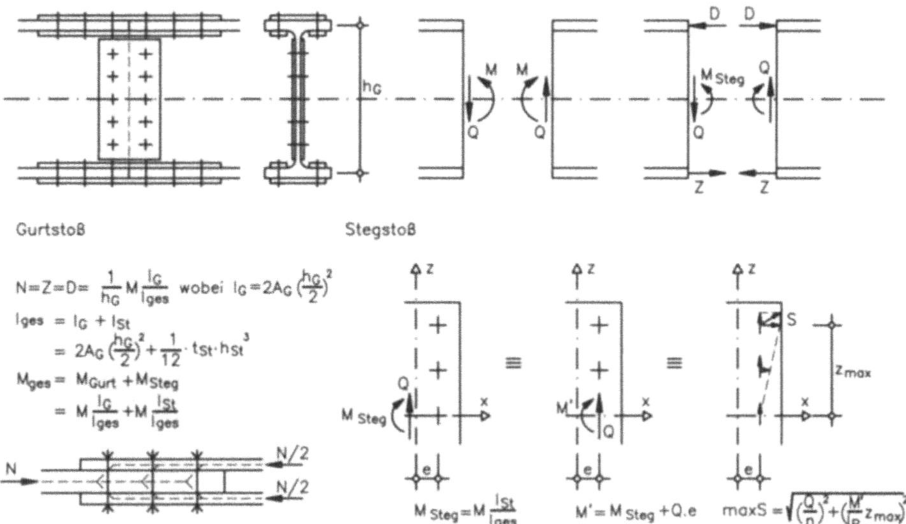

Bild 3.50 Laschenstoß eines I-Querschnitts mit Gurt- und Steglaschen. Ausführung und Kraftüberleitung

Der Laschenstoß des Zuggurtes ist wie der Laschenstoß eines Zugstabes und der Laschenstoß des Druckgurtes wie der gleichartige Laschenstoß eines Druckstabes (siehe Abschnitt 1.4.2) zu behandeln, lediglich die Steglaschen sind für die Querkraft und das dem Steg zukommende Moment M_{Steg} nach Bild 3.50 zu bemessen und anzuschließen.

Bild 3.51 Nur ausnahmsweise zu verwendende Stoßkonstruktionen

Bild 3.51 zeigt einige Beispiele von nur ausnahmsweise zu verwendenden Stoßkonstruktionen, wie etwa den Überlappungsstoß und einseitige Laschenstöße, die, weil in ihnen bei der Kraftübertragung Torsion entsteht, die auch den Träger erfasst, vermieden werden sollen.

Die Kopplungen

Für den Stoß von Biegeträgern sind auch Kopplungen denk- und ausführbar, bei denen etwa die Zug- und Schubkräfte über hakenförmige Verzahnungen und die Druckkräfte durch den Kontakt der Stoßflächen übertragen werden. Sie dienen vor allem für temporäre Verbindungen und können in verschiedenster Weise ausgeformt werden.

3.5 Träger aus Stahl

3.5.1 Trägerformen

Vollwandträger

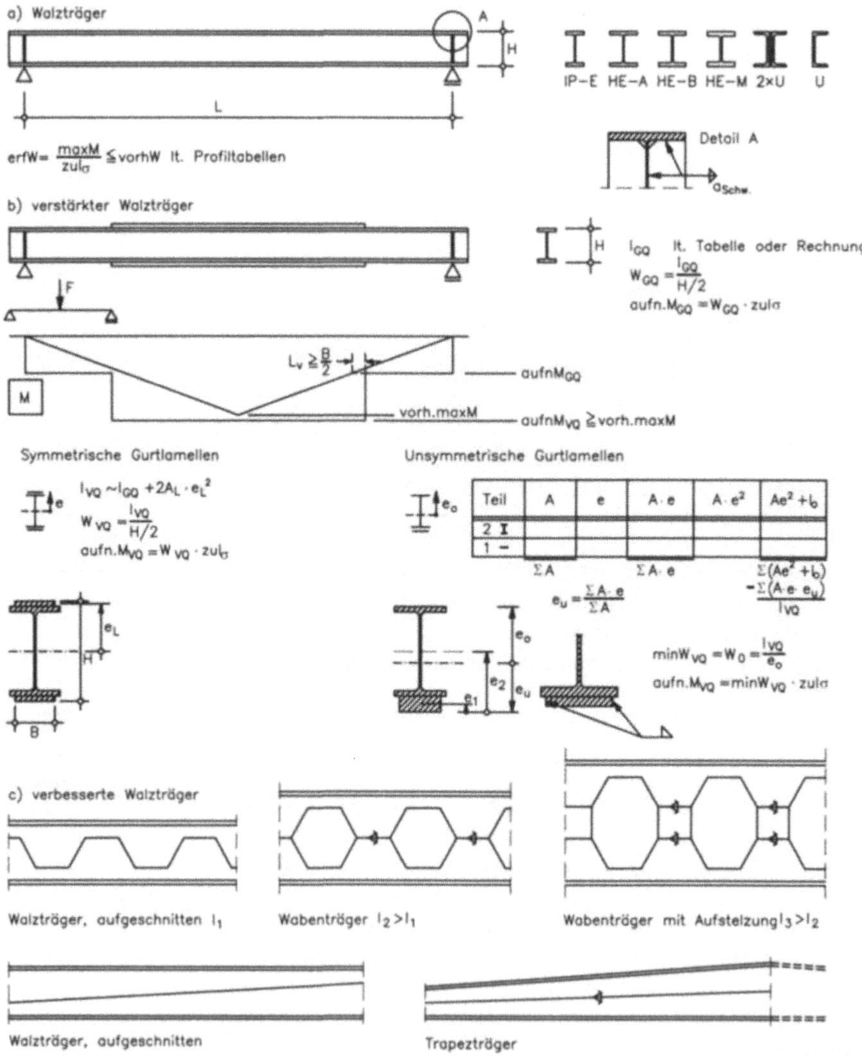

Bild 3.52 Walzträger: a) Walzträger mit eingeschweißten Auflagersteifen, b) Erhöhung ihrer Tragfähigkeit durch aufgeschweißte Lamellen, c) Erhöhung ihrer Tragfähigkeit durch Aufschneiden und geeignetes Zusammenschweißen

Der typische Stahlträger ist der warmgewalzte I-Träger, der aus mehreren genormten Profilreihen gewählt werden kann. Bild 3.52-a zeigt die gängigsten Profilreihen. Die wirtschaftlichsten Träger sind die **Mittelbreiten Träger** der IPE-Reihe mit Profilen von 80 bis 600 mm Höhe. Die stärkeren **Breiten Träger** der HE-A-, HE-B- und HE-M-Reihe werden als 100 bis 1000 mm hohe Profile gewalzt. Ab einer Nennhöhe von 300 mm beträgt die Profilbreite der Breiten Träger bei allen drei Profilreihen gleich 300 mm. Für Randträger von Decken- und Dachtragwerken werden auch U-Träger verwendet. Die Querschnittswerte dieser Trägerprofile können Profiltabellen entnommen werden.

Mit diesen Trägern können die im Hochbau vorkommenden Spannweiten abgedeckt werden. Deren Stege müssen lediglich an den Stellen konzentrierter Lasteinleitung, wie etwa über den Auflagern, durch eingeschweißte Bleche ausgesteift werden. Die Steifenbleche sind in den Profilkehlen auszuschneiden, weil dort wegen der Gefahr von Kerbspannungen nicht geschweißt werden soll (siehe Bild 3.52 a).

Eine Verstärkung der Walzträger an Stellen größerer Biegemomente ist, wie in Bild 3.52 b gezeigt, durch zusätzliche Gurtlamellen möglich, die bei geschweißter Ausführung mit dem Träger durch Kehlnähte schubfest zu verbinden sind. Soweit es die baulichen Gegebenheiten zulassen, ist das symmetrische I-Profil auch symmetrisch zu verstärken. Einseitig angebrachte Lamellen, weil beispielsweise eine Obergurtverstärkung den Decken- oder Dachaufbau stören würde, sind nur wenig ergiebig. Diese bringen nämlich nur eine, auf Grund der exzentrischen Schwerpunktslage im verstärkten Profil, geringe Tragfähigkeitssteigerung. Die Ermittlung der Querschnittswerte des symmetrisch und des unsymmetrisch verstärkten Trägerquerschnittes zeigt Bild 3.52 b.

Die notwendige Länge der Verstärkungslamellen folgt dann aus der Deckung der Momentenlinie des Trägers mit dem aufnehmbaren Moment des Grundquerschnittes GQ $_-$ $M_{GQ,aufn} = W_{GQ} \cdot \sigma_{zul}$ und den aufnehmbaren Momenten der verstärkten Querschnitte VQ $_-$ $M_{VQ,aufn} = W_{VQ} \cdot \sigma_{zul}$. Die Gurtlamellen sind um halbe Lamellenbreite vorzubinden, weil die Gurtlamelle erst an der Stelle voll wirksam wird, an der sie ihrem Querschnitt entsprechend voll angeschlossen ist.

Die Tragfähigkeit eines Walzträgers kann ohne Materialmehraufwand gesteigert werden, indem man ihn, wie in Bild 3.52 c gezeigt, in geeigneter Weise aufschneidet und die beiden so erhaltenen Teile entweder versetzt oder gestürzt wieder zusammenschweißt. Dabei entsteht der Wabenträger, dessen Tragfähigkeit durch eingeschweißte Blechstreifen zusätzlich verbessert werden kann, oder ein Trapezträger. Ein solcher kann als Kragträger oder als Dachträger wirtschaftlich verwendet werden. Der Wabenträger wird wegen des großen Arbeitsaufwandes kaum mehr verwendet.

Vollwandträger lassen sich in beliebiger Form auch aus Blechen zusammenschweißen. Geschweißte Blechträger mit Hinweisen für ihre konstruktive Gestaltung zeigt Bild 3.53. Stegbleche höher als 1500 mm sind durch Längs- und Quersteifen gegen Ausbeulen zu halten. Flachblechsteifen sind dabei weniger wirksam als Hohlsteifen. Die Hohlsteifen setzen nämlich dem Ausbeulen des Steges nicht nur einen Biege- sondern auch einen Verdrehungswiderstand entgegen. Bild 3.53 zeigt einige Steifenprofile und zwar von oben nach unten mit steigender Wirksamkeit gereiht.

Der Trägerquerschnitt soll so gestaltet werden, dass er tunlichst mit Kehlnähten geschweißt werden kann und versenkte Nähte, die eine teure Nahtvorbereitung erfordern, vermieden werden (vgl. Bild 3.53 - Hohlquerschnitt mit scharfkantigem Umriss oder mit überstehenden Blechen).

Die versenkte Ausführung von Schweißnähten wird erst bei großen Schweißnahtdicken wirtschaftlich, da durch das Versenken die Anzahl der notwendigen Schweißlagen reduziert wird – kann aber auch aus ästhetischen Gründen gefordert sein.

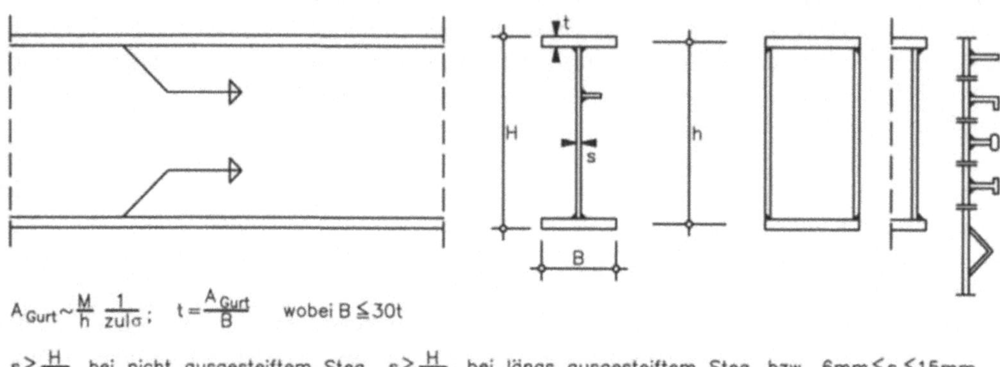

$$A_{Gurt} \sim \frac{M}{h} \frac{1}{zul\sigma} \; ; \quad t = \frac{A_{Gurt}}{B} \quad \text{wobei } B \leqq 30t$$

$s \geqq \dfrac{H}{100}$ bei nicht ausgesteiftem Steg, $s \geqq \dfrac{H}{200}$ bei längs ausgesteiftem Steg, bzw. $6mm \leqq s \leqq 15mm$

Bild 3.53 Geschweißte Vollwandträger

Bei allen Vollwandträgern kann bei der Abschätzung der Trägerhöhe H für Einfeldträger von L/15 > H > L/30 und für Durchlaufträger von L/20 > H > L/40 ausgegangen werden, wobei L die maximale Stützweite bezeichnet.

Fachwerkträger

Fachwerkträger brauchen weniger Material als vergleichsweise die Vollwandträger, deren Stege aus walztechnischen und statisch-konstruktiven Gründen nicht beliebig dünn gemacht werden können. Andererseits sind sie, was Konstruktion und Herstellung betrifft, aufwendiger als diese. Fachwerke werden vor allem für größere Stützweiten verwendet. Außerdem bieten die Öffnungen zwischen den Füllstäben die Möglichkeit zur Durchführung von Leitungen. Auch gestalterische Aspekte sprechen fallweise für Fachwerkträger.

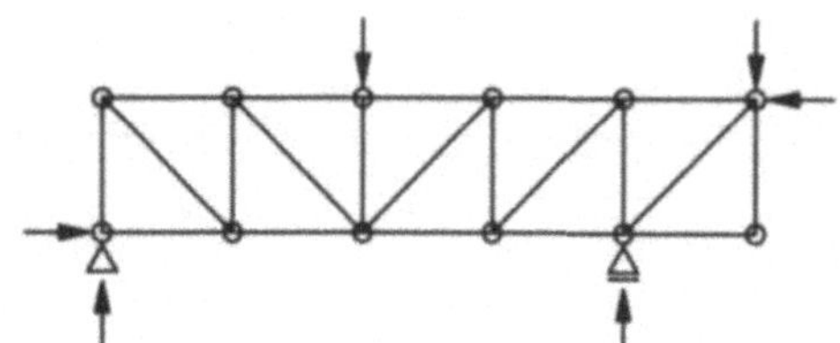

Bild 3.54 Voraussetzungen der idealen Fachwerktheorie

Ein Fachwerk ist definitionsgemäß eine Tragstruktur, die aus geraden Stäben besteht, deren Achsen ein in sich unverschiebliches Netz bilden, sich in den Knoten dieses Netzes jeweils in einem Punkt schneiden und die in den Knoten reibungsfrei, gelenkig (gedacht) verbunden sind. Sind diese Voraussetzungen in der Konstruktion des Fachwerkträgers realisiert, dann entstehen in dessen Stäben, soferne er nur in seinen Knoten belastet ist, lediglich Normalkräfte.

Ist aber nur eine der genannten Voraussetzungen auf Grund der baulichen Gegebenheiten nicht erfüllt - zum Beispiel, dass die Stäbe nicht gerade sind, oder dass sich die Stabachsen aus gestalterischen oder fertigungstechnischen Gründen nicht in den Knoten schneiden (vgl. Bild 3.55), oder dass die Lasten nicht in den Knoten sondern an den Stäben angreifen - werden die Stäbe zusätzlich mehr oder weniger auf Biegung beansprucht. Dann kann man im streng theoretischen Sinne nicht mehr, sondern lediglich im übertragenen Sinne von einem Fachwerk sprechen. Alle Knoten-, Stab- und Belastungsexzentrizitäten sind dann in der Berechnung zu berücksichtigen. Die Folgen sind zusätzliche Biegemomente in den Stäben und deren Anschlüssen und denen zufolge größere Stabquerschnitte.

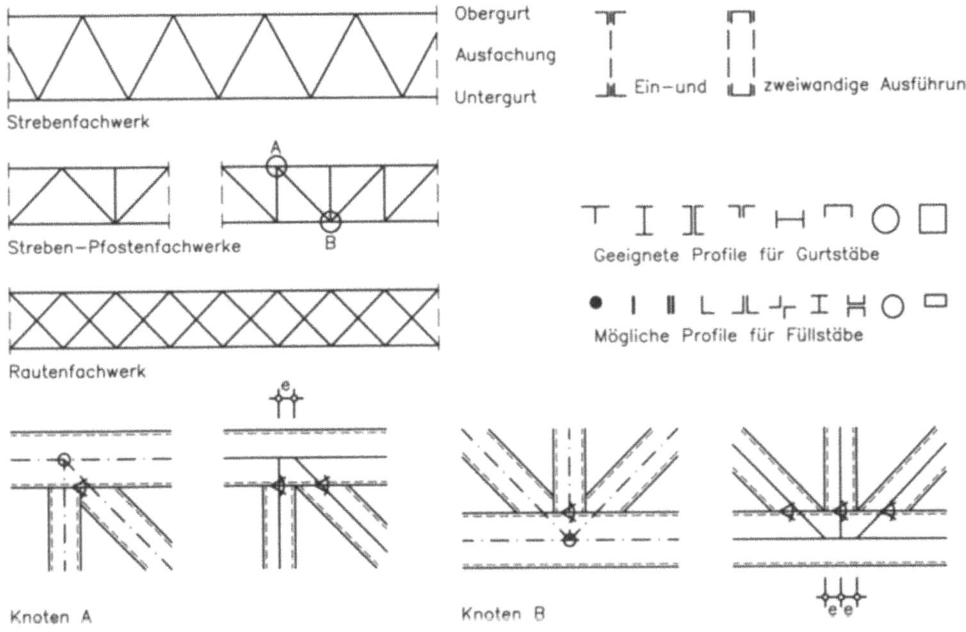

Bild 3.55 Fachwerkträger

Bild 3.55 zeigt gebräuchliche Fachwerkträgersysteme, die gängigen Profile für die Gurt- und Füllstäbe und beispielhaft für die Konstruktion der Knoten die Knoten eines aus Hohlprofilen geschweißten Streben-Pfostenfachwerkes, und zwar sowohl eine der Fachwerktheorie entsprechende als auch eine hinsichtlich der Fertigung kostengünstigere Lösung. Die geraden Gurte werden meistens aus durchgehenden Profilen hergestellt, und die Stäbe der Ausfachung werden an diesen angeschlossen, entweder direkt oder an an den Gurten angesetzten Knotenblechen. Die Knotenbleche sollen eine dem Kraftfluß entsprechende einfache Form haben.

Bei den Fachwerkträgern kann bei der Abschätzung der Trägerhöhe H für Einfeldträger von $L/10 > H > L/15$ und für Durchlaufträger von $L/15 > H > L/20$ ausgegangen werden, wobei L die maximale Stützweite bezeichnet.

Rahmenträger

Während Fachwerkträger nach bestimmten Kriterien ausgefacht sind, können Rahmenträger im Grunde beliebig ausgefacht sein. Die einzelnen Stäbe sind aber biegesteif zu verbinden. Der unter den Walzprofilen genannte Wabenträger ist beispielsweise ein Rahmenträger. Bekannter ist der rechteckig ausgefachte, mitunter geschoßhoch konzipierte Vierendeelträger.

Rahmenträger sind weicher als vergleichbare Fachwerkträger. Deshalb werden Vierendeelträger an den Auflagern mitunter zusätzlich durch Zugdiagonalen verstrebt. Bild 3.56 zeigt Systeme von Rahmenträgern und Möglichkeiten ihrer konstruktiven Gestaltung.

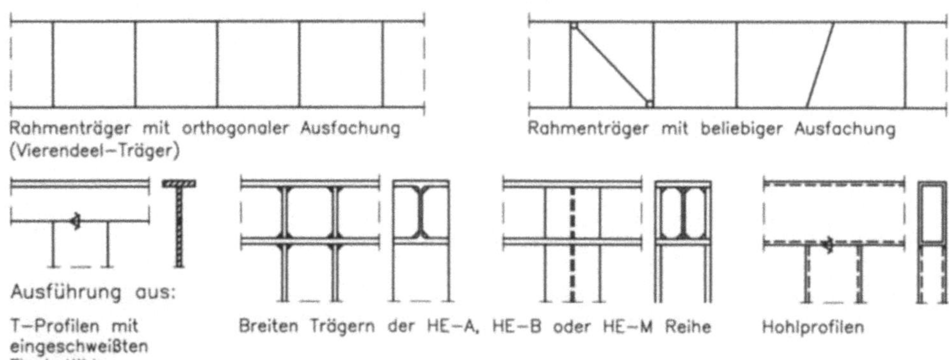

Bild 3.56 Rahmenträger

3.5.2 Bemessung

Im Rahmen einer Entwurfsberechnung kann bei Zug (vgl. Abschnitt 1.2.4), Druck (vgl. Abschnitt 2.2.4) und Biegung von ein und derselben zulässigen (Normal-) Spannung σ_{zul} ausgegangen werden. Deren Werte und im weiteren die zulässigen Schubspannungen können für die gebräuchlichen Stahlsorten mit deren Streckgrenze entsprechend Tabelle 3.1 angeschrieben werden.

Tabelle 3.1 Zulässige Spannungen für die Entwurfsberechnung von biegebeanspruchten Stahlkonstruktionen

$$f_y \Rightarrow \sigma_{zul} \approx \frac{f_y}{1,6} \Rightarrow \tau_{zul} \approx 0,6 \cdot \sigma_{zul}$$

in [kN/cm²]	f_y	σ_{zul}	τ_{zul}
St 360	23,5	14,5	8,5
St 430	28,5	17,5	10,5
St 510	35,5	21,5	13,0

Für Profilträger, deren Widerstandsmomente W tabelliert sind, kann im Falle **Einachsiger Biegung** das erforderliche Widerstandsmoment entsprechend Gleichung (3.2) nach Gleichung (3.10) ermittelt und mit diesem aus den Profiltabellen ein geeigneter Träger gewählt werden.

$$W_{erf} = \frac{M}{\sigma_{zul}}, \qquad W_{vorh} \geq W_{erf} \qquad\qquad (3.10)$$

In allen anderen Fällen ist bei Vollwandträgern ein Querschnitt geeignet anzunehmen und seine Brauchbarkeit durch den Nachweis der Spannungen zu bestätigen. Die vorhandenen Spannungen σ_{vorh} und τ_{vorh} sind nach den in Abschnitt 3.1 angegebenen und in Bild 3.57 zusammengestellten Formeln zu ermitteln und nach den Gleichungen (3.11) den jeweils zulässigen Spannungen σ_{zul} und τ_{zul} gegenüber zu stellen.

$$\sigma_{vorh} \leq \sigma_{zul}, \quad \tau_{vorh} \leq \tau_{zul} \qquad\qquad (3.11)$$

Ist die Normalkraft eine Druckkraft und der Träger knickgefährdet kann der Biegeknicknachweis (vgl. Abschnitt 3.1.3) für Träger mit doppeltsymmetrischem Querschnitt mit der Interaktionsformel (3.13), in der die Beträge von Druckspannungen zu addieren sind, geführt werden. Die Interaktionsformel vergleicht das Verhältnis der Biegemomentenausnutzung des Stabes mit dem Verhältnis seiner Normalkraftausnutzung. Der Nachweis ist dann erfüllt, wenn die Summe der Ausnutzungen kleiner als 1 ist. Den Interaktionszusammenhang von Normalkraft und einachsiger Biegung zeigt Bild 3.58.

	Schnittgrößen in x	Rand- bzw. Eckspannungen in x			
		σ_x	GL.	τ_x	GL.
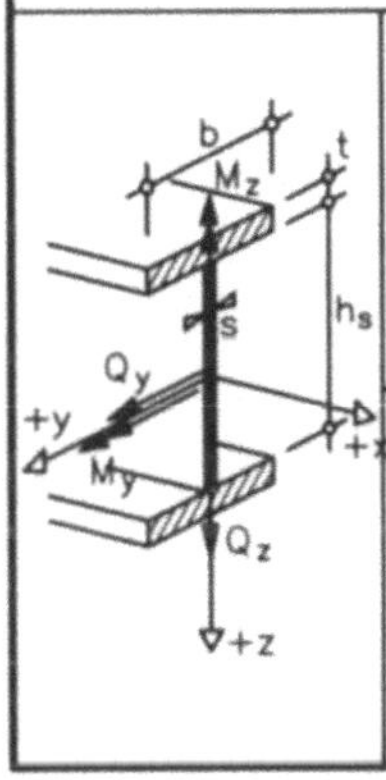 Einachsige Biegung	M,Q	$\dfrac{M}{W}$ [3]	3.2	$\dfrac{Q}{A_s}$ [4]	3.1
	N [1],M,Q	$\dfrac{N}{A} + \dfrac{M}{W}$	3.7		
Zweiachsige Biegung	M_y, Q_z, M_z [2] $, Q_y$	$\dfrac{M_y}{W_y} + \dfrac{M_z}{W_z}$	3.6	$\dfrac{Q_z}{A_{s,z}}, \dfrac{Q_y}{A_{s,y}}$	3.4
	N [1] $, M_y, Q_z, M_z$ [2] $, Q_y$	$\dfrac{N}{A} + \dfrac{M_y}{W_y} + \dfrac{M_z}{W_z}$	3.8		

[1] ... Zug bzw. Druck wenn Knicken ausgeschlossen

[2] . Vektor $+M_z$ zeigt in negative z-Richtung

[3] .. $\sigma_{x.max} = \dfrac{M}{W_{min}}$, $W_{min} = \dfrac{I}{z_{max}}$

[4] .. $\tau_{x.max} = \dfrac{Q\,S_{max}}{I \cdot s}$, $\dfrac{I}{S_{max}} = z \;\Rightarrow\; \max \tau_x = \dfrac{Q}{z \cdot s} = \dfrac{Q}{A_s}$

z ...... innerer Hebelarm, Abstand der Zug- und Druckmittelpunkte bei Biegung
beim Rechteckquerschnitt. z = (2/3)h
beim Walzprofil: z .. tabelliert (meistens s_x bezeichnet)
beim geschweißten I-Querschnitt: z $\approx h_s$ (siehe Skizze) für Q_z

Bild 3.57 Angaben für den Spannungsnachweis bei biegebeanspruchten Stahlbauteilen mit doppeltsymmetrischem Querschnitt

$$\omega \, \frac{N}{N_{zul}} + 0{,}9 \, \frac{M_y}{M_{y,zul}} + 0{,}9 \, \frac{M_z}{M_{z,zul}} \leq 1 \qquad\qquad (3.12)$$

$$\omega \, \frac{N}{\sigma_{zul} \cdot A} + 0{,}9 \, \frac{M_y}{\sigma_{zul} \cdot W_{y,d}} + 0{,}9 \, \frac{M_z}{\sigma_{zul} \cdot W_{z,d}} \leq 1 \qquad\qquad (3.13)$$

ω ......Knickbeiwert, bei zweiachsiger Biegung für die jeweils größere Schlankheit

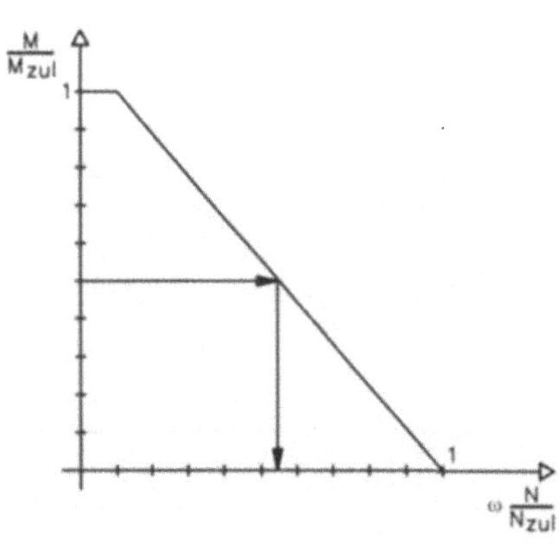

Aus dem Diagramm erkennt man zum Beispiel bei einer gegebenen Momentenausnutzung eines Stabes von 50%, welche Druckkraft - bei gegebener Schlankheit λ und gleichzeitigem Wirken des Momentes - noch zusätzlich vom Stab aufgenommen werden kann. Neben der Erfüllung des Biegknicknachweises ist auch stets der Spannungsnachweis mit zu-gehörigen Schnittgrößen und unter Beachtung lokaler Querschnittsschwächungen nach den Gleichungen in Bild 3.57 zu führen. Weiters ist bei einachsiger Biegung ein solcher Träger als mittig belasteter Knickstab für Knicken normal zur Biegeebene nachzuweisen.

Bild 3.58 Interaktion von Druck- und Biegedruckbeanspruchung

Interaktionsformeln werden allgemein zum Nachweis von Bauteilen mit gemischter Beanspruchung verwendet. Der Verlauf des Interaktionszusammenhanges lässt sich oft nur aus Versuchen ermitteln und vorschreiben.

Für parallelgurtige Fachwerkträger können die Stabkräfte und die Spannungen in den Stäben nach den Angaben in Bild 3.32 ermittelt werden. Dabei ist bei Zugstäben geschraubter Konstruktionen mit dem Nettoquerschnitt zu rechnen. Bei Druckstäben ist außerdem der Knicknachweis zu führen. Für das Knicken des Druckgurtes in der Fachwerkebene ist näherungsweise die maßgebende Netzlänge der Stäbe als Knicklänge anzusetzen. Für das Knicken des Druckgurtes quer zur Fachwerkebene entspricht die Knicklänge im Allgemeinen dem maßgebenden Abstand der Querabstützungen. Für das Knicken der Füllstäbe in der Fachwerkebene ist der Abstand zwischen den Schwerpunkten der Anschlüsse und aus der Fachwerkebene die Netzlänge als Knicklänge anzusetzen. Bezüglich der Anschlüsse der Füllstäbe an den Gurten wird auf die entsprechenden Abschnitte in den Kapiteln **Zugstäbe** und **Druckstäbe** verwiesen.

Bei Rahmenträgern sind alle seine Teile als Biegestäbe zu sehen und entsprechend zu bemessen.

3.5.3 Konstruktive Durchbildung

Über dem Auflager sind die Träger auszusteifen, damit bei der Einleitung der Auflagerkräfte kein lokales Versagen, zum Beispiel durch Stegbeulen, eintritt. Ist, wie in Bild 3.59 gezeigt, ein lastbringender Längsträger auf einem Querträger aufgelegt, sind beide auszusteifen. Die Steifen übernehmen die Last aus dem Steg über Schub und geben sie in der Auflagerlinie über Druck in das Auflager beziehungsweise den Steg des Querträgers ab. Sie brauchen daher im Allgemeinen nicht die volle Trägerhöhe erfassen. Die Träger sind außerdem gegen Verschieben und mögliches Abheben durch Schrauben oder geeignete Anschläge zu sichern. Ist dagegen der lastbringende Träger am Querträger anzuhängen, ist die anzuhängende Last, wie Bild 3.59 ebenfalls zeigt, von seitlich der sich überkreuzenden Stege angeordneten Schrauben vom Oberflansch des einen Trägers in den Unterflansch des anderen Trägers und von diesem in den Steg zu übertragen, was die Flansche auf Biegung beansprucht. Die in dieser Hinsicht meist zu schwachen Flansche können durch lose zugelegte, steife Blechleisten insoferne gesichert werden, dass diese die in den Schrauben konzentrierte Übertragungslast auf eine der Leistenabmessung entsprechende größere Fläche verteilen. Damit wird einerseits die Flanschbiegung vermindert und andererseits auch ein örtliches Abreißen des Steges verhindert.

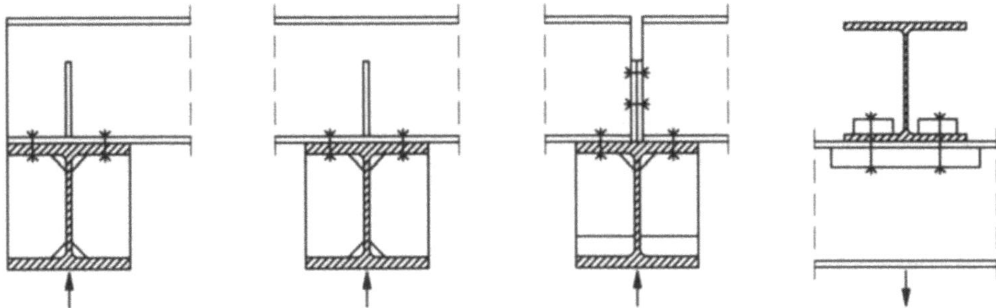

Bild 3.59 Auflegen und Anhängen von Trägern

Bild 3.60 zeigt einige Ausführungsmöglichkeiten gelenkiger Anschlüsse von Trägern an Stützen und Wanden sowie an querlaufenden Trägern. Da dabei nur die Querkraft zu übertragen ist, ist lediglich der Steg anzuschließen. Das kann an einer Lasche oder mit einer Kopfplatte mittels Schrauben geschehen. Bei Anschlüssen an Betonstützen werden die Träger mit einer Kopfplatte an diesen angedübelt, oder der Anschluss erfolgt über eine auf einem Schweißgrund aufgeschweißte Lasche. Ein Schweißgrund ist eine Stahlplatte, die zusammen mit der Bewehrung in die Betonschalung verlegt wird. Die Verbindung zwischen dem Schweißgrund und dem Beton erfolgt dann beispielsweise über auf die Stahlplatte aufgeschweißte Kopfbolzendübel.

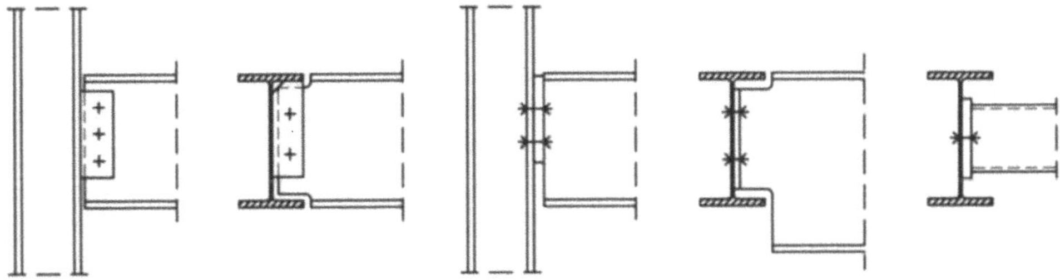

Bild 3.60 Querkraft-Anschlüsse von Trägern an Stützen beziehungsweise Wänden sowie an Trägern

Bei der Gestaltung solcher Anschlüsse ist mitunter die Kippsicherung der anzuschließenden oder zu verbindenden Träger zu bedenken. Träger, deren Obergurt seitlich gehalten ist, wie Deckenträger, die mit der Deckenplatte verbunden sind, können nicht kippen, wohl aber frei gespannte Träger. Diese sind nach Möglichkeit im oberen Stegteil anzuschließen (vgl. Abschnitt 3.1.4). Wenn diese Träger aber andererseits ihre Last in ebenfalls kippgefährdete Querträger abgeben, können sie für den Querträger eine Kippsicherung dann sein, wenn sie diesen auf ganze Steghöhe halten, weil sie damit das Verdrehen von dessen Querschnitt verhindern.

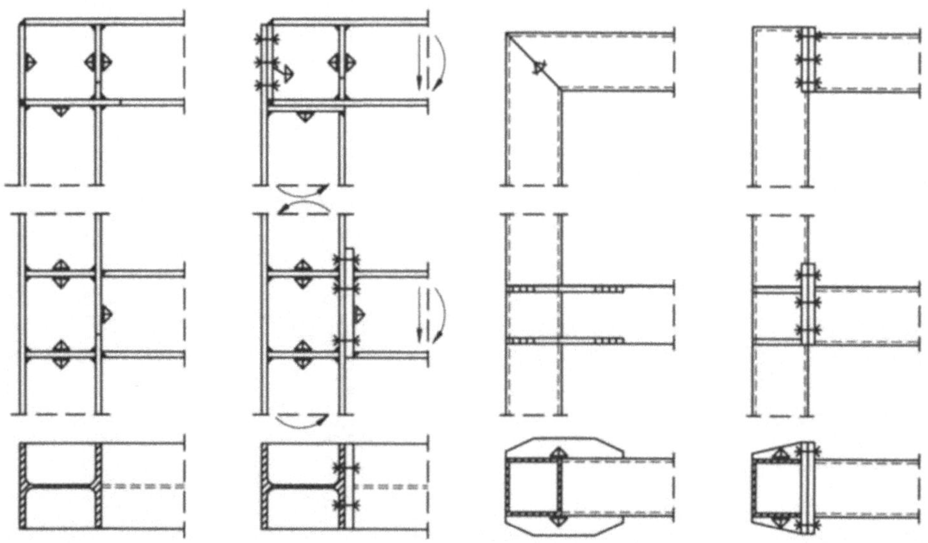

Bild 3.61 Biegesteife Verbindungen von I- und HP-Trägern mit gleichartigen Stielen (Rahmenecken) in geschweißter und geschraubter Ausführung

Bei Rahmentragwerken sind die Träger mit den Stielen biegesteif zu verbinden. Dazu ist neben der Querkraft auch ein Biegemoment zu übertragen, und es sind deshalb sowohl der Steg als auch die Gurte anzuschließen. Das kann durch einen geschweißten Stumpfstoß oder einen geschraubten Kopfplattenstoß beziehungsweise bei HP-Querschnitten durch einen Flanschstoß geschehen. Bild 3.61 zeigt einige solcher Konstruktionsbeispiele. Beim Kopfplattenstoß kann das volle Tragmoment des anzuschließenden Trägers nur dann übertragen werden, wenn der Zuggurt jeweils mittig angeschlossen wird, das heißt, wenn die Kopfplatten an diesen Stellen soweit überstehen, dass Zugschrauben zu beiden Seiten des Zuggurtes angeordnet werden können.

Bei Rahmen aus Hohlprofilen sind die Gurtkräfte der Riegel (Zugkraft und Druckkraft) durch seitliche Backen in die Stege der Stiele überzuleiten und zwar sowohl bei der geschweißten wie auch bei der geschraubten Ausführung. Es ist jeweils der ganze Querschnitt einzubinden.

Bild 3.63 zeigt die biegesteife Verbindung von Trägern zu Trägerkreuzen und Trägerrosten in geschraubter und geschweißter Ausführung. Bei der geschraubten Ausführung ist auch hier die volle Tragfähigkeit der sich kreuzenden Träger im Knoten nur dann zu erhalten, wenn Zugschrauben zu beiden Seiten des Zuggurtes angeordnet werden können und der Druckgurt einen vollen Kontaktschluss bekommt, was beim Kopfplattenanschluss an den Trägern, wie Bild 3.63 im Detail zeigt, eine aufwendigere, weil versenkte, Schweißnaht bedingt.

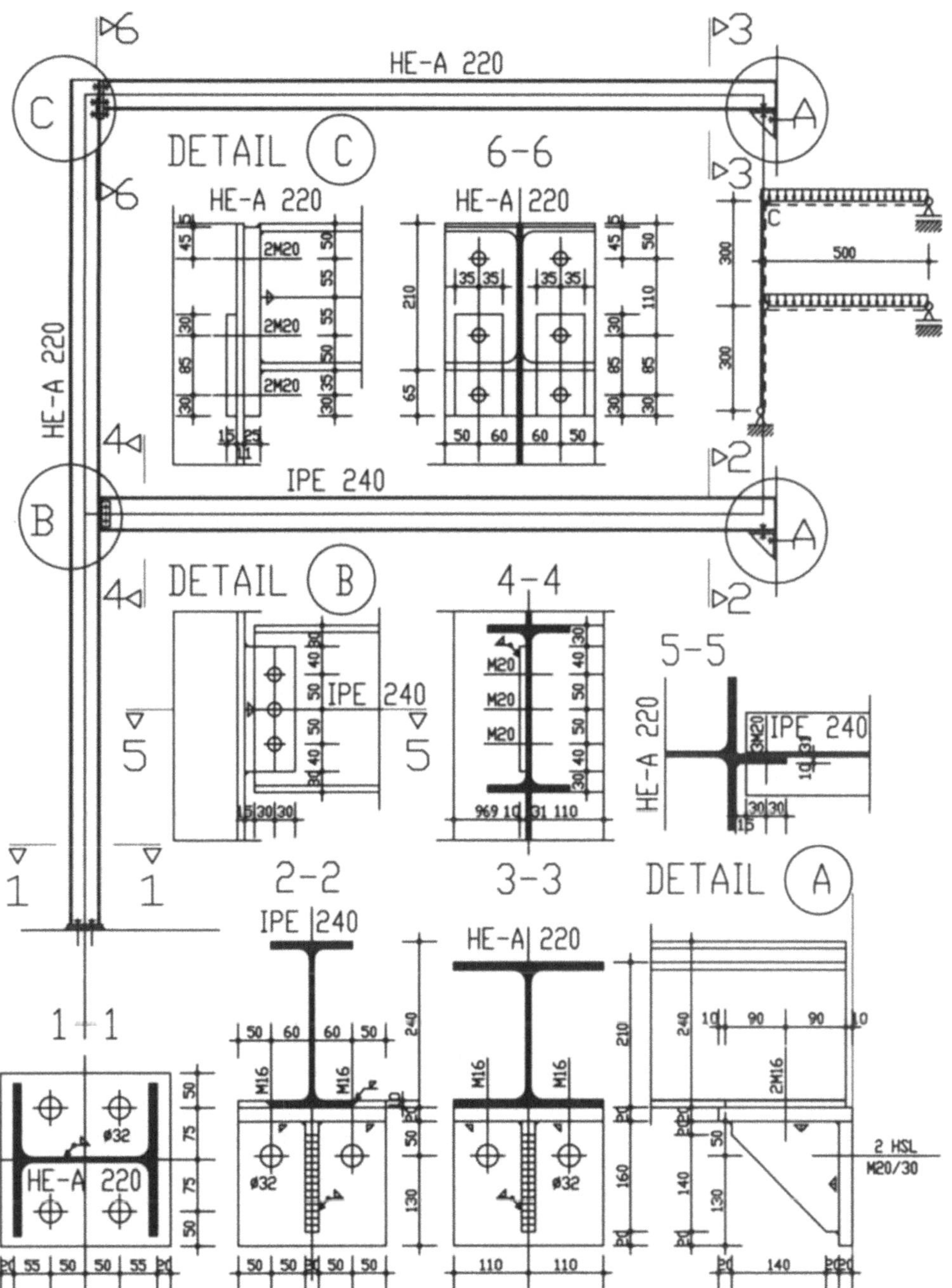

Bild 3.62 Konstruktionsbeispiel für den Stahlbau: einhüftiger Rahmen mit M_c positiv (Zug auf der Rahmeninnenseite)

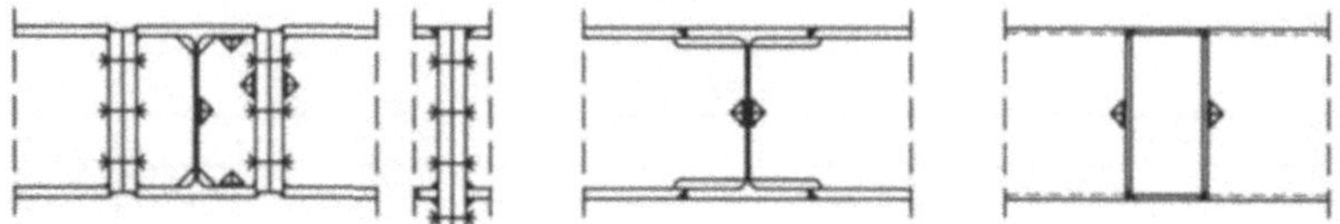

Bild 3.63 Biegesteife Trägerkreuzungen (Trägerrostknoten) in geschraubter und geschweißter Ausführung

An den Stellen von Durchlässen sind die Trägerstege zu verstärken oder einzufassen (Bild 3.64).

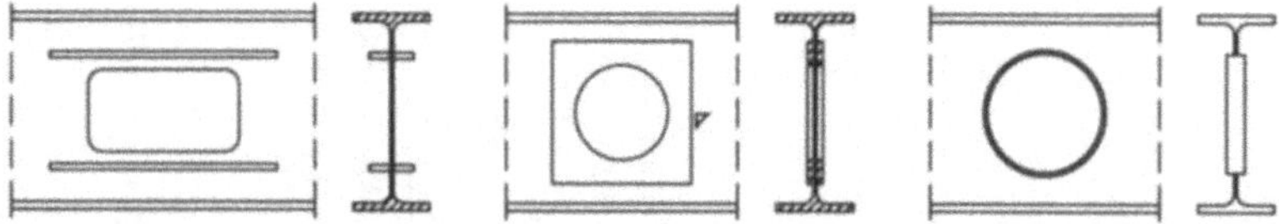

Bild 3.64 Ausführungen von Stegdurchbrüchen in Trägern

Bild 3.62 zeigt ein Konstruktionsbeispiel und seine Darstellung im Stahlbau.

3.6   Träger aus Holz

3.6.1   Trägerformen

Vollholzträger

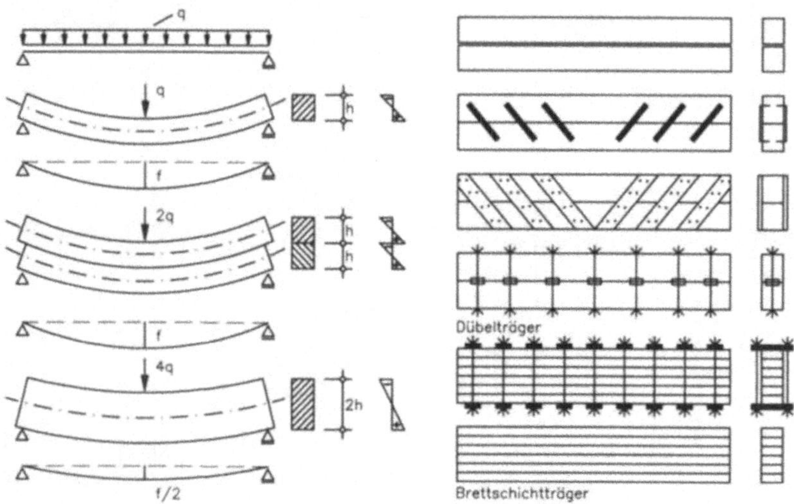

Bild 3.65 Wirkungsweise von lose übereinander gelegten beziehungsweise schubfest miteinander verbundenen Balken bei Biegung, und konstruktive Möglichkeiten für die schubfeste Verbindung von Balken- beziehungsweise Brettstapeln

Für Träger sind zunächst Bohlen und Kanthölzer (vgl. Abschnitt 1.6.1) in verschiedenen Größen verfügbar: Kanthölzer ab 20 cm Seitenabmessung werden gewöhnlich als **Balken** bezeichnet. Da die Querschnitts- und Längenabmessungen der Kanthölzer nach oben beschränkt sind, werden größere Träger aus Bohlen und Kanthölzern zusammengesetzt. Damit solche Träger auch als Ganzes wirken, sind deren Teile miteinander schubfest zu verbinden. In welchem Maße sie als Ganzes wirken, hängt von der Nachgiebigkeit der gewählten Verbindung ab. Werden dazu Bauklammern, Nägel, Bolzen oder Dübel verwendet, wird die Verbindung mehr oder weniger nachgiebig sein, werden hingegen die Teile mit Schrauben zusammengeklemmt oder gar verleimt, wird die Verbindung unnachgiebig sein, und ein solcher Träger wird sich auch bei Biegung wie aus einem Stück gefertigt verhalten. Die Längsstöße der Teile, das sind die Bretter, Bohlen oder Kanthölzer, werden durchweg keilgezinkt verleimt und im Träger versetzt angeordnet. Bild 3.65 zeigt die Wirkungsweise mehrteiliger Träger und verschiedene Möglichkeiten der Verbindung der Teile, unter anderen den handwerklichen Dübelträger und den ingenieurmäßigen Brettschichtträger.

Zwei lose und reibungsfrei übereinander gelegte Balken gleichen Querschnitts tragen beispielsweise die doppelte Last 2q gegenüber dem einzelnen Balken, sind dabei spannungsmäßig gleich ausgenützt und biegen sich auch gleich durch wie der einzelne Balken unter der Last q. Werden die zwei Balken in ihrer Längsfuge aber schubstarr verbunden, so dass sie wie ein aus einem Stück geschnittener Balken wirken, vermögen sie bei gleichen Randspannungen die vierfache Last 4q gegenüber dem einzelnen mit q belasteten Balken zu tragen und biegen sich dabei nur halb soviel durch. Werden drei Balken gleichen Querschnitts übereinander gelegt und miteinander schubstarr verbunden, vermögen sie gegenüber dem einzelnen Balken die neunfache Last zu tragen, und dieser Träger würde sich dabei nur ein Drittel dessen durchbiegen als die mit 3q belasteten, miteinander nicht verbundenen Balken.

Die angestrebte unnachgiebige Verbindung wird bei dem in Bild 3.65 gezeigten Brettschichtträger vollkommen und beim Dübelträger nur unvollkommen erreicht. Die am Anfang der Reihe gezeigten Möglichkeiten, nämlich die Verklammerung von zwei Balken, sei es durch schräg eingeschlagene Bauklammern oder schräg aufgenagelte Bretter, sind sehr nachgiebig und werden deshalb auch nur für Bauhilfsmaßnahmen und nur zum vorübergehenden Gebrauch verwendet.

Alle mehrteilig aus Kanthölzern, Bohlen oder Brettern zusammengesetzten Träger funktionieren durch die schubfeste Verbindung ihrer Einzelteile. Bild 3.66 zeigt eine Reihe von aus Schnitthölzern gebildeten Trägern.

Am häufigsten werden die geleimten Brettschichtträger verwendet. Sie bestehen aus miteinander verleimten, gehobelten Brettern, deren Längsstöße keilgezinkt verleimt sind. Bild 3.66 d zeigt verschiedene Ausführungen. Sie können gerade oder gebogen und mit veränderlichem Querschnitt hergestellt werden. Ihr Vorteil liegt zum einen in der Verwendung von Brettern, die im Allgemeinen kostengünstiger sind als Bohlen und Kanthölzer. Zum anderen bringt die schichtweise Verleimung der entsprechend den Qualitätsanforderungen mehr oder weniger von Fehlstellen entbundenen Bretter einen homogenen und damit höher beanspruchbaren Holzquerschnitt. Außerdem kann entsprechend der Materialbeanspruchung im Biegestab für die Außenlagen des Trägers gutes Bauholz verwendet werden und solches von minderer Qualität im Inneren. Auch I-förmige Träger mit verbesserter Materialausnutzung oder Träger mit Gurten aus Brettschichtholz und stehenden Spanplatten im Inneren, ähnlich einem Steg, werden ausgeführt. Selbst Kanthölzer, die als Vormaterial beziehungsweise Halbzeug für den Holzbau dienen, werden zunehmend durch entsprechende Brettschichthölzer ersetzt, weil ihr Querschnitt gegenüber Holzfeuchtigkeitsschwankungen formstabiler ist. Eine Weiterentwicklung mit noch besseren Mechanischen Kennwerten sind die Lamellatträger, bei denen nicht Bretter sondern Holzfasern gerichtet zu Balken verleimt werden.

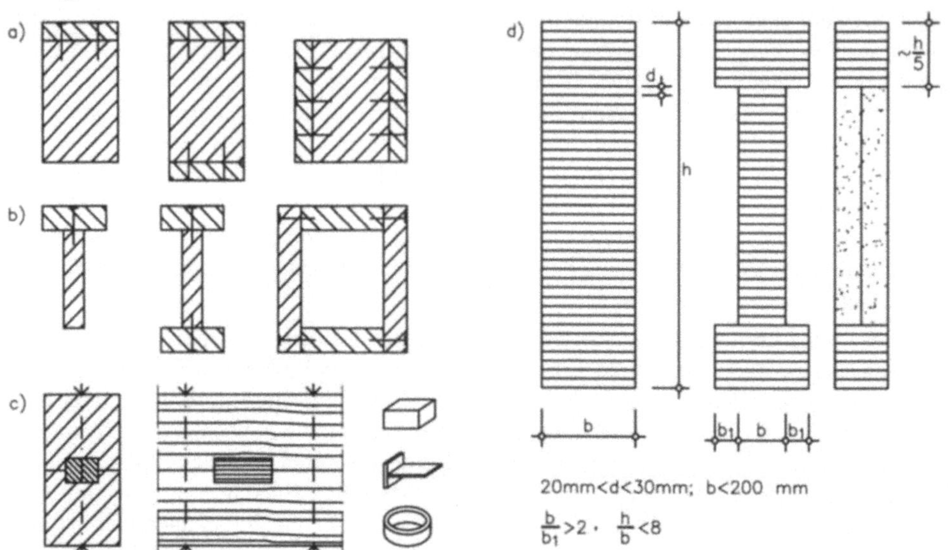

Bild 3.66 Querschnitte verschiedener, mehrteiliger Vollholzträger: a) Verstärkung von Kanthölzern (Balken) durch aufgenagelte beziehungsweise seitlich angeschlagene Bohlen, b) aus Bohlen gefügte Profilträger, c) aus Kanthölzern mit Einlaßdübeln aus Hartholz oder Stahl gefügte Dübelträger mit den zugehörigen Klemmschrauben, d) geleimte Brettschichtträger

Im Gerüstbau werden hin und wieder gemäß Bild 3.65 Brettstapel mit Klemmschrauben zusammengespannt, und es wird auf diese Weise die Schubübertragung zwischen den Brettern durch Reibung gewährleistet. Die dafür verwendeten Bretter können nach Benutzung anderweitig weiter verwendet werden (Cruciani-Lehrgerüst für den Bau von weitgespannten Bogenbrücken).

Bei der Abschätzung der Trägerhöhe H für Einfeldträger kann bei den Balken und Brettschichtträgern von $L/15 > H > L/20$ und bei den weicheren Dübelträgern von $L/10 > H > L/15$ ausgegangen werden, wobei L die Stützweite des Trägers bezeichnet.

Stegträger

Das Bestreben den Trägerquerschnitt zu optimieren, führt auch im Holzbau zum I- und Kastenträger, wie schematisch in Bild 3.67 gezeigt.

Für die Stege werden Spanplatten, dreischichtiges Kreuzlagenholz oder dreischichtiges Furniersperrholz verwendet und für die Gurte Bohlen oder Kanthölzer. Die Gurte werden mit den Stegen preßverleimt oder durch Nägel verbunden. Nagelfugen sollen tunlichst lotrecht verlaufen und die Nägel zwei- oder mehrschnittig greifen. Diese Träger müssen fallweise gegen Kippen und deren Stege gegen Beulen gesichert werden. Zur Sicherung gegen Beulen werden die Stege lotrecht durch Bohlen ausgesteift. Futterhölzer zwischen den Steifen ermöglichen das durchgehende, satte Anschlagen der seitlichen Gurthölzer an den Steg (siehe Bild 3.67). In Längsrichtung werden Steg und Gurte durch Keilzinkverleimung gestoßen.

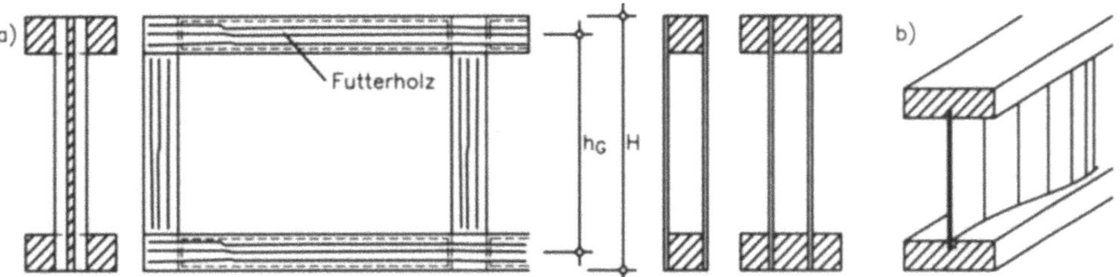

Bild 3.67 Stegträger: a) mit I- oder Kastenquerschnitt, b) Wellstegträger

Eine Sonderform der Stegträger ist der serienmäßig hergestellte Wellstegträger (siehe Bild 3.67 b), bei dem zwischen parallelen Gurthölzern als Steg in einer Keilnut ein dreilagiges Furniersperrholz wellenförmig eingeleimt ist.

Eine eher selten verwendete Ausführung ist der genagelte Brettträger, bei dem der Steg aus sich unter 45°, zwei- oder dreilagig kreuzenden Brettern gebildet wird, an dem beidseitig als Gurte Bretter breitseitig angenagelt sind.

Bei der Konzeption von Stegträgern kann bei der Abschätzung der Trägerhöhe H von L/15 > H > L/20 ausgegangen werden, wobei L die Stützweite des Trägers bezeichnet; Träger in genagelter Ausführung erfordern im Allgemeinen eine größere Bauhöhe als Träger in geleimter Ausführung.

Fachwerkträger

Für Fachwerkträger aus Holz gelten in gleicher Weise die in Abschnitt 3.5.1 für die Fachwerkträger aus Stahl dargelegten Gestaltungsgrundsätze. In der Dimensionierung der Stäbe unterscheiden sich aber beide. Während bei den Fachwerken aus Stahl die Beanspruchung der Stäbe deren Abmessungen bestimmt, sind bei den Fachwerken aus Holz in den meisten Fällen die Anschlüsse der Stäbe und deren konstruktive Konzeption abmessungsbestimmend. So gesehen sind auch die in Bild 3.68 skizzierten Lösungen nur konzeptionell zu verstehen und hängen im Detail von den gewählten Verbindungsmitteln und deren Bemessung ab.

Für die Stäbe werden meistens Bretter oder Bohlen, seltener Kanthölzer, verwendet. Für deren Verbindung dienen Nägel, Schraubenbolzen, Stabdübel oder Dübel; bei industriell hergestellten Fachwerkträgern sind die Verbindungen häufig geleimt.

Bei den einlagigen Ausführungen nach Bild 3.68 a sind die Gurte und Füllstäbe in einer Ebene angeordnet und werden über seitlich angeschlagene oder eingeschlitzte Knotenscheiben aus Stahl oder Furniersperrholz mit Nägeln oder Bolzen verbunden. Die Füllstäbe können bei dieser Ausführungsart auch zwischen den Gurten eingezapft und eingeleimt sein. Die Längsstöße der Gurte sind keilgezinkt verleimt.

Bei den dreilagigen Ausführungen nach Bild 3.68 b und -c sind meistens zweiteilige Füllstäbe zu beiden Seiten an durchgehenden Gurten angeschlagen oder zweiteilige Gurte nehmen die in einer Ebene geführten Füllstäbe in die Zange. Aber auch Gurte und Pfosten können die Mittellage bilden und die Diagonalen zweiteilig zu beiden Seiten dieser angeordnet sein.

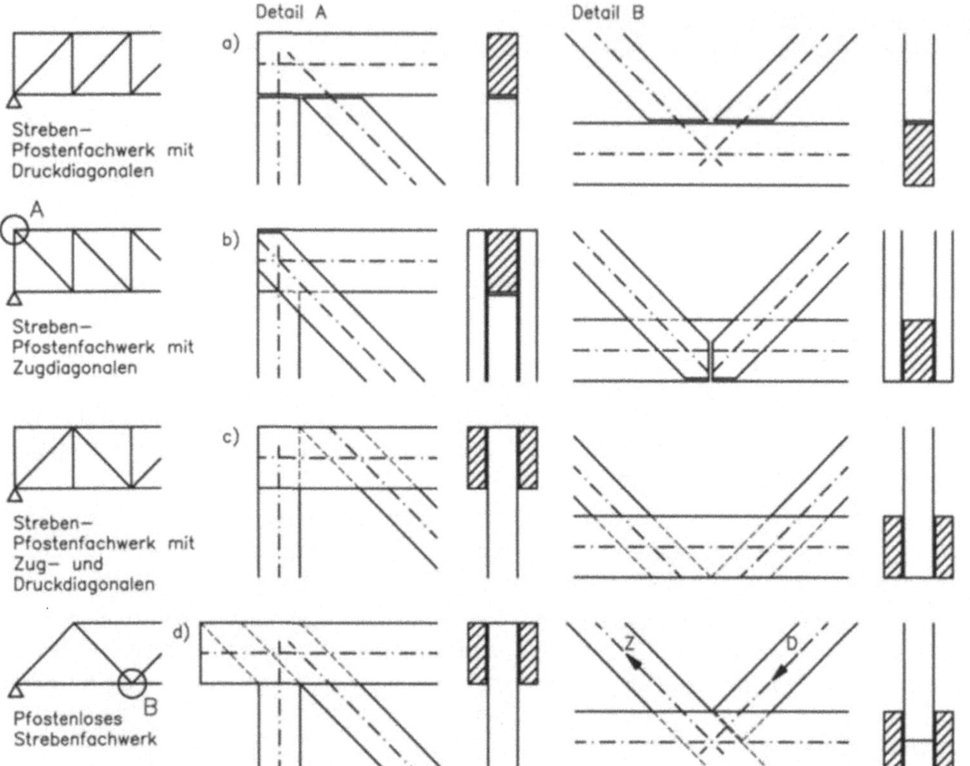

Bild 3.68 Fachwerkträger - Netze und schematische Darstellung möglicher Ausführungen: a) Gurt-, Vertikal- und Diagonalstäbe in einer Ebene, b) Gurt- und Vertikalstäbe in einer Ebene, Diagonalstäbe zweiteilig, zu beiden Seiten der Gurte, c) und d) Diagonal- und Vertikalstäbe in einer Ebene, Gurtstäbe zweiteilig, zu beiden Seiten der Ausfachung

Für Fachwerkträger kann bei der Abschätzung der Trägerhöhe H von $L/8 > H > L/12$ ausgegangen werden, wobei L die Stützweite bezeichnet.

Der Gelenk- oder Gerberträger

Der Gelenkträger verliert mit der zunehmenden Verwendung von Brettschichthölzern anstatt der Kanthölzer an Bedeutung, weil sich das Problem der Holzlängen nicht mehr in dem Maße stellt wie früher. Durch eine geschickte Anordnung von Gelenken bleibt bei dieser Ausführung der Mehrfeldträger zwar ein statisch bestimmt gelagertes System und dennoch werden durchlaufträgerartige Schnittgrößenverläufe erzielt. Der Gelenkträger hat den Vorteil auch mit gängigen Kanthölzern auszukommen und keine biegesteifen Stöße ausführen zu müssen. Bild 3.69 zeigt verschiedene, mögliche Anordnungen der Gelenke am Beispiel eines Dreifeldträgers.

Der Koppelträger

Im Falle von Pfetten oder anderen gering belasteten Bauteilen wird der über gleiche Felder mit der Länge L durchlaufende Träger häufig als Koppelträger ausgebildet. Bei diesem überlappen

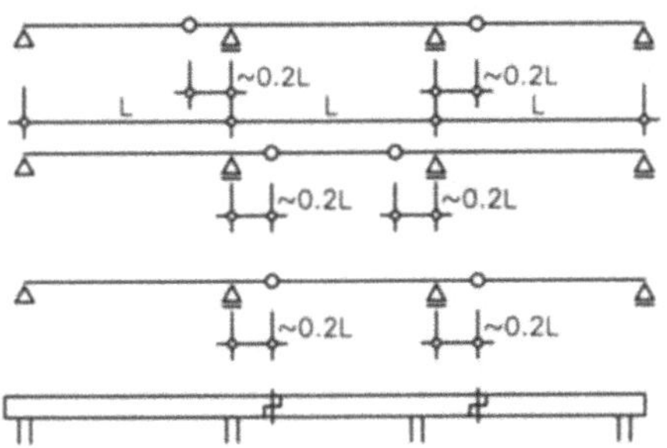

Bild 3.69 Gelenkträger:
Mögliche Gelenkanordnungen gezeigt
am Dreifeldträger

sich die Hölzer aus dem Feld über den Stützen nach beiden Seiten auf eine Länge von $0,1 \cdot L$, so dass über der Stütze zur Aufnahme des im Verhältnis zum Feldmoment meist doppelt so großen Stützmomentes auch der doppelte Querschnitt zur Verfügung steht (vgl. Bild 3.51).

3.6.2 Bemessung

Wie bei den Stahlbauteilen kann im Rahmen einer Entwurfsberechnung auch für die Vorbemessung der Holzbauteile aus Schnitt- oder Brettschichtholz für Zug (vgl. Abschnitt 1.2.4), Druck (vgl. Abschnitt 2.2.4) und Biegung von ein und derselben zulässigen Spannung σ_{zul} ausgegangen werden. Diese Annahme vereinfacht den Spannungsnachweis bei gemischter Beanspruchung (N, M_y, M_z) und zwar besonders bei Druckbiegung. Die zulässigen Spannungen (σ_{zul}, τ_{zul}) können dann entsprechend Tabelle 3.2 angenommen werden.

Tabelle 3.2 Zulässige Spannungen für die Entwurfsberechnung von Holzkonstruktionen

in[kN/cm²]	σ_{zul}	τ_{zul}
Bauholz	1,0	0,1

Für Balken, die aus einem Stück sind oder sich bei Belastung so verhalten, wie etwa die Brettschicht- oder die Lamellatträger, kann im Falle **Einachsiger Biegung** das erforderliche Widerstandsmoment nach Gleichung (3.10) ermittelt und diesem entsprechend ein geeigneter Trägerquerschnitt gewählt werden.

In allen anderen Fällen ist bei Vollwand- und Stegträgern ein Querschnitt geeignet anzunehmen und seine Eignung durch den Nachweis der Spannungen zu bestätigen. Dabei ist bei den Trägern mit zusammengesetztem Querschnitt wegen der Nachgiebigkeit ihrer Verbindungen mit abgeminderten Querschnittswerten zu rechnen (siehe Bild 3.70). Die im Querschnitt vorhandenen maximalen Spannungen (σ_{vorh}, τ_{vorh}) können nach den in Bild 3.70 angegebenen Formeln ermittelt werden und sind den entsprechenden zulässigen Spannungen (σ_{zul}, τ_{zul}) nach Gleichung (3.11) gegenüberzustellen.

Ist die Normalkraft eine Druckkraft und der Träger knickgefährdet, kann der Knicknachweis unter der für die zulässige Spannung getroffenen Voraussetzung mit Gleichung (3.13) geführt werden.

Für Fachwerkträger gelten generell die im Abschnitt 3.5.2 für die Fachwerkträger aus Stahl gemachten Angaben.

Träger aus Holz sind weicher als Träger aus Stahl oder Stahlbeton, weshalb für sie im Allgemeinen nachzuweisen ist, dass die Durchbiegung nicht größer als zulässig ist. So soll bei frei aufliegenden Balken die Durchbiegung nicht größer als L/300 und bei Kragträgern nicht größer als L/150 sein. Die Durchbiegung ist vor allem bei Trägern zu bedenken, die niedriger als 1/18 der Stützweite sind. Bei der Berechnung der Durchbiegung zusammengesetzter Balken, soferne die Teile nicht verleimt sind, wird deren größere Nachgiebigkeit dadurch berücksichtigt, dass bei der Verformungsermittlung mit einer reduzierten Querschnittssteifigkeit von rund $0{,}65 \cdot EI$ gerechnet wird.

Schnittgrößen in x			Rand– bzw. Eckspannungen in x			
			σ_x	GL.	τ_x	GL.
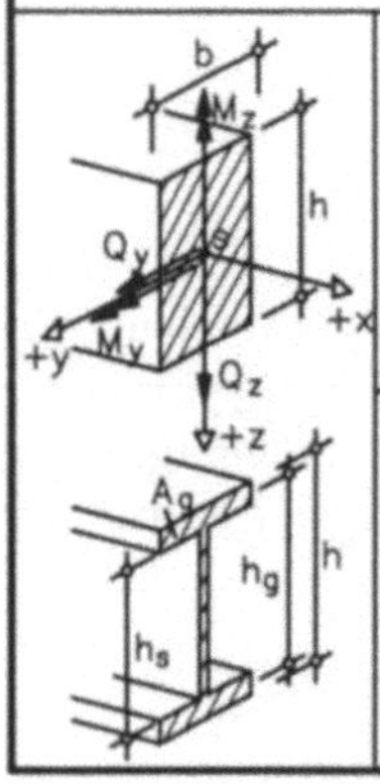	Einachsige Biegung	M, Q	$\dfrac{M}{W}$ [3]	3.2	$\dfrac{Q}{A_s}$ [4]	3.1
		N[1]$, M, Q$	$\dfrac{N}{A} + \dfrac{M}{W}$ [3]	3.7		
	Zweiachsige Biegung	M_y, Q_z, M_z[2]$, Q_y$	$\dfrac{M_y}{W_y}$[3]$ + \dfrac{M_z}{W_z}$[3]	3.6	$\dfrac{Q_z}{A_{s,z}}$[4]$, \dfrac{Q_y}{A_{s,y}}$[4]	3.4
		N[1]$, M_y, Q_z, M_z$[2]$, Q_y$	$\dfrac{N}{A} + \dfrac{M_y}{W_y}$[3]$ + \dfrac{M_z}{W_z}$[3]	3.8		

[1] ......Zug bzw. Druck wenn Knicken ausgeschlossen

[2] ....Vektor $+M_z$ zeigt in negative z-Richtung

[3] ......$W = \dfrac{I}{h/2}$ bzw. $\dfrac{I_{red}}{h/2}$

I_{red}, ...der Querschnittssteifigkeit entsprechendes Trägheitsmoment:

Profilträger	$I_{red} = 0{,}85\, I$ (vgl. Bild 3.66 b)
Dübelträger	$I_{red} = 0{,}80\, I$ (vgl. Bild 3.66 c)
Stegträger	$I_{red} = 2 \cdot A_G \cdot (h_G/2)^2$ (vgl. Bild 3.67)

[4] ....$\tau_x = \dfrac{Q \cdot S_{max}}{I_{red} \cdot b}$, $\dfrac{I_{red}}{S_{max}} = z \Rightarrow \tau_x = \dfrac{Q}{z \cdot b} = \dfrac{Q}{A_s}$

z ....innerer Hebelarm, Abstand des Zug- und Druckmittelpunktes bei Biegung

beim Rechteckquerschnitt: $z = (2/3) \cdot h$ für Q_z

beim Stegträger: $z \approx h_s$ für Q_z

Bild 3.70 Angaben für die Spannungsnachweise bei biegebeanspruchten Holzbauteilen

3.6.3 Konstruktive Durchbildung

Träger sind an ihrem Auflager, sei es auf einer Schwelle oder einem Querträger, gegen Abheben und Verschieben zu sichern, beispielsweise mit zwei angenagelten Beiwinkeln. Übereinander liegend sich kreuzende und über mehrere Kreuzungspunkte durchlaufende Träger, die so einen zweilagig gestapelten Trägerrost bilden, sind in den Kreuzungspunkten zugfest zu verbinden, damit sich bei entsprechender Belastung nicht entweder der eine Träger vom anderen abhebt oder sich der eine unabhängig vom anderen durchbiegt. Das kann im Kreuzungspunkt mit einem Schraubenbolzen oder in zwei gegenüberliegenden Ecken der Trägerkreuzung mit Stahlblechverbindern geschehen. Bei den Schrauben sind hinreichend große Unterlegscheiben zu verwenden (siehe Bild 3.71 a).

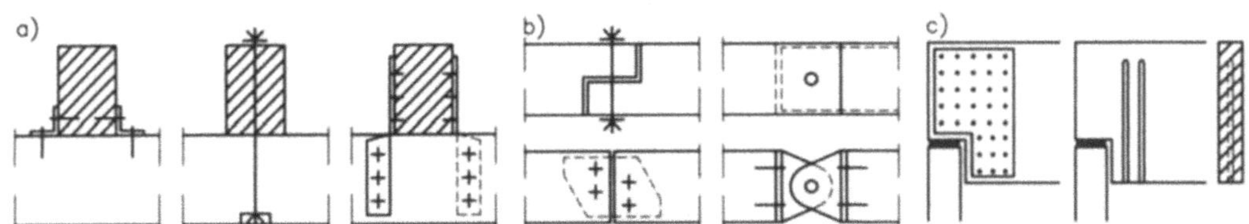

Bild 3.71 Auflegen und Anhängen von Balken: a) bei zweilagig sich kreuzenden Trägerscharen, b) bei Gelenkträgern, c) auf Stützen mit Ausklinkung der Träger

Über mehrere Felder durchlaufende Träger können sowohl als Durchlaufträger als auch als Koppelträger oder Gelenkträger (vgl. Abschnitt 3.6.1) ausgeführt werden. Mögliche Gelenkkonstruktionen zeigt Bild 3.71 b und zwar: das gerade Blatt, das nur zur Übertragung von Querkräften geeignet ist, sowie den eingreifenden Zapfen, beide Trägerenden übergreifende Stahlverbinder und das Stahlgelenk, die beliebig gerichtete Gelenkkräfte übertragen können. Die Konstruktion mit dem in eine Zange eingreifenden Zapfen und einem Bolzen als Verbinder ist nur für Gelenkträger kleiner Abmessungen geeignet, während das Stahlgelenk für Gelenkträger großer Abmessungen bestimmt ist. Beim geraden Blatt soll der weiterspannende Teil am auskragenden angehängt und nicht auf ihm, wie auf einer Konsole, abgesetzt werden, damit das Blatt nicht ein- und in der Folge abreißt.

Allgemein sollen Anschluss bzw. Verbindungskonstruktionen einzelner Bauteile so konzipiert sein, dass in diesen Zugspannungen normal zur Faser möglichst ausgeschlossen werden. Ist dies nicht möglich - wie z.B. bei ausgeklinkten Trägerauflagern - sind die gefährdeten Bereiche zu verstärken. Im Falle von ausgeklinkten Auflagern geschieht dies z.B. durch seitlich am Träger aufgeleimte Furnierplatten oder mittels eingeleimter Gewindestangen (vgl. Bild 3.71 c)

Verschiedene Konstruktionen gelenkiger Anschlüsse von Trägern an Stützen, Wänden beziehungsweise an Querträgern zeigt Bild 3.72. Entweder wird an der Stütze, wie in Bild 3.72 a gezeigt, eine Konsole in Form eines Auflagerschuhes oder einer Auflagerknagge angebracht, auf der der Träger abgesetzt und verankert wird, oder es wird an der Stütze eine Lasche befestigt, an der der Träger angebunden wird. In beiden Fällen hat die Befestigung des Anschlußteiles die Auflagerkraft A als Scherkraft und das durch das exzentrische Auflager verursachte Moment $M = A \cdot e$ als Kräftepaar $(Z = D = M/a)$ in die Stütze zu übertragen. Das Anschlussstück kann an der Stütze beziehungsweise am Querträger angenagelt, angeschraubt oder mit ihr verdübelt sein. Die Verbinder werden auf Abscheren und ein Teil von ihnen auf Ausziehen beansprucht. Bei großen Auflagerkräften ist es zweckmäßig, das Anschlussstück mit einem Ringdübel zu versehen und diesen in die Stütze oder den Querträger einzulassen, um eine sichere Scherverbindung zu erreichen. Werden für den Anschluss von Trägern an Stützen Anschlusslaschen aus Furniersperrholz verwendet, können diese entweder an den zu verbindenden Elementen außen angelegt oder auf der einen Seite in der Stütze und auf der anderen Seite im Träger in Schlitze gesteckt und mit diesen ebenfalls durch Nägel oder Stabdübel verbunden werden.

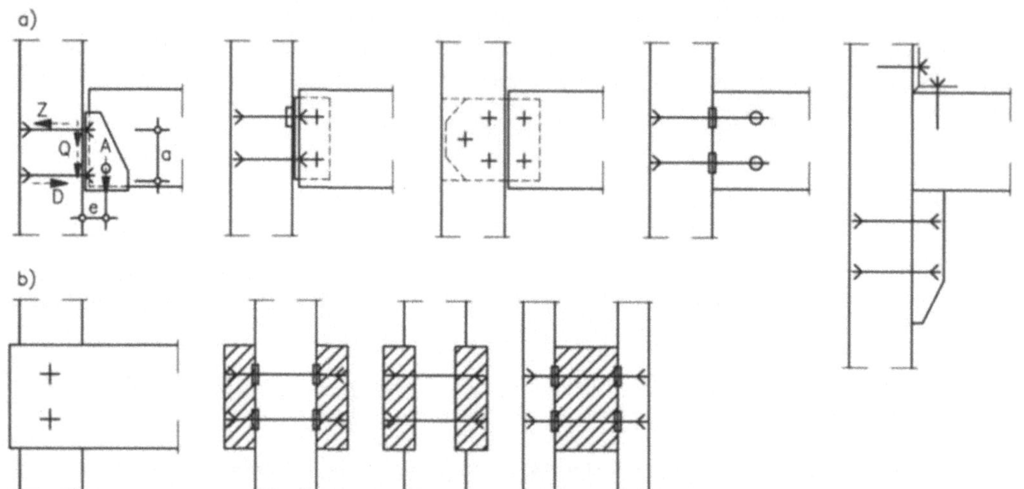

Bild 3.72 Querkraft-Anschlüsse von Trägern an Stützen beziehungsweise Querträgern: a) Träger, Stütze beziehungsweise Querträger einteilig; b) Träger oder Stütze zweiteilig

Eine holzbauspezifische Anschlusskonstruktion ist der Stirnholzanschluss von Brettschichtträgern, der für den Träger-Stützenanschluss ebenso geeignet ist wie im Falle von Brettschichtträgern für den Längsträger-Querträgeranschluss. Beim Stirnholzanschluss wird die Querkraft Q unmittelbar in der Anschlussfuge durch Ringdübel übertragen und die Verbindung durch Bolzen lediglich gesichert. Die Bolzen greifen im anzuschließenden Träger in die Gewindelöcher querliegender Rundstähle ein (siehe Bild.3.72 a4).

Die gelenkige Verbindung von Trägern und Stützen, wenn entweder der Träger oder die Stütze zweiteilig ist, zeigt Bild 3.72 b. Bei dieser Ausführung wird die Auflagerkraft in der Stützenachse über Ringdübel oder in Einlassungen abgegeben, auch diese Verbindungen sind durch Bolzen zu sichern.

Bei allen Verbindungen sollen die Bolzen aus brandschutztechnischen Erwägungen versenkt und mit Holz abgedeckt sein.

In Rahmentragwerken sind die Riegel mit den Stielen biegesteif zu verbinden. Dazu ist von der Verbindung neben der Querkraft Q und der Normalkraft N noch ein Moment M aufzunehmen. Das wird, wie Bild 3.73 a zeigt, bei einwandigen Rahmenkonstruktionen durch einen keilgezinkten, verleimten Gehrungsstoß oder bei mehrwandigen Konstruktionen durch einen Stabdübelkranz erreicht. Auch eine Verbindung mit Hilfe von angelegten, eingeschlitzten oder - bei mehrwandiger Ausführung - dazwischen gelegter Knotenplatten aus Stahlblech oder Furniersperrholz, die mit den zu verbindenen Teilen verdübelt oder vernagelt sind, ist möglich.

Biegesteife Trägerstöße werden im Holzbau selten ausgeführt. Bild 3.73-b zeigt dennoch einige konstruktive Möglichkeiten für einen solchen Stoß und zwar vom Laschenstoß eines Balkens bis zum keilgezinkt verleimten Vollstoß eines Brettschichtträgers.

Die biegesteife Verbindung von Trägern zu einlagigen Trägerrosten zeigt Bild 3.73 c. Sie geschieht vorteilhaft mit Hilfe von Knotenelementen aus Stahl, die aus sternförmig zusammengeschweißten Blechen bestehen, an denen die Trägerabschnitte mit Stabdübeln oder Paßbolzen angeschlossen sind. Mit Hilfe von entsprechend geformten Stahlblechsternen können nicht nur rechteckige sondern auch dreieckige oder beliebig gestaltete Roste und außerdem nicht nur Vollholz-Trägerroste sondern auch Fachwerk-Trägerroste gebaut werden.

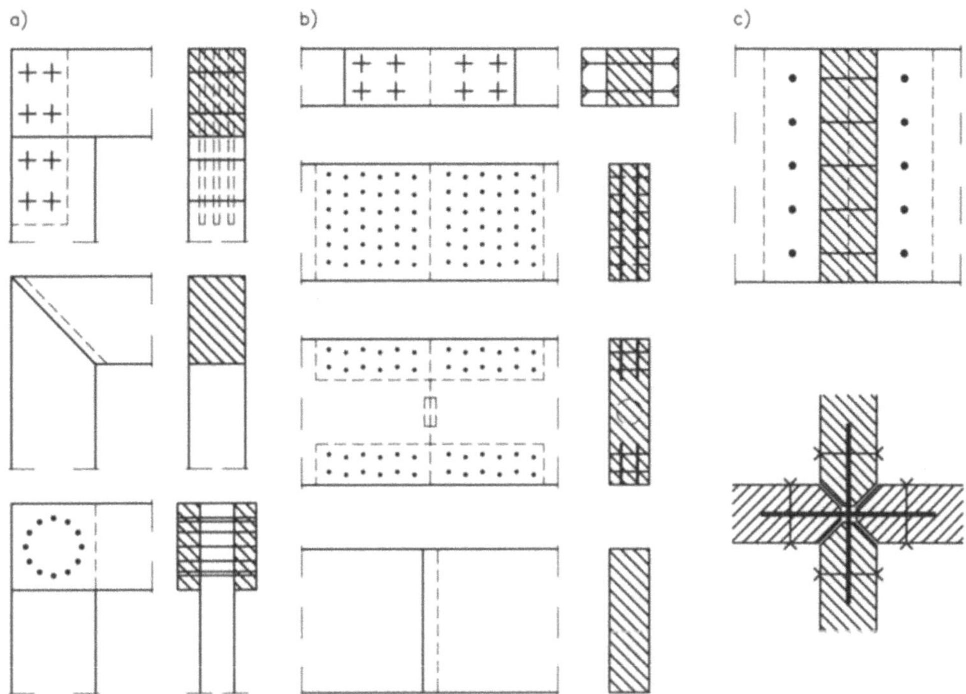

Bild 3.73 Biegesteife Verbindungen: a) von Riegeln und Stielen (Rahmenecken), b) von Trägerteilen (Montagestöße), c) von Trägerkreuzungen (einlagige Trägerroste)

Hohe Brettschichtträger, aber auch Fachwerkträger sind fallweise gegen Kippen zu sichern. Bild 3.74 zeigt zwei Möglichkeiten der Kipphaltung.

Zur Konstruktion von Fachwerkträgern zeigt Bild 3.75 verschiedene Ausführungsmöglichkeiten von Fachwerkknoten. Die einzelnen Stäbe werden im Knoten häufig über Knotenscheiben aus

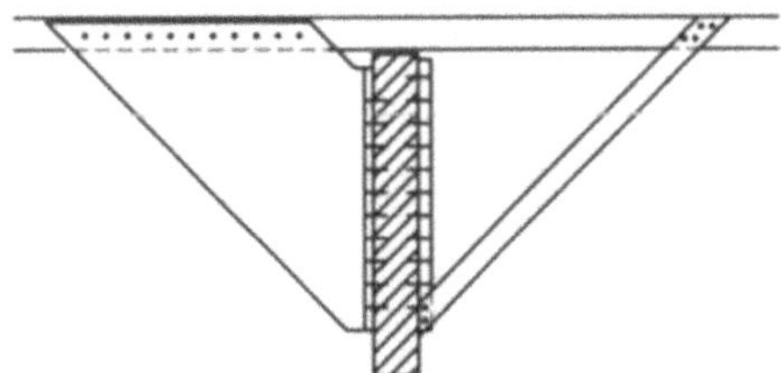

Bild 3.74 Mögliche Kipphaltungen schlanker Brettschichtträger

Stahlblech oder Furniersperrholz verbunden. Diese sind entweder außen an den Stäben oder in Schlitzen innerhalb der Stäbe angeordnet. Die Verbindung selbst ist genagelt, geschraubt oder gedübelt. Die Stäbe der Ausfachung können in den meist durchgehenden Gurten eingezapft oder mittels eines Versatzes angeschlossen, aber auch verleimt sein. Eine andere Möglichkeit ist, die Stäbe der Ausfachung zweiteilig zu machen und an die Gurte anzunageln. Auch können ein zweiteiliger Gurt, eine zweiteilige Zugdiagonale und eine einteilige Druckdiagonale im Knoten nebeneinander zusammengeführt und durch einen Bolzen verbunden werden.

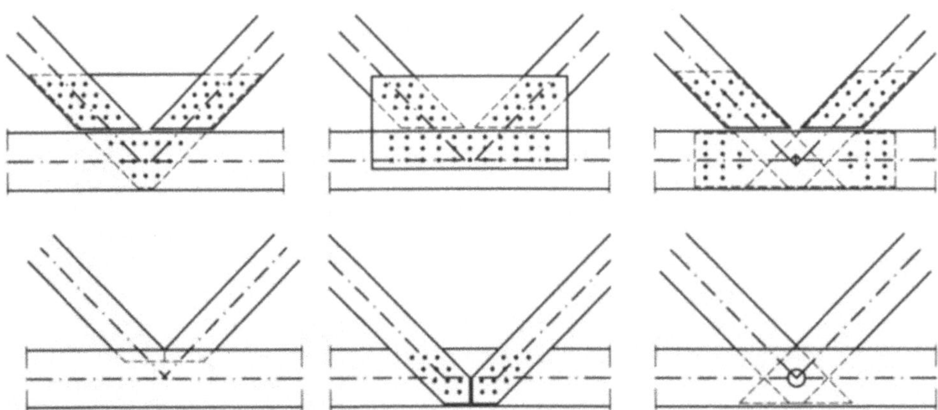

Bild 3.75 Verschiedene, mögliche Ausbildungen von Fachwerkknoten

Bild 3.76 zeigt den in Bild 3.62 als Stahlbau gezeigten Anbau an ein bestehendes Gebäude als Konstruktionsbeispiel für den Holzbau.

3.7　Träger aus Stahlbeton

3.7.1　Der Stahlbetonträger – ein Fachwerkträger

Wie in Abschnitt 1.7.1 ausgeführt, hat der Beton weder eine ausreichende noch eine zuverlässige Zugfestigkeit. Er ist daher überall dort zu bewehren, das heißt mit Stahleinlagen zu versehen, wo im Träger bei Belastung Zug entsteht.

Wo der belastete Träger auf Zug beansprucht wird, folgt aus der Vorstellung, wie er sich unter der Last verformt, und zeigen im homogenen, isotropen und sich elastisch verhaltenden Balken die Hauptspannungslinien (siehe Bild 3.19). Es läge nahe den Träger den Hauptzugspannungslinien folgend zu bewehren. Deren Verlauf wird aber durch die Art der Belastung des Trägers bestimmt und, weil sich diese ändern kann, ist diese Art von Trägerbewehrung im Allgemeinen nicht brauchbar. Besser ist es dagegen, den Stahlbetonträger so zu bewehren, dass in ihm ein Fachwerk mit Zugstäben aus Stahl und Druckstreben aus Beton entsteht, und sich dabei an den Hauptspannungen lediglich zu orientieren.

Den Stahlbetonträger mit seiner Bewehrung quasi zum Fachwerk zu machen, hat gegenüber der vorhergehend erwogenen **Trajektorienbewehrung** den Vorteil, dass ein Fachwerk, und somit

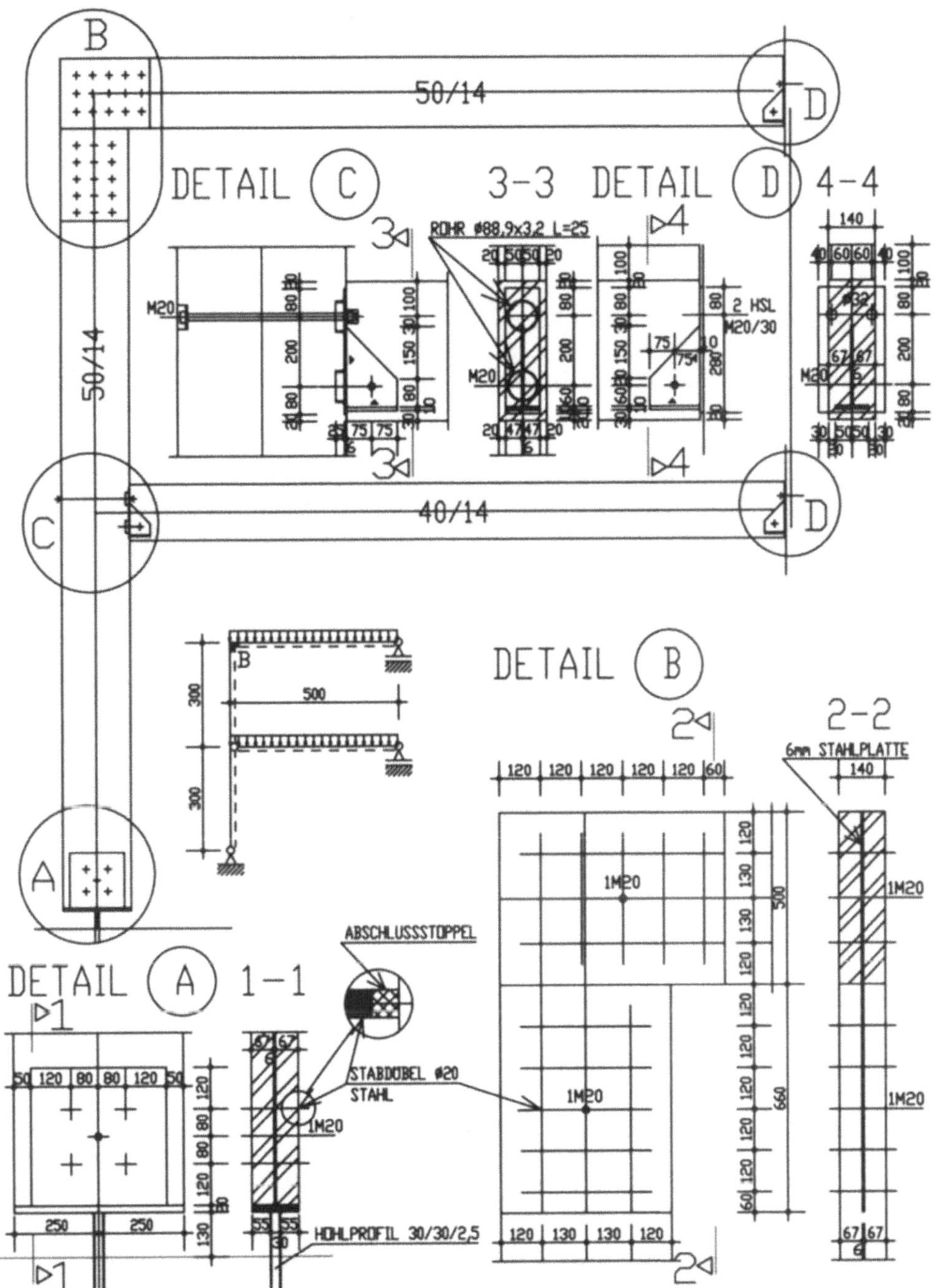

Bild 3.76 Konstruktionsbeispiel für den Holzbau: einhüftiger Rahmen mit M_B positiv (Zug auf der Rahmeninnenseite)

auch der Stahlbetonträger, ein von der jeweiligen Belastung unabhängig funktionierende Tragstruktur ist. Für jede Trägerform, ob Parallelträger oder Träger mit veränderlicher Höhe, und für jede Lagerung des Trägers, ob frei aufliegend, eingespannt oder auskragend, kann als Grundlage für das richtige Bewehren ein entsprechend geeignetes Fachwerkmodell angegeben werden. Es sind jeweils mehrere Modelle denkbar. Bei der baulichen Umsetzung ist nur wichtig, dass von den möglichen Fachwerkmodellen eines konsequent durchgebildet wird, und dass das vorgesehene Fachwerkmodell im Sinne der Mechanik unverschieblich ist

Bild 3.77 a zeigt beispielsweise schematisch die Hauptspannungen eines frei aufliegenden Trägers mit Rechteckquerschnitt unter Gleichlast. Am oberen Balkenrand treten parallel zum Rand Druckspannungen, am unteren Balkenrand parallel zum Rand Zugspannungen, und in der Balkenachse treten sich unter 90 ° kreuzende und unter 45 ° zur Balkenachse geneigte Hauptzug- und Hauptdruckspannungen auf. Aus den eingezeichneten Hauptspannungen folgt, dass sich bei dieser und ähnlichen Belastungen im oberen Teil des Balkens ein Druckgurt und im unteren Teil ein Zuggurt ausbildet. Die Kräfte im Druckgurt werden durch den Beton aufgenommen und die Kräfte im Zuggurt müssen durch Stahleinlagen aufgenommen werden. Die beiden Gurte - im Abstand des inneren Hebelarmes z - sind durch eine funktionierende Ausfachung, gebildet aus Betondruck- sowie Stahlzugstreben, miteinander verschiebungssteif zu verbinden, womit für die Lastabtragung ein einwandfreies Fachwerk gegeben ist.

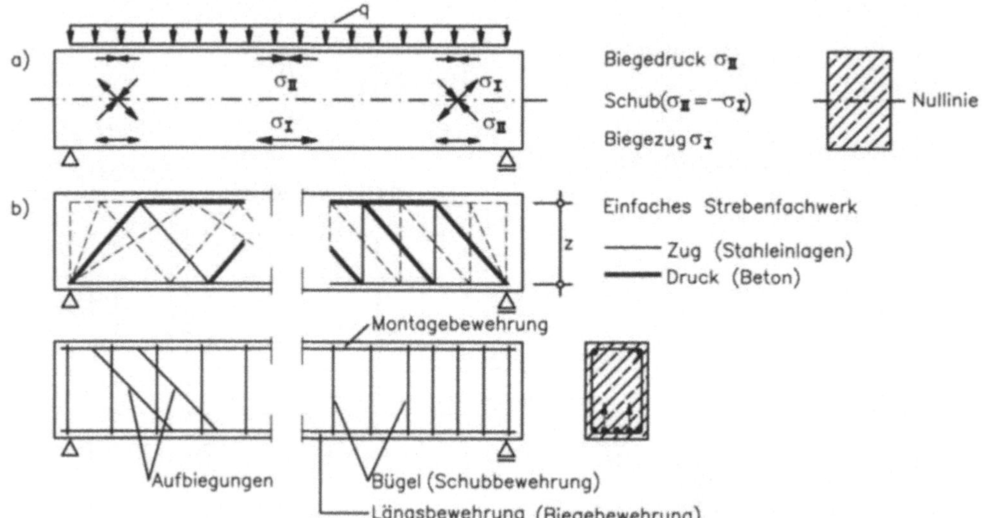

Bild 3.77 Die Bewehrung von Stahlbetonbalken entsprechend geeignet gedachter Fachwerkmodelle: a) Schematische Darstellung der Hauptspannungen, b) das Strebenfachwerk und diesem entsprechend Aufbiegungen als Schubbewehrung sowie das Streben-Pfostenfachwerk und diesem entsprechend Bügel als Schubbewehrung

Der Unterschied zu einem Fachwerkträger im herkömmlichen Sinne besteht lediglich darin, dass das Fachwerk im Stahlbetonträger erst mit der Belastung wirksam wird und sich erst in der Nähe der Bruchlast ausbildet, nämlich dann, wenn der Beton überall gerissen ist, wo er Zug bekommt. Der Bereich zwischen den Gurten ist aber selbst dann nur als elastisches Kontinuum, das heißt als ein engmaschiges Netzwerk, zu verstehen, das durch den mehr oder weniger gerissenen Beton gebildet wird, der von Stahleinlagen durchzogen ist. Ein solches kann immer als mehrfaches Strebenfachwerk gedacht und in seinem Verhalten mit verschiedenen Fachwerkmodellen beschrieben werden. Dabei kann jedes mehrfache Strebenfachwerk im weiteren als Überlagerung mehrerer einfacher Strebenfachwerke, die gegeneinander verschoben sind, gesehen und für die Berechnung auf ein solches reduziert werden.

Bild 3.77 b zeigt zwei mögliche Arten der Ausfachung:

- links ein den schiefen Hauptspannungen in der Stabachse entsprechendes Strebenfachwerk mit unter 45° geneigten Druck- und Zugstreben. Diese Modellvorstellung verlangt entsprechend geneigte Stahleinlagen, für die die im Gurt gegen das Auflager hin nicht mehr benötigten Stäbe der Biegebewehrung aufgebogen werden, und führt zur Schubbewehrung mit Aufbiegungen.

- rechts ein Strebenfachwerk mit unter 45° geneigten Druckstreben und unter 90° geneigten Zugstreben. Diese Modellvorstellung verlangt lotrechte Stahleinlagen, für die die Längsbewehrung umfassende Bügel verwendet werden und führt zur Schubbewehrung mit Bügel.

Andere Ausfachungen, das heißt andere Arten von Schubbewehrung, sind denkbar aber ohne praktische Bedeutung. Am vorteilhaftesten ist die Bügelbewehrung und zwar wegen der einfachen Biege- und Verlegearbeiten. Für die Ausführung der Bewehrung hat dann grundsätzlich zu gelten, dass die aus der Fachwerkanalogie folgende Schubbewehrung gut verteilt einzulegen ist, damit der Beton überall mit Stahleinlagen durchsetzt ist, und dass diese Bewehrung im Druckgurt gut einzubinden ist und den Zuggurt gut zu umgreifen hat (geschlossene Bügel).

3.7.2   Biegetragverhalten und Biegebewehrung

Bild 3.78 zeigt schematisch das Biegetragverhalten eines Stahlbetonträgers mit Rechteckquerschnitt bei steigender Belastung.

Zustand I

Solange die Zugspannungen bei Belastung kleiner bleiben als die Zugfestigkeit des Betons f_{ct}, verhält sich der Balken wie einer aus homogenem, isotropem und elastischem Material. Man spricht vom Zustand I und meint ungerissenen Beton. Innerhalb dieser Belastungsspanne sind Dehnungen und Spannungen über den Querschnitt linear verteilt (Bernoulli - Hooke - Navier). Die Stahleinlagen im Träger dehnen sich wegen des vollen Verbundes im selben Maße wie der sie umgebende Beton, bekommen aber wegen des größeren E-Moduls die E_s/E_c-fach größere Spannung.

Zustand II

Bei über den Zustand I hinaus wachsender Belastung wird die Zugfestigkeit des Betons f_{ct} am unteren Balkenrand und in Balkenmitte beginnend überschritten, und der Beton beginnt dort zu reißen. Man spricht vom Zustand II und meint gerissene Zugzone. Mit dem Reißen des Betons geht die Querschnitts-Nulllinie nach oben, und lediglich der Beton oberhalb dieser bleibt statisch wirksam. Dennoch kann an der Hypothese von Bernoulli vom Ebenbleiben der Querschnitte festgehalten werden, und es bleibt damit die lineare Verteilung der Dehnungen über den Querschnitt erhalten. Der Betonkeil oberhalb der Nulllinie bildet den Druckgurt D_c, und die Stahleinlagen übernehmen zunehmend die ihnen von Anfang an zugedachte Funktion des Zuggurtes Z_s. Mit weiter steigender Belastung reißt der Beton stärker auf, die Nulllinie geht im Querschnitt noch weiter nach oben, und der Abstand z zwischen Zug- und Druckgurt wächst.

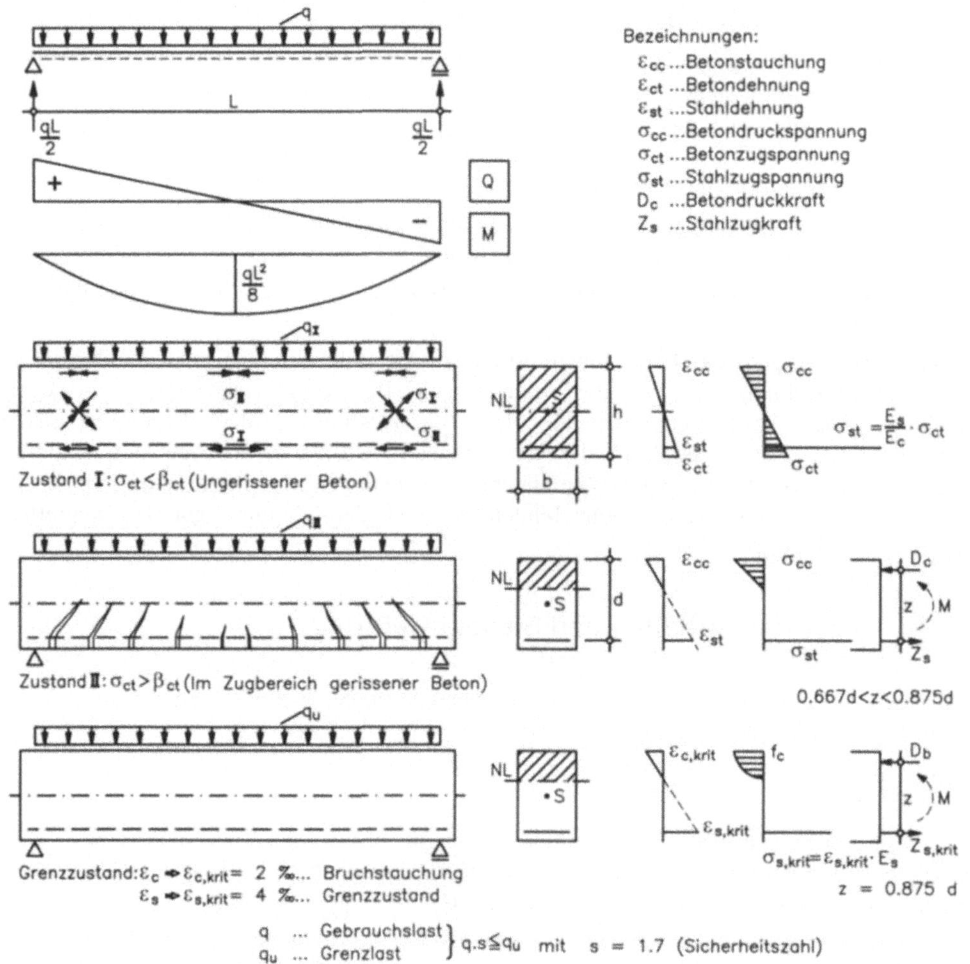

Bild 3.78 Biegetragverhalten eines Stahlbetonträgers mit Rechteckquerschnitt bei bis zur Grenzlast (kritische Last) steigender Belastung

Grenzzustand

Der Grenzzustand des Stahlbetonträgers oder sein kritischer Zustand ist erreicht, wenn bei seiner Durchbiegung der Beton am oberen Balkenrand um 2 ‰ gestaucht wird, womit die Bruchstauchung des Betons ($\varepsilon_{c,krit} = 2$ ‰) erreicht wird, beziehungsweise die Stahleinlagen am unteren Balkenrand um 4 ‰ gedehnt werden, womit die kritische Stahldehnung ($\varepsilon_{s,krit} = 4$ ‰) erreicht ist. Die kritische Stahldehnung ist eine festgelegte Dehngrenze, die den Zweck hat, dass die Risse in Summe nicht breiter als 4 mm pro Meter Balkenlänge werden. Die Rißweiten[1] müssen nämlich über die Dehnung der Stahleinlagen begrenzt werden, damit einerseits die Durchbiegung des Balkens in Grenzen bleibt und andererseits die Stahleinlagen in zu breiten Rissen nicht der freien Korrosion ausgesetzt sind. Dass die Risse außerdem fein verteilt bleiben (Haarrisse), verlangt einen vollen Verbund der Stahleinlagen mit dem sie umgebenden Beton, was im Allgemeinen mit der Verwendung profilierter Stahleinlagen erreicht wird.

Der Stahlbetonträger ist mit der Sicherheit s gegen diesen Verformungsgrenzzustand zu bemessen. Ausgehend von dem unter 3.7.1 beschriebenen Fachwerk wird dessen Zuggurt, das ist die Biege- oder Längsbewehrung des Stahlbetonträgers, für $q_u = s \cdot q$ bemessen. Dabei wird entweder der Stahl voll ausgenutzt werden können und der Beton nicht ausgenutzt ($\sigma_{cc} < f_c$, $\sigma_{st} = f_y$) sein, oder der Beton voll ausgenutzt werden und der Stahl nicht voll ausgenutzt werden können ($\sigma_{cc} = f_c$, $\sigma_{st} < f_y$), oder werden im Optimalfall beide voll ausgenutzt sein ($\sigma_{cc} = f_c$, $\sigma_{st} = f_y$).

Diese Art der Bemessung bzw. Nachweisführung unterscheidet sich grundsätzlich von der Bemessung von Stahl- und Holzträgern, bei denen der Nachweis mit den maximalen Querschnittsspannungen, die den zulässigen Spannungen gegenübergestellt werden, geführt wird. Im Falle des Stahlbetonbalkens im Zustand II herrscht kein linearer Zusammenhang mehr zwischen der Belastung und den Randspannungen im Betonquerschnitt. Es ist daher nachzuweisen, dass das um einen Sicherheitsfaktor multiplizierte Bemessungsmoment kleiner ist als das Querschnittstragmoment, das einen Grenzzustand im Querschnitt verursacht.

Bruchmechanismen

Der Bruch eines Stahlbetonträgers kann auf verschiedene Art erfolgen und nicht erst nach Überschreiten der Bemessungsgrenzlast. Diese entspricht lediglich einem Verformungsgrenzzustand und hat mit der Bruchlast an sich nichts zu tun.

Ein **Biegezugbruch ohne Vorankündigung** kann bereits beim Übergang vom Zustand I in den Zustand II passieren, wenn eine zu schwache Bewehrung der Kraftumlagerung vom Zugkeil des Betons auf die Stahleinlagen nicht standhält (vgl. die entsprechenden Spannungsdiagramme in Bild 3.78). Um einen solchen Bruch zu verhindern, bedarf es einer Mindestbewehrung, die aus Gleichung (3.14) folgt.

$$\min A_{s,\sigma} = 1,4 \cdot \frac{b \cdot d}{1000} \tag{3.14}$$

    b . . .Querschnittsbreite
    d . .Querschnittsnutzhöhe, siehe Bild 3 78, Zustand II

Eine von den Trägerabmessungen abhängige Mindestbewehrung ist notwendig, weil ein Träger mit fallweise konstruktiv oder entwurfsbedingten großen Abmessungen, der von Haus aus nur für

---

[1] Zur Beschränkung der Risse ist die Begrenzung der Stahldehnung eine gebräuchliche und anschauliche Möglichkeit; die zukünftige Normung wird aber in der selben Absicht bei der Stahlbetonbemessung von anderen Gesichtspunkten ausgehen.

eine geringe Last zu bemessen ist, wegen seiner augenscheinlichen Abmessungen zur Überbelastung verleiten kann, und dann wie beschrieben brechen würde, wäre er nicht entsprechend bewehrt (Zugkeildeckung). Mit der Mindestbewehrung wird der im Träger im Zustand I theoretisch mögliche Zugkeil abgedeckt und damit zumindest der Übergang in den Zustand II in allen Fällen garantiert. Betonquerschnitte sollen stets so bemessen sein, dass sie jenes Tragverhalten zeigen, das durch eine Versagensvorankündigung mit großen Verformungen (Aufgehen der Risse) gekennzeichnet ist.

Ein **Biegezugbruch mit Vorankündigung** wird dagegen passieren, wenn zwar die Mindestbewehrung aber für die Belastung zu wenig Bewehrung vorhanden ist und sich die Stahleinlagen infolgedessen übermäßig dehnen und schließlich reißen. Ein solcher Bruch kündigt sich aber durch Risse und große Durchbiegung an.

Ein **Biegedruckbruch** kann sich ereignen, wenn der Stahlbetonträger überbewehrt ist und sich die Nulllinie im Querschnitt bei entsprechender Belastung soweit nach oben schiebt, dass der zu schmal gewordene Druckgurt plötzlich nach oben ausbricht.

Bemessung des Rechteckquerschnittes

Bei der Bemessung wird im Allgemeinen von einem Betonquerschnitt (b·h) ausgegangen. Für diesen ist zum einen festzustellen, dass der Querschnitt der Betondruckzone (Druckgurt) ausreicht, das heißt, dass die Abmessungen des Betonquerschnittes ausreichend gewählt wurden, und zum anderen die erforderliche Bewehrung zu ermitteln. Man spricht von **gebundener Bemessung**.

Bei Stahlbetonträgern kann bei der Abschätzung der Trägerhöhe h für Einfeldträger von $L/10 > h > L/20$ und für Durchlaufträger von $L/15 > h > L/30$ ausgegangen werden, wobei L die maximale Stützweite bezeichnet. Einige der für die Bemessung von Stahlbetonteilen im Rahmen einer Entwurfsberechnung notwendigen Grenzspannungen für Beton und Stahl sind in Tabelle 3.3 angegeben.

Tabelle 3.3 Grenzspannungswerte für Beton und Betonstahl

in [kN/cm²]		f_c	f_y
Beton	**C 20**	1,6	
	C 25	2,0	
	C 30	2,5	
Betonstahl	**TC 50**		50

Bild 3.79 zeigt die Bemessungsschnittgrößen im Grenzzustand (s·M, s·N) und zwar in Stabachse und reduziert in den Schwerpunkt der Stahleinlagen e und die diesen entsprechenden Spannungsresultierenden $D_{c,krit}$ und $Z_{s,krit}$.

Bei **Biegung ohne Längskraft** folgen entsprechend Bild 3.79 die zu bestimmenden Spannungsresultierenden beziehungsweise die Gurtkräfte $D_{c,krit}$ und $Z_{s,krit}$ durch Gleichsetzen mit dem Bemessungsmoment s·M aus Gleichung (3.15). Dabei wird vom Idealfall ausgegangen, dass der Beton und der Stahl voll ausgenutzt sind und der Betondruckkeil, seiner Arbeitslinie (vgl. Bild 2.14) entsprechend, die Form einer quadratischen Parabel hat.

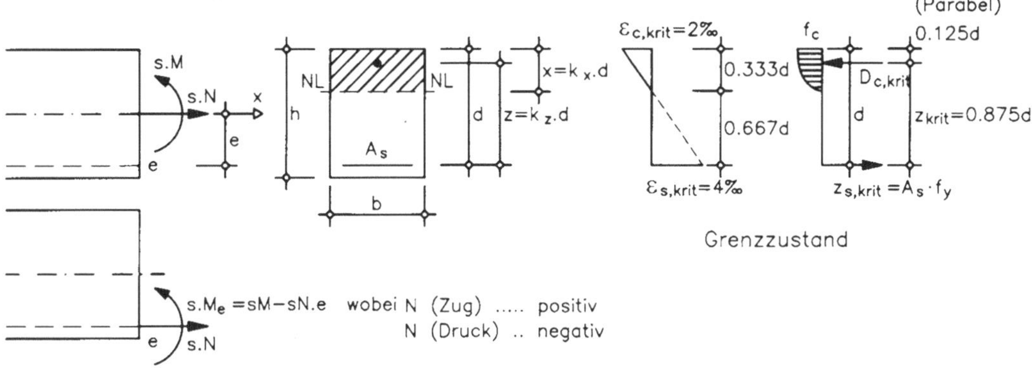

Bild 3.79 Biegebemessung von Querschnitten mit rechteckiger Betondruckzone

$$\Sigma X \quad : \quad Z_{s,krit} - D_{c,krit} = 0 \qquad \rightarrow \qquad D_{c,krit} = Z_{s,krit}$$

$$\Sigma M_e \quad : \qquad s\,M = D_{c,krit}\ z \quad \rightarrow \quad D_{c,krit} = \frac{s\,M}{z}$$

$$\varepsilon_c = \varepsilon_{c,krit} = 2\,‰$$
$$z = z_{krit} = d - 0{,}125 \cdot d = 0{,}875 \cdot d = \frac{7}{8}\,d$$
$$\varepsilon_s = \varepsilon_{s,krit} = 4\,‰$$

$$D_{c,krit} = Z_{s,krit} = \frac{s \cdot M}{0{,}875 \cdot d} \qquad\qquad (3.15)$$

M . . Biegemoment an der zu bemessenden Stelle
s   Sicherheit gegen den Verformungsgrenzzustand (s = 1,7)
d . . Nutzhöhe des gewählten Betonquerschnitts
z_{krit} .. Innerer Hebelarm bei gleichzeitiger Ausnutzung von Stahl und Beton

Die Betondruckzone (b·x) muss die als parabelförmiger Druckspannungskeil auf sie einwirkende Druckgurtkraft aufnehmen und dementsprechend muss der gewählte Betonnutzquerschnitt (b·d) Gleichung (3.16) genügen.

$$D_{c,krit} = \frac{2}{3}\,0{,}333 \cdot d \cdot f_c \cdot b = 0{,}222 \cdot b \cdot d \cdot f_c$$

$$b \cdot d \geq \frac{D_{c,krit}}{0{,}222 \cdot f_c} \qquad\qquad (3.16)$$

$D_{c,krit}$ nach Gleichung (3.15) ermittelte Druckgurtkraft
f_c Prismenfestigkeit des Betons ($f_c \approx 0{,}8 \cdot f_{cw}$)

Die erforderliche Stahlfläche $A_{s,\ erf}$ muss der Zuggurtkraft entsprechen und folgt aus Gleichung (3.17).

$$Z_{s,krit} = A_s \cdot \sigma_{s,krit} = \frac{s \cdot M}{0,875 \cdot d}$$

$$A_{s,erf} = \frac{s \cdot M}{0,875 \cdot d \cdot f_y} \qquad (3.17)$$

$\sigma_{s,krit}$ ..Stahlspannung entsprechend $\varepsilon_{s,krit} = 4\ ‰\ \rightarrow\ \sigma_{s,krit} \approx f_y$
f_y.. .....Grenzspannung des Bewehrungsstahles

Mit der Bemessungsformel (3.17) können überschläglich sowohl jene Fälle bemessen werden, bei denen der Beton noch nicht voll ausgenutzt ist ($\varepsilon_{cc} < \varepsilon_{c,krit}$ und $\varepsilon_s = \varepsilon_{s,krit}$), das heißt jene im sogenannten schwach bewehrten Bereich, als auch jene, bei denen der Beton voll ausgenutzt ist und aus Gründen des erforderlichen Gleichgewichtes die Stahlspannung nicht mehr voll ausgenutzt werden kann ($\varepsilon_{cc} = \varepsilon_{c,krit}$ und $\varepsilon_s < \varepsilon_{s,krit}$), das heißt jene im sogenannten stark bewehrten Bereich. Im schwach bewehrten Bereich, und das ist der Großteil der praktisch vorkommenden Bemessungsfälle, geht die Näherung ein wenig auf Kosten der Wirtschaftlichkeit und im stark bewehrten Bereich unbedeutend auf Kosten der Sicherheit. Außerdem ist die näherungsweise Bemessung nach beiden Seiten hin abgegrenzt und zwar im schwach bewehrten Bereich durch die Forderung der Mindestbewehrung nach Gleichung (3.14) und im stark bewehrten Bereich durch die Begrenzung des Bewehrungsgrades w, der nach Gleichung (3.18) definiert ist.

$$w = \frac{A_s}{b \cdot d} \cdot \frac{f_y}{f_c} \leq 0,3 \qquad (3.18)$$

A_s .....Fläche der Stahleinlagen
b ......Querschnittsbreite
d.......Querschnittsnutzhöhe
f_y.......Grenzspannung des Bewehrungsstahles
f_c..... ..Betonprismenfestigkeit ($f_c \approx 0,8 \cdot f_{cw}$)

Der Bewehrungswert w hat im Falle des Grenzzustandes den Wert 0,222. Wenn der Bewehrungswert größer als 0,3 wird, ist der Querschnitt zu vergrößern. Von einer Druckbewehrung, das ist eine Bewehrung der Betondruckzone, ist nur in Ausnahmefällen Gebrauch zu machen, wie etwa bei örtlichen Querschnittsschwächungen oder anderen baulichen Zwangssituationen, weil sie dem Wesen des Stahlbetons, dass nämlich der Beton den Druck übernimmt, widerspricht.

Für die genaue Bemessung, auch in jenen Bereichen in denen die Bemessungsformel (3.17) nur näherungsweise gilt, stehen Bemessungstabellen zur Verfügung. Diese gehen bei der **gebundenen Bemessung** unter anderem von einem Rechenhilfswert γ aus, mit dem $A_{s,erf}$ an sich gleich wie nach Gleichung (3.17) jedoch mit einem vom Ausnutzungsgrad abhängigen inneren Hebelsarm und zwar sowohl für Bemessungsfälle im schwach wie auch im stark bewehrten Bereich zu ermitteln ist:

$$\gamma = \frac{d}{\sqrt{\dfrac{s \cdot M}{f_c \cdot b}}} \quad \rightarrow \quad k_x,\ k_z \quad \rightarrow \quad z = k_z \cdot d \quad \rightarrow \quad A_{s,erf} = \frac{s \cdot M}{z \cdot \sigma_s}$$

$\sigma_s = f_y$.........im schwach bewehrten Bereich für Stahldehnungen $\varepsilon_s = \varepsilon_{s,krit} = 4\ ‰$
$\sigma_s < f_y$... .....im stark bewehrten Bereich für Stahldehnungen $\varepsilon_s < \varepsilon_{s,krit}$
Die Stahlspannung für Dehnungen $\varepsilon_s < \varepsilon_{s,krit}$ ist entsprechend dem verwendeten Bewehrungsstahl aus den Bemessungstabellen zu entnehmen.

Die zuvor angegebenen Grenzen durch Mindest- und Maximalbewehrung sind einzuhalten.

Bei **Biegung mit Längskraft** (große Ausmittigkeit vorausgesetzt, das heißt, dass die Nulllinie den Querschnitt in der oberen Querschnittshälfte schneidet) folgen entsprechend Bild 3.79 die zu bestimmenden Spannungsresultierenden $D_{c,krit}$ und $Z_{s,krit}$, das heißt die Gurtkräfte, durch Gleichsetzen mit den Bemessungsschnittgrößen ($s \cdot M_e$, $s \cdot N$) aus Gleichung (3.19). Dabei wird wieder vom Idealfall ausgegangen, dass der Beton und der Stahl voll ausgenutzt sind und der Betondruckkeil, der Arbeitslinie des Betons folgend, die Form einer quadratischen Parabel hat.

$$\Sigma X \quad : \quad s \cdot N = - D_{c,krit} + Z_{s,krit} \quad \rightarrow \quad Z_{s,krit} = D_{c,krit} + s \cdot N$$

$$\Sigma M_e \quad : \quad s \cdot M_e = D_{c,krit} \cdot z$$

$$\varepsilon_c = \varepsilon_{c,krit} = 2\ ‰$$
$$z = z_{krit} = 0{,}875 \cdot d \ = \frac{7}{8} d$$
$$\varepsilon_s = \varepsilon_{s,krit} = 4\ ‰$$

$$D_{c,krit} = \frac{s \cdot M_e}{0{,}875 \cdot d} \qquad Z_{s,krit} = \frac{s \cdot M_e}{0{,}875 \cdot d} + s \cdot N \tag{3.19}$$

M_e ... Schnittmoment bezogen auf den Schwerpunkt der Stahleinlagen. $M_e = M - N \cdot e$ mit N als Zug positiv

N . ....Normalkraft; Zug positiv, Druck negativ

s ....Sicherheit gegen den Verformungsgrenzzustand (s = 1,7)

d ....Querschnittsnutzhöhe

Die Richtigkeit der Annahme des Betonquerschnittes kann mit Gleichung (3.16) überprüft werden und die erforderliche Fläche der Stahleinlagen folgt analog Gleichung (3.17) aus Gleichung (3.20).

$$A_{s,erf} = \frac{s \cdot M_e}{0{,}875 \cdot d \cdot f_y} + \frac{s \cdot N}{f_y} \tag{3.20}$$

f_y ...... Grenzspannung der Bewehrungsstähle

Biegeknicken von Betonstäben mit Rechteckquerschnitt

Bei kleiner Ausmittigkeit der Längskraft, das heißt, dass die Nulllinie in der unteren Querschnittshälfte oder überhaupt außerhalb des Querschnitts liegt (vgl. Bild 3.80), kann obiger Formelapparat nicht mehr zur Bewehrungsermittlung beziehungsweise zum Nachweis des Betonquerschnitts verwendet werden.

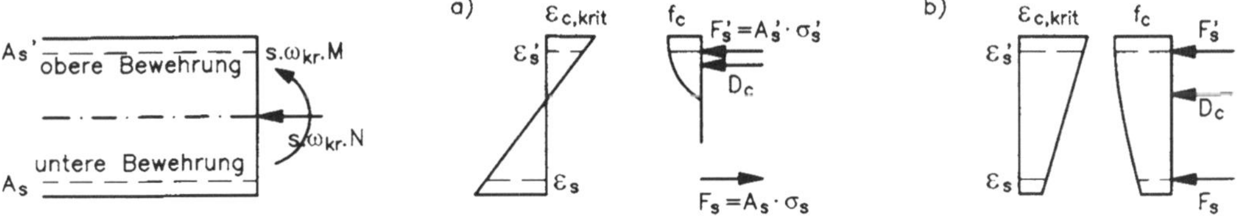

Bild 3.80 Dehnungsverläufe und innere Kräfte bei kleiner Ausmitte: a) Nulllinie innerhalb des Querschnitts, b) Nulllinie außerhalb des Querschnitts

Es handelt sich bei derart belasteten Stäben nicht mehr um Biegeträger sondern vielmehr um Stützen, die zusätzlich zur Normalkraft noch durch ein Biegemoment beansprucht werden. Beispielsweise tritt diese Beanspruchung in den Stielen verschieblicher Rahmen infolge horizontal wirkender Belastungen auf.

Der Grenzzustand solcher Stäbe wird stets mit Erreichen der kritischen Betonstauchung $\varepsilon_{c,krit}$ erreicht. In der Praxis erfolgt die Bemessung dieser Querschnitte mit Hilfe von Nomogrammen, aus denen man die erforderlichen Bewehrungsflächen sowohl für die obere als auch für die untere Bewehrung ablesen kann. Die obere Bewehrung ist stets eine Druckbewehrung, die untere Bewehrung kann je nach Nulllinienlage eine Druck- oder Zugbewehrung sein.

Sind die zu bemessenden Stäbe knickgefährdet, sind die Schnittgrößen M und N für die Bemessung des Trägers noch mit den Ausweichzahlen ω_{krit}, die den Einfluss der Theorie II. Ordnung (vgl. Abschnitt 3.1.3) berücksichtigen, zu vervielfachen. Die Ausweichzahlen ω_{krit} sind abhängig von der Stabschlankheit sowie von der Ausmittigkeit des Lastangriffs. Bei sehr großer Ausmitte - im Übergang zur Biegung ohne Normalkraft - werden sie gleich 1, bei sehr kleiner Ausmitte - im Übergang zum zentrischen Druck - entsprechen sie den Knickbeiwerten ω für Beton (vgl. Abschnitt 2.3).

Bemessung rechteckähnlicher Querschnitte

Bei der Bemessung von Stahlbetonträgern mit Rechteckquerschnitt geht es im Grunde genommen um Querschnitte mit rechteckiger Druckzone, so dass nach den Formeln (3.17) und (3.20) alle Trägerformen bemessen werden können, bei denen die Nulllinie eine rechteckige Druckzone abschneidet, und dass weitere Trägerformen, wie sie im Stahlbeton-Fertigteilbau vorkommen, durch eine solche angenähert werden können. Bild 3.81 zeigt solche Trägerquerschnitte, mit der unter der Annahme voller Ausnutzung von Beton und Stahl ermittelten Nulllinienlage, und außerdem die durch ein Ersatzrechteck angenäherte Druckzone sowie den inneren Hebelsarm z als Grundlage für eine überschlägliche Bemessung nach Gleichung (3.16) bis (3.18).

Mit der gezeigten Festlegung der Druckzonenbreite b können solche Querschnitte auch mit Hilfe der gebräuchlichen γ -Tabellen bemessen werden.

Bemessung des Plattenbalkenquerschnittes

Der Plattenbalken ist meistens Teil einer Rippenplatte, und die **mitwirkende Plattenbreite**[1] ist dann gleich dem Achsabstand der Rippen.

Bei der Bemessung des Plattenbalkenquerschnittes nach den Überlegungen der Fachwerkanalogie

---

[1] Bei der Biegespannungsermittlung nach der Technischen Biegelehre wird stets vorausgesetzt, dass die Spannungen über die Querschnittsbreite konstant verteilt sind. Bei Plattenbalken mit scheibenartigen Gurten ist diese Voraussetzung oft nicht erfüllt, dass heißt die Normalspannungen in der Platte zu Folge der Balkenbiegung nehmen mit zunehmendem Abstand vom Steg ab. Um den Plattenbalken trotzdem nach der Technischen Biegelehre berechnen zu können, wird an Stelle der realen Plattenbreite mit der mitwirkenden Plattenbreite des Scheibengurtes gerechnet. Die mitwirkende Plattenbreite wird so bestimmt, dass die Schubkräfte zwischen Steg und Platte sowie die maximale auftretende Plattenspannung gleich groß sind wie für den Querschnitt mit den effektiven Plattenabmessungen. In der Praxis werden zur Ermittlung der mitwirkenden Plattenbreite im Regelfall fertige Formeln ausgewertet.

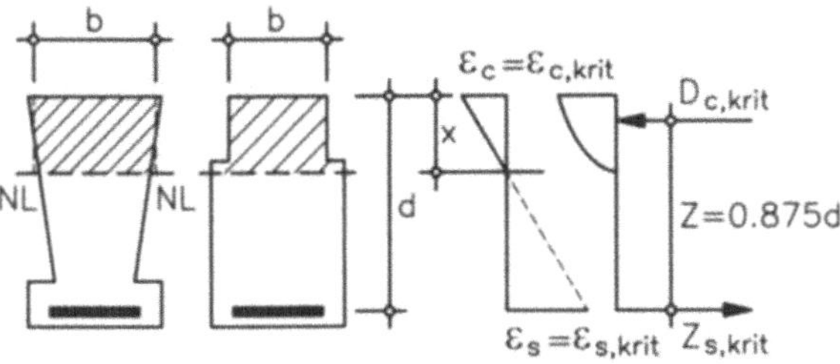

Bild 3.81 Abschätzung des Druck-
querschnittes (b·x) bei
rechteckähnlichen Träger-
querschnitten

ist zu unterscheiden, ob er für ein positives Moment oder für ein negatives Moment zu bemessen ist. Im ersten Falle bildet die Platte den Druckgurt und die Längsbewehrung des Steges den Zuggurt und nach Bild 3.82 a kann der innere Hebelarm in guter Näherung mit $z = d - h/2$ und als Druckgurtfläche die Querschnittsfläche der mitwirkenden Platte der überschläglichen Bemessung zugrunde gelegt werden. Schneidet in diesem Falle die Nulllinie nicht den Steg sondern die Platte, ist der Plattenbalkenquerschnitt als Rechteckquerschnitt mit der Plattenbreite b zu sehen und die Biegebewehrung für einen solchen zu ermitteln.

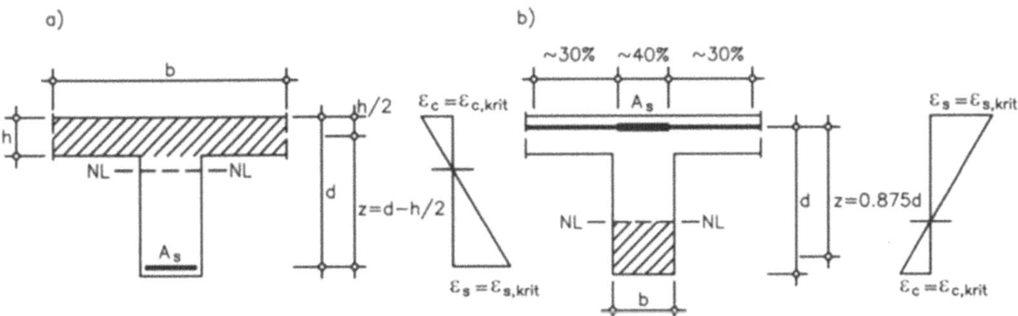

Bild 3.82 Der Plattenbalken-Nutzquerschnitt: a) Platte in der Druckzone (positives Moment) und
b) Platte in der Zugzone (negatives Moment)

Im zweiten Falle liegt die Druckzone im Steg, und die Längsbewehrung des Balkens liegt in der Platte und bildet den Zuggurt. Der Querschnitt kann nach Bild 3.82 b wie ein Rechteckquerschnitt mit der Stegbreite b bemessen werden. Die so ermittelte Bewehrung ist in der Platte wie in Bild 3.82 schematisch gezeigt zu verteilen.

In beiden Fällen ist in der Platte eine Querbewehrung, die sogenannte Anschlussbewehrung, einzulegen, um die Ausbreitung der Kräfte vom Steg in den scheibenartigen Gurt zu gewährleisten.

3.7.3 Schubspannungen und Schubbemessung

Bild 3.83 zeigt die Verteilung der Schubspannungen τ in Stahlbetonträgern mit rechteckförmigem Querschnitt sowohl im Zustand I als auch im Zustand II sowie die Grundlagen für die Bemessung der Schubbewehrung in Form einer Bügelbewehrung.

Zustand I

Unter den in Abschnitt 3.7.2 angesprochenen Bedingungen sind die Schubspannungen τ in Querschnitten normal zur Stabachse quadratisch parabolisch verteilt und sind am oberen und unteren Balkenrand null. Sie haben ihren Größtwert in der durch die Stabachse gehenden Biegespannungsnullinie. Diese Schubspannungen wirken aber nicht nur in den Querschnitten sondern auch normal dazu in Balkenlängsrichtung (Dualität der Schubspannungen). Bei Querkraftbiegung (Q, M) herrscht im Balken ein zweiachsiger Spannungszustand (vgl. Bild 3.78), der in jedem Querschnittspunkt durch Richtung und Größe der Hauptdruck- und Hauptzugspannung charakterisiert ist.

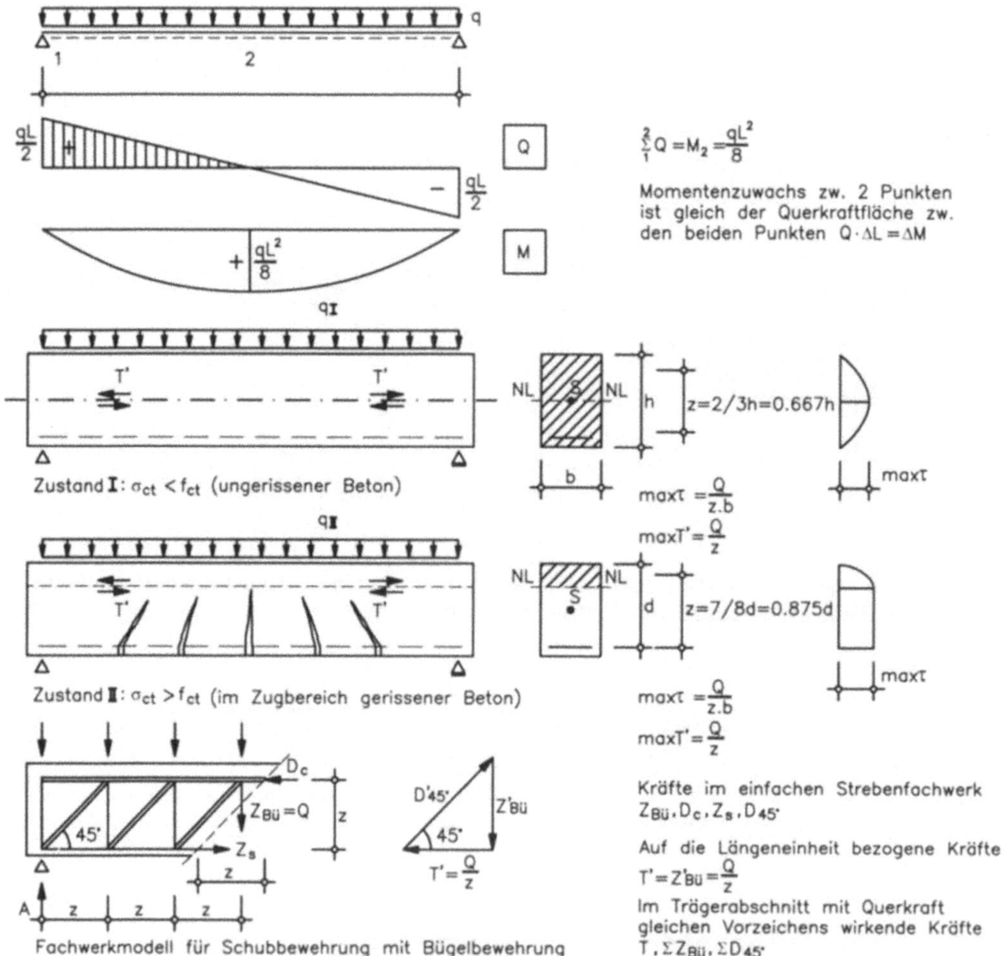

Bild 3.83 Schubtragverhalten eines Stahlbetonträgers mit Rechteckquerschnitt im Zustand I und Zustand II sowie Angaben zur Schubbemessung nach der Fachwerkanalogie

In der biegespannungsfreien Stabachse sind die Hauptspannungen unter 45 ° gegen die Stabachse geneigt und betragsmäßig gleich groß wie die Schubspannungen. Die auf die Längeneinheit bezogene Längsschubkraft T' in Balkenachse zeigt Bild 3.83.

Zustand II

Im Zustand II ist der Beton bekanntlich gerissen und nur mehr im Druckbereich des Stahlbetonträgers voll wirksam. Die Schubspannungen in Querschnitten normal zur Stabachse zwischen den Rissen wachsen vom Rand der Druckzone quadratisch parabolisch bis zur Biegespannungsnulllinie an und sind von dieser bis hin zur Biegezugbewehrung konstant, weil im Bereich zwischen der Nulllinie und dem Zuggurt definitionsgemäß keine Biegespannungen vorhanden sind.

Der reine Schub ist, weil nun vom gerissenen Beton ausgegangen wird, von einem verschiebungsstarren Netz zwischen Druckgurt und Zuggurt, der sogenannten Ausfachung, zu übertragen. Die Längsschubkraft T' am unteren Rand der Druckzone zeigt Bild 3.83. Die Ausfachung kann durch an sich beliebig geneigte Druckstreben aus Beton und Zugstreben aus Stahl gebildet werden. Da eine Bügelbewehrung als Schubbewehrung aus praktischen und ökonomischen Gründen bevorzugt wird, wird der Schubbemessung das in Bild 3.83 gezeigte Fachwerkmodell zugrunde gelegt. Dieses orientiert sich mit der 45 ° Neigung seiner Druckstreben an den Hauptdruckspannungsrichtungen in der Nulllinie im Zustand I.

Bemessung der Bügelbewehrung

Es wird volle Schubdeckung, das heißt, dass die gesamte Querkraft durch entsprechende Stahleinlagen abzudecken ist, vorausgesetzt und im Grenzzustand von dem vorhergehend beschriebenen und in Bild 3.83 gezeigten Pfosten-Strebenfachwerk ausgegangen.

Die Schubspannung im Zustand II beträgt

$$\tau = \frac{Q}{z \cdot b} \qquad \text{mit} \qquad z = 0{,}875 \cdot d$$

und die auf die Längeneinheit bezogene Schubkraft

$$T' = \tau \cdot b = \frac{Q}{z} \, .$$

Die Längsschubkraft T' ist gleich der Änderung der Gurtkraft und zwar sowohl im Druckgurt wie auch im Zuggurt und ist von der gewählten Ausfachung aufzunehmen. In einem Trägerabschnitt ΔL mit Querkräften gleichen Vorzeichens ist die Längsschubkraft T gleich:

$$T = \Delta Z = T' \cdot \Delta L = \frac{Q}{z} \Delta L = \frac{\Delta M}{z}$$

Die Gesamtkraft in den in diesem Trägerabschnitt vorhandenen Bügeln Z_{Bu} beträgt für das nach Bild 3.83 gewählte Fachwerk ebenfalls T (vgl. Krafteck in Bild 3.83, unten), weshalb weiter gilt

$$Z_{Bu} = T = \frac{\Delta M}{z}$$

Und mit f_y folgt für den Grenzzustand die Querschnittsfläche aller im gesamten Bereich 1 – 2 mit Querkräften eines Vorzeichens erforderlichen Bügel $A_{Bu,\,erf}$ aus Gleichung (3.21).

$$A_{Bü,erf} = \frac{s \cdot Z_{Bü}}{f_y} = \frac{s \cdot \Delta M^{1-2}}{z \cdot f_y} \tag{3.21}$$

Aus der obigen Formel erkennt man, dass die erforderliche Schubbewehrung für den Stabbereich 1 - 2 genau einer Biegebewehrung, ermittelt für den Momentenzuwachs im Bereich 1 - 2, entspricht. Durch eine günstige Bereichswahl - Bereich ausgehend von einem Momentennullpunkt bis zu einem Momentenmaximum oder Bereich von Momentenmaximum zu Momentenmaximum bei wechselnden Momentenvorzeichen (vgl. die Beispiele in Bild 3.84) - kann also die erforderliche Bügelbewehrung direkt mit Hilfe der bereits vorausgehend ermittelten Biegelängsbewehrung in einfacher Weise mittels Gleichung (3.22) angeschrieben werden.

$$A_{Bü,erf} = A^1_{s,erf} + A^2_{s,erf} \tag{3.22}$$

$A_{s,erf}$..an der jeweiligen Stelle ermittelte Längsbewehrung

Bild 3.84 zeigt die praktische Anwendung dieser Formel. Die so für den Bereich 1 – 2 ermittelte Bügelfläche entspricht der Summe aller erforderlichen Bügelschnitte bei voller Schubdeckung und die entsprechenden Bügel sind dem Verlauf der Querkraft folgend zu verteilen. Dabei sind Abtreppungen von Strecken mit Bügeln gleichen Abstandes erlaubt.

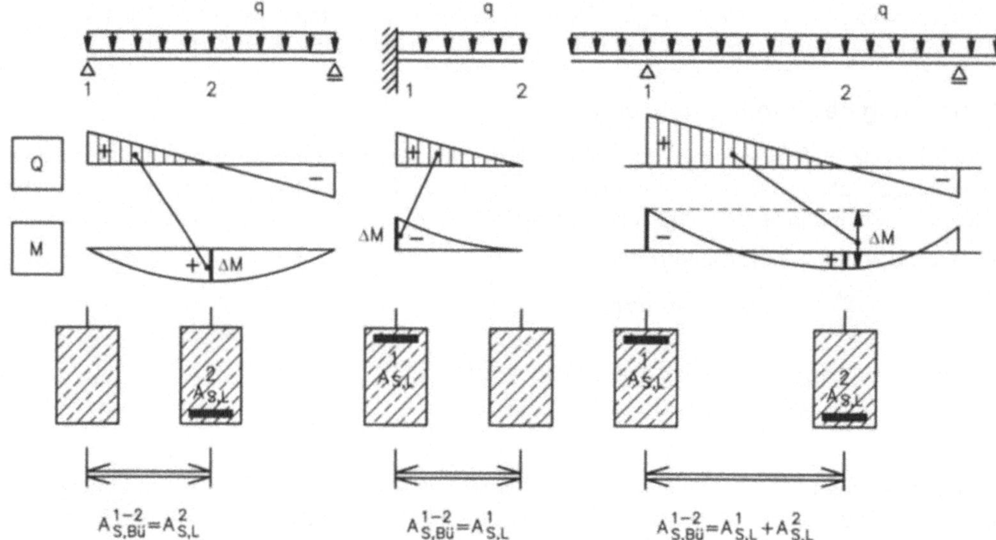

Bild 3.84 Anwendung der Bügelbemessung nach Gleichung (3.22)

Die Stegwände brauchen unabhängig davon eine Mindest-Netzbewehrung nach Gleichung (3.23), bei der die Maschenweite in etwa 25 cm $\geq$ e $\leq$ z sein soll.

$$\min A_{s,\tau} = \frac{85 \cdot \tau_1 \cdot b}{f_y} \quad [cm^2/m \text{ und Balkenseite}] \tag{3.23}$$

τ_1.....von der Betonfestigkeitsklasse abhängiger Schubspannungsrechenwert,
    z.B.: C25 ... $\tau_1 = 0,4$ N/mm²
f_y......Grenzspannung des Bewehrungsstahles
b.....Stegbreite in cm

3.7.4   Konstruktive Durchbildung

Die Grundregeln für die konstruktive Durchbildung von Stahlbetonbalken zeigt Bild 3.85.

Es ist auf eine ausreichende Betondeckung, sowie auf die Einhaltung der Mindestbiege- und Mindestschubbewehrung zu achten. Zur Sicherung der Betondeckung sind geeignete Abstandhalter zu verwenden. Und es sind geschlossene Bügel, die die Längsbewehrung umgreifen, auszuführen.

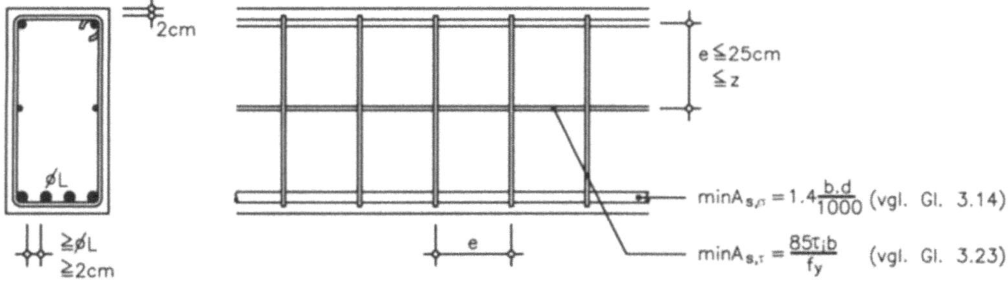

Bild 3.85 Grundregeln für die konstruktive Durchbildung von Stahlbetonbalken

Von der Längsbewehrung im Feld ist mindestens ein Drittel über das Auflager zu führen, wobei die Endverankerung dieser Bewehrung sichergestellt werden muss. Stöße der Längseinlagen sind zu vermeiden. Sollten solche notwendig sein, so sind sie als versetzte Übergreifungsstöße auszuführen, wobei in einem Querschnitt höchstens ein Drittel der Feldbewehrung gestoßen werden soll. Ist die Längsbewehrung im hochbeanspruchten Bereich zu stoßen, dann ist sie mit Muffen zu stoßen. Beim Festlegen der Längsbewehrung und bei deren Abstufung ist von der Maximalmomentenlinie (Momentenhüllkurve) auszugehen. Bild 3.86 zeigt beispielsweise, dass zwei Lastfälle zwar das gleiche Stützmoment aber einen anderen Verlauf der negativen Momente ergeben und somit eine andere Abstufung der Längsbewehrung notwendig machen.

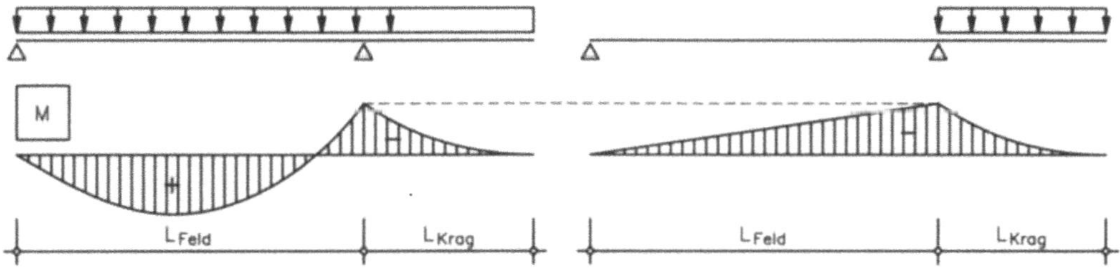

Bild 3.86 Beispiel für eine gegebenenfalls notwendige unterschiedliche Abdeckung eines in beiden Fällen gleich großen Stützmomentes

Bild 3.87 zeigt mit einigen Beispielen, dass die Trägerbewehrung auch in Lasteinleitungsbereichen zielführend mit Hilfe einfacher Fachwerkmodelle überlegt werden kann und zeigt außerdem, welche Teile des Balkens gegebenenfalls abgeschnitten werden können, weil sie nicht spannungswirksam sind.

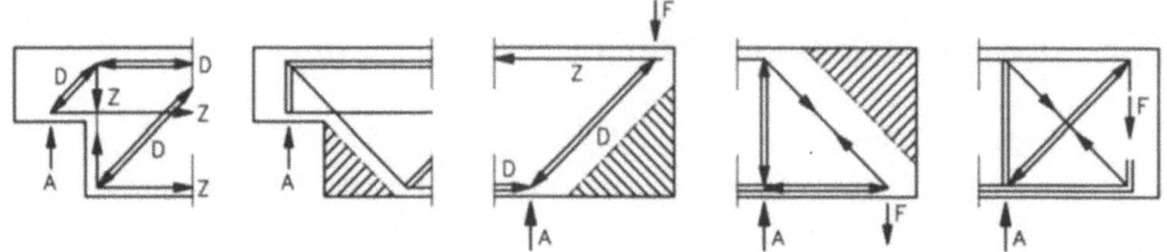

Bild 3.87 Fachwerkmodelle als Anhalt für das richtige Bewehren von Stahlbetonträgern in Lasteinleitungsbereichen (_____ Zug, Stahleinlagen; _____ Druck, Betonstreben)

Bild 3.88 zeigt den in Bild 3.64 als Stahlbau und in Bild 3.76 als Holzbau gezeigten Anbau an ein bestehendes Gebäude als Konstruktionsbeispiel für den Stahlbetonbau

3.8 Vorgespannte Träger aus Stahlbeton

3.8.1 Vorteile einer Vorspannung

Stahlbetonträger haben den Nachteil der gerissenen Zugzone. Die Risse sind zwar mit freiem Auge kaum sichtbar, sind aber vorhanden und reduzieren den Beton-Nutzquerschnitt des Trägers auf seine Druckzone, die nur etwa ein Drittel seiner Gesamthöhe ausmacht. Und selbst noch so feine Risse setzen die Stahleinlagen mehr oder weniger der Korrosion aus; auch haben sie unter anderem zur Folge, dass die Durchbiegung des Trägers mit der Zeit zunimmt.

Spannt man dagegen den Stahlbetonträger in der Weise wie in Abschnitt 1.7.3 beschrieben überall dort auf Druck vor, wo bei Belastung Zug entsteht, kann dieser, wenn der Träger nur ausreichend vorgespannt ist, nicht wirksam werden. Dann entstehen aber auch keine Risse und die genannten Nachteile sind beseitigt.

Der vorgespannte Stahlbetonträger wirkt wie ein Träger aus homogenem, zug- und druckfestem Material. Sein Betonquerschnitt ist zur Gänze nutzbar und kann gegenüber dem Querschnitt eines nicht vorgespannten Trägers kleiner gemacht werden. Das bringt Einsparungen an Beton und Bewehrung und die Möglichkeit, den Träger schlanker zu gestalten; bis zu 40 % kleinere Bauhöhen sind möglich. Der vorgespannte Stahlbetonträger biegt sich auch weniger durch als ein nicht vorgespannter gleicher Höhe und zwar nur rund ein Viertel soviel. Die Stahleinlagen sind in einem vorgespannten Stahlbetonträger - einen gut verarbeiteten Beton vorausgesetzt - besser gegen Korrosion geschützt, und er ist deshalb auch dauerhafter als ein nicht vorgespannter. Und wenn ein vorgespannter Träger kurzzeitig überlastet wird und Risse bekommt, so schließen sich diese wieder, sobald er entsprechend entlastet ist, weil seine Vorspannung eine federnde ist.

Die Vorspannung eines Stahlbetonträgers ist dann von Vorteil, wenn es durch die Vorspannung gelingt, die ständig einwirkenden Lasten, das sind die Auflasten, in ihrer Wirkung teilweise oder ganz aufzuheben. Solche Träger können nämlich sehr schlank und ohne Überhöhung ausgeführt werden.

Man wird aber nicht von vornherein jeden Stahlbetonträger vorspannen, sondern die Nachteile eines Stahlbetonträgers und die Vorteile der Vorspannung gründlich abwägen müssen, denn die

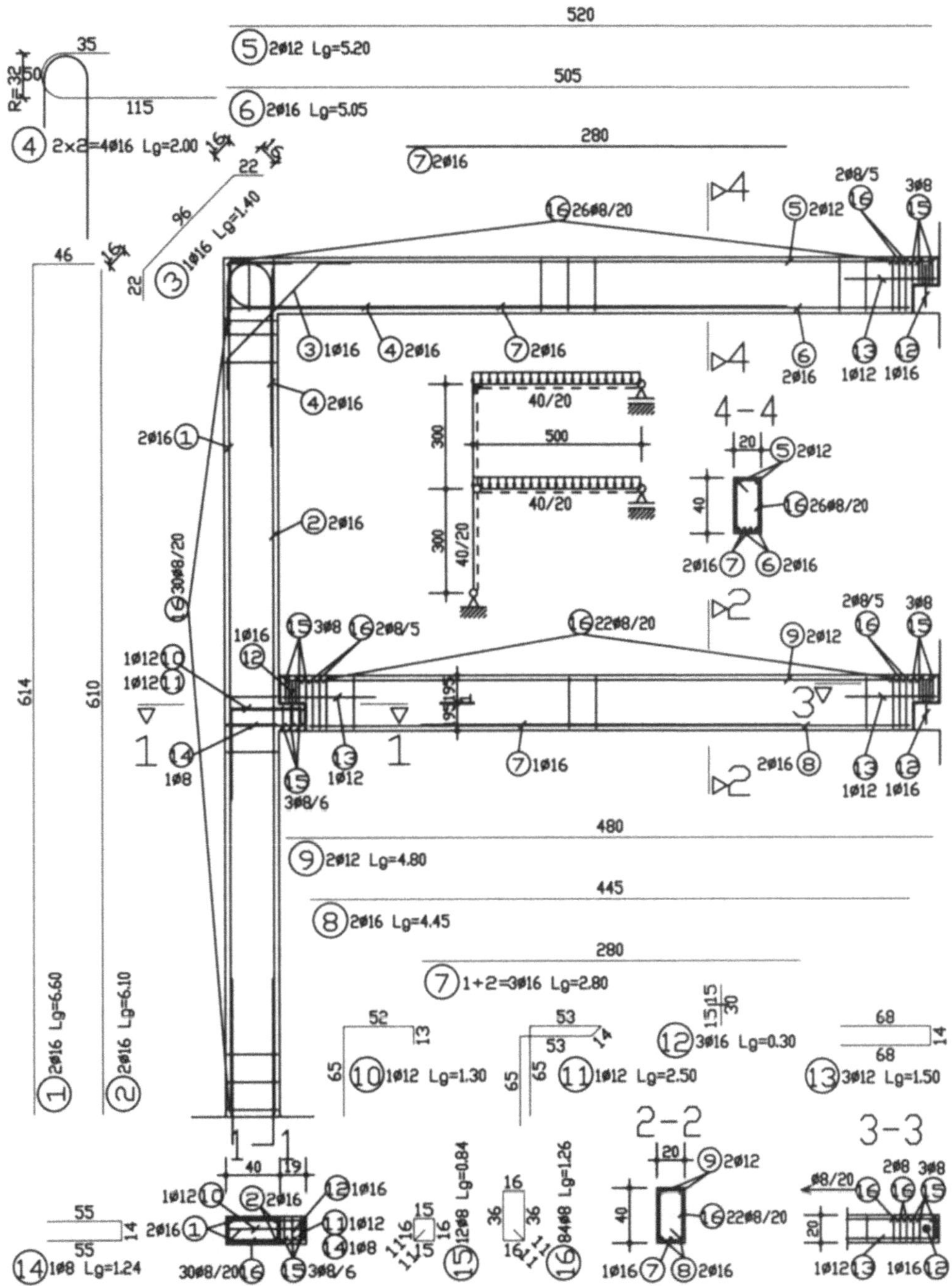

Bild 3.88 Konstruktionsbeispiel für den Stahlbetonbau, einhüftiger Rahmen mit M_B positiv (Zug auf der Rahmeninnenseite)

Vorspannung hat ihren Preis und rechnet sich meistens erst bei Trägern mit einer Spannweite von mehr als 15 m. Weitgespannte Träger, hochbelastete Träger, besonders schlank und verformungsarm zu gestaltende Träger und Stahlbetonteile, die, aus welchem Grunde immer, keine Risse bekommen sollen, werden vorgespannt.

Bei vorgespannten Stahlbetonträgern kann bei der Abschätzung der Trägerhöhe H für Einfeldträger von $L/20 > H > L/40$ und für Durchlaufträger von $L/25 > H > L/50$ ausgegangen werden, wobei L die maximale Stützweite bezeichnet.

3.8.2   Die Trägervorspannung

Das Prinzip der Trägervorspannung wird in Bild 3.89 am Beispiel eines frei aufliegenden Trägers mit gerader Stabachse gezeigt. Dabei wird ein zur Lastebene symmetrischer Querschnitt ebenso vorausgesetzt wie, dass die Spannglieder in oder symmetrisch zur Lastebene geführt sind, so dass der Träger sowohl infolge der Belastung (g, p) als auch durch die Vorspannung (V) nur um ein und dieselbe Achse auf Biegung beansprucht wird.

Wird, wie in Bild 3.89 a gezeigt, der auf einem Gerüst liegende Träger wie ein Zugstab mittig vorgespannt oder werden einzelne auf dem Gerüst liegende Trägerabschnitte mittig zu einem Träger zusammengespannt, ist der Träger zwar gleichmäßig vorgedrückt, aber sein Eigengewicht lastet nach wie vor auf der Schalung. Erst wenn die Schalung abgesenkt und damit der Träger freigesetzt wird, wirkt er als Träger und wird sich unter seinem Gewicht durchbiegen. Zum zentrischen Druck aus der Vorspannung kommt im Feld der Biegedruck beziehungsweise Biegezug aus dem Eigengewicht und der übrigen Auflast dazu. Ein so vorgespannter Träger kann nur auf seine halbe zulässige Druckspannung vorgespannt werden, wenn mit den hinzukommenden Biegespannungen auf der Druckseite die zulässige Druckspannung eingehalten werden soll und auf der Zugseite gerade noch keine Zugspannungen auftreten sollen. Diese Art der Vorspannung ermöglicht zwar eine zusätzliche Biegebeanspruchung des Trägers, ohne dass er dabei auf Zug beansprucht wird, aber sie wirkt der Biegung in keiner Weise entgegen, weshalb sie als Trägervorspannung ungeeignet ist.

Wird dagegen, wie in Bild 3.89 b gezeigt, der auf einem Gerüst liegende Träger zwar mit der gleichen Kraft, aber nicht mit einem geraden sondern mit einem der Seillinie der Belastung, das heißt bei Eigengewicht einer quadratischen Parabel folgenden Spannglied mit dem Stich e so vorgespannt, dass das Moment infolge der Vorspannung $M_V = - V \cdot e$ das infolge Eigengewicht $M_g = + g \cdot L^2/8$ aufhebt, liegt der Träger zwar noch auf der Schalung, aber sein Gewicht lastet nicht mehr auf ihr sondern auf den Auflagern.

Hinsichtlich der Vorspannung mit gekrümmt geführten Spanngliedern wird generell vorausgesetzt, dass die Spannglieder nur schwach gekrümmt sind, so dass $V_H \approx V$ gilt, und die Vorspannung reibungsfrei erfolgt, und somit im weiteren $V_H = V = $ const gilt (vgl. Bild 3.89 b).

Wenn der Träger entsprechend Bild 3.89 b1 so vorgespannt wird, dass $-M^V = +M^g$ ist, spricht man von **Formtreuer Vorspannung**, weil sich der Träger unter Vorspannung und Eigengewicht nicht durchbiegt sondern nur verkürzt. Man kann sich das so vorstellen, dass das Gewicht des Trägers im Spannglied wie in einem Seil lastet, das an den Trägerenden verankert und so gespannt ist, dass der Balken gerade bleibt, aber durch den Seilzug gestaucht wird. Wird unter dem so vorgespannten Träger die Schalung abgesenkt, wird er sich demnach unter seinem Eigengewicht g nicht mehr durchbiegen sondern nur mehr unter der Nutzlast p.

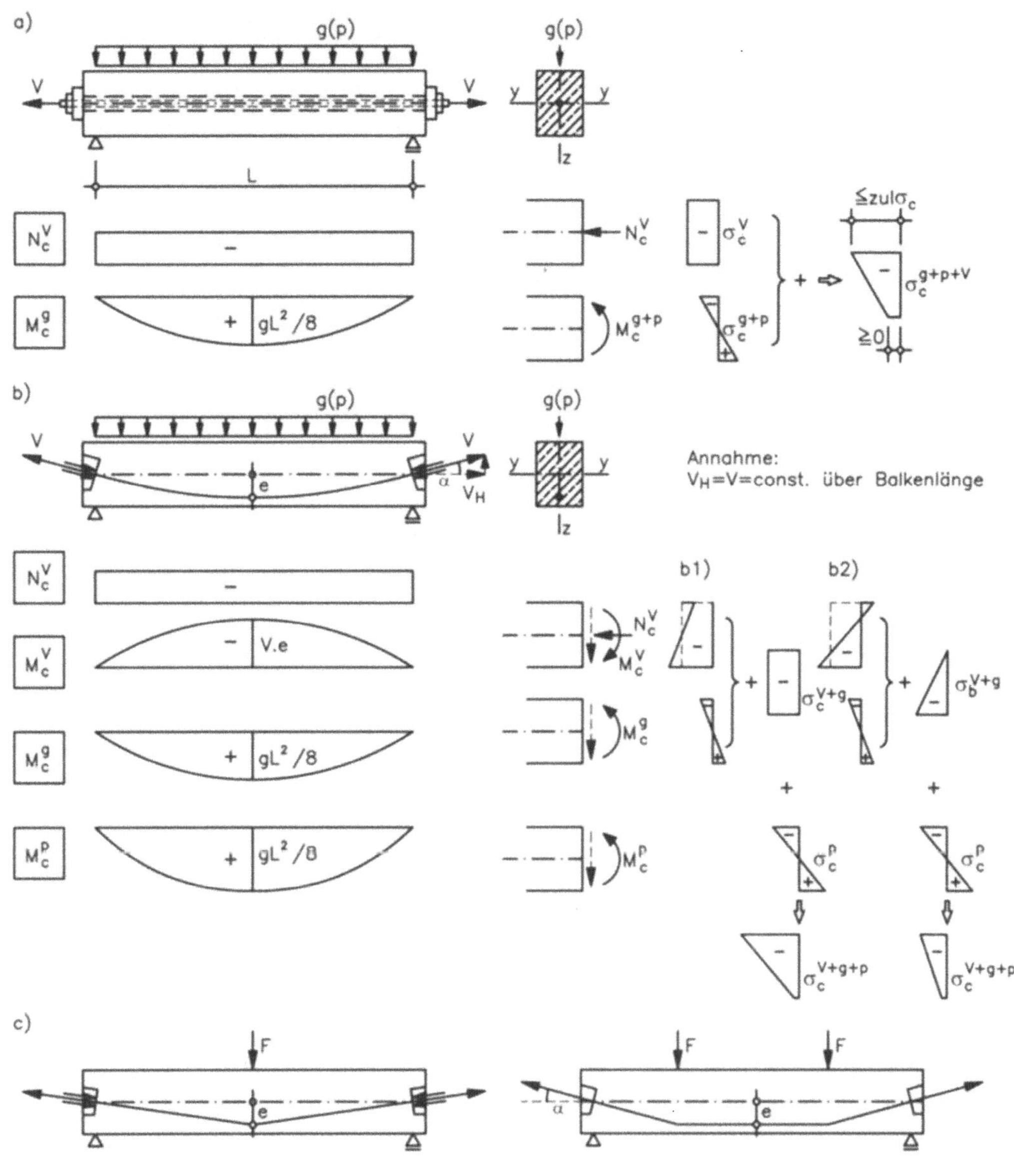

Bild 3.89 Spanngliedführungen in geraden, einachsig auf Biegung beanspruchten Balken:
a) gerade und zentrisch geführtes Spannglied, b) parabolisch geführtes Spannglied
entsprechend einer Gleichlast, b1) ... formtreue Vorspannung, b2) ... optimale
Vorspannung, c) polygonal geführte Spannglieder entsprechend Einzellasten

Praktisch werden die Spannglieder in Trägermitte so weit wie nur möglich nach unten und an den
Trägerenden in die Trägerachse geführt, und die Vorspannkraft V wird so groß gewählt, dass auf
der Trägeroberseite Zug in dem Maße entsteht wie der Balken infolge seiner

Eigengewichtsbelastung dort Druck bekommt. Unter Bild 3.89-b2 sind die Spannungsbilder eines auf diese Weise optimal vorgespannten Balkens gezeigt. Ein auf diese Weise vorgespannter Balken wird sich im Laufe des Spannens von der Schalung abheben, indem er sich nach oben biegt.

Der Vergleich der Spannungsbilder unter 3.89 b1 und b2 zeigt, dass mit der Formtreuen Vorspannung - eine solche ist überhaupt nur für eine ständig wirkende Last, wie etwa das Eigengewicht, möglich - wohl eine richtige Spanngliedführung gefunden werden kann, aber noch keine optimale Vorspannung erreicht wird. Erst mit einer bei der Vorspannung zulässigen Verbiegung des Trägers, die der Durchbiegung infolge der Folgelasten entgegengerichtet ist, wird eine solche erreicht.

Die Spannglieder in einem geraden Balken mit konstanter Höhe sind bei gleichförmiger Belastung der Momentenlinie entsprechend nach einer quadratischen Parabel und bei Einzellasten, wie in Bild 3.89 c gezeigt, der jeweiligen Momentenlinie entsprechend polygonal zu führen. Die Spanngliedführung wird demnach durch die Lastart und die Größe der Vorspannkraft durch die Lastintensität bestimmt.

3.8.3   Auflagerkräfte und Schnittgrößen infolge Vorspannung

Bei statisch bestimmt gelagerten Trägern gibt es aus der Vorspannung grundsätzlich keine Auflagerkräfte, die Vorspannung ist nämlich in sich im Gleichgewicht.

Wie der in Bild 3.90 a in der Stabachse über dem rechten Auflager geführte Knotenschnitt zeigt, stützt sich die Vorspannkraft +V des Spanngliedes auf den Stahlbetonträger ab und beide Kräfte stehen im Gleichgewicht, ohne das Auflager zu belasten. Stützkräfte gibt es gegebenenfalls bei statisch unbestimmt gelagerten Trägern infolge der Zwängung, aber nicht aus der Vorspannung selbst. Eine formtreue Vorspannung ist generell auch eine zwängungsfreie Vorspannung.

Die Schnittgrößen infolge Vorspannung können, wie Bild 3.90 a zeigt, in zweifacher Weise bestimmt werden: zum einen mittelbar über die beim Spannen eines gekrümmten Spanngliedes auf den Beton wirkenden Umlenk- und Stützkräfte (u, $-N_c$, $-Q_c$) und zum anderen unmittelbar über die an den jeweiligen Schnittstellen frei werdenden Betondruckkräfte ($-V_c$). Die Wirkung der Umlenk- und Stützkräfte ist statisch den Schnittgrößen $-V_c$ äquivalent; die beiden Vorgehensweisen sind also austauschbar.

Die auf den Beton infolge der Vorspannung wirkenden Umlenkkräfte u sind in der linken Trägerhälfte gezeigt. Zu deren Vorstellung dient der grobe Vergleich, dass es dasselbe ist, ob ein Seil von oben gleichförmig belastet und dabei gespannt wird oder ein Seil über eine gleichgeformte Umlenkung gespannt und dabei gegen diese gedrückt wird. Das gilt aber nur dann, wenn man von einem flach gekrümmten Seil ($V_H \approx V$) ausgeht und die Reibung beim Spannen (V = const) vernachlässigt - was angenommen werden kann. Die Schnittgrößen infolge Vorspannung (N^v, Q^v, M^v) folgen dann in jedem Schnitt x aus dem Gleichgewicht aller Kräfte am jeweils abgeschnittenen Teil und sind rechts der Belastungsskizze angeschrieben.

Die an der Schnittstelle frei werdende Betondruckkraft infolge Vorspannung ($-V_c$) ist an der rechten Trägerhälfte gestrichelt eingetragen. Sie wirkt in jedem Schnitt in Höhe und in der Neigung des Spanngliedes. Die Schnittgrößen infolge Vorspannung (N^v, Q^v, M^v) folgen dann aus deren Reduktion in die Stabachse und sind links der Belastungsskizze angeschrieben.

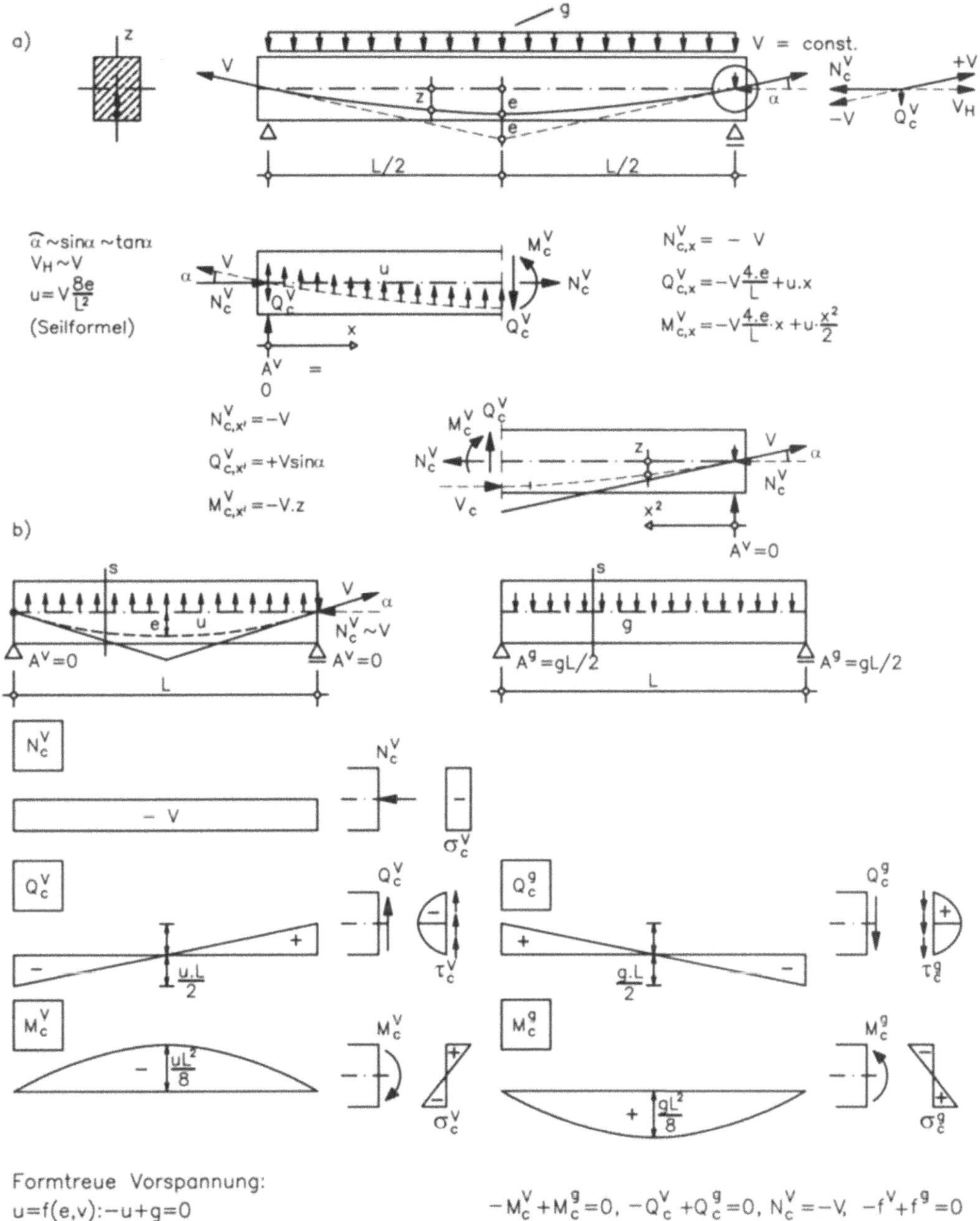

Formtreue Vorspannung:
$u = f(e, v): -u + g = 0$

$-M_c^V + M_c^g = 0,\quad -Q_c^V + Q_c^g = 0,\quad N_c^V = -V,\quad -f^V + f^g = 0$

Bild 3.90 Schnittgrößen infolge Vorspannung: a) Ermittlung nach zwei verschiedenen Betrachtungsweisen, b) Gegenüber- und Gleichstellung mit denen infolge Eigengewicht zur formtreuen Vorspannung als Weg zur Ermittlung der Spanngliedführung

In Bild 3.90 b sind die Schnittgrößen infolge Vorspannung mit nach einer quadratischen Parabel geführten Spanngliedern und die entsprechenden Spannungen (τ_c^v, σ_c^v) jenen aus Eigengewicht (τ_c^g, σ_c^g) gegenübergestellt. Daraus wird die Bedingung der bereits vorhergehend besprochenen Formtreuen Vorspannung gefolgert. Wenn die Umlenkkräfte u das Eigengewicht g aufheben, heben sich nicht nur die Biegemomente sondern auch die Querkräfte auf, und der Träger wird durch die Vorspannung nur gleichmäßig gedrückt und demzufolge nur gestaucht.

Mit der Vorstellung der Umlenkkräfte kann auch die Spanngliedführung in Durchlaufträgern einfach konzipiert werden. Je nach Belastung in den Feldern sind die Spannglieder in den Feldern nach einer stetigen Linie oder einem Polygon folgend zu führen. Der Seillinie oder dem Seilpolygon entsprechend können die Umlenkkräfte feldweise ermittelt und der Belastung der Felder des Durchlaufträgers gegenübergestellt werden. Dabei kann in den einzelnen Feldern sowohl die Vorspannkraft als auch der Durchhang des Spanngliedes variiert werden. Die Spannglieder sind an den freien Trägerenden in die Stabachse zu führen, können aber über den Innenstützen beliebig hoch geführt werden, denn die Umlenkkräfte u und mit diesen die Momente infolge Vorspannung sind allein von der Krümmung des Spanngliedes (Stich) und seiner Vorspannkraft abhängig. Im Allgemeinen wird man aber die gesamte Trägerhöhe für die Spanngliedführung nützen, um die Tragsicherheit des Spannbetonquerschnittes zu verbessern. Über den Stützen sind die Spannglieder mit kurzer Gegenkrümmung umzulenken. Die einzelnen Spannglieder können über die ganze Trägerlänge aber auch abschnittsweise geführt und an einem Ende fest verankert und am anderen Ende gespannt oder an beiden Enden gespannt werden.

Die Vorspannung lässt infolge des Schwindens und Kriechens des Betons, wie bereits in Abschnitt 1.7.3 gezeigt, mit der Zeit um ein gewisses Maß nach - man spricht vom Spannkraftverlust. Dem kann durch anfängliches Überspannen entgegen gewirkt werden. In der Tragwerksberechnung ist sowohl die Vorspannung am Beginn (V_0) als auch nach dem Schwinden und Kriechen (V_x) in Ansatz zu bringen (vgl. Abschnitt 1.7.3).

3.8.4 Bauliche Maßnahmen für die Vorspannung

Vorgespannte Stahlbetonträger sind wegen der großen Kräfte, die beim Vorspannen in sie eingetragen werden, sehr genau zu planen und mit großer Sorgfalt auszuführen.

Die Träger werden beim Vorspannen gestaucht. Die Schalung und das Gerüst müssen daher diese Bewegung ermöglichen. Die Hüllrohre mit den Spanngliedern sind in der Trägerschalung plangerecht zu verlegen und ausreichend oft zu unterstützen, damit ihre Lage auch beim Betonieren erhalten bleibt. Die Hüllrohre dürfen beim Verlegen und beim Betonieren weder verbeult noch beschädigt werden, damit die in ihnen geführten Spannglieder nach dem Erhärten des Betons ohne Widerstand gespannt werden können. Die in den Zulassungen der einzelnen Spannverfahren (vgl. Abschnitt 1.7.3) angegebenen Abstände der Spannglieder vom Bauteilrand und untereinander sowie die Abstände der Verankerungen sind exakt einzuhalten. Weil beim Vorspannen auf den Stahlbetonträger örtlich konzentriert große Druckkräfte abgesetzt werden, sind die Bereiche der Verankerungen zur Aufnahme der Spaltzugkräfte quer zu den Spanngliedern ausreichend zu bewehren. Das Spannen selbst hat mit großer Sorgfalt zu geschehen. Der Spannvorgang ist zu protokollieren, dabei sind sowohl die Kräfte als auch die Wege festzustellen - die Wege deshalb, weil der Spannkanal irgendwo verstopft sein könnte und sich das Spannglied nicht durchgehend spannen lässt. Nach dem Spannen sind im Allgemeinen die Spannkanäle mit Mörtel zu verpressen.

Auch wenn im vorgespannten Stahlbetonträger rechnerisch an keiner Stelle Zugspannungen auftreten, ist der Träger nach konstruktiven Gesichtspunkten allseitig gut zu bewehren.

Fertigteilträger werden meist im Spannbett, Ortbetonträger hingegen mittels Spannglieder in Hüllrohren mit nachträglichem Verbund vorgespannt. Für Fälle von Sanierungen und Verstärkungen bestehender Konstruktionen gibt es auch die Möglichkeit einer externen Vorspannung, bei der die Spannglieder, beispielsweise Carbonbänder außerhalb der Träger geführt und mit diesen kraftschlüssig verbunden werden.

3.9   Verbundträger

3.9.1   Konstruktion und Wirkungsweise

Stahl- und Betonbauteile, die schubfest verbunden sind, werden generell als Verbundkonstruktionen bezeichnet. Das können Stützen- aber auch Trägerelemente sein. Beim begrifflich genormten Verbundträger ist der Druckgurt aus Stahlbeton und sind der Zuggurt und der Steg aus Stahl. Jedem Teil wird also jene Beanspruchung zugewiesen, für die er an sich geeignet ist. Praktisch kann aber diese Trennung der Beanspruchungen nicht genau erfolgen. Beim ursprünglichen Verbundträger, der für den Brückenbau entwickelt wurde, ist ein stark unsymmetrischer, geschweißter Stahlträger - kleiner Ober- und großer Untergurt - mit einer aufgestelzten Betonplatte schubfest verbunden. Wird ein solcher Träger als Einfeldträger verwendet, bildet die Betonplatte einwandfrei den Druckgurt und der Untergurt des Stahlträgers den Zuggurt des Verbundträgers. Im Hochbau werden hingegen aus praktischen und wirtschaftlichen Erwägungen Walzträger mit doppeltsymmetrischem Querschnitt verwendet und mit einer Stahlbeton-Flachdecke schubfest verbunden. Dabei ist die Betonplatte, wie noch gezeigt wird, nur mehr ein Teil des Druckgurtes des Verbundträgers. Den Unterschied der beiden Ausführungsarten zeigt Bild 3.91.

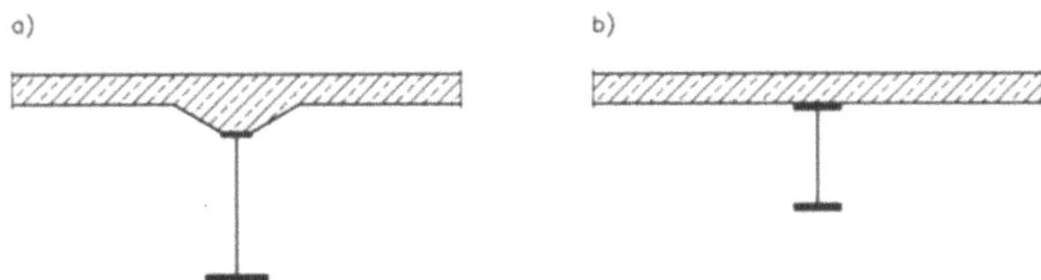

Bild 3.91 Verbundträger: a) ursprüngliche für den Brückenbau entwickelte Ausführung, b) heute im Hochbau übliche Ausführung

Bild 3.92 zeigt eine Verbunddecke und zwar in zwei orthogonal geführten Schnitten. Bei der Herstellung einer solchen Decke werden zunächst die Flächen zwischen den Stahlträgern mit Trapezblechen oder Stahlbeton-Plattenelementen abgedeckt und darauf wird der Deckenbeton beziehungsweise der restliche Deckenbeton aufgebracht. Damit ist eine doppelte Verbundkonstruktion gegeben. Zum einen wirken Trapezbleche und Aufbeton beziehungsweise die Elementplatten und der Aufbeton zusammen, wobei der Verbund im einen Falle durch eine geeignete Profilierung der Trapezbleche und im anderen Falle durch die in die Elementplatten einbindenden Gitterträger erreicht wird.

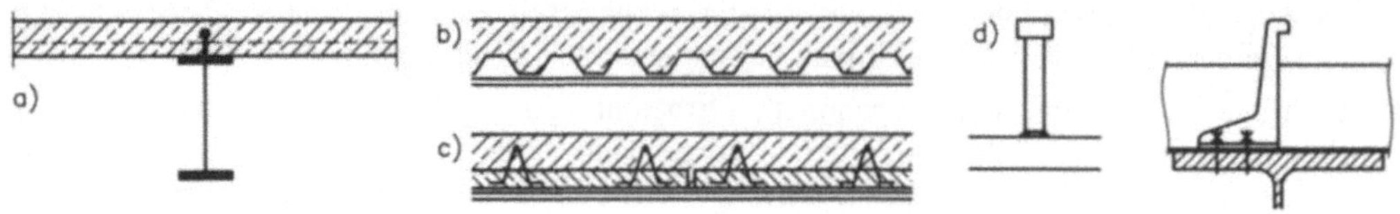

Bild 3.92 Verbundträger: a) Querschnitt, b) Schnitt durch die Betonplatte einer Profilblechdecke, c) Schnitt durch die Betonplatte einer Elementdecke, d) Aufgeschweißter Kopfbolzendübel oder genagelter Schenkeldübel als Schubelement

Zum anderen bilden die in Teilen hergestellte Stahlbetonplatte mit den Stahlträgern, die beim Bau als Rüstträger für die Platte dienen, eine Schar von Verbundträgern in der Verbunddecke. Platte und Träger sind mit aufgeschweißten Kopfbolzen oder mit Schenkeldübeln verdübelt. Die aus kaltverformten Blech hergestellten Schenkeldübel werden dabei mittels Setzbolzen auf die Trägergurte genagelt.

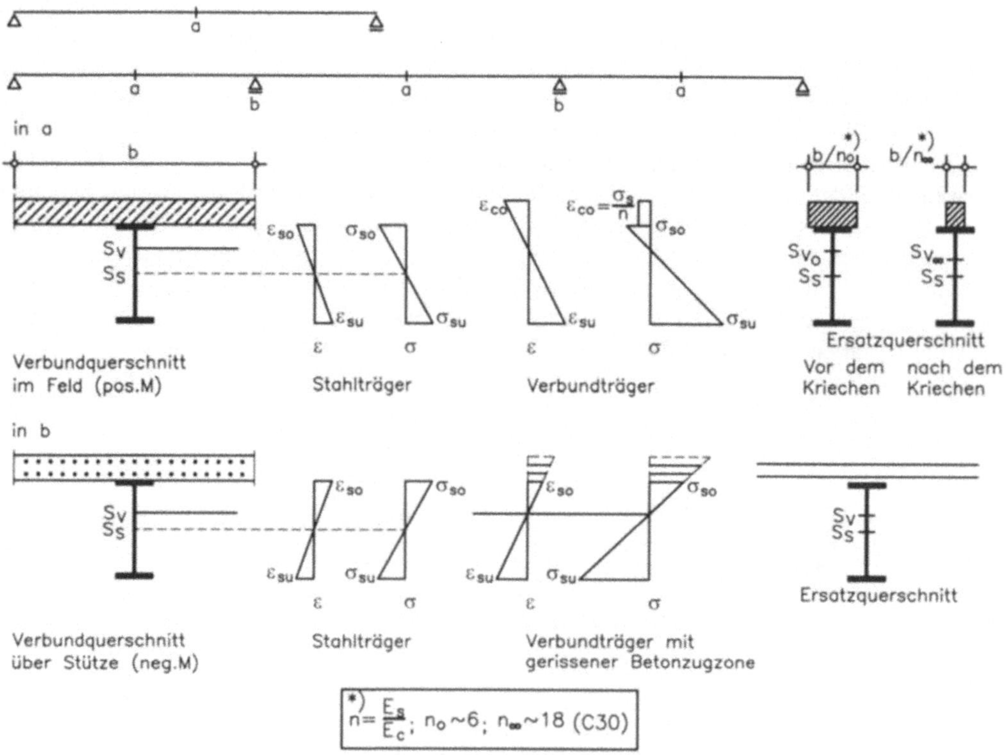

Bild 3.93 Wirkungsweise eines einfeldrigen beziehungsweise mehrfeldrigen Verbundträgers: a) im Bereich positiver Momente und b) im Bereich negativer Momente und Folgerung eines jeweiligen Stahl-Ersatzquerschnittes für eine Bemessung nach dem n-Verfahren

Die Wirkungsweise eines Verbundträgers zeigt Bild 3.93. Von seiner Idee her ist er für Einfeldträger geschaffen, bei denen die Betonplatte, wie im Falle 3.93-a, in der Druckzone liegt. Seine Wirkungsweise kann nicht unabhängig vom Hergang der Herstellung gesehen werden (vgl. Bild 3.94).

Solange der Beton nicht erhärtet ist, übernimmt er keine Lasten. Es trägt allein der Stahlträger. Die Gültigkeit der Hypothese vom Ebenbleiben der Querschnitte vorausgesetzt, folgt im Träger eine geradlinige Verteilung der Dehnungen und im weiteren die lineare Spannungsverteilung. Sobald der Beton erhärtet ist, funktioniert aber der Verbundquerschnitt und alle nach dem Erhärten des Betons aufgebrachten Lasten beanspruchen den Verbundquerschnitt. Auch für den Verbundträger kann die Gültigkeit der Hypothese vom Ebenbleiben der Querschnitte uneingeschränkt angenommen werden, und daraus folgt auch für den Verbundquerschnitt eine lineare Verteilung der Dehnungen und analog dazu der Spannungen. Der Beton erfährt allerdings gegenüber dem Stahl trotz gleicher Stauchung, weil er einen geringeren E-Modul hat, eine geringere Beanspruchung. Und aus dieser Erkenntnis heraus kann man den Verbundquerschnitt auf einen äquivalenten Stahl-Ersatzquerschnitt zurückführen, indem man gedanklich die Stahlbetonplatte durch ein gleich hohes Blech der Breite $b_s = b \cdot E_c/E_s$ ersetzt. Das Verhältnis E_s/E_c wird mit n bezeichnet. Für den Ersatzquerschnitt können dann die Querschnittswerte nach Bild 3.52 und die Spannungen im Ersatzquerschnitt nach Bild 3.57 bestimmt werden. Die Betonspannungen erhält man aus den so ermittelten Stahlspannungen indem man diese zurückrechnend durch n dividiert (n-Verfahren).

Der Beton hat aber die Eigenschaft, dass er unter Dauerlast mit der Zeit kriecht (vgl. Abschnitt 1.7.1) - ein Vorgang der erst nach Jahren abklingt. Dabei entzieht er sich mit der Zeit zunehmend seiner Belastung und wird vergleichsweise weicher, weshalb, um auch diesen Einfluss zu erfassen, außerdem auch noch mit einem größeren n-Wert gerechnet wird. Es findet, wie aus dem Vergleich der beiden Ersatzquerschnitte zu ersehen, vom Beginn des Kriechens ($t = t_0$) bis zum Ende des Kriechens ($t = t_x$) eine Lastumlagerung vom Verbundquerschnitt auf den reinen Stahlquerschnitt statt. Dabei werden bei gleichbleibender Belastung (Dauerlast) die Spannungen im Beton kleiner und im Stahlträger größer. Die Nutz- oder Verkehrslast kann dagegen als Kurzzeitbelastung gesehen werden und bewirkt im Beton kein nennenswertes Kriechen.

Wird der Verbundträger als Durchlaufträger ausgeführt, kommt über den Stützen die Stahlbetonplatte als Teil des Verbundträgers in die Zugzone des Trägers und wird Risse bekommen. Eine funktionierende Schubübertragung vorausgesetzt, weshalb auch in diesen Bereichen der Stahlträger mit der Stahlbetonplatte gut zu verdübeln ist, wirkt aber die Längsbewehrung der Stahlbetonplatte bei der Aufnahme der Biegezugkraft mit. Den Stahl-Ersatzquerschnitt im Bereich negativer Momente zeigt Bild 3.92 b, in dem die obere und untere Bewehrung der Stahlbetonplatte schematisch durch einen Blechstreifen dargestellt ist.

Der Einfluss des Schwindens des Betons auf die Dimensionierung des Verbundträgers kann bei der im Hochbau üblichen Ausführung vernachlässigt werden, weil beim Schwinden des Betons im Beton Zug entsteht und dieser dem Druck aus der Belastung entgegen wirkt und weil vom spannungsmäßig nur wenig ausgenutzten Obergurt der meistens verwendeten Walzträger die Druckspannungen leicht aufgenommen werden können. Der geringe Zuwachs an Zug infolge Schwinden im Untergurt des Stahlträgers ist durch die gewählte Sicherheit abgedeckt.

Der Verbundträger ist im Vergleich mit einem Stahlbetonträger relativ weich, weshalb die Höhe H für Einfeldträger mit $L/10 > H > L/15$ anzunehmen ist; dabei bedeutet L die Stützweite des Trägers.

Ein Problem bei der wirtschaftlichen Konzeption von Verbundkonstruktionen liegt bei der Herstellung und zwar in der Frage, wie von Anfang an möglichst viel der Belastung vom Verbundquerschnitt aufgenommen werden kann. Eine Lösung ist, die Stahlträger bei der Herstellung der Verbunddecke zu unterstellen. Wie sich diese Baumaßnahme auf den Verbundträger auswirkt, zeigt Bild 3.94.

1. Eigengewicht der Konstruktion $(g_1 + g_2)$ belastet das Gerüst bzw. beansprucht den Stahlträger Stahlquerschnitt (A_S, I_S, W_S)

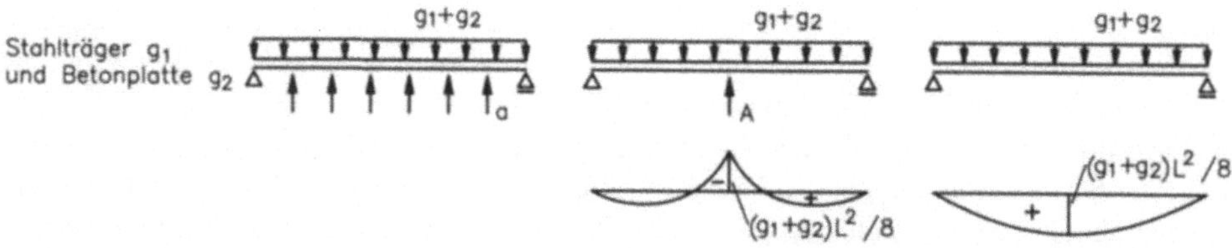

2. Ständige Belastung $(g_3 + A)$ beansprucht den Verbundträger vor dem Kriechen Verbund–Ersatzquerschnitt, mit n_0 $(A_{v,0}, I_{v,0}, W_{v,0})$

3. Ständige Belastung $(g_3 + A)$ beansprucht den Verbundträger nach dem Kriechen Verbund–Ersatzquerschnitt mit n_∞ $(A_{v,\infty}, I_{v,\infty}, W_{v,\infty})$

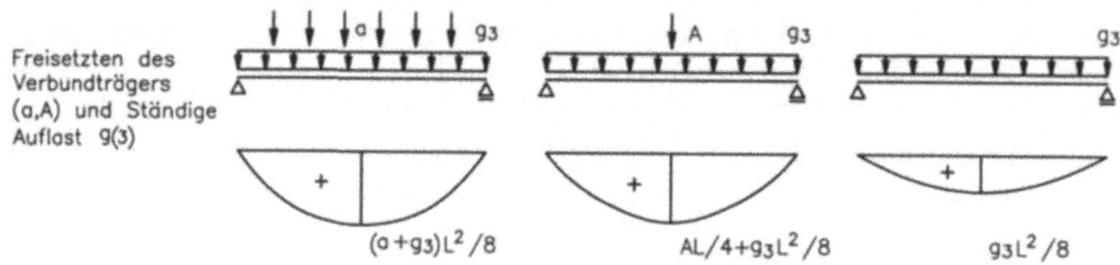

4. Kurzzeitige Belastung p beansprucht den Verbundträger ohne Kriecheinfluß Verbund–Ersatzquerschnitt mit n_0 $(A_{v,0}, I_{v,0}, W_{v,0})$

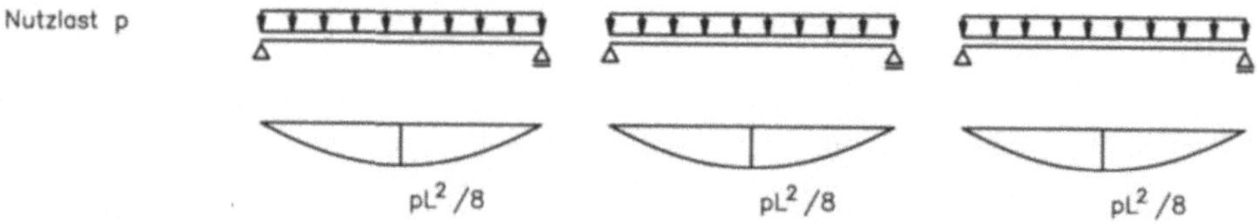

Bild 3.94 Verbundträger - Auswirkung des Bauherganges auf seine Bemessung

3.9.2 Bauablauf und Berechnung

Die Reihenfolge der Herstellung eines Verbundtragwerkes bestimmt die Ermittlung der Schnittgrößen und die Bemessung ganz wesentlich.

Bild 3.94 zeigt einige Herstellungsabläufe und wie die vier maßgebenden Belastungen den Stahlträger beziehungsweise den Verbundträger und diesen unter Dauerlast am Beginn und am Ende des Kriechens sowie unter kurzzeitiger Belastung beanspruchen. Es dürfen nur die Lasten in den einzelnen Belastungsphasen zusammengefasst und der Berechnung zu Grunde gelegt werden. Ansonsten sind nur Spannungen zur Gesamtbeanspruchung zu addieren.

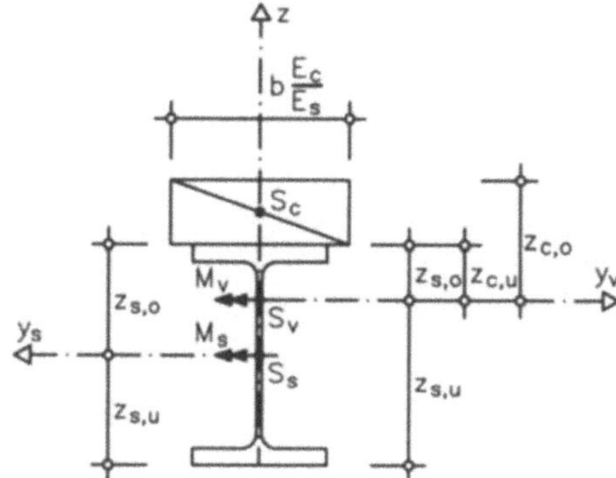

Bild 3.95 Verbundträger - Bezeichnungen

Die Spannungen im Stahlträger aus der Belastungsphase 1 sind nämlich als in diesem eingefroren zu sehen und die Spannungen aus der Belastungsphase 2 oder aus der Belastungsphase 3 sind diesen zu überlagern, je nachdem welche Kombination den ungünstigeren Wert ergibt, und der ungünstigsten Kombination sind wieder die Spannungen aus der Kurzzeitbelastung der Belastungsphase 4 zu überlagern.

Den Stahl- und den Verbundquerschnitt mit allen für die Spannungsermittlung notwendigen Bezeichnungen zeigt Bild 3.95.

Die Biegespannungen können mit den in Bild 3.95 für die jeweilige Belastungsphase angegebenen maßgebenden Querschnittswerten mit den Gleichungen (3.2) und (3.7) ermittelt werden und sind für den Stahlträger wie bereits ausgeführt nach Gleichung (3.24) zur Maximalspannung zu addieren.

$$\max \sigma_s = \sigma_1 + \sigma_2 + \sigma_4 \leq \text{zul } \sigma$$

beziehungsweise

$$\max \sigma_s = \sigma_1 + \sigma_3 + \sigma_4 \leq \text{zul } \sigma \tag{3.24}$$

3.10   Träger aus Bauglas

Für biegebeanspruchte Bauteile, vor allem für die in diesem Abschnitt angesprochenen Träger, Rahmen und Roste der Primären Tragstruktur, wird Bauglas erst seit kurzem, heute aber zunehmend verwendet. Es gibt bereits eine Anzahl Aufsehen erregender Ausführungsbeispiele, doch was fehlt, ist die erprobte gängige Konstruktionspraxis mit solchen Bauteilen, weshalb im folgenden zu Konzeption, Konstruktion und Herstellung solcher Tragwerkselemente nur Hinweise und keine erprobten Regeln gegeben werden.

3.10.1   Entwurf und Konstruktion

Vollwandträger

Für die Herstellung von Vollwandträgern stehen als Halbzeuge bis zu 25 mm dicke, rund 3 m breite und 6 m lange Tafeln aus Floatglas zur Verfügung, die unbehandelt als sogenanntes Basisglas oder zusammenbaufertig gerichtet vorgespannt, teil (TVG)- oder voll (ESG)-vorgespannt, verwendet werden. Aus den Tafeln werden der Zweckbestimmung der Träger folgend und zwar noch vor einer möglichen Vorspannung deren Breite oder Höhe entsprechende Streifen geschnitten, aufeinandergelegt beziehungsweise hochkant aneinander gestellt und mittels zwischen den Scheiben angeordneten schubelastischen Schichten aus Kunststoff (PVB) miteinander zu Trägern aus VSG mit liegendem oder stehendem Rechteckquerschnitt verbunden (siehe Bild 3.96 a). Flache, das sind liegende Träger, eignen sich beispielsweise für Stufen und stehende für Decken- oder Dachträger. Bild 3.96 zeigt weitere typische Querschnitte von Glas- beziehungsweise Hybridträgern. Bei der Konzeption von I- oder Kastenquerschnitten ist sicher zu stellen, dass sich die harten und spröden Glastafeln in den Querschnittsecken nicht berühren, um nicht auf diese Weise durch Zusammenstoßen Schaden zu nehmen. Kantenwinkel aus Edelstahl oder Aluminium mit Zwischenlagen aus Kunststoff haben einerseits den notwendigen Abstand und andererseits die kraftschlüssige Verbindung zwischen Gurt und Steg zu garantieren. Diese kann direkt oder indirekt über die Lochleibungsverbindung der Verschraubung der Gurte mit dem Steg erfolgen.

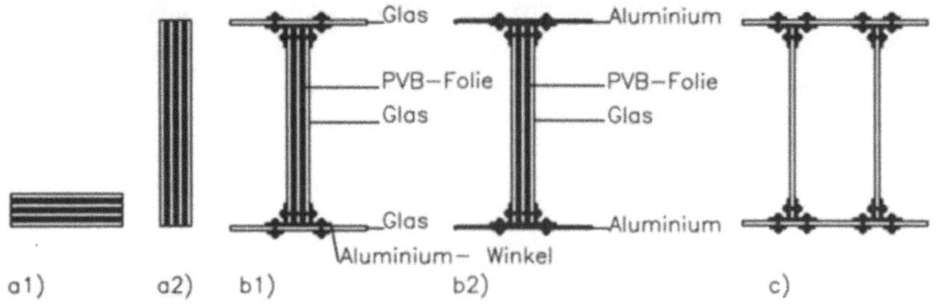

Bild 3.96 Querschnitte verschiedenartiger Glasträger: a) Rechteckquerschnitte für liegende oder stehende Verwendung, b) I-Träger mit Gurten aus Glas beziehungsweise Aluminium, c) Kastenträger

Die meistverwendeten Glasträger sind Träger mit schmalem Rechteckquerschnitt, ob aus konzeptionellen Gründen liegend oder aus statischen Gründen stehend verwendet und sind daher weder für schiefe Biegung noch für Torsionsbeanspruchung geeignet. Die Verwindung des Querschnittes würde nämlich das Aufgehen des Verbundes zwischen den Glastafeln und den Bruch der einzelnen Glastafeln zur Folge haben. Daraus folgt, dass das Statische System einer Glaskonstruktion so zu konzipieren ist, dass seine Elemente nur auf einachsige Biegung beansprucht werden und in keinem Falle auf Torsion; selbst dann nicht, wenn es sich um Kastenträger handeln sollte, weil bei denen die Schubübertragung in den Kanten nicht gewährleistet ist.

Die Konzeption von Glasträgerkonstruktionen zeigt Bild 3.97.

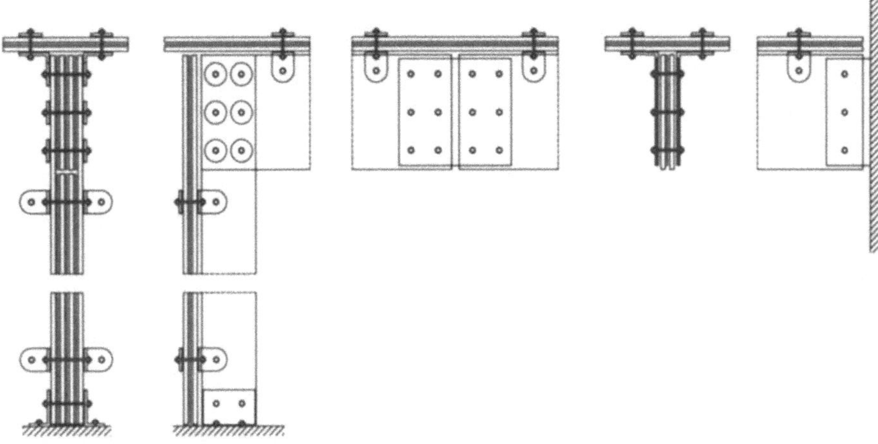

Bild 3.97 Konstruktion eines einhüftigen Rahmens in Glasbauweise

Die Lasteintragung in einen Stegträger aus VSG erfolgt entweder direkt über eine relativ weiche Zwischenschichte zwischen Gurt und Steg oder indirekt über Kantenwinkel aus Stahl oder Aluminium, die, wie immer, bezwecken, dass die Lasten, seien es Einzellasten oder eine Gleichlast in die einzelnen Scheiben gleichmäßig verteilt eingeleitet werden.

Die Lastabgabe in das Auflager erfolgt in einem Schuh aus Aluminium oder Stahl, in dem der Glasträger ebenfalls auf Kunststoff liegt. Im Schuh kann seine gelenkige Lagerung ebenso realisiert werden wie seine Einspannung und der Schuh selbst kann am Auflager verschieblich, unverschieblich sowie gelenkig oder drehfest ausgebildet werden. Auch die im Stahlbau gängige Anbindung mit Hilfe von Beiwinkeln ist möglich (siehe Bild 3.97).

Längere Träger oder längere Riegel von Rahmen (L > 6 m) müssen gestoßen werden. Man wird, wie im Bild 3.97 schematisch gezeigt, einen geschraubten Laschenstoß oder gegebenenfalls einen Überlappungsstoß ausführen und zwar wird man zweckmäßig in einem geringer beanspruchten Bereich nach Schnittgrößen (siehe Abschnitt 3.4.1) stoßen, um den Stoß klein und die Anzahl der Schrauben für die auf Scherlochleibung beanspruchte Verbindung gering zu halten. Zwischen Bolzen und Glasbohrung sind, weil Glas kein elasto-plastisches Materialverhalten hat und somit zu keinem Abbau von Spannungsspitzen fähig ist, Hülsen anzuordnen; Aluminium oder Teflon wird für vorgefertigte Hülsen, Epoxidharz für eingegossene Hülsen verwendet. Letztere gewährleisten eine bessere Passung.

Fachwerkträger

Für die Herstellung von Fachwerkträgern gibt es wie auch für die Herstellung der vorhergehend besprochenen Vollwandträger als Halbzeug in erster Linie nur die bis zu 6 m langen Tafeln aus Floatglas, aus denen für die Herstellung von Fachwerkstäben entsprechende Streifen geschnitten werden, ähnlich wie für den Holzbau Bretter aus dem Stamm. Die Konzeption von Fachwerkträgern aus Glas kann daher in manchem der Konzeption von Fachwerkträgern aus Holz (siehe Abschnitt 3.6.1) ähneln.

Um die Druckstäbe eines Fachwerkträgers aus Bauglas gegen Knicken zu sichern, sollen diese von Haus aus zumindest zweiteilig konzipiert sein, um die Glasbretter mittels Futterbleche in den Drittelspunkten oder wenn erforderlich auch in engeren Abständen als mehrteilige Druckstäbe auszubilden (vgl. Abschnitt 2.1.3). Die Futterbleche sind dann mit mindestens vier Schrauben schubstarr in den mehrteiligen Glasstab einzubinden. Für Druckstäbe, vor allem bei größeren Fachwerken, können andererseits aber auch Glasrohre unterschiedlicher Abmessung oder zusammengesetzte Glasquerschnitte und für Zugstäbe für den Anschluss geeignete Stahl- beziehungsweise Aluminiumprofile verwendet werden.

Es besteht die Möglichkeit alle Teile eines Fachwerkträgers aus Bauglas herzustellen oder, wegen der vergleichsweise geringen Zugfestigkeit von Bauglas, seine Zugstäbe aus Stahl oder Aluminium und nur seine Druckstäbe aus Bauglas.

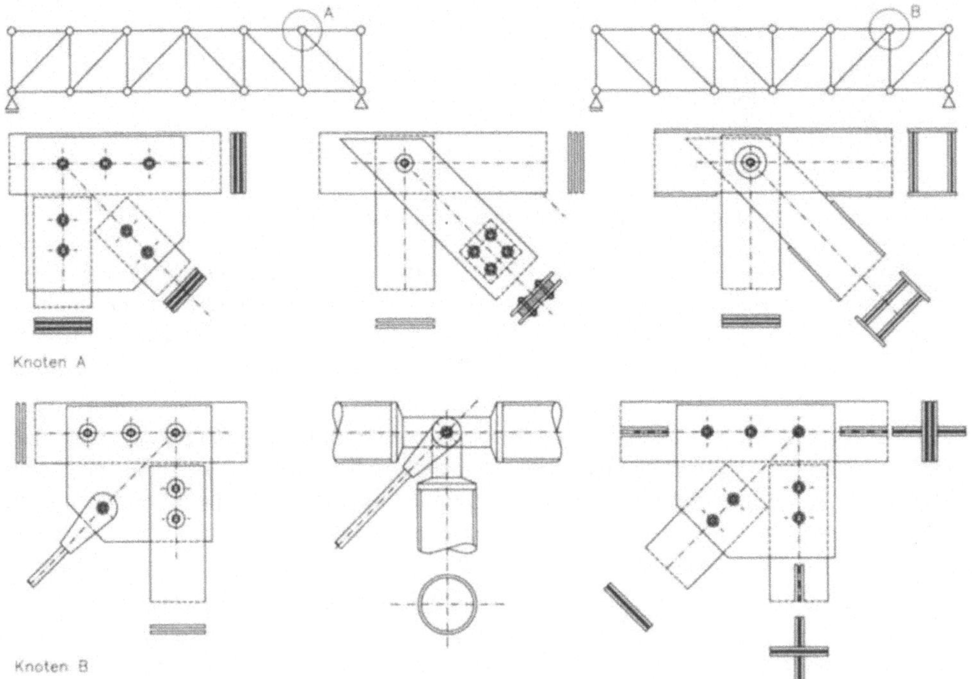

Bild 3.98 Fachwerkträger aus Bauglas, mögliche Ausführungen: a) Gurte und Ausfachungen aus Bauglas, Knotenscheiben aus Stahl oder Aluminium, b) Gesamtausführung aus Bauglas, c) Ausführung aus Bauglas mit zusammengesetzten Glasquerschnitten, d) Druckstäbe aus Bauglas, Zugstäbe und Knotenscheiben aus Stahl oder Aluminium

Im Allgemeinen wird man, entgegen der Idee des reinen Gelenkfachwerkes, Fachwerkträger aus
Bauglas mit durchgehenden Gurten ausführen und zwischen diesen die Ausfachungsstäbe
gelenkig einbinden. Die Mehrlagigkeit der Glasstäbe, wie auch die dazwischen gesteckten oder
außen angeschlagenen Knotenscheiben aus Metall, seien sie aus Stahl oder Aluminium, verlangen
zwischen den einzelnen Lagen weiche Zwischenschichten aus Kunststoff. Zur Verbindung der
Stäbe in den Knoten werden Schraubenbolzen aus Edelstahl in Kunststoffbuchsen (Epoxidharz)
verwendet. Beispiele von Details möglicher Fachwerke aus Bauglas zeigt Bild 3.98.

3.10.2 Beanspruchbarkeit und Vorspannung

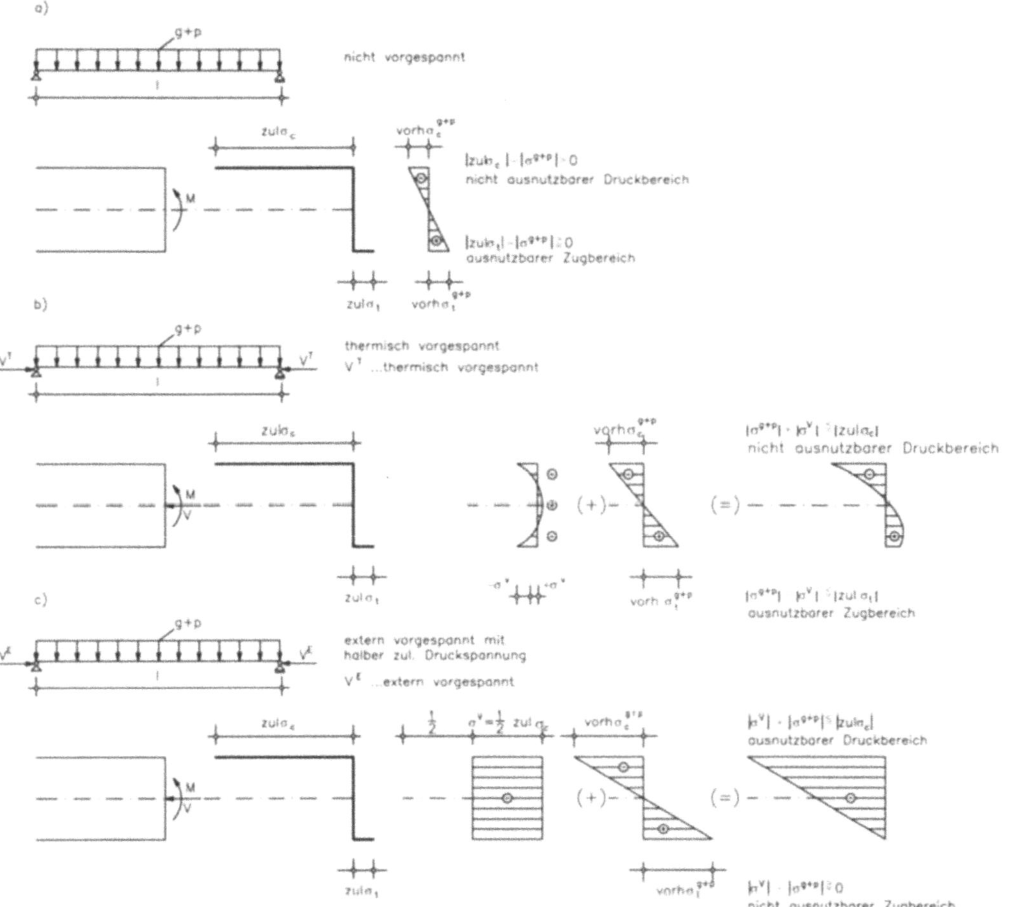

Bild 3.99 Beanspruchbarkeit des a) nicht vorgespannten, b) thermisch vorgespannten, c) extern
vorgespannten Vollwandträgers aus Glas

Bauglas hat eine geringe Biegezugfestigkeit und eine im Vergleich dazu hohe
Biegedruckfestigkeit. Die effektive Biegezugfestigkeit des Glasträgers ist eigentlich eine

Kerbfestigkeit, bestimmt durch die Kerbempfindlichkeit seines Zugrandes, weshalb dieser möglichst kerbfrei zu machen ist. Er ist deshalb nicht nur zu säumen sondern auch zu schleifen und zu polieren. In Rechnung stellbar angehoben kann diese aber nur werden, indem man die für die Herstellung von Trägern bestimmten Glastafeln, wie in Abschnitt 1.8 beschrieben, thermisch zu TVG- oder besser ESG-Elementen vorspannt und als solche verwendet.

Der Spannungsnachweis für einachsig auf Biegung beanspruchte Glasträger kann dann nach Gleichung 3.2 geführt werden und die so ermittelten Randspannungen kann man im Rahmen einer Entwurfsberechnung den Werten der zulässigen Spannungen nach Tabelle 3.4 gegenüberstellen. Bild 3.99 zeigt den Spannungsbereich innerhalb dessen ein Vollwandträger aus Glas bemessen und belastet werden kann. Seine Querschnittsabmessungen werden allein durch seine Biegezugfestigkeit bestimmt.

Tabelle 3.4   Zulässige Spannungen für die Entwurfsberechnung von Tragwerkselementen aus Bauglas

$$f_t \Rightarrow \sigma_{zul,t} = \frac{f_t}{3,0} \qquad\qquad f_c \Rightarrow \sigma_{zul,c} = \frac{f_c}{2,5}$$

in kN/cm²	f_t	$\sigma_{zul,t}$	f_c	$\sigma_{zul,c}$	τ_{zul}
Float-Basisglas	4,5	1,5			
TVG	9,0	3,0	90	35	0,1
ESG	15,0	5,0			

Wird der Träger vorgespannt, das heißt der Glasträger vorgedrückt, ist es möglich, seine Druckbeanspruchbarkeit auszunutzen und den Träger mehr zu belasten oder in seinen Querschnittsabmessungen kleiner zu gestalten. Wenn hier von Vorspannung die Rede ist, dann zunächst von einer mechanischen Vorspannung wie in Abschnitt 3.8.2 beschrieben.

Aus konstruktiven Gründen und der Einfachheit halber wird man den Glasträger zentrisch und extern vorspannen. Dafür bieten sich Carbon-Bänder oder Bänder aus Glasfasern an, die am Ober- und Untergurt des unbelasteten Trägers verankert und gespannt werden. Diese Spannglieder können auch über die Trägerlänge abgestuft angeordnet werden, indem sie im Träger wechselweise verankert und an den entsprechenden Enden gespannt werden. Bild 3.99 zeigt schematisch Unterschiede und Vorteile von nicht vorgespannten und vorgespannten Trägern.

Für Fachwerkträger aus Glas können Kräfte und Spannungen einerlei ob es sich um Ganzglas- oder Hybridkonstruktionen handelt, nach den Angaben in Abschnitt 3.5.2 berechnet werden. Die Schubtragfähigkeit der Zwischenschichten eines VSG-Trägers ist unzuverlässig, kann aber durch einen mit Hilfe von Klemmschrauben zwischen den Glastafeln aktivierten Reibverbund gewährleistet werden. Für den reinen Schubspannungsnachweis, gleichmäßige Lasteintragung in den Steg aus VSG vorausgesetzt, ist sie ohnehin ohne Belang.

4 Torsionsstäbe

4.1 Allgemeines

4.1.1 Torsionsstäbe in Tragwerken

Torsionsstäbe sind im Tragwerk allein aus der Anschauung zu erkennen. Man braucht sich nur zu veranschaulichen, welche Träger sich bei Belastung um ihre Achse verdrehen wollen, diese sind nämlich torsionsbeansprucht. Ausgenommen davon sind nur jene Stäbe, die sich zwanglos entsprechend den übrigen Systemverformungen mitverdrehen, wie zum Beispiel der Auflagerquerträger des in Bild 4.1 gezeigten Brückenträgers.

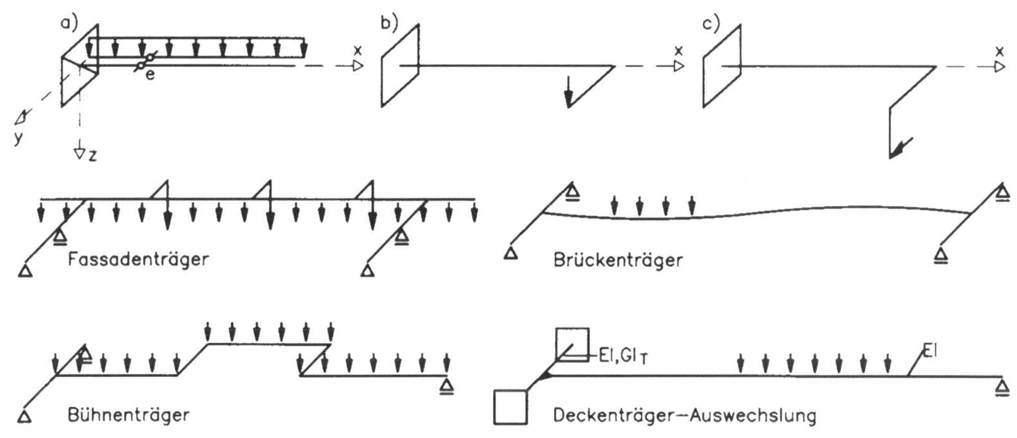

Bild 4.1 Beispiele torsionsbeanspruchter Träger: a) zur Systemachse (Schubmittelpunkte) exzentrisch belasteter gerader Träger, b) normal zur Tragwerksebene belastetes, ebenes Stabtragwerk, c) allgemein belastetes, räumliches Stabtragwerk

Bild 4.1 zeigt von a) bis c) jene System- und Belastungszustände, die grundsätzlich Torsion bedingen. Gerade Stäbe werden tordiert, wenn sie zur Stabachse, im speziellen zur Verbindungslinie der Schubmittelpunkte (siehe Abschnitt 3.1.2), exzentrisch belastet sind. Ebene Stabzüge werden tordiert, wenn sie quer zur Systemebene, das heißt räumlich, belastet sind. Räumlich gekrümmte oder abgewinkelte Stabzüge werden durch jede Belastung tordiert.

Bild 4.1 zeigt weiter mit einem Fassadenträger, einem im Grundriss gekrümmten Brückenträger und einem Bühnenträger einige Beispiele torsionsbeanspruchter Träger. Sie sind alle auf Torsion und Biegung beansprucht. Ausschließlich auf Torsion beanspruchte Tragwerksteile sind selten -

beispielsweise wird eine Schraube beim Anziehen mit einem Kreuzschlüssel durch das über ihn eingebrachte Kräftepaar ausschließlich auf Torsion beansprucht.

Bei den genannten Beispielen wirken in den Stäben Torsionsmomente, die zur Aufrechterhaltung des Gleichgewichtes mit der äußeren Belastung erforderlich sind, weshalb man auch von **Lasttorsion** spricht. Die Stäbe müssen daher eine entsprechende Torsionsfestigkeit zur vollen Aufnahme dieser Torsionsmomente besitzen. Bei der in Bild 4.1 außerdem gezeigten Auswechslung (Abfangung) eines Deckenträgers ist der Längsträger mit einem Querträger starr verbunden. Er ist in ihm in Abhängigkeit von der Länge und der Torsionssteifigkeit des Querträgers aber nur nachgiebig eingespannt. Mit der Torsionssteifigkeit wird der Einspanngrad und somit die Tragwirkung wohl beeinflusst, sie ist aber für das Gleichgewicht des Tragsystems an sich nicht nötig - sie könnte auch Null sein. Weil die Torsion des Querträgers durch seine Mitwirkung im Gesamtsystem erzwungen wird, spricht man auch von **Zwangstorsion**. Ein anderes Beispiel wären die Randträger von Platten, wenn sie, wie im Stahlbetonbau üblich, mit diesen monolithisch verbunden sind, weil sie sich bei der Durchbiegung der Platte zwangsweise mit deren Rändern verdrehen.

Die Zwangstorsion unterscheidet sich von der Lasttorsion dadurch, dass sie durch konstruktive Maßnahmen gesteuert werden kann, indem man die querschnittsabhängige Torsionssteifigkeit entsprechend erhöht oder vermindert, das heißt: entweder torsionssteife oder torsionsweiche Träger verwendet. Mit torsionsweichen Trägern kann sie nahezu ausgeschaltet werden.

4.1.2   Formänderung und Beanspruchung

Torsionsbelastung

Bei geraden Stäben ist es zweckmäßig, alle tordierenden Lasten, das sind die exzentrisch zu ihrer Stabachse einwirkenden Lasten, in die Stabachse zu reduzieren. Damit folgt in den Querschnitten der Belastung entsprechend Bild 4.2 a eine den Stab biegende Querlast F und ein ihn um seine Achse drehendes Moment $M^T = F \cdot e$. Die äußeren Momente M^T bewirken im Stab die Schnittmomente M_x; deren positive Drehrichtung zeigt Bild 4.2 a.

Damit der Stab eine Torsionsbelastung aufnehmen kann, muss er dazu geeignet gelagert sein. Die einfachste Art ist, ihn orthogonal zu seiner Achse drehfest zu lagern. Das ist mit einem auf zwei Punkten gelagerten Endquerträger entsprechend Bild 4.2 b und c möglich, oder mit einer Gabel, in der der Träger seitlich gegen Verdrehen gehalten und die symbolhaft in Bild 4.3 gezeigt ist, oder mit einer starren Einspannung. Eine schiefe Endauflagerung, wenn der Träger zum Endquerträger keinen rechten Winkel einschließt, ist zwar möglich, nur können die Schnittgrößen nicht mehr auf die im Folgenden gezeigte einfache Weise angegeben werden.

Da die auf den Stab exzentrisch einwirkenden Lasten in Querlasten und Torsionslasten gespalten und getrennt betrachtet werden können, kann auch die Lagerung für beide Lastanteile getrennt, von einander unabhängig und verschiedenartig sein. Bild 4.3 zeigt, dass für den Einfeldträger wie für den Mehrfeldträger zur Aufnahme der Querlast und der Torsionslastanteile nicht nur verschiedene Lagerungen sondern auch verschiedene Tragsysteme möglich sind. So kann zum Beispiel ein Träger für die Querlastanteile als Mehrfeldträger und für die Torsionslastanteile als Kragträger, als Einfeldträger oder auch als Mehrfeldträger ausgeführt werden.

Ist die Torsionslagerung des Balkens bekannt, können die Torsionsmomente M_x mit Hilfe der Querkraftanalogie angegeben werden - vorausgesetzt, der Träger ist gerade, orthogonal zu seiner

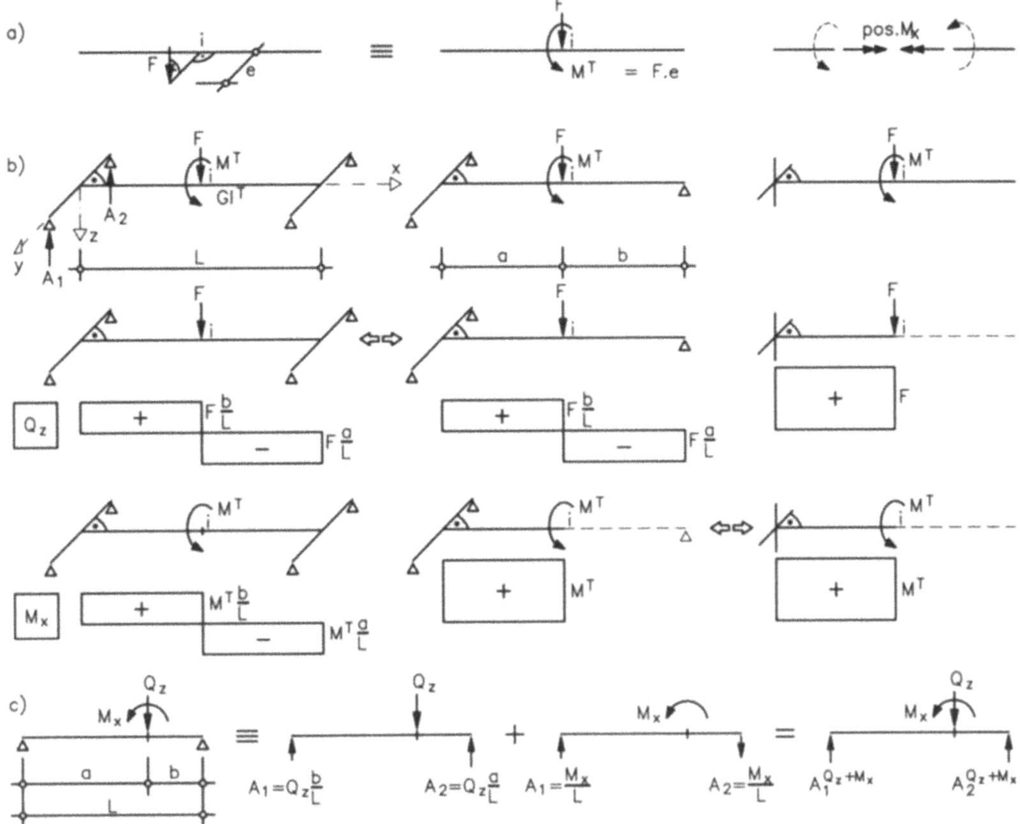

Bild 4.2 Torsionsbelastung eines geraden Balkens mit entlang der Stabachse konstanter Torsionssteifigkeit (GI_T), a) Reduktion einer exzentrisch wirkenden Last F in die Stabachse, positives Schnittmoment M_x , b) Querkraftanalogie für M_x -Verlauf, c) Ermittlung der Stützgrößen des Endquerträgers bei gegebenen Balkenanschlusskräften

Achse drehfest gelagert und sein Querschnitt ist konstant. Nach der Querkraftanalogie ist der Verlauf des Torsionsmomentes M_x infolge M^T analog dem Verlauf der Querkraft Q_z infolge F. Bild 4.2 b zeigt an unterschiedlich gestützten Einfeldträgern die jeweils analogen Schnittgrößenverläufe. Die Querkraftanalogie gilt aber nicht nur für die in Bild 4.2 b gezeigte Torsionsbelastung und die gezeigten Lagerungsfälle, sondern unter den formulierten Voraussetzungen bezüglich des Stabes und seiner Torsionslagerung ganz allgemein. So zeigt Bild 4.4 den Verlauf von M_x für weitere Last- und Lagerungsfälle.

Ist der Balken an den Enden schief gelagert, oder ist ein beliebig geformter, ebener Stabzug normal zu seiner Systemebene belastet oder ein räumlicher Stabzug beliebig belastet, kann der Verlauf der Schnittgrößen M_x nicht mehr auf so einfache Weise angegeben werden. Er folgt bei statisch bestimmt gelagerten Systemen aus dem räumlichen Gleichgewicht und bei statisch unbestimmt gelagerten Systemen aus einer entsprechenden, statisch unbestimmten Berechnung.

Die in der Stabachse am Balkenende ankommenden Schnittlasten Q_z und M_x können auf die beiden Auflager entsprechend Bild 4.2 c aufgeteilt werden.

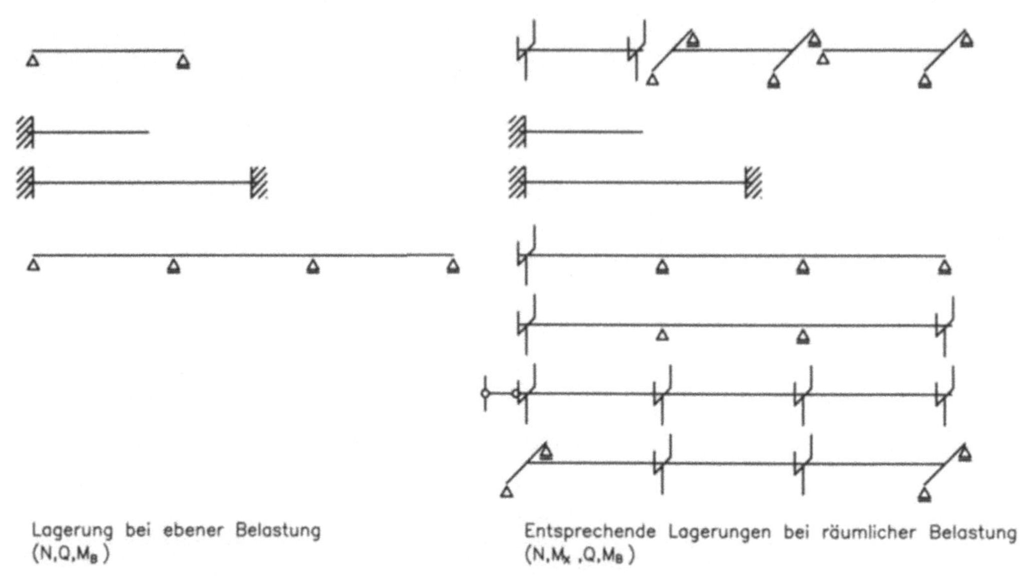

Lagerung bei ebener Belastung
(N,Q,M$_B$)

Entsprechende Lagerungen bei räumlicher Belastung
(N,M$_x$,Q,M$_B$)

Bild 4.3   Lagerung von Biegestäben und entsprechenden Torsionsstäben

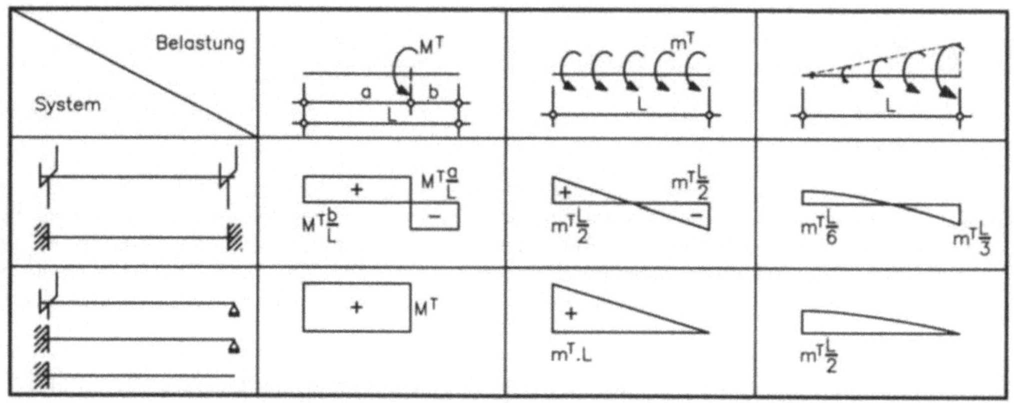

Bild 4.4   M$_x$-Verteilung in geraden Balken für verschiedene Lastfälle analog der Q$_z$-Verteilung für entsprechende Querlasten (M^T ~ F)

Verdrehung - Verwölbung

Torsionsmomente verdrehen den Stab um seine Achse und verwölben dabei, abgesehen von zylindrischen Stäben, die Stabquerschnitte. Verwölben heißt, dass sich in einem Stabquerschnitt die einzelnen Stabfasern in Stablängsrichtung gegenseitig verschieben. Der verwölbte Stabquerschnitt ist dann nicht mehr eben. Die Torsionsmomente bewirken im Stab weiters Spannungen, die der Verformung Widerstand leisten. Bei unbehinderter Verwölbung der Querschnitte oder wenn sich diese aufgrund ihrer Gestalt von Haus aus nicht Verwölben entstehen Torsionsschubspannungen, die im Querschnitt als Schubfluss dem Verdrehen entgegen wirken - man spricht von **Schubkrafttorsion**. Wird die Verwölbung der Querschnitte in irgendeiner Weise behindert, entstehen im Stab Längs- und Schubspannungen, die Wölbspannungen, die dem Verdrehen ebenfalls einen Widerstand entgegensetzen und somit die Verdrehung vermindern - man spricht von **Wölbkrafttorsion**. In den meisten Fällen hat der Stab sowohl eine Schubtorsionssteifigkeit als auch eine Wölbtorsionssteifigkeit und je nach Größe und Größenverhältnis der beiden wird die Verdrehung des Stabes infolge M_x kleiner oder größer sein. Beim Zusammenwirken beider spricht man von **Gemischter Torsion**.

Geschlossene Querschnitte haben beispielsweise eine relativ große Schubtorsionssteifigkeit, offene Querschnitte dagegen eine verhältnismäßig kleine. Geschlossene Querschnitte verwölben sich kaum, offene Querschnitte dagegen stark, weshalb solchen Stäben nur durch eine konstruktive Wölbbehinderung (Einspannung) eine gewisse Torsionssteifigkeit gegeben werden kann.

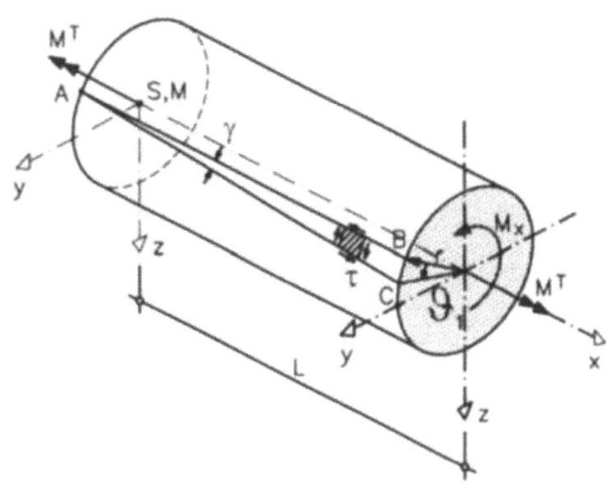

Torsions-Schubspannung:

$$\tau_x = \frac{M_x}{I_p} \cdot r = \frac{M_x}{W_p}$$

M_x ..Torsionsmoment
I_p. ...Polares Trägheitsmoment
r ....Radius
W_p ....Polares Widerstandsmoment

Scherung:

$$\gamma = \frac{M_x}{G \cdot I_p} \cdot r$$

G ....Schubmodul des Materials
GI_p ...Schub-Torsionssteifigkeit des Querschnittes

Drehwinkel:

$$\vartheta = \frac{M_x}{G \cdot I_p} \cdot L$$

$\frac{G \cdot I_p}{L}$ ...Schub-Torsionssteifigkeit des Stabes

Verdrehung:

$$\vartheta' = \frac{M_x}{G \cdot I_p}$$

Bild 4.5 Verformung eines freien zylindrischen Stabes bei konstanter Torsionsbelastung (Scherung γ, Drehwinkel ϑ) und Schubbeanspruchung

Im Folgenden wird an zwei Beispielen die Verdrehung eines Stabes bei Torsionsbeanspruchung gezeigt, wenn zum einen nur ein Schubmechanismus und zum anderen ein Schubmechanismus in Verbindung mit einem Wölbmechanismus wirksam ist. Schubkrafttorsion gibt es mehr oder weniger ausgeprägt in allen Fällen von Torsionsbeanspruchung, reine Wölbkrafttorsion hingegen nicht.

Bild 4.5 zeigt die Verdrehung eines zylindrischen Stabes als Folge von an den Stabenden angreifenden, gegengleichen Torsionsmomenten M^T. Er behält seine Form; seine Querschnitte verwölben sich nicht sondern bleiben eben. Allein die Mantellinien der Zylinderfläche verschrauben sich mit konstanter Steigung γ (Scherung). Daraus kann unmittelbar auf eine reine Schubbeanspruchung des Zylinders und einem seiner Schubbeanspruchbarkeit entsprechenden Verdrehungswiderstand (-steifigkeit) geschlossen werden. Bild 4.5 zeigt die an einem Zylinderausschnitt wirkenden Schubkräfte.

Im Allgemeinen aber verwölben sich die Querschnitte eines Stabes bei seiner Verdrehung. Die Verwölbbarkeit ist von der Form des Stabquerschnittes abhängig. Neben Querschnittsformen, die sich beim Verdrehen des entsprechenden Stabes nicht verwölben, den sogenannten wölbfreien Querschnitten, wie die Kreis- und Kreisringquerschnitte, gibt es welche, die sich nur schwach verwölben, die sogenannten quasi wölbfreien Querschnitte, wie die Hohlquerschnitte, Winkel- und T-Querschnitte, und solche, die sich beim Verdrehen stark verwölben, wie etwa die Rechteckquerschnitte und die Querschnitte der Formstähle für den Stahlbau. Bild 4.6 zeigt die drei hinsichtlich ihres Wölbverhaltens zu unterscheidenden Arten von Querschnittsformen.

Querschnitte die sich bei Verdrehung

a) nicht verwölben (wölbfreie Querschnitte)

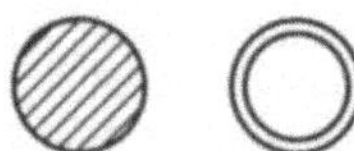

b) nur schwach verwölben (quasi wölbfreie Querschnitte)

c) stark verwöben (nicht wölbfreie Querschnitte)

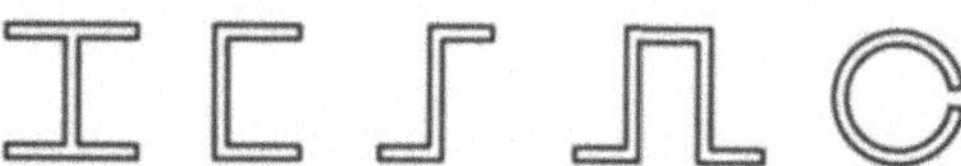

*) Grad der Verwölbung abhängig vom Seitenverhältnis

Bild 4.6   Querschnitte für Torsionsstäbe, geordnet nach ihrem Wölbverhalten bei Verdrehung des Torsionsstabes

Solange der Stab so gelagert ist, dass sich seine Querschnitte in Längsrichtung frei verwölben können, wie bei der sogenannten Gabellagerung, entstehen im Stab bei Torsionsbelastung nur Schubspannungen. Anders ist es bei Wölbbehinderung. Bild 4.7 zeigt die Verdrehung eines längsseitig geschlitzten Rohres, also eines Stabes mit sich stark verwölbendem Querschnitt. Dieser Stab ist an einem Ende eingespannt, kragt frei aus und ist am freien Ende mit einem Torsionsmoment M^T belastet.

Der Stabquerschnitt bleibt an der Einspannstelle zwar eben, verwölbt sich aber zunehmend mit der Entfernung von der Einspannung. Am freien Ende kommt es zur gegenseitigen Längsverschiebung u der beiden Querschnittsenden. An der Einspannung, wo die Querschnittsverwölbung behindert und daher Null ist, entstehen Längsspannungen und, weil diese mit der Entfernung von der Einspannung abnehmen, aus Gleichgewichtsgründen - es muss $\Sigma X = 0$ sein - auch Schubspannungen, die zusammen mit den Längsspannungen der Verdrehung

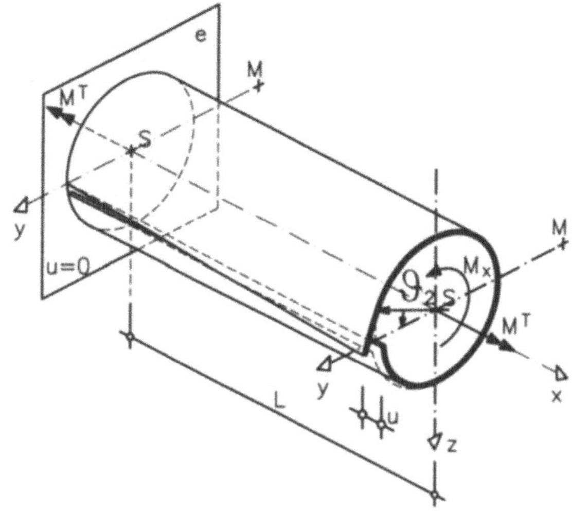

Bild 4.7 Verformung eines längsseitig geschlitzten Rohres, das an einem Ende eingespannt und am anderen Ende mit einem Torsionsmoment M^T belastet ist

einen Wölbwiderstand entgegensetzen. Unabhängig davon bildet sich auch in solchen Stäben ein Schubfluss aus, der aber, durch den Schlitz unterbrochen, von nur geringer Wirksamkeit ist und sehr große Verdrehungen zulässt. Die Schubtorsionssteifigkeit des geschlitzten Rohres (offenes Profil) ist gegenüber einem Rohr oder einem zylindrischen Stab (Hohl- oder Vollprofil) um Zehnerpotenzen kleiner und meistens nicht nennenswert (vgl. Bild 4.18). Aber die Wölbbehinderung an der Einspannung bewirkt einen zusätzlichen Widerstand gegen Verdrehen und vermindert so die Gesamtverdrehung ϑ. Der Wölbwiderstand des Stabes ist nicht wie sein Schubwiderstand über die Länge des Stabes konstant, sondern klingt vom Ort der Wölbbehinderung aus exponentiell ab.

Schubkrafttorsion

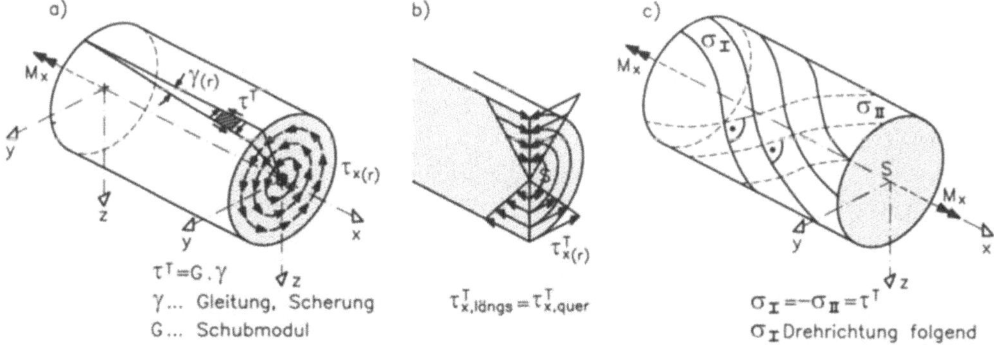

Bild 4.8 Torsion eines zylindrischen Stabes: a) Zusammenhang zwischen Scherung γ und Schubspannungen τ^T analog dem Hookeschen Gesetz, b) Dualität der Schubspannungen (im Querschnitt und im Längsschnitt), c) Hauptspannungslinien am rein auf Torsionsschub beanspruchten Zylinder (Zug in Drehrichtung)

Die Schubkrafttorsion (Saint-Venantsche[1] Torsion oder Freie Torsion) geht von der Voraussetzung aus, dass im geraden Stab bei Torsionsbeanspruchung M_x nur Schubspannungen τ^T auftreten, oder anders gesagt, dass dem Moment M_x, wie in Bild 4.8 a gezeigt, lediglich der Schubfluss τ^T das Gleichgewicht hält. Das setzt wiederum voraus, dass sich die Stabquerschnitte nicht verwölben oder frei verwölben können. Ob beim Verdrehen des Stabes seine Querschnitte eben bleiben oder sich verwölben, wird durch die Querschnittsform bestimmt, und so ist auch die Verteilung und Größe der Schubspannungen querschnittsabhängig. Ihr Nachweis wird aber einheitlich nach Gleichung (4.1) geführt.

$$\tau_x{}^T = \frac{M_x}{I_p} \cdot r = \frac{M_x}{W_p} \quad \text{bzw.} \quad \tau_x{}^T = \frac{M_x}{W_T} \tag{4.1}$$

M_x .... um die x-Achse drehendes Moment (Torsionsmoment) an der Stelle x
I_P ....Polares Trägheitsmoment für punktsymmetrische Querschnitte (Kreis, Kreisring)
r.... ...Radius (für τ_{max} Außenradius)
W_P .....Polares Widerstandsmoment (Kreis, Kreisring)
W_T .....Torsionswiderstandsmoment nach Bild 4.9

Beim Verdrehen gerader Stäbe mit Kreis- oder Kreisringquerschnitt bleiben deren Querschnitte aus Gründen geometrischer Verträglichkeit eben und entsprechen damit der von Bernoulli für die Technische Biegelehre getroffenen Voraussetzung vom Ebenbleiben der Querschnitte. Außerdem wächst, wie aus Bild 4.8 a zu ersehen ist, die Scherung γ der Erzeugenden mit r und damit nehmen auch die Schubspannungen τ von der Drehachse gegen den Umfang linear zu. Sie sind daher, entsprechend der Navierschen Verteilung der Biegespannungen in einem Balken, nach außen linear zunehmend über den Querschnitt verteilt. Daraus kann für den Kreis- und Kreisringquerschnitt von der im Aufbau gleichen Gleichung (3.2) direkt auf Gleichung (4.1) geschlossen werden. Dabei wird lediglich das axiale Trägheitsmoment durch das polare ersetzt.

Torsionsschubspannungen $\tau_x{}^T$ beanspruchen den Stab aber nicht nur in Querrichtung sondern auch in Längsrichtung. Die Längsschubspannungen können bei Torsionsbeanspruchung von Holzstäben zu deren Aufspalten in Längsrichtung führen. Die Dualität der Schubspannungen im Torsionsstab zeigt Bild 4.8 b. Der reine Torsions-Schubspannungszustand in Stäben mit Kreis- oder Kreisringquerschnitt führt in ihnen zu einem System schiefer Hauptzug- und Hauptdruckspannungen, deren Trajektorien sich unter 90 ° kreuzen und sich unter 45 ° gegenüber den Erzeugenden verwinden (siehe Bild 4.8 c). Es gibt Zug in Drehrichtung und Druck in Gegenrichtung, was sich zeigt, wenn man etwa versucht, einen sehr knapp sitzenden Ring vom Finger zu drehen.

Für den Nachweis der Torsionsschubspannungen nach Gleichung (4.1) in den vom Kreis- oder Kreisringquerschnitt abweichenden Querschnittsformen ist statt mit dem polaren Widerstandsmoment W_p mit dem Torsionswiderstandsmoment W_T zu rechnen. Das ist ein der jeweiligen Querschnittsform Rechnung tragender Querschnittswert, der für gängige Querschnitte in Bild 4.9 angegeben ist. Der in derselben Form geführte Nachweis kann allerdings zu Fehlschlüssen hinsichtlich der Stelle der maximalen Schubspannung und der Schubspannungsverteilung führen. Diesbezügliche Angaben macht ebenfalls Bild 4.9.

---

[1]   Barre de Saint-Venant (1797-1886)

Querschnitt	I_T	W_T	Angaben zu I_T, W_T	Stelle max τ
 (Kreis, r)	$\frac{\pi}{2} r^4$	$\frac{\pi}{2} r^3$		Umfang
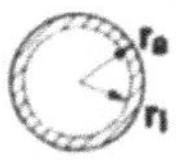 (Kreisring, r_a, r_i)	$\frac{\pi}{2}(r_a^4 - r_i^4)$	$\frac{\pi}{2 r_a}(r_a^4 - r_i^4)$		Umfang
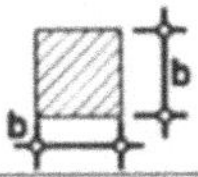 (Quadrat, b, b)	$0.14\,b^4$	$0.21\,b^3$		Mitte Seite
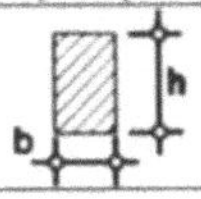 (Rechteck, b, h)	$c_1 n b^4$	$\frac{c_1}{c_2} n b^3$	$n=\frac{h}{b}$, $\quad c_1=\frac{1}{3}-\frac{0.21}{n}$ $\quad c_2=1-\frac{0.65}{1+n^3}$	Mitte Längss.
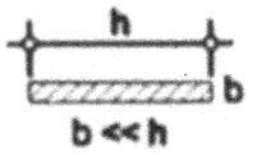 (schmales Rechteck, h, b; $b \ll h$)	$\frac{hb^3}{3}$	$\frac{hb^2}{3}$		Mitte Längss.
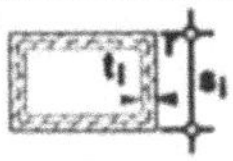 (Hohlquerschnitt, t_i, s_i)	$\frac{4 A_m^2}{\sum \frac{s_i}{t_i}}$	$2 A_m t_{min}$	A_m -- von Mittellinie eingeschlossene Fläche	min t
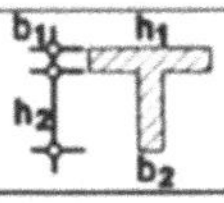 (T-Querschnitt, b_1, h_1, h_2, b_2)	$\frac{\eta}{3}\sum b^3 h$	$\frac{\eta}{3 b_{max}}\sum b^3 h$	I ⊏ T L $\qquad$ $\eta = 1.31 \quad 1.12 \quad 1.12 \quad 0.99$	Mitte Längss. wo b max

Bild 4.9 Torsionsquerschnittswerte einiger Querschnitte

Bei dem in Bild 4.10 gezeigten Brettquerschnitt ergibt sich eine über die Breite des Rechteckes lineare Schubspannungsverteilung, die wegen des Schubflusses nur an den Schmalseiten gestört ist. Aus dieser kann bei Verdrehungsbeanspruchung eines solchen Querschnittes auf sein Ebenbleiben geschlossen werden, denn in der Mittellinie gibt es keine Schubspannungen. Aus gleichem Grund bleiben Querschnitte eben, die aus geraden Stegen bestehen, die sich alle in einem Punkt, dem Schubmittelpunkt M dieses Querschnittes, schneiden (vgl. Bild 4.6 b). Die Stelle von τ_{max} liegt bei solchen Querschnitten immer in der Mitte der Längsseite des jeweils breitesten Teilrechteckes.

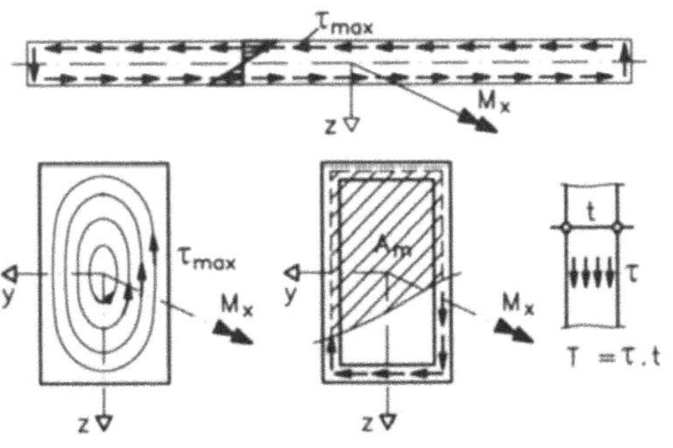

Bild 4.10 Schubflüsse in Rechteck- und Hohlquerschnitten

Bei den torsionssteifen Hohlquerschnitten ergibt sich aus Gleichgewichtsgründen in allen Wänden ein konstanter Schubfluss $T = M_x / (2 \cdot A_m)$. Die maximale Schubspannung $\tau_{max} = T / t_{min}$ liegt daher an der dünnsten Stelle der Kastenwand. Die Schubspannungen τ werden konstant über die Wände verteilt angenommen.

Das Prandtlsche Seifenhautgleichnis

Für beliebige Querschnitte hat Prandtl eine Analogie zwischen dem Volumen einer über der Figur des Stabquerschnittes gebildeten Seifenblase und dem Torsionsträgheitsmoment des Stabquerschnittes sowie zwischen der Steigung der Seifenblase an einer Stelle und der Torsionsschubspannung im Querschnitt an dieser Stelle festgestellt. Er hat damit einen Weg für die experimentelle Bestimmung des Torsionsträgheitsmomentes beliebiger Querschnitte gezeigt.

Schneidet man aus einem Behälterdeckel nebeneinander eine dem Stabquerschnitt kongruente Öffnung sowie einen Kreis aus, überspannt beide Öffnungen mit einer Seifenhaut und erzeugt im Behälter einen leichten Überdruck, wird sich die Seifenhaut über den beiden Öffnungen zu Blasen wölben. Vom Kreisquerschnitt ist das polare Trägheitsmoment bekannt, das bei diesem gleich dem Torsionsträgheitsmoment ist, und die Torsionsschubspannungen lassen sich damit berechnen. Und so kann aus dem Vergleich der Volumina der beiden Seifenblasen beziehungsweise der Spannungshügel und deren Steigung an den Rändern zum einen auf das Torsionsträgheitsmoment I_T des zu untersuchenden Querschnittes und zum anderen auf die Torsionsschubspannung τ^T geschlossen werden.

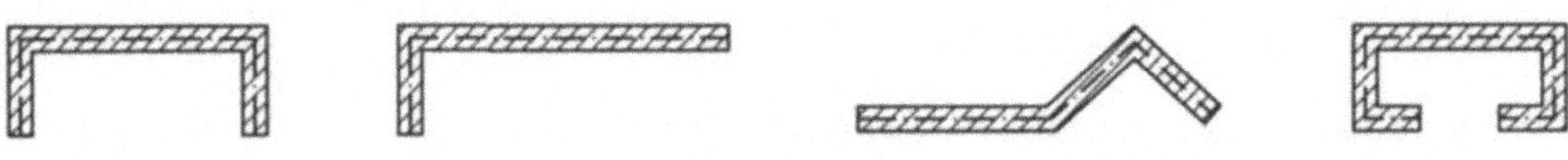

Bild 4.11 Offene Querschnitte mit gleicher Wanddicke und gleicher abgewickelter Länge und entsprechend dem Prandtlschen Seifenhautgleichnis annähernd gleichem I_T

Mit dem Wissen um diese Analogie sind allein aus der Anschauung auch qualitative Aussagen möglich. Beispielsweise haben alle offenen, aus schmalen Rechtecken zusammengesetzten Querschnitte, wie sie Bild 4.11 zeigt, das gleiche Torsionsträgheitsmoment I_T, wenn sie die gleiche abgewickelte Länge haben, denn die Volumina der sich über sie bei gleichem Druck wölbenden Seifenblasen sind annähernd gleich. Die in Bild 4.11 gezeigten Profile haben somit die gleiche Torsionsquerschnittssteifigkeit GI_T.

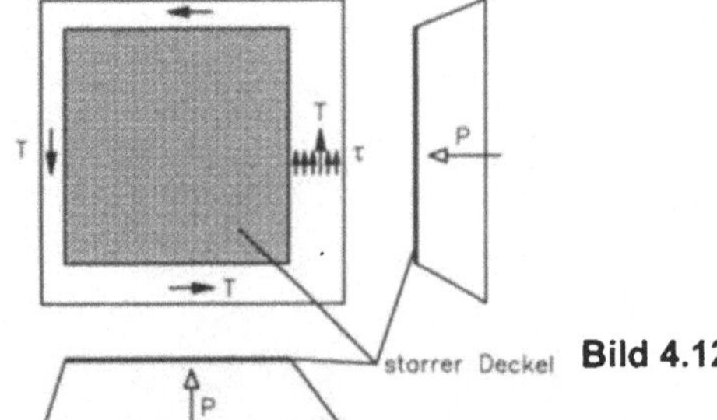

Bild 4.12 Prandtlsches Seifenhautgleichnis bei einem Hohlprofil

Sowohl für einzellige als auch für mehrzellige Hohlprofile gibt das Prandtlsche Kriterium ebenfalls eine brauchbare Aussage, wenn man die Seifenblase über die Außenränder spannt und dabei die Hohlräume mit einzelnen starren Deckeln derart abdeckt, dass sie sich mit der aufgehenden Seifenblase heben, so dass sich über dem Hohlraum oder den Hohlräumen abgeplattete Hügel ausbilden (siehe Bild 4.12). Daraus geht hervor, dass bei mehrzelligen Kasten das Torsionsträgheitsmoment größer ist als bei vergleichbaren einzelligen und sie daher im Allgemeinen steifer sind. Aus der geradlinigen Steigung der Seifenhaut erkennt man außerdem, dass die Schubspannungen konstant über die Wanddicke verteilt sind. Der größte Gradient und somit die größte Schubspannung tritt bei der dünnsten Wand auf.

Wölbkrafttorsion

Bei der Wölbkrafttorsion wird von der Voraussetzung ausgegangen, dass beim Verdrehen des Stabes infolge M_x kein Schubfluss im Sinne der Saint-Venantschen Torsion wirksam werden kann, dass sich die Querschnitte verwölben, und dass diese Verwölbung stellenweise behindert ist. Es wird demnach von nicht wölbfreien, dünnwandigen Querschnitten entsprechend Bild 4.6 ausgegangen sowie von einer Wölbbehinderung durch eine Einspannung, durch einen Querschnittssprung oder durch einen Sprung im M_x-Verlauf. Dort nämlich, wo ein Torsionsmoment M^T in den Stab eingeleitet wird, wollen sich die Stabquerschnitte zu beiden Seiten des Torsionsmomentenangriffes entgegengesetzt verwölben und behindern sich auf diese Weise gegenseitig an der freien Verwölbbarkeit.

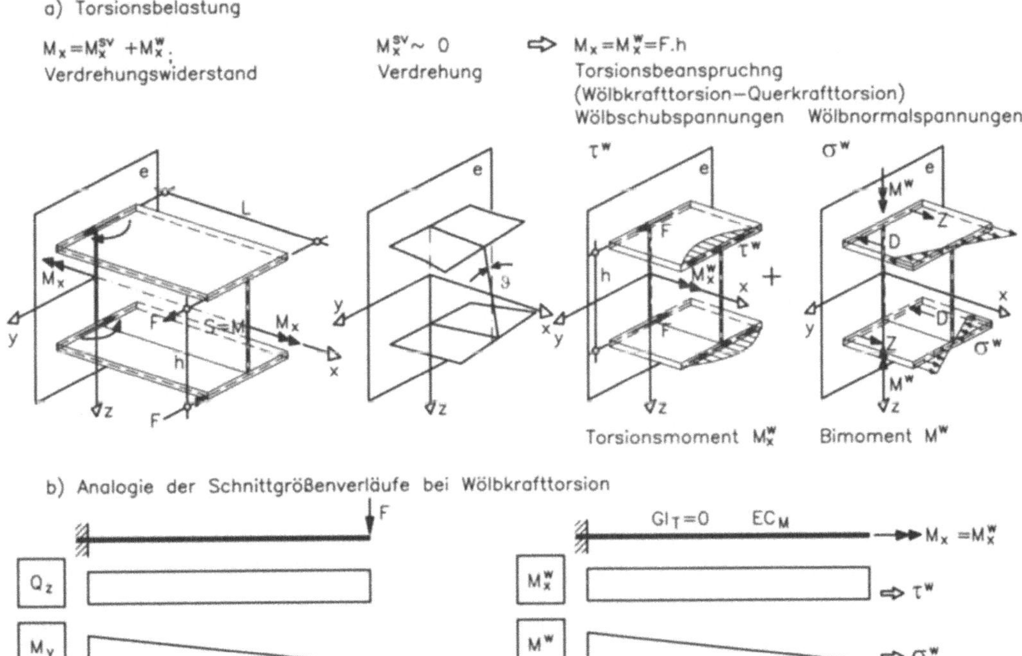

Bild 4.13 Wölbkrafttorsion von Stäben mit offenen, dünnwandigen Querschnitten, wie I-, U - und Z-Profile

Bild 4.13 zeigt Torsionsbelastung, Verdrehung und Torsionsbeanspruchung bei Wölbkrafttorsion am Beispiel eines dünnwandigen I-Profiles. Nur bei diesem Querschnitt lässt sich nämlich die an sich wenig anschauliche Theorie der Wölbkrafttorsion und vor allem das bei dieser Beanspruchungsart hinzukommende Bimoment M^W (Wölbmoment) anschaulich machen. Ein solches Bimoment tritt auch auf, wenn beispielsweise eine Stütze, wie Bild 4.14 zeigt, durch eine in zwei Richtungen exzentrisch wirkende Normalkraft belastet wird und kann ein Drillknicken als Versagensursache auslösen.

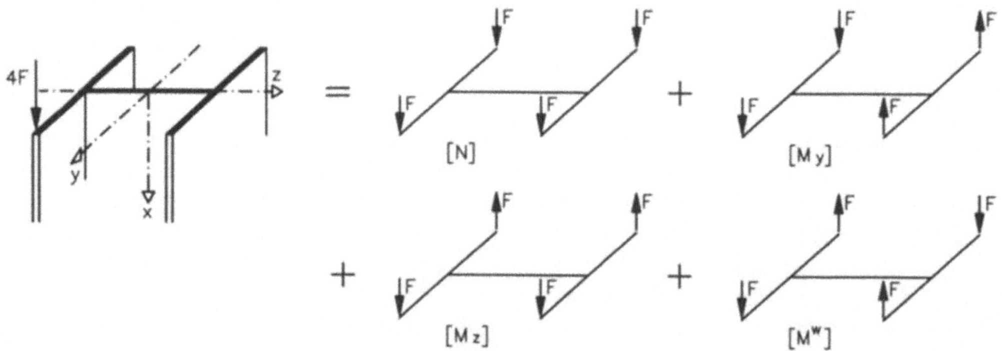

Bild 4.14 Bimoment M^W bei exzentrischer Stützenbelastung

Dem bei Torsionsbelastung bei einer Verdrehung um den Drehwinkel ϑ sich antimetrisch verwölbenden Querschnitt steht im gegebenen Falle der Biegewiderstand der Flansche entgegen. Die Wölbsteifigkeit EC_M des Querschnittes hängt generell von der Gestalt der Wölbfläche und diese von der Gestalt der Querschnittsfläche ab und ist mit einer Biegesteifigkeit vergleichbar. Sie wächst beim I-Querschnitt mit dem Biegewiderstand der Flansche und deren Abstand voneinander.

Das Torsionsmoment M_x wird in den Stab als Kräftepaar $M_x = F \cdot h$ eingetragen, und die beiden Flansche werden jeweils durch F gegensinnig auf Querkraftbiegung beansprucht. Die Querkräfte F in den beiden Flanschen mit dem Hebelarm h entsprechen an jeder Stelle der Stabachse dem Torsionsmoment $M_x = M_x^W$. Man spricht daher manchmal auch von Querkrafttorsion.

Die der Flanschquerkraft entsprechenden Schubspannungen τ^W sind über die Flansche quadratisch-parabolisch verteilt. Die einhergehende Verbiegung der Flansche verursacht Druck- und Zugspannungskeile σ^W, und diese bilden das Bimoment M^W. Das Bimoment ist keine eigenständige Schnittgröße sondern eine das Torsionsmoment M_T^W bei Wölbkrafttorsion aus Gleichgewichtsgründen begleitende Schnittgröße - keine Flanschquerkraft ohne Flanschbiegung.

Die Wölbspannungen σ^W und τ^W sind Folgen der Wölbbehinderung und somit Zwängungsspannungen und sind als solche hinsichtlich ihres Betrages auch abhängig von der Nachgiebigkeit der Behinderung und andererseits auch abbaubar; das kann bei Stahlkonstruktionen durch das Fließen des Stahles und bei Stahlbetonkonstruktionen dadurch geschehen, dass der Beton Risse bekommt.

Der Einfluss der Wölbbehinderung und somit die Wölbspannungen nehmen, wie bereits erwähnt, mit der Entfernung vom Ort der Behinderung ab. Somit ist die Torsionsbelastbarkeit eines Stabes über Wölbkrafttorsion, im Gegensatz zur Schubkrafttorsion, nicht nur von der Form des Stabes sondern auch von der Länge L des Stabes abhängig. In welchem Maße sich die Torsionsbelastbarkeit eines Stabes auf dem Schubkraftmechanismus und/oder auf dem Wölbkraftmechanismus stützt, hängt vom Verhältnis seiner Schubtorsionssteifigkeit GI_T zu seiner Wölbtorsionssteifigkeit EC_M, von der Länge des Stabes und der Art der Torsionsbelastung ab.

Gemischte Torsion

Man spricht von gemischter Torsion, wenn der Querschnitt des Torsionsstabes sowohl auf Schubkrafttorsion (Saint-Venantsche Torsion) τ^{SV} als auch auf Wölbkrafttorsion σ^W und τ^W beansprucht wird. Bei dieser Art von Torsionsbeanspruchung wird, wie auch bei der Wölbkrafttorsion, von nicht wölbfreien Querschnitten und von stellenweisen Wölbbehinderungen ausgegangen. Die unter dem Abschnitt Wölbkrafttorsion genannten Abhängigkeiten bestimmen daher den durch die Wölbkrafttorsion verursachten Störbereich (Zwängung) des ansonst herrschenden Schubflusses der Saint-Venantschen Schubkrafttorsion.

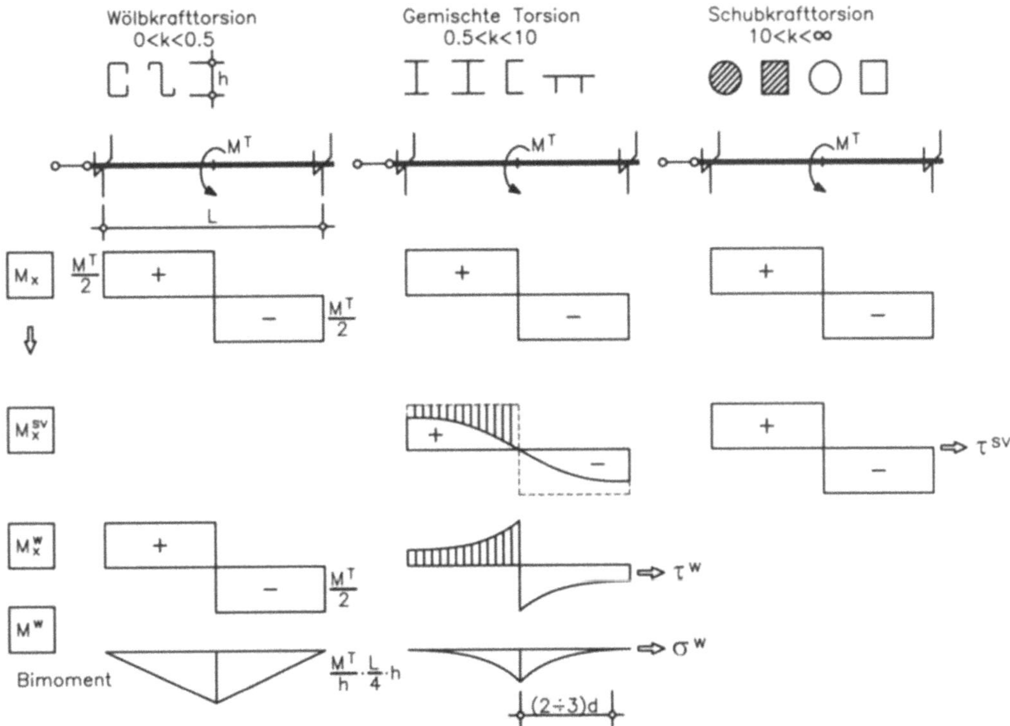

Bild 4.15 Torsionsbeanspruchung eines gabelgelagerten Trägers bei einem in Stabmitte angreifenden Torsionsmoment in Abhängigkeit vom Steifigkeitsfestwert k nach Gleichung (4.2), das heißt in Abhängigkeit von Querschnitt und Länge

Bild 4.15 zeigt die infolge eines in Stabmitte angreifenden Torsionsmomentes M^T bei gemischter Torsion der Spannungsermittlung zu Grunde zu legenden Schnittgrößenverläufe sowie ihnen zur

Seite gestellt jene bei nur Wölbkrafttorsion einerseits und jene bei nur Schubkrafttorsion andererseits und zwar für den gabelgelagerten Stab. Welche der Torsionsbeanspruchungsarten im einzelnen Falle maßgebend wird, hängt von der Größe des jeweiligen Steifigkeitsfestwertes k nach Gleichung (4.2) ab.

$$k = L \cdot \sqrt{\frac{G \cdot I_T}{E \cdot C_M}} \qquad\qquad (4.2)$$

GI_T.....Schubtorsions-Querschnittssteifigkeit [kNm²]
EC_M...Wölbtorsions-Querschnittssteifigkeit [kNm⁴]
L.........Stablänge

Ist der k-Wert kleiner als 0.5, kann der Einfluss der Schubkrafttorsion gegenüber der Wölbkrafttorsion vernachlässigt werden. Ist der k-Wert größer als 10 kann die Wölbkrafttorsion gegenüber der Schubkrafttorsion vernachlässigt werden (siehe Bild 4.15).

Der Einfluss der Wölbkrafttorsion klingt vom Ort der Wölbbehinderung mit der Entfernung ab und erstreckt sich ungefähr auf eine Länge 3 d, wobei d vom Verhältnis der Torsions-Querschnittssteifigkeiten nach Gleichung (4.3) abhängt.

$$d = \sqrt{\frac{E \cdot C_M}{G \cdot I_T}} \qquad\qquad (4.3)$$

Während in Bereichen kleiner d die Wölbkräfte den Hauptwiderstand gegen das äußere Torsionsmoment M^T leisten, übernehmen darüberhinaus die Schubkräfte den Verdrehungswiderstand.

Bild 4.15 zeigt auch, welche Profile vorwiegend welcher Art von Torsionsbeanspruchung unterliegen. Kurze, aus dünnem Blech gefaltete Träger unterliegen der Wölbkrafttorsion. Die I-, U- und Z-Profile des Stahlbaues und die π-Platten des Stahlbetonbaues unterliegen mehr oder weniger der gemischten Torsion.

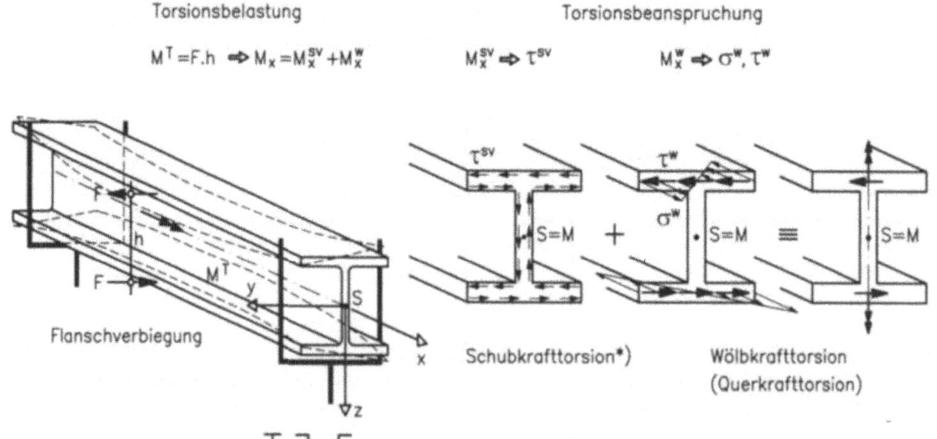

Bild 4.16 Gemischte Torsion bei dickwandigen I-Profilen

Alle gedrungenen Voll- und Hohlquerschnitte und dabei im Besonderen die Kreisquerschnitte unterliegen der Schubkrafttorsion. Die Beanspruchung durch Wölbkrafttorsion tritt wegen der örtlichen Wölbbehinderung nur örtlich auf und soll dort als Zwängungsspannung auch nur örtlich beachtet werden. Dabei kann sie bei den I -, U - und Z-Querschnitten näherungsweise immer auf eine Flanschbiegung zurückgeführt werden.

Bild 4.16 zeigt Torsionsbelastung und Torsionsbeanspruchung am Beispiel eines gabelgelagerten, dickwandigen I-Profilträgers. Das Torsionsschnittmoment M_x setzt sich aus zwei Teilen zusammen:

- dem, der einen Saint-Venantschen Torsionsschubfluss erzeugt, und

- dem, der zufolge der Wölbbehinderung an der Stelle des Torsionsmomentenangriffes die Wölbspannungen σ^W und τ^W erzeugt.

Eine einfache Aufteilung in die beiden Beanspruchungsarten ist nicht möglich, weil der Wölbtorsionswiderstand, im Gegensatz zum Schubtorsionswiderstand, über die Stablänge nicht konstant bleibt, sondern abklingt. Wenn zur Aufnahme der Torsionsbelastung im Stab der Schubkraft- und der Wölbkraftmechanismus zur Verfügung stehen, dann genügt es im Allgemeinen, die genannte Torsionsbeanspruchung entweder der einen oder der anderen Beanspruchungsart zuzuweisen und dabei die zulässigen Spannungen einzuhalten. Damit wird nämlich eine der Möglichkeiten der Beanspruchung eindeutig eingeräumt.

4.1.3 Formgebung und bauliche Durchbildung

Jeder Tragwerksentwurf sollte darauf abzielen, die Torsion auszuschalten, nicht weil die Berechnung sondern weil die Konstruktion aufwendig ist. Wenn sich aber Torsion nicht vermeiden lässt, dann sollte die Torsionslastabtragung tunlichst über die Schubkrafttorsion geschehen. Andererseits sollte allen Trägern und Stützen eines Tragwerkes, auch wenn sie planmäßig keine Torsion erfahren, einfach aus Gründen besserer Stabilität, bei ihrer Formgebung ein gewisser Torsionswiderstand gegeben werden.

Zur Torsionslastabtragung über Schubkrafttorsion eignen sich entsprechend Bild 4.15 alle gedrungenen Voll-, Hohl- und Profilquerschnitte. Hohlquerschnitte sind wirksamer als Vollquerschnitte mit gleicher Querschnittsfläche. Die Wände von Hohl- oder Kastenquerschnitten können auch aufgelöst sein, sie können auch aus perforierten, profilierten (Trapezbleche), fachwerk- oder rahmenartigen Wänden bestehen, die aber in sich schubsteif d.h. unverschieblich sein müssen. Bild 4.17 zeigt Gestaltungsmöglichkeiten für Kastenträger.

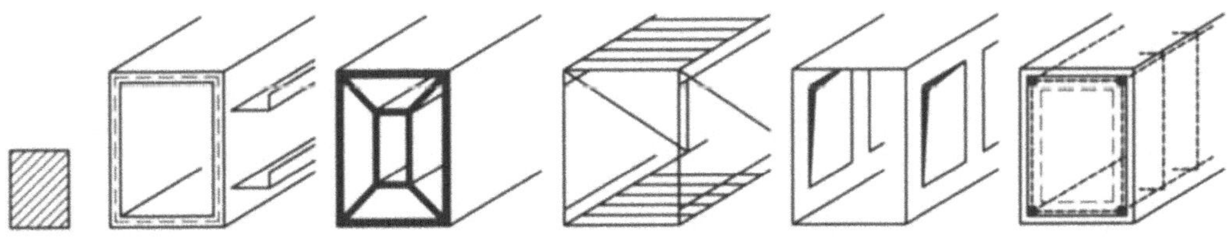

Bild 4.17 Torsionsstäbe mit Voll- und Hohlquerschnitten in verschiedener Ausführung

Auch Stahlbetonträger funktionieren bei Torsionsbeanspruchung im Zustand II wie Gitterträger, deren Netz durch die Längsbewehrung in den Ecken und die Bügelbewehrung zur Zugaufnahme und den diese Bewehrung umgebenden Beton zur Druckaufnahme gebildet wird. Es kann angenommen werden, dass sich die Systemebenen des Gitters in den Mittelpunkten der Eckstäbe schneiden. Wenn ein Voll- oder Hohlquerschnitt aus konstruktiven oder funktionellen Gründen irgendwelche Rippen oder abstehende Teile bekommt, so wird durch diese die Torsionstragfähigkeit des Voll- oder Hohlquerschnittes nicht gesteigert. Mehrzellige Kastenquerschnitte haben dagegen gegenüber vergleichbaren einzelligen Kastenquerschnitten eine höhere Torsionstragfähigkeit (siehe Prandtlsches Seifenhautgleichnis).

Wird ein Hohlprofil in Längsrichtung durchgehend geschlitzt und damit zum offenen Profil gemacht, wobei ein Sägeschnitt genügt, sinkt, wie Bild 4.18 deutlich macht, die Schubtorsionssteifigkeit des Querschnittes um Zehnerpotenzen. Ein solches Profil kann zur Aufnahme einer Torsionsbelastung bestenfalls durch Aktivierung eines Wölbtorsionswiderstandes geeignet gemacht werden, sei es durch Einspannung oder durch geeignete Aussteifung in gewissen Abständen. Im Allgemeinen sind offene Querschnitte zu vermeiden.

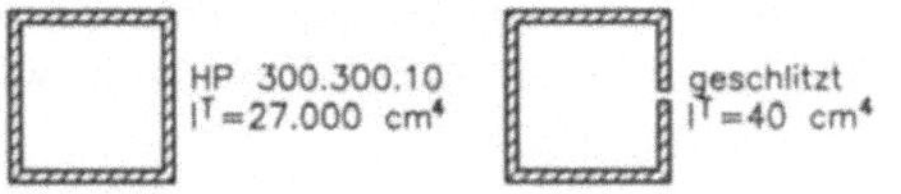

Bild 4.18 Vergleich der Schubtorsionssteifigkeit eines geschlossenen und eines offenen Querschnittes

Wie andererseits aus einem hinsichtlich Biegung und Torsion wenig belastbaren U-Profil einfach durch das Einschweißen eines Bleches ein Hohlprofil mit verbesserter Biegetragfähigkeit und einer um ein Vielfaches verbesserten Torsionstragfähigkeit wird, zeigt Bild 4.19.

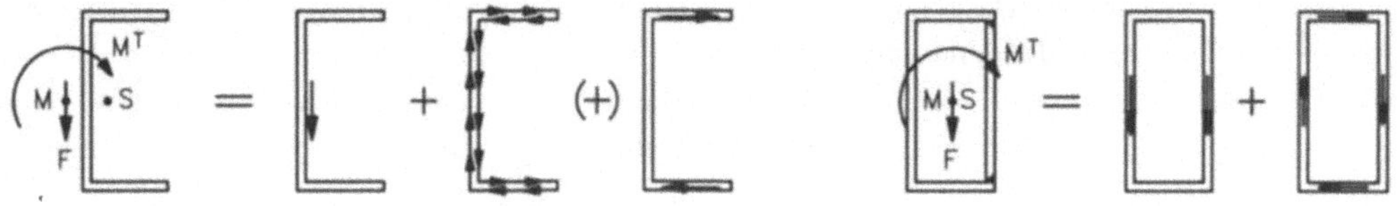

Bild 4.19 Biege- und Torsionsbeanspruchung eines U- sowie eines vergleichbaren Hohlprofiles

Bei allen auf Torsion beanspruchten Querschnitten ist die Erhaltung der Querschnittsform als Voraussetzung der Berechnung wichtig; sie sind daher hinreichend gut auszusteifen.

4.2   Zur Frage der Lagerung

Torsionsstäbe müssen zur Aufnahme der Torsionsmomente M_x geeignet gelagert sein. Bild 4.3 zeigt die Lagerbedingungen für Torsionsstäbe und Bild 4.20 zeigt verschiedene Ausführungen von Torsionslagerungen.

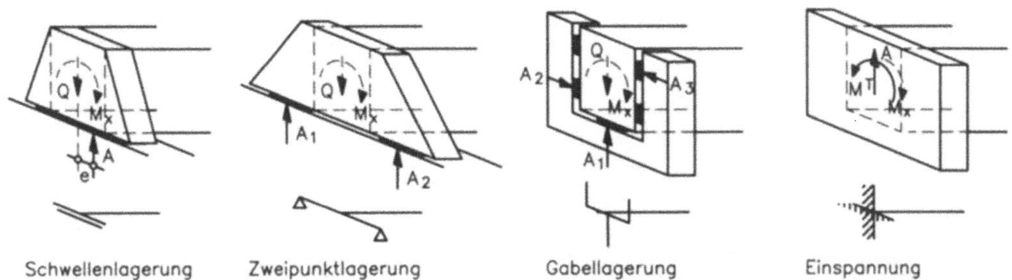

Bild 4.20 Verschiedene Torsionslagerungen von Balken - Ausführung und entsprechendes Symbol

Beim Schwellenlager hält eine zur Stabachse exzentrische Stützkraft den tordierenden Querlasten das Gleichgewicht. Die Exzentrizität e muss kleiner als die Kernweite des Lagerkörpers sein. Bei der Zweipunktlagerung halten den tordierenden Querlasten zwei Stützkräfte im Abstand der beiden Lager das Gleichgewicht. Die beiden Lagerkräfte A_1 und A_2 können nach Bild 4.2 ermittelt werden. Bei der Gabellagerung werden die Querlasten vom Puffer im Gabelgrund und die Torsionslastanteile von den seitlichen Anschlägen als Kräftepaar aufgenommen. Von einer Einspannung werden die Querlast- und die Torsionslastanteile unmittelbar aufgenommen.

Als Lagerköper für die verschiedenen Lagerungsarten eignen sich Neoprenestreifen oder Neoprenekissen.

5 Platten

5.1 Allgemeines

5.1.1 Begriffe und Unterscheidungen

Platten sind flächige Tragwerkselemente, die der Plattentheorie[1] entsprechend folgende Voraussetzungen erfüllen müssen:

- Die Mittelfläche der Platte, das ist jene Fläche, die an jeder Stelle die Dicke halbiert, ist eben.

- Die Dicke der Platte ist gegenüber den Abmessungen in der Mittelfläche klein.

- Die Belastung wirkt normal zur Mittelfläche.

- Die Durchbiegungen w der belasteten Platte sind im Verhältnis zur Plattendicke h klein (siehe Bild 5.1).

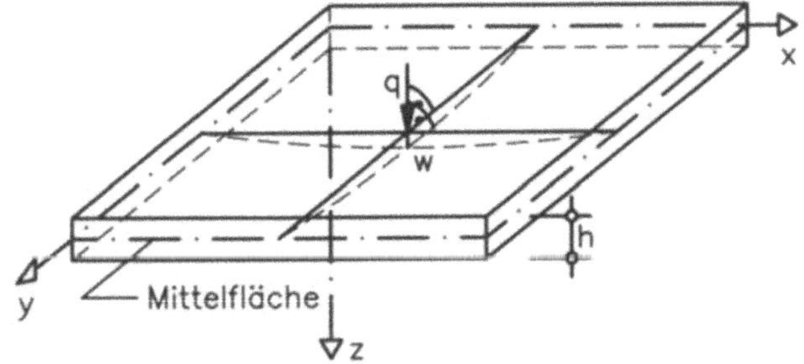

Bild 5.1   Zur Begriffsdefinition „Platte"

Wirkt die Belastung in der Mittelfläche, spricht man von einer Scheibe. Ein und dasselbe Tragglied kann demnach sowohl Platte wie auch Scheibe sein. Beispielsweise wirkt eine Geschoßdecke unter ihrem Eigengewicht und ihren Auflasten als Deckenplatte, während sie bei der Überleitung der an der Fassade angreifenden Windlast in die das Gebäude aussteifenden Wände als Deckenscheibe funktioniert. Auch bei den Wänden wird je nach Belastung beziehungsweise Funktion im Tragwerk zwischen Wandplatten und Wandscheiben unterschieden.

---

[1]   Theoretische Grundlage für die Berechnung von quer zu ihrer Mittelfläche belasteten, ebenen Flächentragwerken, als Erweiterung der Balkentheorie (Stabstatik) beziehungsweise als Einschränkung der allgemeinen Elastizitätstheorie (Kontinuumsstatik) auf als Platten definierte Traggebilde: Gleichung für die Biegefläche der elastischen Platte.

Die Plattentheorie unterscheidet in erster Linie zwischen isotropen und anisotropen Platten. Eine isotrope Platte muss zu den vorher genannten noch folgende Voraussetzungen erfüllen:

- Die Plattendicke ist konstant.
- Die Struktur der Platte ist homogen und isotrop.
- Der Werkstoff verhält sich elastisch.

Bei den anisotropen Platten entfallen die Einschränkungen bezüglich Homogenität und Isotropie. Sonderfälle der anisotropen Platten sind die orthotropen Platten. Orthotrop steht für orthogonal-anisotrop. Man versteht daher unter diesen Platten im Allgemeinen orthogonale (rechtwinkelige) Trägerroste (Rippenroste), die mit einer aufliegenden Platte schubfest verbunden sind.

Platten sind meistens monolithisch[1] (Stahlblechplatten, Stahlbetonplatten, Homogenholzplatten) und dienen zur Überbrückung kleinerer Spannweiten. Größere Spannweiten verlangen aus Gewichtsgründen eine Auflösung in gegliederte Tragwerke. Man spricht bei den einen jeweils von einem Kontinuum und bei den anderen von einem Diskontinuum. So wird man die massiven Platten bei größeren Spannweiten durch Hohlplatten und bei großen Spannweiten durch Fachwerkplatten[2] beziehungsweise Rippenplatten oder Trägerroste ersetzen.

Es gibt eine Reihe von Unterscheidungsmerkmalen, wobei zur einwandfreien Definition einer speziellen Platte meistens mehrere solcher anzugeben sind. Diese waren ursprünglich wichtig, weil sie mit speziellen Lösungen der Plattentheorie verknüpft waren, für die es dann aufbereitete Berechnungsverfahren und tabellierte Schnittgrößen gab. Man unterscheidet beispielsweise

- nach der Lastabtragung: Plattenstreifen mit einachsiger und Platten mit zweiachsiger Lastabtragung,
- nach der Geometrie: Rechteckplatten, Parallelogrammplatten, Dreieckplatten, Kreis- und Kreisringplatten,
- nach der Lagerung: zweiseitig, dreiseitig, umlaufend, linienförmig und punktförmig gestützte Platten beziehungsweise solche mit frei drehbar gelagerten oder eingespannten Plattenrändern,
- nach der Feldzahl: einfeldrige und mehrfeldrige Platten,
- nach der Belastung: gleichförmig, dreieckförmig belastete sowie rand-, schneidenförmig- und punktbelastete Platten.

In der Sprache der Ingenieure haben sich diese meist mehrfach zusammengesetzt verwendeten Bezeichnungen noch erhalten. Für die Berechnung von Platten sind sie aber nahezu bedeutungslos geworden. Heute gibt es nämlich leistungsfähige computerunterstützte Finite-Elemente-Programme, mit denen alle im Bauwerk verwendeten Platten einheitlich berechnet werden können. Für eine solche Berechnung braucht man nur Angaben bezüglich der

---

[1]   Aus einem Stück, aus einem Guß.

[2]   In ihrer einfachsten Form ein räumliches Fachwerk mit der einfachsten Grundfigur dem Tetraeder, das durch Hinzufügen von jeweils drei Stäben, die einen weiteren Knoten einschneiden, Knoten um Knoten zu einer Fachwerkplatte erweitert wird.

Umfangsgeometrie, der Aussparungen, der Plattendicke, der Lagerung, des Materials, einer möglicherweise vorhandenen Anisotropie und der Belastung.

Um sich beim Entwerfen von Platten ein Bild zu machen, wie sie funktionieren, kann es vorteilhaft sein, die Platte gedanklich durch einen Trägerrost zu ersetzen. Auf diese Weise kann man sich das Tragverhalten von Platten veranschaulichen und die Machbarkeit von Aussparungen in Platten beurteilen.

5.1.2 Zweiachsige Lastabtragung – Trägerroste und Platten

Sowohl Platten als auch Trägerroste tragen alle normal auf die Tragwerksebene einwirkenden Lasten in der Tragwerksebene, das heißt zweiachsig, zu ihren Auflagern ab. Dabei verteilen sie örtlich konzentriert angreifende Lasten in der Ebene, indem direkt belastete Tragwerksteile durch Einbindung nicht unmittelbar belasteter Teile entlastet werden. Das Tragverhalten beider ist also ähnlich und je feiner die Rostteilung desto besser die Übereinstimmung. Der Trägerrost ist ein Tragsystem der Stabstatik, die Platte eines der Kontinuumsstatik, und je nach Kenntnissen und Übung kann man sich bezüglich der Wirkungsweisen sowohl das eine als auch das andere Tragsystem durch das jeweils entsprechende veranschaulichen.

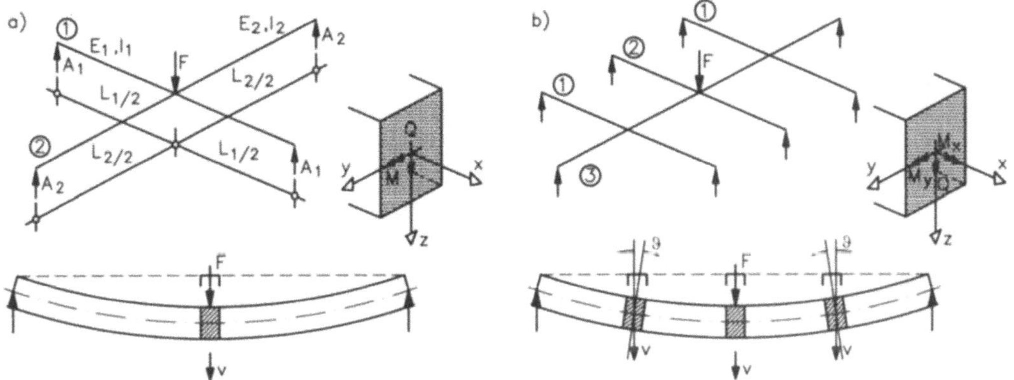

Bild 5.2   Lastausbreitung in und Beanspruchung von Trägerrosten: a) Trägerkreuz, b) Trägerrost

Bild 5.2 a zeigt ein symmetrisches Trägerkreuz, die Grundform der Trägerroste. Ein solches wird durch zwei Träger gebildet, die im Kreuzungspunkt so miteinander verbunden sein müssen, dass sie sich, gleichgültig ob die Last oben abgesetzt oder unten angehängt wird, gemeinsam durchbiegen. Beide Träger beteiligen sich dann entsprechend ihrer Stabsteifigkeit an der Abtragung der im Knoten angreifenden Last F. Die Stabsteifigkeit der einzelnen Träger hängt von der Größe und der Form ihres Querschnittes, vom Material, von ihrer Länge und der Art ihrer Lagerung ab. Der steifere Träger übernimmt den größeren Lastanteil. Man kann beispielsweise die beiden Träger so wählen, dass sie die Auflast zu gleichen Teilen auf die vier Auflager abgeben oder dass sie gleichen Querschnitt haben. Die beiden belasteten Träger biegen sich durch und werden, wie in Bild 5.2 a gezeigt, lediglich auf Biegung (Q, M) beansprucht.

Wird der eine Träger, wie in Bild 5.2 b gezeigt, nicht nur durch einen sondern durch mehrere Querträger gestützt und sind die Querträger mit dem Längsträger starr verbunden, dann biegen sich die vom Lastangriff abliegenden Querträger nicht nur durch, sondern sie verdrehen sich auch

um den Winkel ϑ. Diese Querträger werden nicht nur auf Biegung (Q_z, M_y) sondern auch, wenn sie am Auflager gegen Verdrehen gehalten sind, auf Torsion (M_x) beansprucht. Der Längsträger wird dann von den Querträgern nicht nur gestützt, sondern ist außerdem in ihnen elastisch eingespannt und zwar in Abhängigkeit des Torsionswiderstandes der Querträger. Dieser und damit auch die Größe ihrer Torsionsbeanspruchung (Zwangstorsion) hängt vom Querschnitt der Querträger, von ihrem Material, von der Art der Verbindung zwischen Querträger und Längsträger sowie von der Art der Lagerung der Querträger ab. So wird generell zwischen torsionsweichen und torsionssteifen Trägerrosten unterschieden. Trägerroste aus Holz sind wegen der Verbindungen und solche aus Stahl wegen der meistens verwendeten offenen Profil-Querschnitte im Allgemeinen torsionsweich. Die monolithischen Stahlbeton-Trägerroste sind dagegen durchweg torsionssteif. In jedem Trägerrost erfolgt also die Lastabtragung über Biegung und mehr oder weniger auch über Torsion.

Bild 5.3 zeigt die schrittweise Steigerung der Tragwerkseffizienz von einer Trägerlage mit einachsiger Lastabtragung bis hin zur Platte mit zweiachsiger Lastabtragung und der Möglichkeit Aussparungen zu machen.

Bei der Trägerlage sind die Träger untereinander nicht verbunden. Einzellasten werden also vom jeweils belasteten Träger alleine abgetragen. Deshalb verlangt dieses Tragsystem relativ große Bauhöhen und hat den Nachteil, dass sich die belasteten Träger unabhängig von den nicht belasteten durchbiegen und zwischen ihnen Absätze entstehen.

Verbessert wird die Lastabtragung durch die Verwendung eines Lastverteilungsträgers. Dieser bewirkt, dass mehrere Träger zur Lastabtragung herangezogen werden, die Last

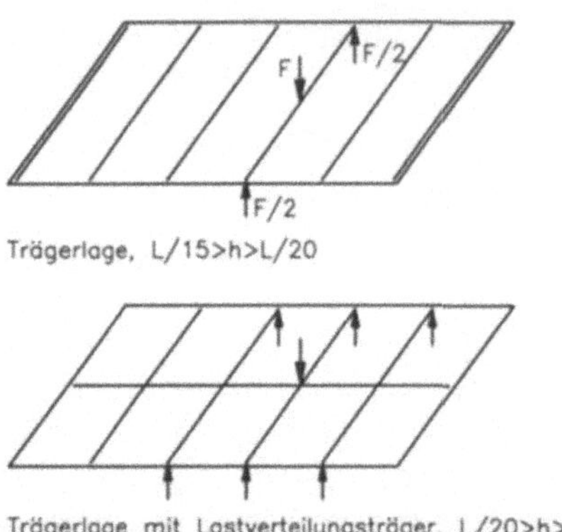

Trägerlage, L/15>h>L/20

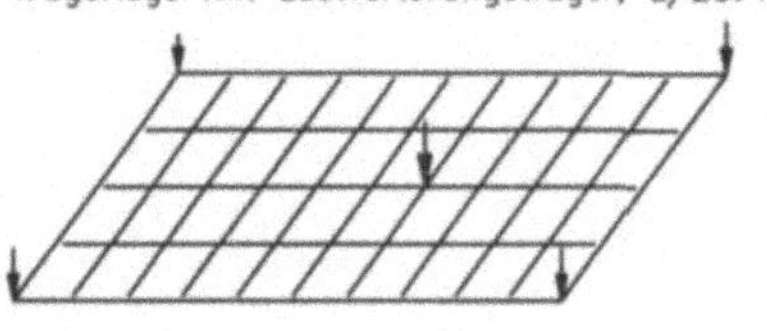

Trägerlage mit Lastverteilungsträger, L/20>h>L/25

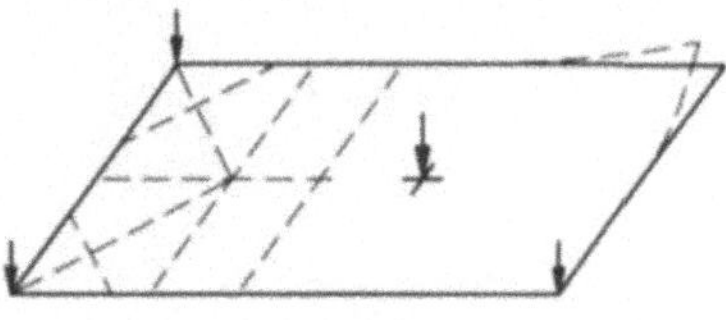

Biege- und Torsionssteifer Trägerrost, L/30>h>L/35

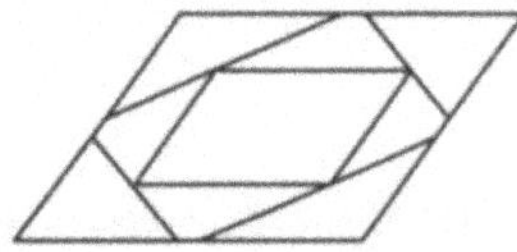

Monolithische Platte, L/35>h>L/40
idealisierte Trägerlage eines vergleichbaren Rasters

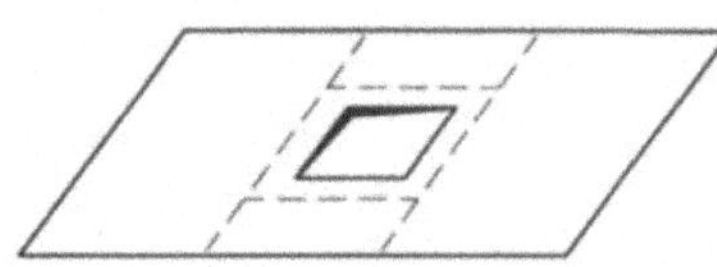

Optimierte Trägerlage über quadratischem Grundriß

Möglichkeit von Aussparungen in Platten

Bild 5.3   Trägerlage – Trägerrost – Platte;
Steigerung der Tragwerkseffizienz

sich auf mehrere Auflager verteilt und dass bei der Durchbiegung der Träger kaum Absätze entstehen. Ein Lastverteilungsträger reduziert die notwendige Bauhöhe spürbar.

Mit einem Trägerrost wird die Lastausbreitung weiter verbessert, und die erforderliche Bauhöhe kann weiter reduziert werden; je engmaschiger der Trägerrost desto besser die Lastausbreitung. Man wird aber die Trägerabstände nach der Leistungsfähigkeit der Abdeckelemente wählen, denn die Trägerkreuzungen sind konstruktiv aufwendig und teuer.

Der Schritt vom Trägerrost zur monolithischen Platte ist folgerichtig, weil damit auch die Abdeckungen der Felder zwischen den Trägern entfallen. Wie im Trägerrost so entstehen auch in der Platte bei der Lastabtragung Biege- und Torsionsmomente. Die Torsionsmomente nehmen in einer umfangs frei drehbar gelagerten Rechteckplatte zu den Ecken hin zu und haben zur Folge, dass eine solche Platte bei Belastung an den Ecken vom Auflager abhebt und sich aufbiegt. Solche Platten müssen daher an den Ecken verankert oder dort entsprechend belastet werden.

Das Tragverhalten einer Platte unterscheidet sich von dem eines orthogonalen Trägerrostes darin, dass in einer Platte die Lasten entlang von Plattenstreifen auf kürzestem Wege und mit kleinstem Aufwand abgetragen werden. So werden beispielsweise bei der vorhergehend beschriebenen Platte die Lasten nicht in die Ecken sondern entlang von Plattenstreifen über Eck abgetragen, und die Ecke selbst hebt, wird sie nicht daran gehindert, ab. Werden aber die Ecken verankert oder gegen Abheben belastet und somit niedergehalten, erfolgt über diese Streifen eine Einspannung, und mit dieser wird die Durchbiegung in Feldmitte kleiner. Ähnliches wurde intuitiv schon im tradierten, handwerklichen Bauen mit dem Konstruktionsprinzip der Spannweitenverkürzung durch über Eck angeordnete Balken verfolgt. Bild 5.3 zeigt eine solche Balkenlage für eine quadratische Abdeckung. Bild 5.3 zeigt außerdem, dass in Platten Aussparungen gemacht werden können, soweit sich funktionierende, trägerartige Auswechslungen abzeichnen.

5.1.3 Schnittgrößen und Hauptmomente

Zur Beschreibung der Platte und ihrer Beanspruchung wird meistens ein Koordinatensystem gewählt, bei dem die Plattenmittelfläche mit der xy-Ebene zusammenfällt. Bild 5.4 zeigt ein normal zur x-Achse und normal zur y-Achse herausgeschnittenes Plattenelement mit den das Gleichgewicht bildenden Schnittgrößen: Querkräfte q_x, q_y, Biegemomente m_x, m_y und Torsionsmomente[1] $m_{xy} = m_{yx}$.

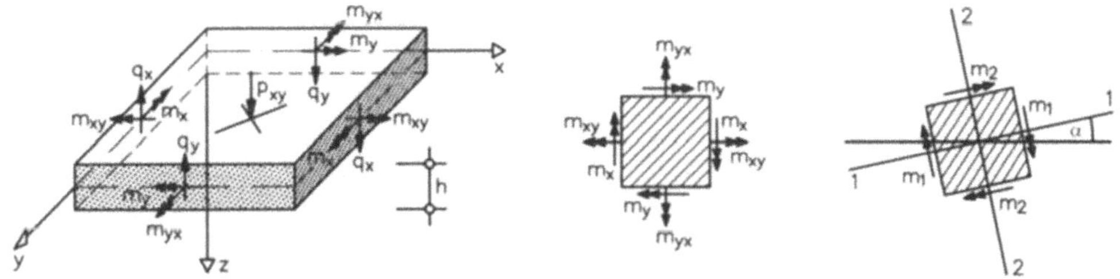

Bild 5.4   Schnittgrößen am Plattenelement in kN/m beziehungsweise kNm/m, Schnittmomente und Hauptmomente an einem Ausschnitt der Mittelfläche in kNm/m

---

[1]   In der Plattentheorie werden die Torsionsmomente häufig als Drillmomente bezeichnet.

Hinsichtlich des Betrages sind es auf die Längeneinheit bezogene Schnittgrößen (kN/m, kNm/m) und werden als solche mit Kleinbuchstaben bezeichnet. Die Schnittgrößen sind abhängig von der Schnittrichtung. Neben dem Plattenelement ist der entsprechende Ausschnitt aus der Plattenmittelfläche mit den am Element wirkenden Schnittmomenten dargestellt. Durch Drehen des Achsenkreuzes um den Winkel α kann der Ausschnitt in der Plattenmittelfläche so jeweils so orientiert werden, dass m_{xy} Null wird. Die dieser Orientierung entsprechenden, aufeinander normal stehenden Richtungen 1-1 und 2-2 werden Hauptmomentenrichtungen und die um diese Achsen drehenden Momente Hauptmomente genannt. Mit den Hauptmomentenrichtungen können die Hauptmomentenlinien (-trajektorien) Punkt für Punkt gezeichnet werden, die in der Platte jenen Weg zeigen, auf dem die Lasten zu den Auflagern abgetragen werden.

Die Hauptmomente und Hauptmomentenlinien können in gleicher Weise ermittelt werden, wie die Hauptspannungen und Hauptspannungslinien des ebenen Spannungszustandes beim Biegestab. Sie sind das Ergebnis jeder Plattenberechnung. Wie die Hauptspannungslinien sind aber auch die Hauptmomentenlinien von der Art der Belastung und der Lagerung der Platte abhängig.

Bild 5.5 zeigt beispielsweise die Hauptmomente und Hauptmomentenrichtungen für eine gleichförmig belastete, quadratische Platte bei verschiedenartiger Lagerung. Und Bild 5.6 zeigt die Hauptmomente und Hauptmomentenrichtungen für dieselbe Platte, die aber mit einer für die jeweilige Lagerung ungünstigst stehenden Einzellast belastet ist. Dabei zeigt der einfache Strich den Zug auf der Plattenoberseite und der Doppelstrich den Zug auf der Plattenunterseite.

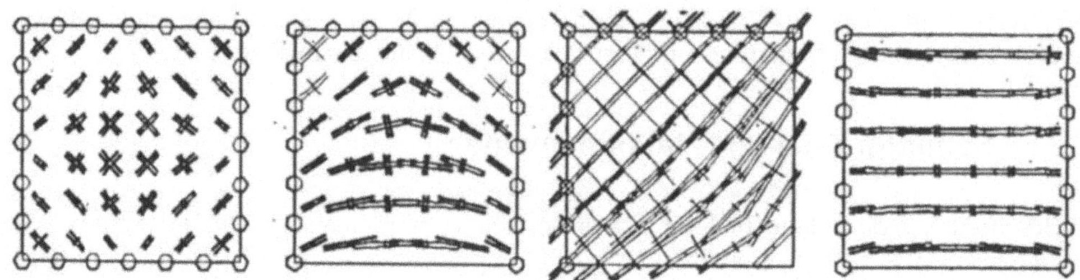

Bild 5.5 Hauptmomente und Hauptmomentenrichtungen in einer gleichförmig belasteten, quadratischen Platte bei verschiedenartiger Lagerung: —o—o— frei drehbar aufliegend

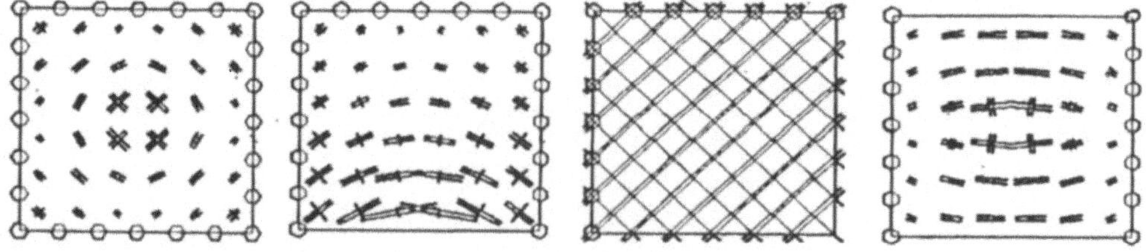

Bild 5.6 Hauptmomente und Hauptmomentenrichtungen in der für die jeweilige Lagerung an ungünstigster Stelle mit einer Einzellast belasteten, quadratischen Platte

Der Vergleich der Bilder zeigt die sehr unterschiedlichen Beanspruchungen der verschiedenartig belasteten Platten, und dass es im Falle einer Rechteckplatte wenig Sinn macht, fallweise Rippen nach den Hauptmomentenlinien auszurichten und auszubilden, wie es gelegentlich erwogen wird.

5.1.4 Platten in Tragwerken

Platten im theoretischen und technologischen Sinne sind ein Produkt der Stahlbetonbauweise und von dieser auch das am meisten verwendete Tragwerkselement, wie beispielsweise die Deckenplatten, Bodenplatten, Podestplatten, Stiegenlaufplatten, Fundamentplatten, Dachplatten oder Wandplatten. Mit einer Stahlbetonplatte kann jeder beliebige Grundriss überdeckt werden, einerlei ob es sich dabei um einen rechteckigen, schiefwinkeligen, kreisförmigen oder polygonal begrenzten handelt. Platten haben im Allgemeinen auch den Vorteil, dass sie auf unterschiedlichste Weise und nahezu beliebig gestützt werden können. Sie können mehrseitig linienförmig oder nur an einzelnen Stellen punktförmig gestützt werden und ermöglichen dadurch außerdem eine weitgehend freie Gestaltung der an sich beliebigen Geschoßgrundrisse. Stahlbetonplatten sind im Allgemeinen ebenflächig und können wegen der einfachen Schalung relativ billig hergestellt werden; und an ihrer Unterseite können unbeeinträchtigt von Unterzügen alle Installationen nach Bedarf geführt werden. Solche Platten sind demnach nicht nur vielseitig verwendbare sondern auch sehr wirtschaftliche Tragwerkselemente.

Platten sind im Allgemeinen sehr steife Tragwerkselemente. Die Plattensteifigkeit wird durch das Material und die Plattendicke bestimmt, aber auch durch die Lagerungsbedingungen beeinflusst. Man kann die Durchbiegung der Platte generell reduzieren, indem man sie beispielsweise an ihren Rändern einspannt. Die Lastabtragung zu den Rändern kann weiters durch unterschiedliche Auflagerbedingungen an den Rändern gesteuert werden; ein eingespannter Plattenrand zieht mehr Last an als ein frei drehbar gelagerter. Deckenplatten aus Stahlbeton sollen schon aus Gründen der Durchbiegung nicht zu dünn ausgeführt werden. Eine Mindestdicke von 20 cm ist für Deckenplatten zu empfehlen. Um die Bauwerksmasse in Grenzen zu halten, sollten sie andererseits nicht dicker als rund 26 cm sein; das bedingt aber, dass die freie Spannweite nicht größer als rund 7 m sein kann. Die in vielen Bauvorschriften angegebenen Mindestdicken sind zumindest für Deckenplatten im Allgemeinen zu klein und Ursache vieler Bauschäden. Umfangs gelagerte Rechteckplatten und mit diesen vergleichbare Platten heben sich nämlich bei Belastung an den Ecken ab, und je dünner die Platte ist, desto mehr hebt sie sich ab. Um das zu verhindern, müssen sie in den Ecken für die rechnerisch zu erwartende Abhebelast verankert oder belastet werden, sonst gibt es Risse im Mauerwerk und im Putz.

In Stahlbetonplatten können an nahezu allen Stellen Öffnungen ausgespart werden, denn Platten sind innerlich hochgradig statisch unbestimmte Traggebilde, die die Möglichkeit der Lastumlenkung zulassen. Lediglich in der Nähe der Auflager kann man die Lasten kaum umlenken, weshalb diese Stellen bezüglich Aussparungen empfindlich sind. Ansonsten gilt, dass, wenn für die geplanten Aussparungen irgendwelche Auswechslungen denkbar sind (vgl. Bild 5.3), die Aussparungen auch ausgeführt werden können. Aussparungen sind in der Plattenberechnung zu berücksichtigen, ausgenommen solche, die kleiner als die Maschenweite der Plattenbewehrung sind. Solche können, wo immer sie auch anzuordnen sind, auch aus der fertigen Platte geschnitten werden.

Zweiachsig gespannte Platten aus Stahlbeton sind hinsichtlich der Art der Belastung relativ unempfindlich, weil sie zum einen Punktlasten, wie etwa eine Stütze im Raum, oder Linienlasten, wie die Auflast einer Trennwand, aufgrund ihres zweiachsigen Tragverhaltens verteilen können und zum anderen über die Berechnungsansätze hinausgehend relativ große Tragreserven haben. Einachsig gespannte Platten aus Stahlbeton, die sich ähnlich einer Schar nebeneinander liegender Träger verhalten, haben diesen Vorteil nur in beschränktem Maße.

Ein Nachteil der Stahlbetonplatten ist ihre hinsichtlich der Spannweite begrenzte Tragwerkseffizienz, die sich für Platten konstanter Dicke gegen 7 m Spannweite erschöpft. Darüber hinausgehend besteht die Möglichkeit, Platten vorzuspannen oder es sind die Platten als Rippenplatten beziehungsweise Kassettenplatten oder Hohlplatten auszubilden. Bei den Rippenplatten und einseitig gerichteten Hohlplatten gehen aber die Vorteile zweiachsiger Lastabtragung häufig verloren.

5.2　Platten aus Stahlbeton

Stahlbetonplatten sind im Allgemeinen torsionssteife, isotrope Platten, das heißt monolithische Platten konstanter Dicke. Hinsichtlich der Lastabtragung kann bei diesen zwischen Platten mit vorwiegend einachsiger und Platten mit uneingeschränkt zweiachsiger Lastabtragung unterschieden werden.

5.2.1　Platten mit vorwiegend einachsiger Lastabtragung

Zur einachsigen Lastabtragung kann es nur in einachsig gespannten Platten kommen. Einachsig gespannt sind Plattenstreifen, die an ihren parallelen Rändern gelagert sind oder von einer Einspannung auf ganzer Breite gleich weit auskragen.

Bei drei- beziehungsweise vierseitig gelagerten Platten verhält sich bei langgestreckten Plattenfeldern jener Teil wie einachsig gespannt, auf den sich die Lagerung der Schmalseiten wegen des großen Abstandes von ihm nicht mehr auswirkt. Der einachsig gespannte Plattenstreifen kann einfeldrig oder mehrfeldrig und an seinen Auflagern frei drehbar gelagert oder eingespannt sein. Die Platte einer Plattenbalkendecke ist beispielsweise quer zu den Rippen eine mehrfeldrig einachsig gespannte Platte. Bild 5.7 zeigt Fälle einachsig gespannter Platten.

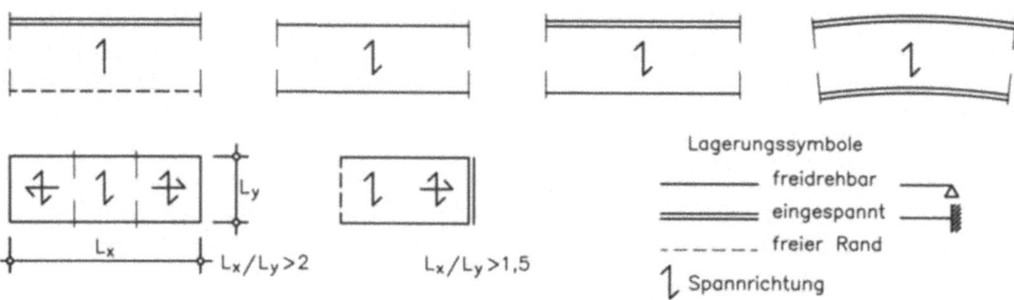

Bild 5.7　Einachsig gespannte Platten in Tragwerken

Gleichlasten und quer zur Spannrichtung wirkende Linienlasten werden in einachsig gespannten Platten lediglich in Spannrichtung abgetragen. Die Platte verbiegt sich nämlich unter diesen Lasten gleichmäßig nach der Form eines Zylinders, und demnach verhält sich die Platte wie eine Schar nebeneinander liegender Balken, die sich gleich durchbiegen. Deshalb kann für einen 1 m breiten Streifen, wie in Bild 5.8 beispielhaft gezeigt, ein auf die Längeneinheit bezogenes Moment berechnet und mit diesem die auf die Längeneinheit der Platte bezogene Bewehrung ermittelt werden.

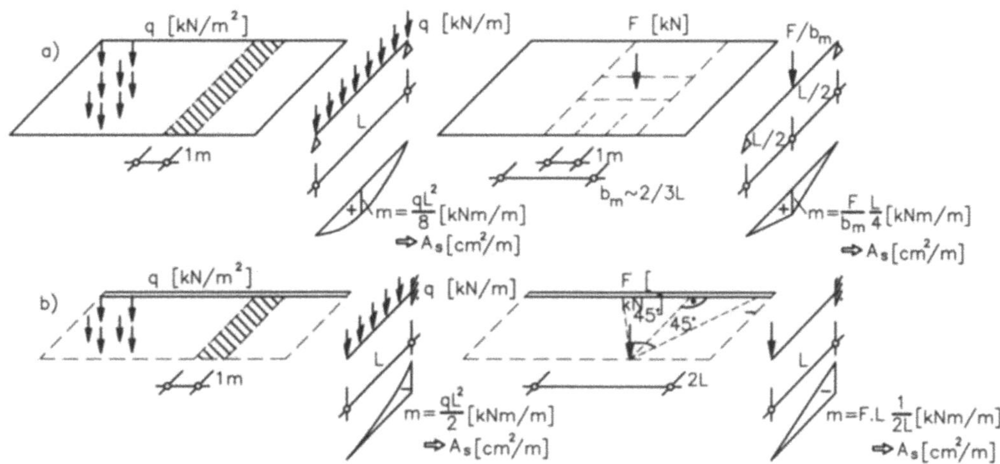

Bild 5.8   Lastabtragung in und überschlägliche Berechnung von einachsig gespannten Plattenstreifen: a) freiaufliegend, b) auskragend

Einzellasten, in Spannrichtung der Platte wirkende Linienlasten und Aussparungen verursachen hingegen auch in einachsig gespannten Platten eine zweiachsige Lastabtragung. Die Einzellasten werden nämlich in der Platte zunächst verteilt und so zu den Auflagern abgetragen, und alle Lasten müssen an den Aussparungen in der Ebene umgeleitet werden. Eine derart belastete Platte biegt sich gleichsam kalottenförmig durch, woraus folgt, dass sie zweidimensional auf Zug beansprucht wird. Und die zweiachsige Zugbeanspruchung erfordert neben der Haupt- oder Längsbewehrung auch eine Querbewehrung. Aus diesem Grunde sind selbst bei den für eine Gleichlast berechneten Plattenstreifen im Feld 20 % der Hauptbewehrung oder 50 % der Mindestbewehrung als Querbewehrung einzulegen.

Die bei der Abtragung von Einzellasten in etwa mitwirkende Plattenbreite zeigt beispielhaft Bild 5.8 für den Fall des mittig belasteten, frei aufliegenden Plattenstreifens und den Fall der am auskragenden Rand belasteten Kragplatte.

Einachsig gespannte Platten sind gegenüber den in einer Berechnung nicht gesondert erfassten linienförmigen Belastungen durch Zwischenwände sehr empfindlich, weshalb diesen zumindest mit einer konstruktiven Zusatzbewehrung Rechnung zu tragen ist. Bild 5.9 zeigt diese Zusatzbewehrung sowohl für auflastende als auch für fallweise stützende Wände, und zwar für in und quer zur Spannrichtung stehende Wände.

Im Falle Bild 5.9 a von in Spannrichtung der Platte stehenden Wänden ist bei auflastenden Wänden örtlich die Querbewehrung auf den Betrag der Hauptbewehrung zu verstärken, und bei

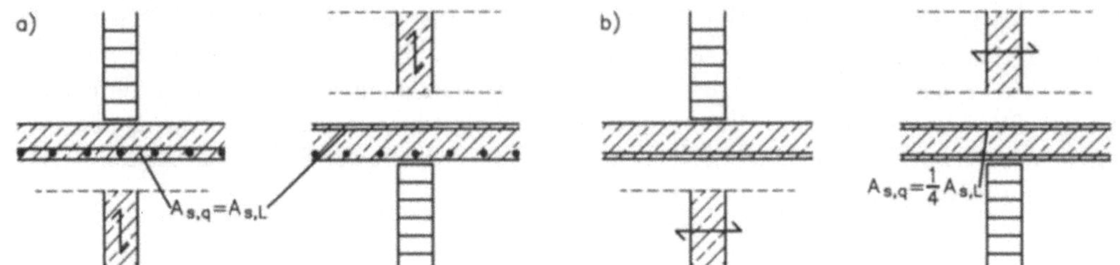

Bild 5.9 Zusatzbewehrung in einachsig gespannten Stahlbetonplatten unter beziehungsweise über nichttragenden Ziegelwänden: a) Wände in Spannrichtung der Platte, b) Wände quer zur Spannrichtung der Platte

fallweise stützenden Wänden ist auf der Plattenoberseite eine Querbewehrung im Ausmaß der Hauptbewehrung einzulegen. Im Falle von quer zur Spannrichtung stehenden Wänden ist bei fallweise stützenden Wänden eine Stützbewehrung im Ausmaß von einem Viertel der Hauptbewehrung einzulegen. Diese Zusatzbewehrung soll über den unterhalb der Platte stehenden Wänden sicherheitshalber auch dann zugelegt werden, wenn es plangemäß zu keiner Stützung kommen dürfte, weil nicht gewährleistet werden kann, dass sich die Platte wegen verschiedener Ausführungsungenauigkeiten nicht doch auf die Wand auflegt. Bei auflastenden Wänden nach Bild 5.9 b ist die Hauptbewehrung örtlich durch Zulagen konstruktiv zu verstärken.

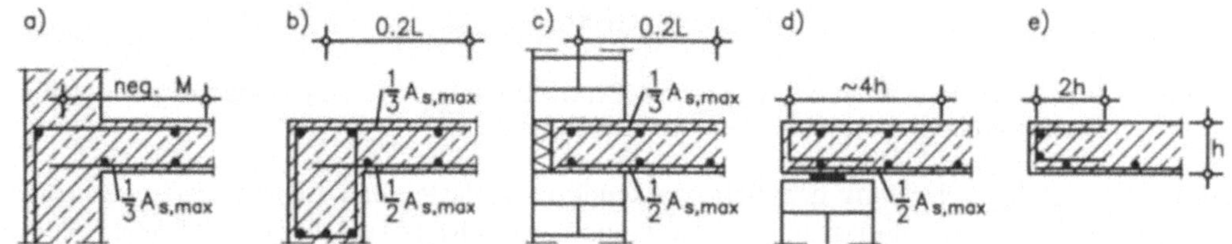

Bild 5.10 Bewehrung einachsig gespannter Stahlbetonplatten: a) bei starrer Einspannung, b) beim Randbalken, c) bei nachgiebiger Lagerung in einer Ziegelwand, d) bei frei drehbarer Auflagerung, e) am freien Rand

Bild 5.10 zeigt die Details der Bewehrung einachsig gespannter Platten an der Einspannung, am freien Auflager und am freien Rand.

Ist die Platte in einem Randbalken oder in einer Ziegelwand nachgiebig eingespannt, soll eine obere Abreißbewehrung im Ausmaß von einem Drittel der Hauptbewehrung als konstruktive Einspannbewehrung eingelegt werden. Die Feldbewehrung ist in solchen Fällen für frei drehbare Lagerung der Ränder zu bemessen. Freie Ränder sind konstruktiv mit Haarnadeln (Steckbügeln) einzufassen.

Die einachsige Lastabtragung wird auch durch Aussparungen gestört. Entsprechend Bild 5.11 kann bei Aussparungen mit einer Seitenlänge kleiner als ein Fünftel der Plattenspannweite die durch die Aussparung unterbrochene Hauptbewehrung auf einfache Art ausgewechselt werden indem die durchtrennten Stäbe der Hauptbewehrung seitlich zugelegt und an den Stellen der Durchtrennung konstruktiv ausgewechselt werden.

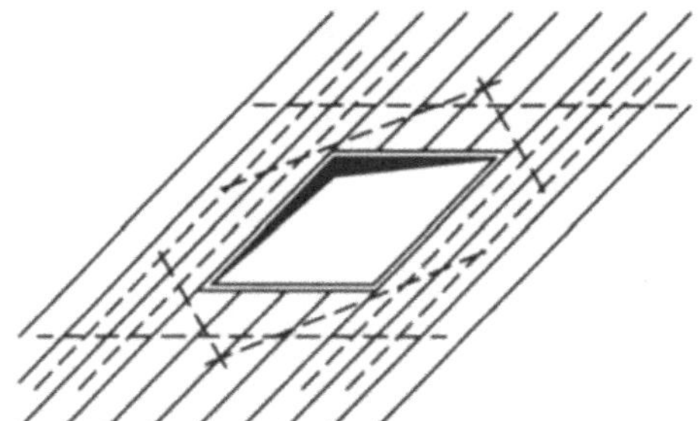

Bild 5.11 Ersatz der entfallenden Tragbewehrung durch Zulagen (gestrichelt gezeichnet) bei Aussparungen mit Seitenabmessungen < L/5

Im Bild 5.11 ist diese Maßnahme durch die gestrichelt gezeichneten Zulagen deutlich gemacht. In den Ecken der Aussparungen treten Kerbspannungen auf, die zu Rissen führen. Um die Ecken gegen Einreissen abzusichern, sind in den Ecken zusätzliche Schrägstäbe anzuordnen. Größere Aussparungen sind hinsichtlich ihres Einflusses auf die Bewehrung der Platte bereits bei der Berechnung der Plattenschnittgrößen zu berücksichtigen.

Einachsig gespannte Platten werden im Hochbau fast durchweg mit Matten bewehrt. Die Mindestbewehrung $A_{s,min}$ ist wie für Balken nach Gleichung (3.14) festzulegen. Fundamentplatten, Dachplatten, wie ganz allgemein Platten im Freien sind beidseitig zu bewehren.

Für die Festlegung der Plattendicke h kann bei einfeldrigen Platten von der Beziehung $L/20 > h > L/30$ und bei mehrfeldrigen oder an den Rändern eingespannten Platten von $L/30 > h > L/35$ ausgegangen werden, wobei L die Spannweite der Platte bezeichnet.

5.2.2 Platten mit uneingeschränkt zweiachsiger Lastabtragung

In allen im Abschnitt 5.2.1 nicht angesprochenen Platten ist die Lastabtragung zu den Auflagern und zwar bei jeder Art von Belastung zweiachsig. Und die zweiachsige Lastabtragung macht eine Hauptbewehrung nach zwei Richtungen notwendig. Man spricht daher auch von kreuzweise bewehrten Platten.

Weil die Momentenrichtungen von der Art der Belastung abhängen, sich also entsprechend den verschiedenen Belastungen ändern, aber auch aus praktischen Gründen, wird man die Bewehrung nicht den Hauptmomentenrichtungen, beispielsweise den für Gleichlast ermittelten, folgend als sogenannte Trajektorienbewehrung verlegen, sondern sich mit einem orthogonalen Bewehrungsnetz lediglich an diesen orientieren. Dabei wird man die Bewehrung der Platte nach den Hauptmomentenrichtungen an den Stellen maximaler Beanspruchung ausrichten. Das sind im Feld die Hauptspannrichtung und die Richtung normal dazu, die sich in den meisten Fällen auch aus der Anschauung angeben lassen. Die Feldbewehrung umfangs gelagerter Rechteckplatten wird beispielsweise normal zu den Seiten und die Stütz- oder Einspannbewehrung grundsätzlich normal zum Auflagerrand verlegt. Abweichungen der Bewehrungsrichtungen von den Hauptmomentenrichtungen bis zu rund 30° sind zulässig. Außerdem sind in solchen Platten die Bereiche maximaler Beanspruchung klein gegenüber den übrigen Bereichen, während man im Vergleich dazu die Bewehrung nicht oder nur sehr großzügig abstuft. Auch bei diesem Plattentyp soll generell mindestens die halbe Feldbewehrung bis zu den Auflagern geführt werden. Die Mindestbewehrung ist nach Gleichung (3.14) festzulegen und sowohl auf der Plattenunterseite als auch auf der Plattenoberseite durchgehend einzulegen. Auf der Plattenoberseite ist eine Mindestbewehrung aus Brandsicherheitsgründen erstrebenswert.

Kreuzweise bewehrte Platten haben ein sehr hohes Tragvermögen, weshalb sie sehr dünn ausgeführt werden können. Plattendicken von L/35 > h > L/40 sind möglich, doch baupraktisch und wirtschaftlich selten sinnvoll (vgl. Abschnitt 5.1.4).

Rechteckplatten

Die zweiachsige Lastabtragung und deren optimale Ausnutzung ist ein Aspekt der Tragwerksoptimierung. Das zeigt ergänzend zu Bild 5.3 Bild 5.12.

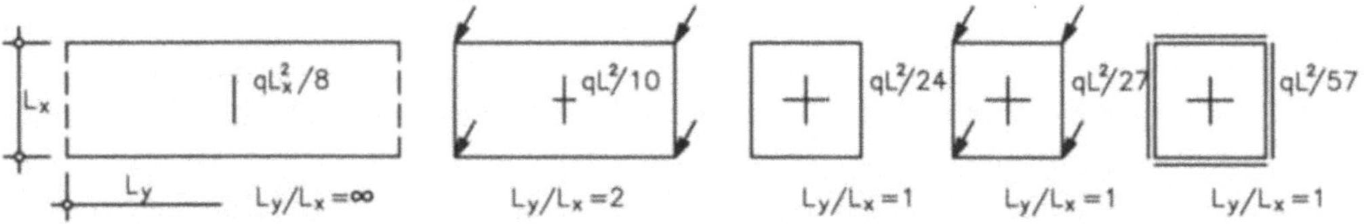

Bild 5.12 Steigerung der Tragwerkseffizienz von mit einer Gleichlast q belasteten Rechtecksplatte durch Reduktion des Seitenverhältnisses, Verankerung der Ecken beziehungsweise Einspannung der Plattenränder (siehe auch Bild 5.3)

Vom langen rechteckigen Plattenstreifen bis zur quadratischen Platte wird die zweiachsige Lastabtragung zunehmend ausgewogener, das Bemessungsmoment kleiner und die Tragwerkseffizienz größer. Das maßgebende Moment verringert sich von $q \cdot L^2/8$ beim zweiseitig gelagerten Plattenstreifen um mehr als die Hälfte, wenn man davon ausginge, dass jeweils die halbe Last nach der einen und die halbe nach der anderen Richtung abgetragen werden würde, auf $q \cdot L^2/24$ bei der vierseitig, frei drehbar gelagerten, quadratischen Platte und zwar deshalb, weil sich diese Platte nicht in Analogie zum einachsig gespannten Plattenstreifen nach zwei sich kreuzenden Zylinderflächen verformen kann, sondern sich zwangsläufig kalottenartig durchbiegen muss. Die Kalotte aber ist im Gegensatz zum Zylinder eine nicht abwickelbare Fläche, und so erfolgt die Reduktion des Feldmomentes nicht nur durch Lastaufteilung auf sich kreuzende Streifen sondern auch durch Einspannung infolge Torsion in den Eckbereichen. Ist eine solche Platte an ihren Ecken nicht gehalten, hebt sie an diesen zwangsläufig ab. Wird aber das verhindert, wird die Platte über Eck noch zusätzlich eingespannt und das Feldmoment auf $q \cdot L^2/27$ weiter reduziert. Wird die Platte an ihren Rändern voll eingespannt, wird das Feldmoment mit $q \cdot L^2/57$ zwar sehr klein, aber das Einspannmoment an den Rändern mit $q \cdot L^2/20$ vergleichsweise groß und bemessungsmaßgebend.

Bei allen anderen Platten mit polygonalem Grundriss stehen bei Belastung, ebenso wie bei Rechteckplatten, die Ecken aus besagten Gründen auf, soferne sie nicht verankert oder durch eine Auflast daran gehindert werden.

Bild 5.13 zeigt die Hauptmomente in einer verankerten Plattenecke. Die Platte wird mit der Verankerung über Eck eingespannt und dabei entsteht auf der Plattenoberseite Zug in Richtung der Winkelhalbierenden und auf der Plattenunterseite quer dazu. In den Ecken solcher Platten ist demnach eine zusätzliche Bewehrung notwendig. Dafür wählt man aus praktischen Erwägungen auf der Plattenober- wie auf der Plattenunterseite ein orthogonales Bewehrungsnetz entsprechend

Bild 5.13 b. Die Stäbe der Plattenoberseite werden zur Verankerung in die stützende Wand abgebogen. Auf eine Festhaltung der Ecke kann nur verzichtet werden, wenn ein Abheben der Ecken und damit verbunden die fortwährenden Bewegungen zwischen Platte und Wand in Kauf genommen werden. Auch wenn keine Verankerung erfolgt, sind die Ecken auf Torsion zu bewehren, weil sonst der Beton dort Risse bekommt.

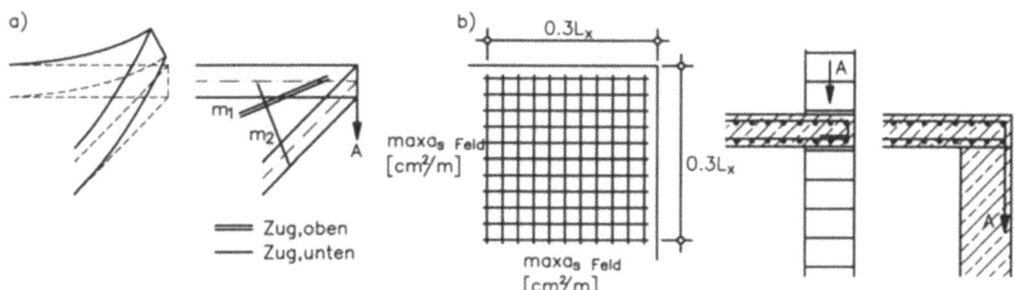

Bild 5.13 Abheben der Ecken frei drehbar gelagerter Platten: a) Beanspruchung der gegen Abheben gesicherten Platte, b) Torsionsbewehrung der Ecken, oben und unten liegend mit Bewehrungsmatten

Die Auflagerkräfte von Rechteck- oder rechteckähnlichen Trapezplatten können überschläglich nach Bild 5.14 angegeben werden. Zur Lastaufteilung werden die Winkel in den Ecken bei gleichartiger Lagerung der die Ecke bildenden Plattenränder im Verhältnis 1:1, und bei ungleichartiger Lagerung, wenn beispielsweise die Platte an einem Rand frei aufliegt und am benachbarten Rand eingespannt ist, im Verhältnis 1:2 geteilt, wobei zum eingespannten Rand mehr Last abgegeben wird als zum frei aufliegenden.

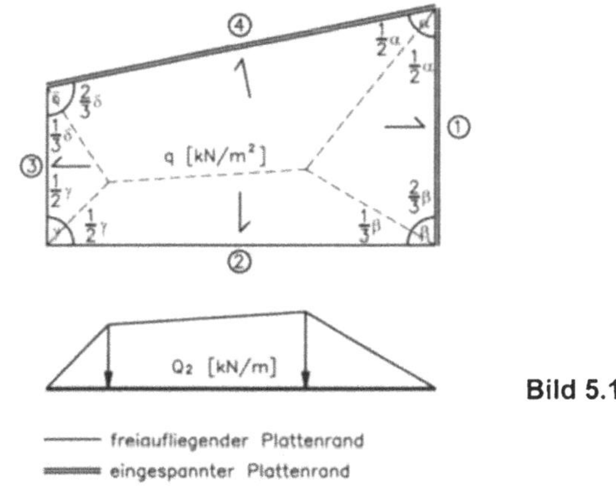

Bild 5.14 Überschlägliche Ermittlung der Auflagerrandbelastung von vierseitig gelagerten, mit einer Gleichlast belasteten Rechteck- oder Trapezplatten

Ist die Randstützung gegebenenfalls unterbrochen, beispielsweise wegen einer Tür- oder einer Fensteröffnung, dann wird an dieser Stelle ein deckengleicher Träger auszubilden sein, das heißt, die Platte wird für die nach dem Vorhergehenden ermittelte Auflast örtlich als Stützbalken berechnet und bewehrt.

Kreis- und Kreisringplatten

Bei rotationssymmetrisch belasteten Kreis- und Kreisringplatten decken sich die Hauptmomentenrichtungen mit der Radial- und der Ringrichtung, daher wird zweckmäßig auch die Bewehrung nach diesen Richtungen verlegt.

Kreisringplatten können am Innenrand und/oder am Außenrand frei drehbar gelagert oder eingespannt sein.

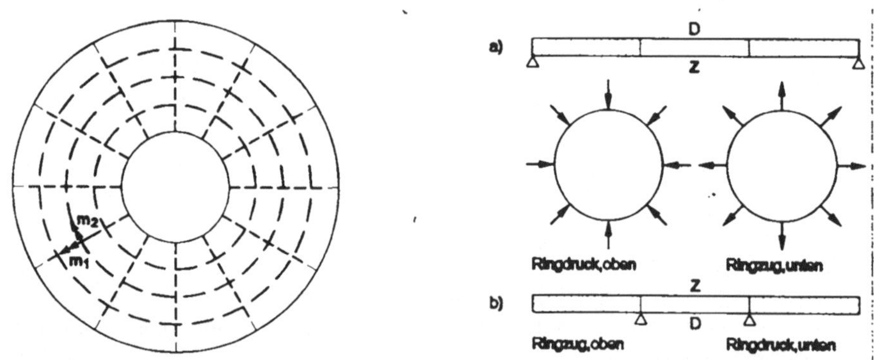

Bild 5.15 Wirkungsweise einer Kreisringplatte: a) Außenrand gestützt, b) Innenrand gestützt

Bild 5.15 zeigt zwei Möglichkeiten der Lagerung. Das Tragverhalten solcher Platten kann man sich mit einem Trägerrost, bestehend aus Radial- und Ringträgern, veranschaulichen. Dabei sind die Radialträger in den Ringträgern über deren Torsions- oder Stülpwiderstand eingespannt. Die Torsion der Ringträger verursacht Normalspannungen in Ringrichtung. Bild 5.15 zeigt wo und bei welcher Lagerung Ringzug entsteht.

Werden für die Bewehrung von Kreisplatten Bewehrungsmatten verwendet, sollen sich nicht mehr als drei Bahnen kreuzen. Diese sind um jeweils 60° verschwenkt zu verlegen.

Punktgestützte Platten (Flachdecken)

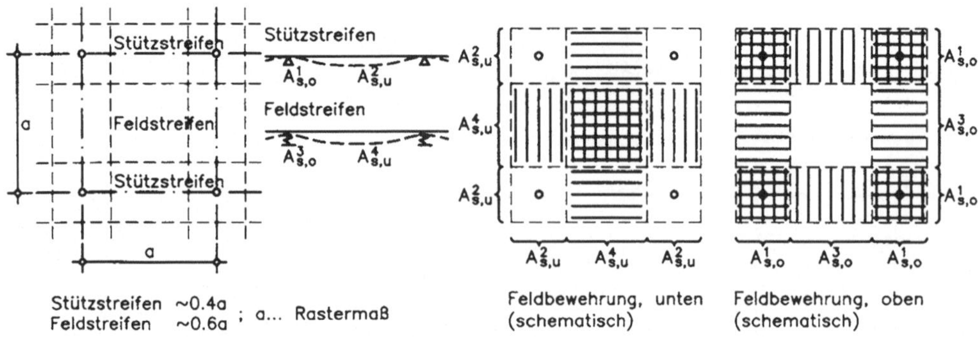

Bild 5.16 Wirkungsweise einer punktgestützten Platte und Folgerung einer beanspruchungsgerechten Bewehrungsführung

Platten müssen an sich nicht regelmäßig gestützt sein. Der Abstand der Stützen voneinander soll aber nicht mehr als rund 7 m betragen.

Bild 5.16 zeigt den Ausschnitt einer Platte auf Stützen im quadratischen Raster, und wie man sich über einen Rost, gebildet aus Stützstreifen und Feldstreifen, die Lastabtragung in einer solchen Decke veranschaulichen und eine Bewehrungsführung konzipieren kann. Dabei sind die Feldstreifen in den Stützstreifen nachgiebig gelagert. Auch bei anderen und selbst bei unregelmäßigen Stützenstellungen lassen sich für die Konzeption solcher Platten zweckdienliche Roste und eine entsprechende geeignete Bewehrungsführung finden.

Ein konstruktives Problem dieser Platten ist das mögliche Durchstanzen der Stützen durch die relativ dünne Platte, wobei ein Durchstanzkegel von rund 30 ° anzunehmen und gegen Ausbrechen zu sichern ist. Das kann entsprechend Bild 5.17 mit einer Schubbewehrung geschehen, für die sich Bügel oder Dübelleisten anbieten. Die Bügel müssen die obere und die untere Bewehrung umgreifen. Die Dübelleisten sind Flachblechstreifen mit aufgeschweißten Kopfbolzendübeln, die in der Schalung sternförmig verlegt werden. Eine andere Möglichkeit der Durchstanzsicherung wären Pilzköpfe, die entsprechend Bild 5.17 relativ flach und weich stützend auszubilden sind.

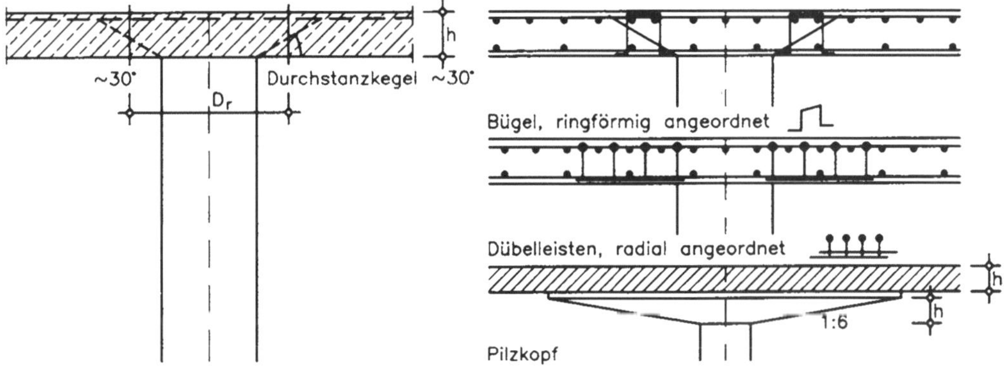

Bild 5.17 Maßnahmen gegen das Durchstanzen bei Flachdecken

5.3 Platten aus Stahl

Sieht man von den Blech- und Gußstahlabdeckungen für sehr kleine Stützweiten ab, sind seitens des Stahlbaues folgende Entwicklungen zu nennen: die Gitterroste für den Industriebau, die Orthotrope Platte für den Brückenbau und das Trapezblech für den Geschoßbau.

Die Gitterroste bestehen aus sich kreuzend ineinander gesteckten und miteinander verschweißten Blechstegen und decken mit verschieden schweren Ausführungen ein sehr großes Belastungs- und Spannweitenspektrum ab. Die Gitterroste sind orthogonale, offene, torsionsweiche und isotrope Trägerroste und für zweiachsige Lastabtragung geeignet.

Die Orthotrope Platte wird als Fahrbahnplatte im Brückenbau durch ein 8 bis 12 mm dickes Deckblech gebildet, das auf seiner Unterseite in Längs- und Querrichtung durch Rippen ausgesteift ist. Sind die Rippen Flachbleche, ist es eine torsionsweiche, orthogonal anisotrope Platte, haben die Rippen einen Hohlquerschnitt, ist es eine mehr oder weniger torsionssteife Platte dieser Art. Auch die Orthotrope Platte ist für zweiachsige Lastabtragung konzipiert.

Trapezbleche gibt es in verschiedenen Ausführungen für verschiedene Belastung und für Spannweiten bis zu 5 m. Für Geschoßdecken werden solche Bleche zusammen mit einer Betonauflage verwendet, die die Geh- und Stellfläche bildet, als Dämmung dient und sich gegebenenfalls auch an der Lastabtragung beteiligt. Was die Lastabtragung betrifft, so gibt es drei Ausführungsmöglichkeiten: das Trapezblech ist das tragende Element und der Beton ist lediglich notwendige Auflast, oder das Trapezblech dient als verlorene Schalung für eine Stahlbeton-Rippendecke, oder das Trapezblech bildet zusammen mit dem Aufbeton eine Verbunddecke (vgl. Abschnitt 3.9). Trapezblech-Deckenkonstruktionen sind Platten mit vorwiegend einachsiger Lastabtragung.

5.4   Platten aus Holz

Platten können aus einzelnen Brettern hergestellt werden, indem man diese systematisch gestapelt zusammenfügt. Dabei können die Bretter, entweder vertikal stehend oder horizontal liegend geschichtet, zur Platte gefügt werden.

In den vertikal beziehungsweise stehend geschichteten Brettstapelplatten sind 20 bis 30 mm dicke, gehobelte Bretter systematisch aneinander genagelt. Solche Platten eignen sich nur für vorwiegend einachsige Lastabtragung.

In den horizontal beziehungsweise liegend geschichteten Brettstapelplatten ist eine jeweils ungerade Zahl von Brettlagen bestehend aus 20 bis 30 mm dicken Brettern, ähnlich dem Sperrholz, nach einem bestimmten Prinzip gegeneinander verschwenkt zusammengeleimt oder miteinander vernagelt. Damit wird eine gewisse Isotropie erreicht. Solche Platten eignen sich daher für zweiachsige Lastabtragung und in solchen Platten können auch Aussparungen gemacht werden.

Platten nahezu jeder gewünschten Breite und Länge können auf diese Weise aus relativ billigen Brettern hergestellt werden. Die Längsstöße der einzelnen Bretter werden keilgezinkt verleimt.

5.5   Platten aus Bauglas

Platten aus Bauglas werden meist als raumbildende Elemente für Dach und Wand verwendet, seltener für Podeste und Decke. Sie sind mit wenigen Ausnahmen Elemente des Sekundärtragwerkes, das heißt eingebunden in und gestützt vom Primärtragwerk.

Platten aus Bauglas unterscheiden sich von den vorhergehend beschriebenen Platten insofern, als sie, weil sie im Allgemeinen dünner sind, sich unter Belastung in stärkerem Maße durchbiegen. Es gelten daher die in Abschnitt 5.1.1 zur Definition einer Platte aufgezählten Voraussetzungen nur mehr eingeschränkt. Bei der Wahl eines geeigneten Berechnungsverfahrens ist dem zu entsprechen. Diese Platten bilden unter Last in der Mitte ein Mulde, die einer Membran entsprechend zu den eben umrandeten Stützungen hin ihren Übergang hat. In der Mulde selbst bildet sich zum Biegespannungszustand noch ein Normalkraftspannungszustand aus. Eine weitere Eigenheit der Glasplatte ist, dass sie bei Belastung nicht an der Stelle der rechnerisch größten Hauptzugspannung brechen, sondern dass der Bruch der Platte von der Stelle der größten Beanspruchung aus geht, von der Stelle also, an der ein Oberflächendefekt in Form einer Kerbe mit einer dort nicht mehr aufnehmbaren Zugspannung zusammentrifft. Diesem Umstand kann theoretisch mit einem geeigneten Bemessungskonzept entsprochen werden und ist praktisch mit einer nach Sicherheitsüberlegungen geeignet ausgewählten Glasart zu entsprechen. Bei der Bemessung der Glasverbundplatte darf die Folie zwar nicht mitgerechnet werden, die richtige Wahl von Glasart und Folie ist aber dennoch ein entscheidender Sicherheitsfaktor.

Das Verbundglas für waagrechte oder geneigte Platten muss ein Verbundsicherheitglas (VSG) sein, dieses kann entweder aus Floatglas oder aus teilvorgespanntem Glas (TVG) zusammengesetzt werden, nicht aber aus vollvorgespanntem Glas (ESG). Für die Schichten zwischen den Glastafeln dienen Folien aus Polyvinyl-Butyral (PVB).

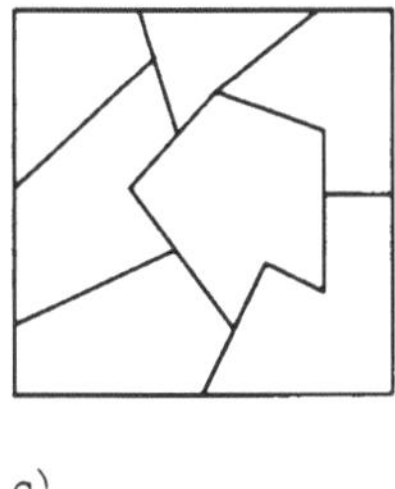

a)   b)   c)

Bild 5.18 Bruchbilder verschiedener Glasarten
a) Floatglasscheibe, b) TVG-Scheibe, c) ESG-Scheibe; a) und b) sind Sicherheitsgläser, c) ist kein Sicherheitsglas

Wie Bild 5.18 zeigt, brechen Floatglas und teilvorgespanntes Floatglas in großen Scherben, das eine großflächig und spitzwinkelig, das andere unregelmäßig streifenförmig; vollvorgespanntes Floatglas (ESG) hingegen zerbricht wegen seines hohen Eigenspannungszustandes in unzählige kleine Krümel. Deshalb haben Platten aus Floatglas oder teilvorgespanntem Floatglas im Zusammenhalt mit den Folien einen gewisse Resttragfähigkeit, indem sie auch im gebrochenen Zustand noch einen gewissen Halt haben; anders dagegen Verbundglas aus ESG, deren Krümel nach dem Bersten der Platte sich in die Folien hängen, wie ein einen Sack der bei Punktverankerung der Platte ausreist oder bei einer in Glasleisten umfangsgelagerten Platte aus diesen herausgezogen wird. Verbundglas (VG) aus Einscheiben-Sicherheitsgläsern (ESG) ist somit kein Sicherheitsglas, weil keine Gewähr gegeben ist, das niemand durch herabfallende

Bild 5.19 Mögliche Lagerung von Glasplatten: a) liniengelagert, b) und c) punktgelagert

Splitter verletzt oder gefährdet wird. Diese Überlegungen gelten nur eingeschränkt für vertikal oder steilgeneigt eingebaute Platten.

Die Glasplatten sind im Primärtragwerk umfangs- oder in den Ecken punktgelagert. Bild 5.19 zeigt einige Arten möglicher Lagerung. Die Lagerung einer Glastafel kann entweder im Bereich der Ecken mittels Halterungen in Bohrungen oder auch außerhalb der Tafel durch Klemmen erfolgen, die die Glastafel fassen. Für die Linienlagerung gibt es im Handel einfache Glasleisten und Pressleisten, für die Punktlagerung verschiedene Arten von Halterungen und zwar ohne und mit Gelenksmechanismen. Wenn ein Gelenk ausgebildet werden soll, dann soll dieses in der Glasebene liegen damit jede Glasverbiegung tunlichst vermieden wird.

Die hier beschriebenen Glastafeln aus Verbundsicherheitsglas (VSG) werden im Tragwerk horizontal liegend oder vertikal hängend beziehungsweise stehend verwendet und sind im Tragwerk entweder vorwiegend als Platte oder, wie noch zu besprechen, als Scheibe wirksam - in nahezu allen Fällen aber sowohl als auch. Und bei ihrer Lagerung im Primärtragwerk ist dem zu entsprechen. Dabei wird häufig zwischen horizontal und vertikal eingebauten Glastafeln unterschieden und deshalb auch auf Abschnitt 6.5 verwiesen.

6 Scheiben

6.1 Allgemeines

6.1.1 Begriffsbestimmung

In der elementaren Baustatik werden alle ebenen in sich verschiebungssteifen Tragsysteme als Scheiben bezeichnet, gleichgültig ob sie als Fachwerk, Rahmen oder vollflächige Scheibe ausgebildet sind. Bild 6.1 zeigt Beispiele solcher Scheiben, die beispielsweise als vertikale Tragwerkselemente die Aussteifung eines Gebäudes bewerkstelligen.

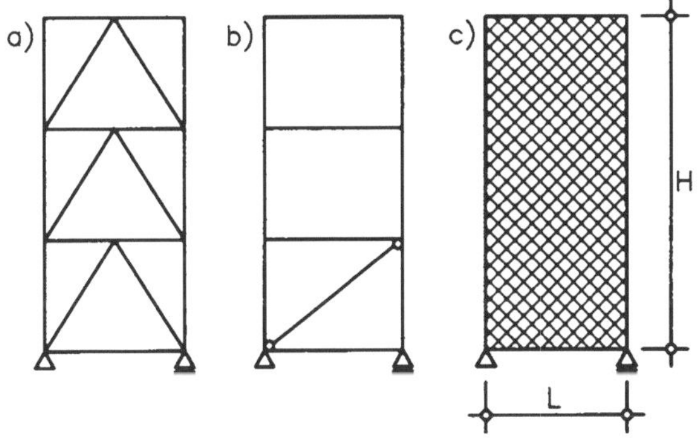

Bild 6.1 Ebene, als Scheibe funktionierende Tragsysteme:
a) Fachwerk, b) Rahmen,
c) Vollflächige Scheibe

Für eine als Stabwerk konzipierte Scheibe (siehe Bild 6.1 a und 6.1 b) können die Stützgrößen bei statisch bestimmter Lagerung allein mit Hilfe der drei ebenen Gleichgewichtsbedingungen und bei statisch unbestimmter Lagerung zusätzlich mit Hilfe von Elastizitätsbedingungen bestimmt werden. Und mit den Stützgrößen können die Schnittgrößen beziehungsweise inneren Kräfte in beiden Fällen ebenfalls mit Hilfe der Gleichgewichtsbedingungen ermittelt werden. Handelt es sich dagegen um eine, wie in Bild 6.1 c gezeigte, vollflächige Scheibe, die wegen ihres kleinen Seitenverhältnisses H/L nicht mehr als Stab gesehen werden kann, können mit den Methoden der elementaren Baustatik die Stützgrößen allein bei statisch bestimmter aber nicht mehr bei statisch unbestimmter Lagerung ermittelt und die in der Scheibe wirkenden Schnittkräfte weder im einen noch im anderen Falle bestimmt werden. Solche Scheiben entsprechen nämlich nicht mehr den Voraussetzungen der Technischen Biegelehre (vgl. Abschnitt 3.1.2). Bei der Biegeverformung einer solchen Scheibe bleiben im Gegensatz zum Stab die Querschnitte nicht eben, und demzufolge kann für sie nicht mehr von über die Querschnittshöhe linear verteilten Spannungen ausgegangen werden. Die Spannungen in solchen Scheiben können nur mehr nach der Theorie der elastischen Scheiben[1] bestimmt werden, und die mit ihren Voraussetzungen definierten Gebilde werden im Sinne der Tragwerkselemente als **Scheibe** bezeichnet (vgl. Bild 6.3).

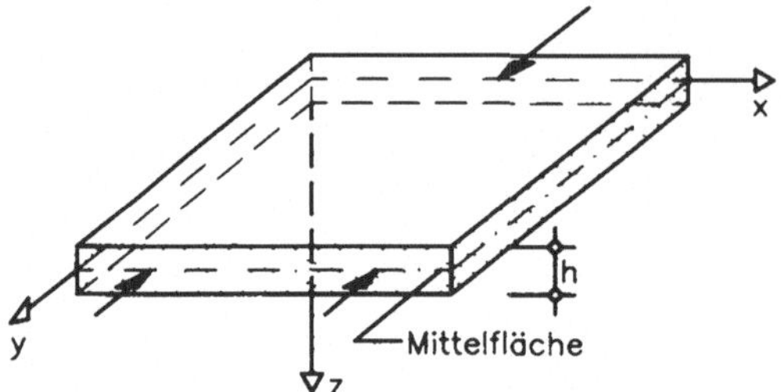

Bild 6.2   Zur Begriffsdefinition „Scheibe"

Entsprechend Bild 6.2 sind Scheiben plattenartige[2], in ihrer Mittelfläche belastete Tragwerkselemente. Auf den Dualismus von Platte und Scheibe wurde bereits im Abschnitt 5.1.1 hingewiesen (vgl. Bild 5.1). Die Kräfte können sowohl am Rande als auch im Inneren der Scheibe angreifen, und wie in der Platte können auch in einer Scheibe Öffnungen ausgespart werden. Da die Lasten definitionsgemäß in der Mittelebene angreifen, herrscht in jeder Scheibe ein ebener oder zweiachsiger Spannungs- und Verformungszustand, weshalb solche Bauteile auch als Tragwerkselemente mit zweiachsigem Spannungszustand bezeichnet werden.

Ein zweiachsiger Spannungszustand herrscht aber auch in jedem Träger, nur ist in den Trägern auf weite Strecken σ_z annähernd gleich Null, und es gilt für sie die Hypothese vom Ebenbleiben der Querschnitte und die lineare Normalspannungsverteilung (Technische Biegelehre). Nur wegen der vergleichbaren Tragfunktion spricht man im Falle der Scheiben auch von hohen oder wandartigen Trägern. Den Unterschied zwischen Scheibe (Flächentragwerk) und Träger (Stabtragwerk) zeigt Bild 6.3.

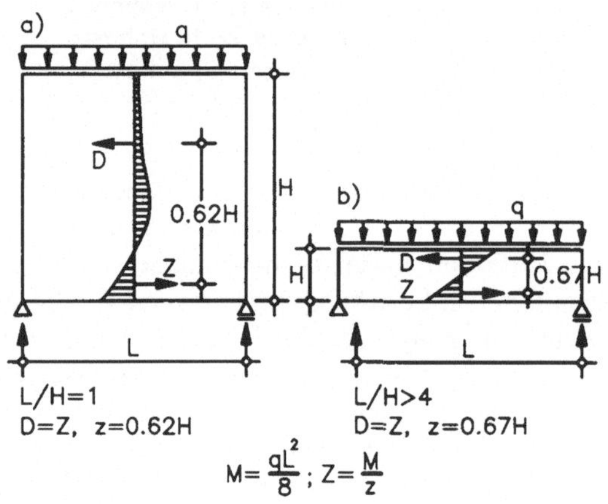

Bild 6.3   Scheibe und Träger - Verlauf der Spannungen σ_x in Feldmitte infolge einer Gleichlast q in a) einer Scheibe L/H < 4 und b) einem Träger L/H > 4

---

[1]   Theoretische Grundlage für die Berechnung von in ihrer Mittelebene belasteten, plattenartigen Flächentragwerken: Gleichung der elastischen Scheibe.

[2]   geometrisch, strukturell und hinsichtlich des Werkstoffverhaltens den Voraussetzungen der Plattentheorie entsprechend.

In Bauwerken finden sich solche Scheiben als unverhältnismäßig hohe Träger oder als Wände. Als Scheiben wirken aber, unabhängig von den Bauteilabmessungen, auch jene Bereiche von Trägern, in denen die schon angesprochenen Voraussetzungen der Technischen Biegelehre auch nicht zutreffen, wie beispielsweise in den Lasteinleitungs- und Auflagerbereichen sowie in kurzen Konsolen. Diese örtlichen Störbereiche müssen nicht lastbedingt (Auflager, Lastangriff), sondern können auch geometriebedingt (Rahmenecke, Querschnittssprung) sein und erfordern beim Konstruieren besondere Aufmerksamkeit. Bild 6.4 zeigt beispielhaft solche Diskontinuitätsbereiche (D) in einem einhüftigen Rahmen.

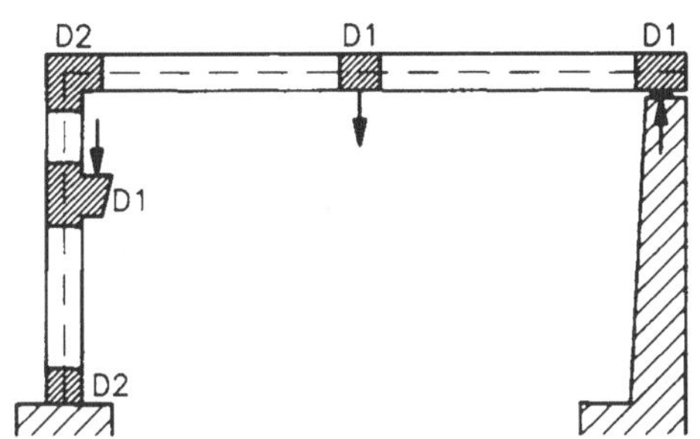

Bild 6.4 D (Diskontinitäts)-Bereiche mit zweiachsigem Spannungszustand in einem Rahmen- (Stab-) Tragwerk,
D1 ... lastbedingte Diskontinuitätsbereiche,
D2 ... geometriebedingte Diskontinuitätsbereiche

6.1.2 Der zweiachsige Spannungs- und Formänderungszustand

Zur Beschreibung einer Scheibe und ihrer Beanspruchung wird zweckmäßig ein Koordinatensystem gewählt, dessen xy-Ebene mit der Scheibenmittelfläche zusammenfällt.

Bild 6.5 zeigt ein normal zur x-Achse und normal zur y-Achse herausgeschnittenes Scheibenelement mit den an ihm wirksamen Schnittgrößen; das sind die Normalkräfte n_x, n_y und die Schubkräfte $n_{xy} = n_{yx}$. Sie können ebensowenig wie bei den Platten auf elementare Weise gefunden, sondern nur auf mathematisch aufwendigem Weg ermittelt werden. Hinsichtlich des Betrages sind es auf die Längeneinheit bezogene Kräfte (kN/m) und werden als solche mit Kleinbuchstaben bezeichnet.

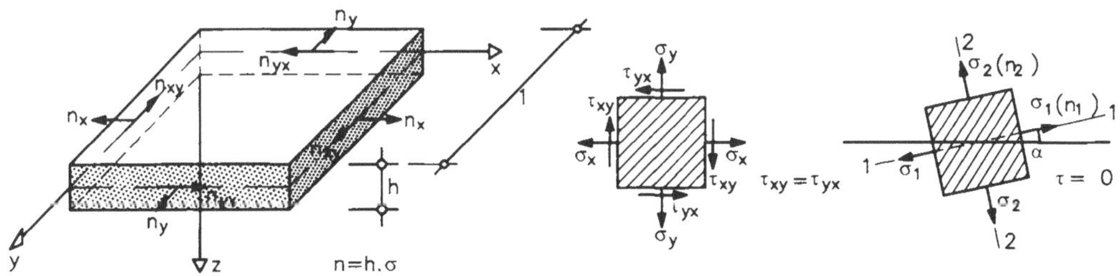

Bild 6.5 Schnittgrößen n_x, n_y, n_{xy} am Scheibenelement in kN/m; Spannungen σ_x, σ_y, τ_{xy} sowie Hauptspannungen σ_1 und σ_2

Neben dem Scheibenelement sind die den Schnittgrößen entsprechenden Spannungen σ_x, σ_y und $\tau_{xy} = \tau_{yx}$ eingetragen. Es kann davon ausgegangen werden, dass die Spannungen über die Scheibendicke h gleichmäßig verteilt sind. Die Schnittkräfte und mit ihnen die Spannungen sind von der Schnittrichtung abhängig. Durch Drehen des Scheibenelementes um einen bestimmten Winkel α kann das Element so orientiert werden, dass die Schubkräfte beziehungsweise Schubspannungen Null werden und die Normalspannungen Extremwerte annehmen; σ_1 ist jeweils die maximale, positive Normalspannung im betrachteten Bereich und σ_2 entweder die minimale, positive oder die maximale negative Normalspannung in diesem Bereich. Die dieser Orientierung entsprechenden, aufeinander normal stehenden Richtungen 1-1 und 2-2 sind die Hauptspannungsrichtungen und die so gerichteten Spannungen die Hauptspannungen. Sie können aus σ_x, σ_y und τ_{xy} entsprechend Bild 3.18 mit den Formeln (6.1) für den ebenen oder zweiachsigen Spannungszustand ermittelt werden.

$$\tan 2\alpha_H = \frac{2.\tau_{xy}}{\sigma_x - \sigma_y} \ , \qquad \sigma_{1,2} = \frac{1}{2} \cdot [(\sigma_x + \sigma_y) \pm \sqrt{(\sigma_x - \sigma_y{}^2) + 4.\tau_{xy}{}^2} \,] \qquad (6.1)$$

Die Hauptspannungsrichtungen sind die Richtungstangenten der Hauptspannungslinien (= trajektorien), die mit deren Hilfe gezeichnet werden können. Die Hauptspannungslinien bilden zwei aufeinander normal stehende Kurvenscharen und sind bestens geeignet, den zweiachsigen Spannungszustand in der Scheibe zu veranschaulichen. Sie lassen außerdem den Weg erkennen, den die Lasten zu den Auflagern hinnehmen. Sie sind das Ergebnis jeder Scheibenberechnung. Der Verlauf der Hauptspannungslinien ist von der Art der Belastung und der Lagerung der Scheibe abhängig. Bild 6.6 zeigt beispielsweise die Spannungstrajektorien in einer quadratischen Scheibe, die in a) mit einer Gleichlast am oberen Rand und in b) mit einer Gleichlast am unteren Rand belastet ist. Der Vergleich der Bilder zeigt zum einen die sehr unterschiedliche Beanspruchung der verschieden belasteten Scheibe und zum anderen, dass sich anhand der Hauptspannungslinien die Lastwege sehr einfach skizzieren und konstruktiv umsetzen lassen.

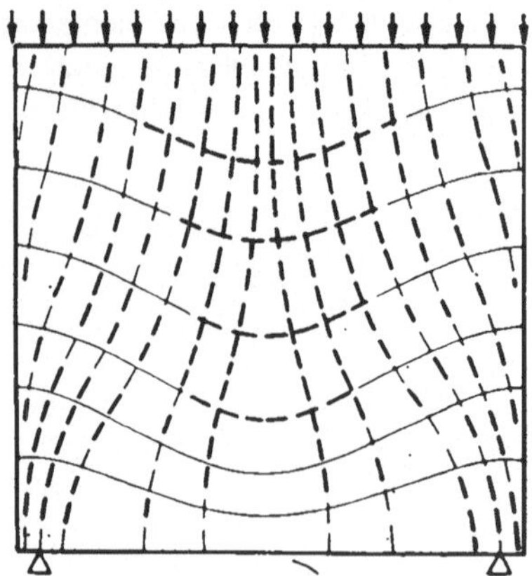 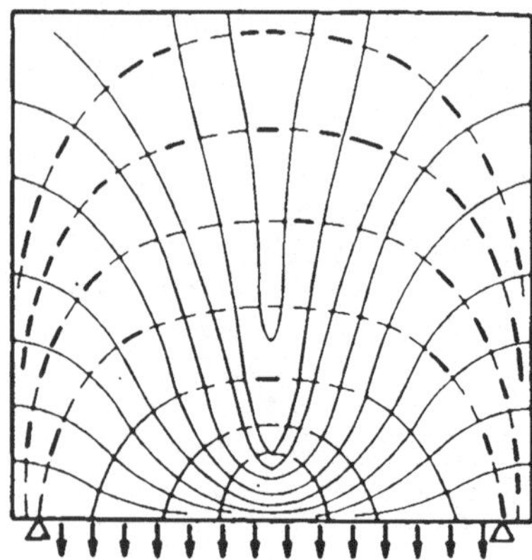

Bild 6.6 Verlauf der Hauptspannungslinien in einer quadratischen Scheibe bei gleichförmiger Belastung, a) von oben, b) von unten wirkend;
___ Zugspannungslinien, ... Druckspannungslinien

6.1.3 Das Prinzip von de Saint-Venant

Das Prinzip von de Saint-Venant besagt, dass ein an einer Scheibe örtlich angreifendes Gleichgewichtssystem von Kräften nicht die ganze Scheibe beansprucht, sondern nur einen begrenzten Teil von ihr, der etwa so tief ist wie der Lastangriff der Scheibe breit. Bild 6.7 a zeigt diesen Teil.

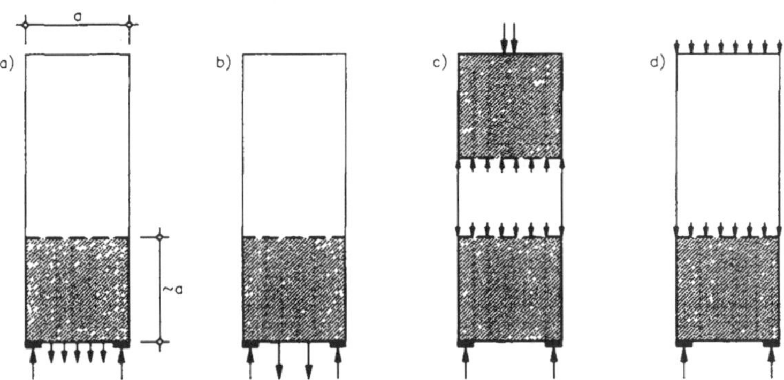

Bild 6.7 Bereiche der Lastumlenkung und der Lastausbreitung entsprechend dem de Saint-Venantschen Prinzip

Dieses Prinzip lässt den Schluss zu, dass auch nur dieser Teil der Scheibe beansprucht wird, wenn die örtlich angreifende Last durch äquivalente Lasten ersetzt wird und dass außerhalb dieses Bereiches die Wirkung der Last nicht mehr von seiner örtlichen Verteilung sondern allein von seiner elementaren[1] Verteilung innerhalb der Scheibe abhängt. Bild 6.7 zeigt mit b), c) und d) Beispiele der Lastumlenkung und der Lastausbreitung entsprechend diesem Prinzip.

Das de Saint-Venantsche Prinzip ist ein gutes Werkzeug für die konstruktive Behandlung von Scheiben und im Besonderen von Lasteinleitungsproblemen.

Das de Saint-Venantsche Prinzip rechtfertigt aber auch die Idealisierung örtlich gegebener Lastsituationen im Hinblick auf deren Auswirkung außerhalb des unmittelbaren Lasteinleitungsbereiches. So können beispielsweise Einzel- oder Gleichlasten als statisch aquivalente Lastbilder für tatsächliche Belastungen verwendet werden oder es kann ein einwirkendes Kräftepaar durch ein örtlich angreifendes Drehmoment ersetzt werden.

6.1.4 Stabwerksmodelle für die Lösung von Scheibenproblemen

Der Lastweg in einer Scheibe kann näherungsweise auch auf Grund einfacher baustatischer Überlegungen skizziert und modellhaft durch ein Stabwerk festgelegt werden. Damit ist für die

---

[1] ... elementar, unter der Annahme eines stabartigen, idealen Verhaltens ermittelt.

überschlägliche Berechnung und konstruktive Gestaltung der Scheibe ein Ersatzsystem gefunden, soferne es den nachfolgenden Bedingungen mehr oder weniger entspricht. Bild 6.8 zeigt in dieser Weise die Lastwege in verschiedenartig belasteten Scheiben.

Die an der Scheibe angreifenden und sie stützenden Kräfte müssen im Gleichgewicht sein, und das zu konzipierende Stabwerksmodell muss geeignet sein, sie auch in das Gleichgewicht zu setzen. Darüber hinaus soll es sich auch für andere Lastfälle eignen. Es ist daher ein Modell zu suchen, das die vorgegebenen und vermeintlichen Lastpunkte fachwerkartig verbindet; dabei sind mehrere solcher Modelle denkbar, wobei jedes für sich sowohl der Belastungssituation als auch der Bauwerksgeometrie bestmöglich zu entsprechen hat.

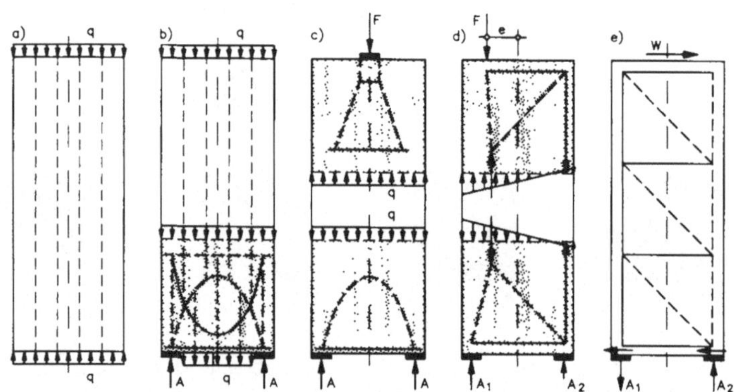

Bild 6.8   Beanspruchung verschiedenartig belasteter Scheiben (Lastdurchleitung, Lastausbreitung, Lastableitung) gezeigt anhand von Stabwerksmodellen (vgl. Bild 6.7);
___ Zug, ... Druck

Die Lasten sind in dem zu wählenden System so zu den Auflagern zu führen, dass die dabei geleistete Formänderungsarbeit minimal ist. Das heißt, dass einerseits die Lastwege möglichst kurz und andererseits die auf diesen Wegen wirksamen Kräfte relativ klein sein sollen - es soll also ein verformungsarmes Stabwerksmodell gesucht werden. Das sind wieder, je nach Art der angreifenden Lasten, Fachwerke oder der Stützlinie der jeweiligen Belastung folgende Spreng- oder Hängewerke, wobei man bei Stahlbetonscheiben wegen der Risse die Zugstäbe und bei Stahlblechscheiben wegen des Beulens die Druckstäbe minimieren wird.

Die Lasteinleitung, Lastausbreitung oder Lastumlenkung erfolgt, entsprechend dem Prinzip von de Saint-Venant, jeweils in einem abschätzbaren, begrenzten, nahezu quadratischen Bereich, der in etwa der Höhe beziehungsweise Breite der Scheibe entspricht. Im übrigen Teil kann von einer elementaren Lastverteilung ausgegangen werden.

Für ein so gewonnenes Stabwerksmodell können die Zug- und Druckstäbe festgestellt und die Kräfte überschläglich auch größenmäßig bestimmt werden. Damit kann in Stahlbetonscheiben die Bewehrung und bei Stahlblechscheiben die notwendige Aussteifung konzipiert werden. Es ist zumindest eines der denkbaren Systeme konstruktiv konsequent durchzubilden, um mit diesem eine einwandfreie Möglichkeit der Lastabtragung innerhalb der zulässigen Beanspruchbarkeit des Materials zu bieten.

Der Lastweg beginnt jeweils mehr oder weniger mit einem Flaschenhals und endet mit einem solchen, und weil auch an diesen Stellen die Beanspruchung des Materials in Grenzen bleiben muss, kann sich die Bemessung häufig auf diese Stellen beschränken, wo sie meistens auf Grund der konstruktiven Gegebenheiten relativ einfach erfolgen kann. Die Lastrichtung beziehungsweise die Richtung des Flaschenhalses wird durch den Lastangriff und die Lagerstellung bestimmt.

Bild 6.8 a zeigt eine einfache Lastdurchleitung. In diesem Falle kann ein 1 m breiter Streifen der Scheibe wie eine Stütze gesehen und berechnet werden.

Bild 6.8 b zeigt eine oben und unten mit einer Gleichlast belastete Scheibe. Die am oberen Rand abgesetzte Last wird zunächst unmittelbar durchgeleitet und im unteren Teil über einen Stützbogen mit Zugband zu den Auflagern abgetragen. Die unten angehängte Last wird dagegen zunächst zum Teil über ein Hängewerk (Seillinie) in die Scheibe hineingetragen und von oben durch die pfeilerartig wirkenden Scheibenränder auf die Auflager abgesetzt und zum anderen Teil direkt am Druckbogen angehängt und über diesen zu den Auflagern abgetragen.

Bild 6.8 c zeigt eine oben mit einer zentrischen Einzellast belastete Scheibe. Diese Last wird im oberen Teil zunächst ausgebreitet (Spaltzug), im weiteren elementar gleichförmig verteilt durch einen Teil der Scheibe geleitet und im unteren Teil über einen sich ausbildenden Bogen mit Zugband zu den Auflagern abgetragen.

Bild 6.8 d zeigt eine oben ausmittig mit einer Einzellast belastete Scheibe. Am Ende des oberen Lasteinleitungsbereiches kann davon ausgegangen werden, dass die Einzellast entsprechend ihrer Ausmittigkeit die Scheibe elementar mit einem Druck- und einem Zugkeil beansprucht. Die Einzellast kann mit der resultierenden Druckkraft und der resultierenden Zugkraft über das gezeigte Fachwerk in ein inneres Gleichgewicht kommen. Im Bereich der Lastumlenkung zu den Stützpunkten müssen andererseits die resultierende Druckkraft und die resultierende Zugkraft mit den aus dem äußeren Gleichgewicht der Scheibe folgenden Stützkräften über das ebenfalls gezeigte Fachwerk in ein inneres Gleichgewicht kommen. Dazwischen erfolgt die Lastdurchleitung wie gezeigt über Druck und Zug.

Bild 6.8 e zeigt eine durch eine Horizontalkraft auf Schub und Biegung beanspruchte Scheibe mit einem für die Lastabtragung geeigneten Fachwerkmodell.

6.2 Scheiben aus Stahlbeton

Für die Lastabtragung in Stahlbetonscheiben kann entsprechend den Angaben im Abschnitt 6.1.4 immer ein geeignetes Stabwerksmodell skizziert und an Hand dessen die Scheibe überschläglich berechnet und konstruktiv gestaltet werden. Die Bilder 6.8, 6.9 und 6.10 zeigen solche Stabwerksmodelle für verschiedene Situationen bezüglich Geometrie, Lagerung und Belastung. Auf die entsprechenden Bilder im Abschnitt 3.7 und dort auf Bild 3.87 wird ebenfalls hingewiesen.

Das als Grundlage für die Berechnung und Konstruktion zu wählende Stabwerksmodell ist auch hinsichtlich einer einfach auszuführenden Bewehrung zu überlegen. Wie im Abschnitt 6.1.4 festgestellt und in Bild 6.10 für eine Scheibe mit Durchbruch gezeigt, sind nämlich nicht nur mehrere Stabwerksmodelle denkbar, sondern auch brauchbar; es muss lediglich eines baulich konsequent durchgebildet werden.

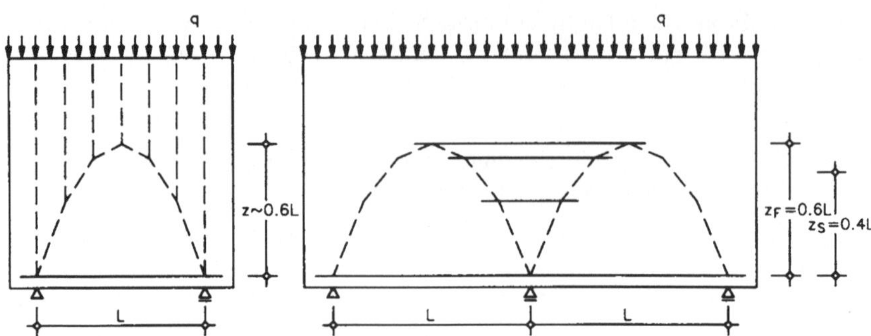

Bild 6.9   Lastabtragung in wandartigen Trägern - Stabwerksmodelle für die Ermittlung der Zugbewehrung

Bei Stahlbetonscheiben sind alle Ränder mit Steckbügeln einzufassen, sowohl jene, an denen Lasten an die Scheibe angehängt werden, um die Lasten auch in die Scheibe einzubinden, als auch jene an denen eine randnahe Druckstrebe (Pfeiler) verläuft, um sie gegen Ausknicken zu sichern. Weiters ist die gesamte Scheibe mit einer oberflächennahen Netzbewehrung zu versehen, um einerseits Schwindrisse zu verhindern und andererseits auch einen rissefreien Zusammenhalt der lastführenden Streben mit den übrigen weniger beanspruchten Teilen der Scheibe zu sichern.

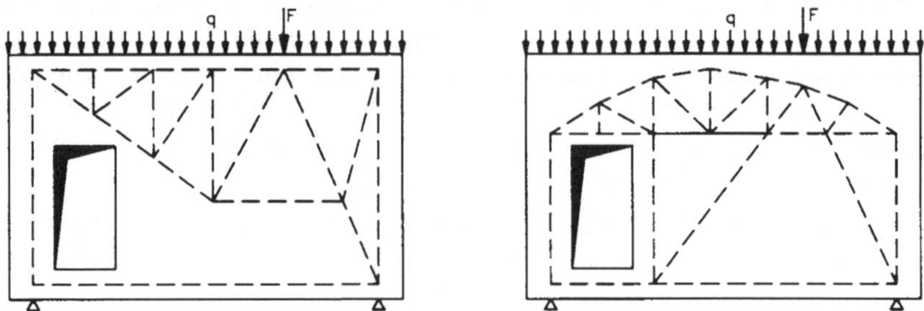

Bild 6.10 Wandscheibe mit Durchbruch; denkbare Stabwerksmodelle (Ersatzsysteme) für die Abtragung der gegebenen Lasten q, F

6.3   Scheiben aus Stahl

Die Stahlbauweise ist im Wesentlichen eine Stabbauweise und daher wird in Gebäuden für die Abtragung größerer Lasten und zur Aussteifung im Allgemeinen den Fachwerkträgern beziehungsweise den Fachwerkscheiben der Vorzug gegeben (vgl. Bild 6.1). Im Industrie- und Brückenbau ist mit unter die Vollwandbauweise mit ihren hohen Blechträgern modern. Diese sind naturgemäß sehr dünnwandig und müssen daher an den Lasteintragungsstellen und an den Auflagern ausgesteift werden. Meistens werden orthogonale Aussteifungsbilder gewählt und das entsprechende Stabwerksmodell besteht dann aus Zugdiagonalen (Blechfelder) und Druckpfosten

(Steifen). Andere als orthogonale Aussteifungsbilder, die den Kraftfluss gegebenenfalls besser folgen und zeigen, sind denkbar.

Trapezbleche können einlagig oder mehrlagig als schubsteife Elemente dienen, soferne sie an den Rändern eingefasst sind.

Öffnungen in Scheiben sind durchweg einzufassen (vgl. Abschnitt 3.5).

6.4 Scheiben aus Holz

Der herkömmliche Holzbau ist wie der Stahlbau eine Stabbauweise und bevorzugt daher den Fachwerkträger und die Fachwerkscheibe. Neuere Entwicklungen im Ingenieurholzbau bieten aber auch vollwandige Scheiben. Horizontal geschichtete Brettstapel werden durch Leimung oder Nagelung zur Scheibe gefügt. In solchen Scheiben sind Aussparungen möglich. Aus Symmetriegründen wird eine ungerade Zahl von gegeneinander verschwenkten Brettschichten zusammen gefügt. Der Kreuzungswinkel der Brettscharen richtet sich nach dem gewählten Stabwerksmodell. Die Schubsteifigkeit der Scheibe kann durch die geeignete Wahl des Kreuzungswinkels gesteuert werden.

6.5 Scheiben aus Bauglas

Scheiben aus Bauglas, und zwar Scheiben im Sinne der Definition nach Abschnitt 6.1.1 sind von wenigen Ausführungsbeispielen abgesehen, Elemente der Sekundären Tragstruktur, das heißt, sie sind in die Primäre Tragstruktur eingebunden in ihr gelagert und dienen der Ausfachung beziehungsweise Aussteifung sowie als Raumabschluss. Das auszusteifende Primäre Tragwerk kann ein Rahmen, Gitter oder Netz sein. Die Scheiben als solche sind in einem bestimmten Maße, vor allem in letzt genannten Falle, immer auch als Platte wirksam, weshalb für sie hinsichtlich Glasart und Glasbefestigung zunächst das in Abschnitt 5.5 für Platten Gesagte gilt.

Die einfachste Art vertikale Scheiben in einem Rahmen möglichst zwängungsfrei zu lagern geschieht mit Tragklötzchen aus Hartholz oder Kunststoff, die am unteren Rand der meist stehenden Scheiben eingelegt werden.

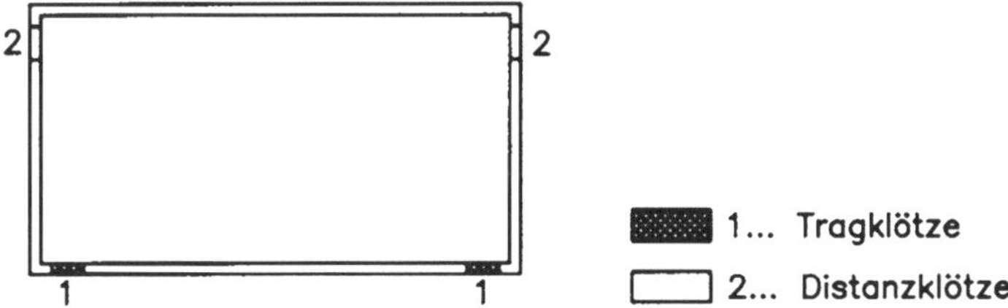

Bild 6.11 Lagerung einer Glasscheibe in einem Rahmen mit Hilfe von Trag- und Distanzklötzchen

Bild 6.11 zeigt eine solche Lagerung. Die Tragklötzchen sind 80 mm lange und scheibenbreite Unterlagen mit einem beidseitigen Überstand von rund 2 mm. Zwischen den Tragklötzchen und an den Seitenrändern geben elastische Distanzklötzchen den nötigen Halt. Für die Halterung von Scheiben in den Knoten von Gitter- oder Netzkonstruktionen gibt es mehrarmige Haltekonstruktionen, die in den Knoten eine zwängungsfreie Lagerung der aneinandergrenzenden Tafeln ermöglichen.

Da die der Ausfachung dienenden Scheiben auf Schubbeulen beansprucht werden und dabei eine zum Bruch führende Verwindung erfahren können, ist beim für sie gewählten Verbundsicherheitsglas (VSG) eine haltbare Zwischenschichte besonders wichtig.

Bild 6.12 zeigt die hinsichtlich der Belastung getrennt dargestellte Vierpunktlagerung einer Glastafel.

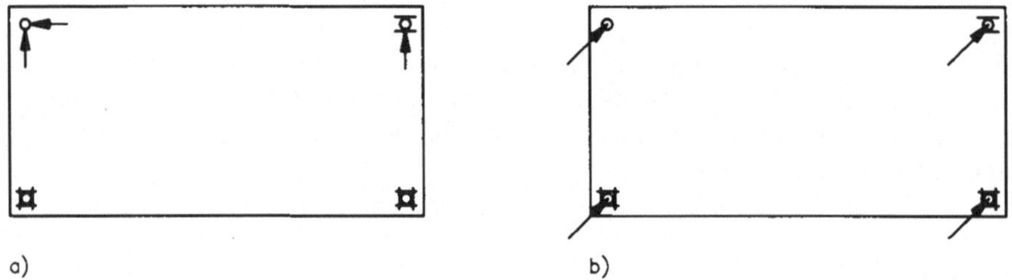

Bild 6.12 Hinsichtlich der Belastung getrennt dargestellte Vierpunktlagerung einer Glasscheibe
a) für Beanspruchung als Scheibe, b) für Beanspruchung als Platte

Zweckdienliche Literatur

Für das Verstehen des Tragverhaltens

MANN, Tragwerke in Anschauungsmodellen, Stuttgart, B.G. Teubner
SALVADORI-HELLER, Tragwerk & Architektur, Zürich, Verlag - Vieweg

Für das Berechnen und Bemessen

MANN, Vorlesungen über Statik und Festigkeitslehre, Stuttgart, B.G. Teubner
HUGI, Einführungen in die Statik der Tragkonstruktionen, Stuttgart, B.G. Teubner
WENDEHORST, Bautechnische Zahlentafeln, Stuttgart, B.G. Teubner

Für das Bemessen und Gestalten von Stahlbauteilen

LOHSE, Stahlhochbau, 2 Teile, Stuttgart, B.G. Teubner
STAHL IM HOCHBAU, 3 Teile, Düsseldorf, Verlag Stahleisen M.B.H.

Für das Bemessen und Gestalten von Holzbauteilen

NEUHAUS, Lehrbuch des Ingenieurholzbaues, Stuttgart, B.G. Teubner
HOLZBAU-TASCHENBUCH, 3 Teile, Berlin, W. Ernst & Sohn

Für das Bemessen und Gestalten von Betonbauteilen

LOHMEYER, Stahlbetonbau, Stuttgart, B.G. Teubner
BETONKALENDER, Periodikum, Berlin, W. Ernst & Sohn

Für das Bemessen und Gestalten von Mauerwerk

MAUERWERKSKALENDER, Berlin, W. Ernst & Sohn

Für das Bemessen und Gestalten von Glas

WÖRNER, SCHNEIDER, FINK, Glasbau, Springer

Sachverzeichnis

A

B

244